“博学而笃志，切问而近思。”

（《论语》）

博晓古今，可立一家之说；
学贯中西，或成经国之才。

## 主编简介

**李惠强**，1944年4月生，华中科技大学土木与水利工程学院教授，博士生导师。曾兼任住建部建筑工程技术专业委员会委员，湖北省土木建筑学会工程管理分会理事长，全国高校施工学科研究会副理事长等。主持完成国家自然科学基金项目、湖北省自然科学基金项目、高等学校博士学科点专项科研基金项目、国防科工委及横向科研项目多项。出版教材多本，发表学术论文多篇。

复旦博学·工程管理系列

GUOJI GONGCHENG
CHENGBAO GUANLI

# 国际工程承包管理（第二版）

主　编／李惠强

复旦大学出版社

## 内容提要

本书较系统地介绍了国际工程承包管理的相关知识，包括：国际工程承包市场开拓；国际工程项目管理模式与合同模式；国际工程招标程序与资格预审、工程招标与评标、承包商投标与报价；FIDIC合同条件与合同管理；国际工程索赔管理及案例；承包商资金筹集与管理；国际工程的物资采购与管理；国际工程风险与保险等。

全书共分十一章，每章配有学习目标、本章小结、关键词、复习思考题和参考答案等助教助学栏目。本书可作为高等院校工程管理专业、土木工程专业的教材，也可作为建设工程管理人员的参考用书。

# 总　序

摆在我们面前的这套丛书是一套21世纪工程管理类专业的系列教材。本丛书的出版是我国高校工程管理教育中的一件大喜事。

20世纪90年代末以来,我国房地产业得到了迅猛发展。这无论对改善我国城镇广大居民住房条件、拓展城市空间、改变城镇面貌,还是对启动内需、促进经济增长,都起了巨大的积极作用。当然,在房地产业迅猛发展过程中,也产生了一系列包括房地产供应结构失衡、房价上升过快、市场秩序不规范等问题,但这些问题都是前进中的问题。房地产业作为我国国民经济的支柱产业,地位并不会因产生了这些问题而有所动摇。从2005年的"国八条"到2006年的"国六条",政府对房地产业发展的一系列宏观政策调控,绝不是要打压或抑制这一行业的发展,相反,完全是为了引导和扶植房地产业更好地、健康地发展。正如医生给一个生了点病的孩子打针吃药一样,是为了使孩子能更好、更健康地成长。

今天,我国经济在科学发展观指引下正阔步前进,人民生活水平在不断提高,农村城镇化进程在加速,在这样的大背景下,我国房地产业的发展正方兴未艾,前程似锦。为了使我国房地产业在今后能更科学、更健康地持续发展,人才培养可说是重中之重。正因为这样,我国目前已有190所高校设置了与国际接轨的工程管理专业,这还不包括只在一所大学设置的本科专业。如果含交叉学科(专业基础课,如土地资源管理专业、公共管理专业等),目前全国约有360所高校开设有工程管理课程。工程管理专业既不是一般的房地产经济专业,也不是纯土木建筑工程专业,而是一个涵盖这些专业并着重于管理的交叉学科专业。这个专业主要是培养具备管理学、经济学和土木工程技术的基本知识,掌握现代管理科学理论、方法和手段,能在国内外工程建设领域从事项目决策和全过程管理的复合型高级管理人才。这样的人才,必须获得和掌握以下几方面的知识和能力:(1) 工程管理的基本理论和方法。(2) 投资经济的基本理论和知识。(3) 土木工程的技术知识。(4) 工程项目建设的方针、政策和法规。(5) 国内外工程管理发展动态的信息和知识。(6) 运用计算机辅助解决管理问题的能力。

为了适应培养这样人才的需要,复旦大学出版社组织了国内一些著名大学的一批专家教授编写出版这套工程管理系列教材,包括《房地产市场营销》《工程项目投资与融资》《工程经济学》《投资经济学》《房地产开发与经营》《工程合同管理》《国际工程承包管理》《工程造价与管理》《建设工程成本计划与控制》《房地产法》《房地产开发企业财务管理》《房地产开发企业会计》《房地产金融》《房地产估价》《物业管理》《房地产管理学》等。由于这套教材是由从华北到华中再到上海的几所知名大学里的有经验知名教授编写的,因此,有理由预期,这套教材的问世,将对提升我国工程管理专业类教学水平起到极大推动作用。

尹伯成

2006 年 7 月于复旦大学

# 前　言

国际工程承包是国际建设市场工程建设活动的主要交易方式之一。

国际工程承包是国际经济技术合作的重要内容，是货物贸易、技术贸易和服务贸易的综合载体。在当前世界经济全球化蓬勃发展的形势下，大力发展对外承包工程事业，有利于扩大出口，加快我国从贸易大国向贸易强国发展的进程；有利于充分利用国外资源和市场，转移国内富余的建设能力；有利于推动我国工程企业“走出去”，融入全球经济，培育我国的跨国公司，增强国际竞争力；有利于促进我国对外政治和经贸关系，特别是同发展中国家关系的发展。

改革开放以来，我国的对外承包工程业务得到了快速发展。据商务部合作司统计，2006 年我国对外承包工程当年完成营业额 300 亿美元，同比增长 37.9%；新签合同额 660 亿美元，同比增长 123%。美国《工程新闻纪录》(ENR)评选出的 2006 年度全球最大 225 家国际承包商和全球最大 200 家国际工程设计公司中，中国建筑工程总公司等 46 家承包商入选 225 强，中国成达工程公司等 14 家工程设计公司入选 200 强，中国已跻身国际工程承包总额最多的十个国家之一。

总体来看，我国对外承包工程行业已经具备了一定的规模，在国际工程市场的竞争中取得了一席之地。但对照国际承包工程市场的总体发展趋势，以及国际上大的承包商的发展模式，我国对外承包工程行业还存在着许多亟待解决和完善的问题。其中，如何培养既熟悉工程专业知识，又懂国际工程承包管理知识，同时能熟练掌握一门外语的高级人才便是亟待解决的问题之一。

本书较为全面地阐述了国际工程承包管理的相关知识，编写中充分注重管理理论与工程承包实践相结合,学以致用;注意补充工程类学生所缺乏的国际商贸与经济知识;强调与工程承包管理国际惯例相结合;关注国际工程承包管理发展新动态,拓宽知识领域。

全书共11章,各章作者分别为:第1—7章李惠强;第8章尹秀琴;第9章柯华虎;第10章帅小根;第11章周清、李惠强。全书由李惠强主编统稿。

本书的编写借鉴引用了大量相关资料和教材。由于编者水平有限,书中不足之处,恳请读者批评指正。

本书的出版得到复旦大学出版社及责任编辑罗翔等的帮助,特此致谢!

编者

2007年10月

# 第二版前言

本书自2008年第一版发行以来，国际工程市场发生一些变化，特趁此再版之际，作了局部修订，主要集中在以下两个方面：

1. 第一版第一章绪论中第二节“国际工程承包市场”，第三节“中国在国际工程市场的发展”，这两节中涉及较多国际工程承包市场情况的数据，显然过时了，为能更好地反映国际工程实践的变化和发展，对这两节的内容大部分重新改写，国际工程市场情况的有关数据更新为最近三年左右的数据。

2. 第一版第六章第二节“FIDIC《施工合同条件》简介”，书中FIDIC《施工合同条件》采用的是由国际咨询工程师联合会授权中国工程咨询协会编译的《施工合同条件》1999年第1版。2017年12月，国际咨询工程师联合会在伦敦举办的国际用户会议上，发布了《施工合同条件》第2版的英文本，2021年3月又发布了国际咨询工程师联合会授权编译的中英文对照本(简称2017版)。此次再版对第6章第二节“FIDIC《施工合同条件》简介”重新进行了改写，并将2017版通用条件所含21章内容进行划分和归集，分为12方面内容进行讲述及合同部分条款原文引用，以方便读者更好学习。

除以上两方面的修改外，还有个别字句小的改正，其他未作改变。

李惠强

2022年12月20日

# 第一章

# 绪　　论

**学习目标**

通过本章学习，你应该能够：

1. 了解国际工程承包概念及本质特征；
2. 了解国际工程承包全球九大建设市场概况；
3. 掌握国际工程承包市场主要特点；
4. 熟悉中国在国际工程承包市场的地位及发展态势；
5. 熟悉国际工程管理人才应具备的基本素质。

## 第一节　国际工程承包概念

### 一、工程的概念

“工程”是应用科学知识及专门技术使自然资源能最佳地为人类服务的有组织的生产活动。

“工程”有明确的待实现的目标，并且涉及范围大，因素多，变化复杂，是需要统筹安排进行的系统性活动。例如我们常说的建筑工程、水利工程、道路工程、桥梁工程、化学工程、机械工程、采矿工程、航天工程等。

在现代，工程的概念已不仅限于自然科学范围，已延伸到社会相关领域，常泛指其他复杂的需统筹安排进行的系统活动，如“希望工程”“扶贫工程”等，但这些不在本书论及范围。

### 二、工程发承包的概念

工程发承包是指建设市场工程项目建设活动交易和实施的方式之一。工程发包是指建设业主以合约方式将待建项目委托给承包方承建;工程承包是指承包方以合约方式获得工程承建任务。

在生产力不发达时期,专业分工协作有限,工程建设多采用非承包的自营建设方式。当社会经济和生产力发展到一定水平,工程项目愈来愈复杂,科技含量愈来愈高,涉及范围大,因素多,项目建设呈现以下特点:

(1) 规模越来越大,技术越来越复杂,专业分工越来越细,涉及专业越来越多。

(2) 生产活动中涉及的管理、金融、保险、咨询等业务增多。

(3) 工程承包活动竞争越来越激烈,规范化、法律化制约越来越多。

为保证工程质量、工期,控制投资,现代项目建设必然采用社会化、专业分工协作的工程承包建设方式。

现代建设业的繁荣及工程承包市场的发展是伴随着国家经济工业化的进程和城市化进程发展起来的。建设业产值占 GDP 的比重具有图 1-1 所示规律,不发达国家由于经济实力不足,工业化和城市化进程缓慢,建设业产值占 GDP 的比重相对较低。发展中国家经济实力及工业化和城市化进程都处于发展上升阶段,建设业产值占 GDP 的比重也呈上升阶段。发达国家由于国内城市建筑及基础设施的建设已相对饱和,建设业产值占 GDP 的比重也会逐步下降,使得已拥有雄厚实力和高技术水平的建设力量,更多地寻求在海外发展,抢占国际工程市场。

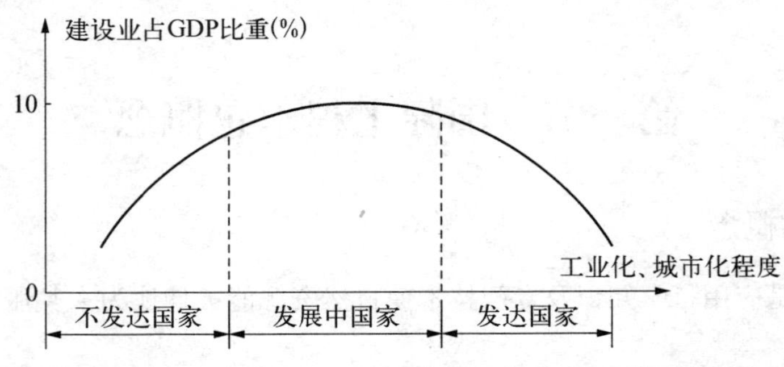


图 1-1 建设业产值占 GDP 的比重与工业化、城市化进程示意

## 三、国际工程承包

国际工程承包是指面向国际市场进行的工程建设承包活动。过去多指在国境外承包工程活动,现在也指使用国际银行贷款、外商投资或外商资金为主的合资项目,虽在国内建设,但需按照国际招标和国际惯例方式建设的工程。

国际工程承包最初往往是伴随着发达国家向发展中国家的资本输出开始发展的。发达国家以充足的资本和先进的技术输出向海外觅求市场,并充分利用发展中国家的丰富资源和劳务,以谋求最大的输出回报。在当代,随着经济全球化发展,国际工程承包已由单方的输出向谋求共同发展演变。国际工程承包本质特征主要体现在：

（1）综合性的输出。包括资本输出、技术输出、材料和设备输出、劳务输出等。承包方通过承接国际工程以带动本国的技术出口、材料和设备出口、劳务输出等是各国开展国际工程承包的宗旨之一，并制定有出口退税政策，鼓励本国承包商更多承接国际工程，以推动本国的材料和设备出口贸易发展。因此，国际工程承包既是国际经济技术合作的重要内容，又是货物贸易、技术贸易和服务贸易的综合载体。

（2）国际资源优化配置。经济全球化的发展使得国际工程项目的实施打破了地域限制，工程所需资本、材料、设备、技术、劳务可以在国际经济大循环中进行资源优化配置。国际工程承包成为促进国际资源互补，谋求共同发展的载体。

# 第二节　国际工程承包市场

## 一、国际工程承包市场分类

国际工程市场按照业务性质主要包括工程咨询设计和工程承包两大类。

（1）国际工程咨询设计市场。包括：投资机会研究、预可行性研究、可行性研究、项目评估、勘测、设计文件编制、监理、管理、项目后评价等工作。

（2）国际工程承包市场。包括：投标、施工、设备采购及安装调试、工程分包、提供劳务等工作，或应业主要求，完成施工详图和部分永久工程设计。

两类市场相比，在拓展本国对外工程市场方面，咨询设计市场更具有主导性，设计承包商在承接的项目设计中，更多选用本国技术、设备、材料，使本国工程承包商在后续工程施工招投标中具有优势。中国目前在国际工程承包市场已取得较大发展，但在国际咨询设计市场占有份额还很少，今后加强国际工程咨询设计人才培养十分重要。

## 二、全球主要建设市场

全球建设市场通常按照国际惯例划分为几个大的建设市场，据美国《工程新闻记录》(ENR)统计，2017 年全球九大建设市场的份额占比如图 1-2 所示。

2017 年，全球工程建设市场规模约为 21 974 亿美元，其中，国际承包商 250 强的总营业收入达到 15 255 亿美元(包括本土及海外承包营业收入)。

从图 1-2 中可以看出，全球国际工程市场以亚洲/澳洲、欧洲地区较大，反映了这些地区经济发展的繁荣稳定。

亚太地区市场近十几年增长较快，特别是中国、印度、韩国、越南近十几年经济持续增长，是亚太地区建筑业增长最快的国家。此外，遭受海啸及大地震后的灾后

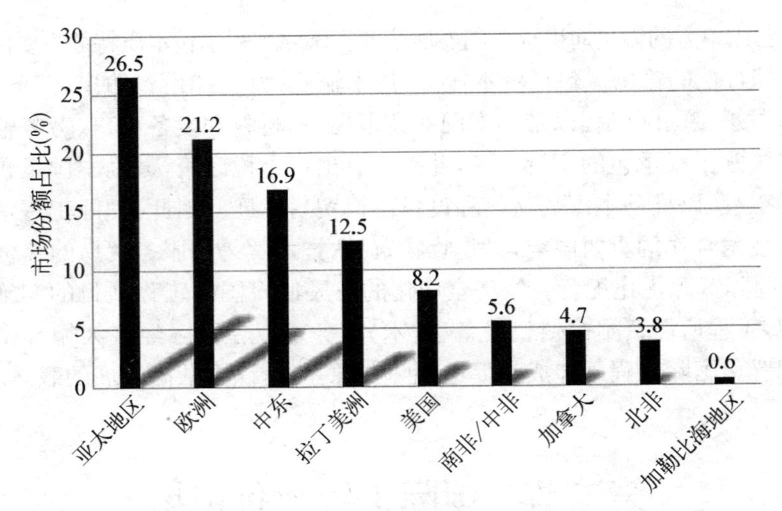


图 1-2　2017 年全球九大建设市场的份额占比

重建，刺激了斯里兰卡、泰国、印度、印度尼西亚的建筑业投资，这些国家竞相更新被损坏的基础设施和维修旅游设施，使建筑市场份额得以增长。

欧洲地区建设市场份额近十几年也是很大的，主要在西欧国家，其主要增长来源于对土木工程和民用建筑的投资；在中东欧地区捷克、匈牙利、斯洛伐克、波兰等国家增长也比较快，但这些国家建设市场份额仅占整个欧洲建设市场很小的比例。

中东地区在 20 世纪 80 年代初曾是国际上最大的工程市场，如 1981 年全球 225 家最大国际工程承包公司营业额合计为 1 299 亿美元，而中东市场就达 480 亿美元，占总份额的 37%。但 80 年代中期以来，连年战火不断，政局不稳，中东工程市场份额急剧下滑，2001 年滑到谷底，仅 85.4 亿美元，近几年有所回升，2017 年已达 3 714 亿美元。

非洲建筑市场近几年在好转，但不利因素仍然存在，如政治动乱、资本外逃、自然灾害、艾滋病流行等。

拉丁美洲地区经济近几年有所恢复，巴西的建筑业年均增长较快。但南美地区的经济恢复仍然易受全球较高利率水平的冲击。

## 三、国际工程建设市场占有率

国际工程建设市场历来是各国承包商激烈竞争之地，按 2019 年 8 月美国《工程新闻记录》(ENR)以企业的全球工程承包营业收入(国内和国外市场营收之和)为排名依据，发布了新一年度全球承包商 250 强榜单。根据榜单数据，2018 年全球承包商 250 强的营业收入总和为 17 599.8 亿美元，国际工程收入为 4 646.1 亿美元，新签合同额为 25 537.7 亿美元。中国建筑集团有限公司等中国承包商在前

10强企业中占据7席。法国万喜集团、西班牙ACS集团和法国布依格集团分列第6位、第7位和第10位，中国承包商在国际工程建设市场占有率上具有明显优势，见表1-1。

**表1-1 2018年全球承包商前十强企业统计** （单位：亿美元）

| 序号 | 公 司 | 总营业额 | 国际营业额 | 国际营业额占总营业额比重(%) | 2018年新签合同额 |
|---|---|---|---|---|---|
| 1 | 中国建筑集团有限公司 | 1 704.4 | 128.1 | 7.5 | 3 429.5 |
| 2 | 中国铁路工程有限公司 | 1 400.9 | 61.8 | 4.4 | 2 488.5 |
| 3 | 中国铁建股份有限公司 | 1 116.6 | 67 | 6.0 | 2 395.4 |
| 4 | 中国交通建设股份有限公司 | 832.8 | 227.3 | 27.3 | 1 826.5 |
| 5 | 中国电力建设集团有限公司 | 529.8 | 137.8 | 26.0 | 968.1 |
| 6 | 法国万喜集团 | 521.4 | 222.1 | 42.6 | 455.5 |
| 7 | 西班牙ACS集团 | 441.9 | 380.4 | 86.1 | 510.1 |
| 8 | 中国冶金科工集团有限公司 | 372.4 | 28.6 | 7.7 | 938.8 |
| 9 | 上海建工集团有限公司 | 342.5 | 6.7 | 2.0 | 459 |
| 10 | 法国布依格集团 | 320.2 | 155.8 | 48.7 | 348.6 |

数据来源：2019年8月美国《工程新闻记录》(ENR)。

通过对表1-1中工程承包企业国际营业额统计：前十强中7家中国企业国际营业额总和为657.3亿美元；3家国外企业国际营业额总和为758.3亿美元，比7家中国企业国际营业额总和还要多101亿美元。这充分说明中国承包工程企业国际营业额占总营业额比重偏低，7家中国企业中最高的中国交通建设股份有限公司占比为27.3%，3家国外企业都比中国企业高，西班牙ACS集团占比高达86.1%，这也说明发达国家国内建设市场份额较小，承包商主要到国外市场发展。长期以来发达国家工程承包商不仅积累了丰富的国际工程建设管理经验，也不断提高了工程建造机械设备和专业建设技术水平，从而使得发达国家能以充足的资本和先进的技术输出在国际工程承包市场占据一定的优势。相比之下，中国建设企业的营业额主要在国内，走出国门承包海外工程的国际化水平仍有待提高。

根据ENR公布的全球承包商250强营业收入，中国企业的业务领域主要集中在交通运输、房屋建筑和电力行业，分别占进入250强中国企业营业收入的

40.0%、39.3% 和 7.4%,上述三大行业营业收入占中国企业总营业收入的86.7%,见图1-3。

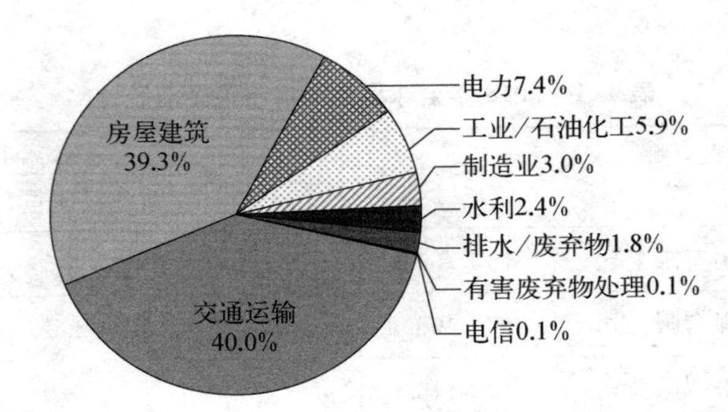


图1-3 中国进入全球250强工程建设企业的经营领域分布情况

## 四、国际工程承包市场特点

纵观国际工程承包市场的近期发展,我们可以发现如下特点。

(一) 承包和发包方式多样化

国际工程承包市场传统的承包和发包方式是先设计后招标发包的D-B(设计-施工)模式,随着国际工程承包市场的发展,工程的发包方越来越多样化。大项目复杂性使业主更重视承包商提供综合服务的能力,EPC(设计-采购-施工总承包)、PMC(项目管理总承包)等总包交钥匙工程模式应需而生。在政府急于改善公共基础设施建设而又财政紧缺无力投资时,BOT(建设-经营-转让模式)、PPP(公共部门与私人企业合作模式)等带资承包方式成为国际大型工程项目中广为采用的模式。据统计,1990—2002年,有136个发展中国家、2 600多项基础设施项目,吸引了约8 000亿美元的私人投资承诺。承包商不仅要承担项目的设计和施工、运作,还要承担工程所需的融资。国际承包方式的这种新变化,要求承包商必须具有工程项目全过程承包管理能力,实现设计和前期可行性研究结合,设计和施工结合,后期的设施管理和物业管理结合。

(二) 承包商融资能力成为国际工程竞争中的重要因素

国际工程承包市场很大一部分在发展中国家,资金短缺、吸引外资、负债建设是这些国家普遍情况,要求承包商带资承包已成惯例。据专家估算,带资承包项目约占国际工程承包市场的65%。因此雄厚的资金实力或融资能力成为承包商在国际工程承包竞争中的重要因素。

(三) 发达国家垄断工程承包市场的优势明显

发达国家的大型建筑企业资金实力、技术和管理水平远远高于发展中国家的企业，许多企业都有自己的技术和专利，在国际工程承包市场上的优势明显，在技术和资本密集型项目上形成垄断。目前在国际工程承包市场上，垄断工程承包和工程设计市场的大多是欧美的公司；垄断国际设备采购的大多是日本和德国的公司；其他国家公司主要集中在土建领域。

发展中国家建筑承包商因为在劳动力成本上具有比较优势，在国际工程市场中承建的工程项目多是相对简单的劳动密集型项目。中国开始进入国际工程市场基本以劳务输出为主，但近些年来已开始向技术密集型项目和知识密集型项目渗透。随着发展中国家承包商不断进入国际市场，国际工程承包市场的竞争日趋激烈。

（四）国际承包商收购并购活动频繁

国际工程承包市场发包大型、超大型项目不断增加，使大型的、超大型的承包商集团不断诞生。为了整合资源，应对日趋激烈的国际市场竞争，提升国际工程承包的运营能力，众多国际工程承包商相继实施业内资产重组，不断提升综合实力，扩大企业经营规模。今后，随着国际工程项目的大型化和对承包商能力要求的不断提高，国际建筑市场的重组并购将更加活跃。

# 第三节　中国在国际工程市场的发展

## 一、中国工程承包商的国际地位

中国建筑业多年来积极开拓海外市场，取得了一定的成绩，中国工程承包商的国际地位在不断提升。根据美国《工程新闻记录》(ENR)发布的2019年度“全球最大250家国际承包商”榜单，中国工程建设企业有75家，土耳其有43家，美国有37家，意大利与韩国各有12家。中国进入全球最大250家国际承包商的名单见表1-2。

**表1-2　中国进入全球最大250家国际承包商的名单**

| 序号 | 公司名称 | 入围ENR排名 | |
|---|---|---|---|
| | | 2019年 | 2018年 |
| 1 | 中国交通建设集团有限公司 | 3 | 3 |
| 2 | 中国电力建设集团有限公司 | 7 | 10 |
| 3 | 中国建筑股份有限公司 | 9 | 8 |
| 4 | 中国铁建股份有限公司 | 14 | 14 |
| 5 | 中国中铁股份有限公司 | 18 | 17 |

续 表

| 序号 | 公 司 名 称 | 入围 ENR 排名 | |
|---|---|---|---|
| | | 2019 年 | 2018 年 |
| 6 | 中国机械工业集团有限公司 | 19 | 25 |
| 7 | 中国能源建设股份有限公司 | 23 | 21 |
| 8 | 中国化学工程集团有限公司 | 29 | 46 |
| 9 | 中国石油集团工程股份有限公司 | 43 | 33 |
| 10 | 中国冶金科工集团有限公司 | 44 | 44 |
| 11 | 中国中材国际工程股份有限公司 | 51 | — |
| 12 | 中信建设有限责任公司 | 54 | 56 |
| 13 | 青建集团股份公司 | 56 | 62 |
| 14 | 中石化炼化工程(集团)股份有限公司 | 65 | 55 |
| 15 | 中国通用技术(集团)控股有限责任公司 | 74 | 102 |
| 16 | 中国中原对外工程公司 | 75 | 89 |
| 17 | 中国水利电力对外有限公司 | 78 | 90 |
| 18 | 特变电工股份有限公司 | 80 | 83 |
| 19 | 哈尔滨电气国际工程有限责任公司 | 81 | 65 |
| 20 | 中国东方电气集团有限公司 | 83 | 155 |
| 21 | 中国有色金属建设股份有限公司 | 86 | 85 |
| 22 | 浙江省建设投资集团股份有限公司 | 89 | 87 |
| 23 | 威海国际经济技术合作股份有限公司 | 90 | 88 |
| 24 | 中国江西国际经济技术合作股份有限公司 | 93 | 92 |
| 25 | 北方国际合作股份有限公司 | 97 | 94 |
| 26 | 江西中煤建设集团有限公司 | 99 | 97 |
| 27 | 中国航空技术国际工程有限公司 | 100 | 118 |
| 28 | 中国电力技术装备有限公司 | 101 | 80 |
| 29 | 中钢设备有限公司 | 107 | 157 |
| 30 | 中国地质工程集团有限公司 | 108 | 120 |
| 31 | 新疆生产建设兵团建设工程(集团)有限责任公司 | 109 | 110 |

续 表

| 序号 | 公 司 名 称 | 入围 ENR 排名 | |
|---|---|---|---|
| | | 2019 年 | 2018 年 |
| 32 | 上海建工集团有限公司 | 111 | 109 |
| 33 | 中地海外集团有限公司 | 115 | 111 |
| 34 | 中国河南国际合作集团有限公司 | 116 | 145 |
| 35 | 中石化中原石油工程有限公司 | 117 | 125 |
| 36 | 北京建工集团有限责任公司 | 120 | 123 |
| 37 | 云南建设投资控股集团有限公司 | 121 | 132 |
| 38 | 江苏省建筑工程集团有限公司 | 122 | 126 |
| 39 | 中国江苏国际经济技术合作集团有限公司 | 130 | 129 |
| 40 | 中国武夷实业股份有限公司 | 132 | 130 |
| 41 | 江苏南通三建集团股份有限公司 | 133 | 133 |
| 42 | 烟建集团有限公司 | 138 | 140 |
| 43 | 中国建材国际工程集团有限公司 | 143 | — |
| 44 | 中鼎国际工程有限责任公司 | 144 | 146 |
| 45 | 中国成套设备进出口集团有限公司 | 145 | 144 |
| 46 | 沈阳远大铝业工程有限公司 | 153 | 152 |
| 47 | 北京城建集团有限责任公司 | 154 | 148 |
| 48 | 上海城建(集团)公司 | 155 | 162 |
| 49 | 江西省水利水电建设有限公司 | 158 | 174 |
| 50 | 安徽省外经建设(集团)有限公司 | 166 | 143 |
| 51 | 安徽建工集团有限公司 | 180 | 192 |
| 52 | 山东电力工程咨询院有限公司 | 182 | — |
| 53 | 山东德建集团有限公司 | 185 | 175 |
| 54 | 烟台国际经济技术合作集团有限公司 | 192 | 185 |
| 55 | 浙江省东阳第三建筑工程有限公司 | 194 | — |
| 56 | 重庆对外建设(集团)有限公司 | 196 | 207 |
| 57 | 江联重工集团股份有限公司 | 198 | 158 |

续 表

| 序号 | 公 司 名 称 | 入围 ENR 排名 | |
|---|---|---|---|
| | | 2019 年 | 2018 年 |
| 58 | 南通建工集团股份有限公司 | 199 | 182 |
| 59 | 山东淄建集团有限公司 | 200 | — |
| 60 | 龙信建设集团有限公司 | 202 | — |
| 61 | 浙江交工集团股份有限公司 | 204 | 215 |
| 62 | 中矿资源集团股份有限公司 | 205 | — |
| 63 | 山东科瑞石油装备有限公司 | 207 | — |
| 64 | 中国山东对外经济技术合作集团有限公司 | 208 | 204 |
| 65 | 中铝国际工程股份有限公司 | 209 | 186 |
| 66 | 江苏中南建筑产业集团有限责任公司 | 212 | 222 |
| 67 | 中国甘肃国际经济技术合作总公司 | 213 | 216 |
| 68 | 山西建设投资集团有限公司 | 214 | 246 |
| 69 | 山东省路桥集团有限公司 | 220 | — |
| 70 | 中机国能电力工程有限公司 | 226 | — |
| 71 | 湖南路桥建设集团有限责任公司 | 232 | 242 |
| 72 | 中国大连国际经济技术合作集团有限公司 | 238 | 219 |
| 73 | 北京住总集团有限责任公司 | 240 | 243 |
| 74 | 四川公路桥梁建设集团有限公司 | 246 | — |
| 75 | 蚌埠市国际经济技术合作有限公司 | 250 | 244 |

2019 年度上榜 ENR 的 75 家中国企业的国际营业总额为 1 189.5 亿美元，平均国际营业额为 15.86 亿美元，平均国际业务占比(国际工程营业额/国内及国际工程营业额总和)为 15.17%。

在全球工程承包九大区域市场营业份额的前十强榜单中，中国工程承包企业未能进入欧洲、美国、加拿大市场的前十强，这也是历史性的老问题，中国工程承包企业很难在发达的欧美国家取得较大的市场；在非洲市场，中国工程承包企业表现突出，中国交建、中国电建、中国铁建、中国中铁、中国建筑、中国机械工业集团、中国中材国际工程 7 家企业入围前十强；在亚洲市场，中国交建、中国建筑、中国电建 3 家企业入围前十强；在中东市场，中国电建、中国建筑 2 家企业入围前十强；此外,在拉丁美洲和加勒比市场,中国交建、中国电建 2 家企业入围前十强。

各国承包商在各区域市场各有所长,中国企业在非洲市场份额达到 60.9%,在亚洲市场份额为 40.8%,在拉丁美洲和加勒比市场份额为 24.3%;美国企业的业务主要集中在加拿大,市场份额为 49.1%;欧洲工程承包企业在美国与欧洲市场优势较为明显,市场份额分别达到 80.3%与 77%,在中东为 31.1%,在亚洲为 31.5%,在加拿大为 44.2%。

从专业领域方面来看,国际工程承包业务主要是在交通运输建设、房屋建筑、石油化工和电力工程四大领域,如上榜 ENR 的 250 家企业在交通运输建设领域的营业额合计 1 521.89 亿美元,占全球营业总额的 31.2%。在 2019 年度各业务领域排名前 10 强的企业榜单中,均有中国工程承包企业上榜。在交通运输建设领域、电力工程领域、水利工程领域,中国工程承包企业均占据 3 个及以上席位。在通信工程领域,中国通用技术(集团)控股有限责任公司也入围前十强。

当前,随着"一带一路"建设的发展,中国工程承包企业在国际工程承包市场的地位有着越来越好的发展前景。"一带一路"沿线国家数量超过 60 个,多数为新兴经济体与发展中国家,总人口达 30 亿。随着沿线国家的城市化进程逐步加快,对现有的交通、供水、供电系统造成较大压力,对城市基础设施建设有巨大需求。

2015 年,国务院发布的《关于推进国际产能和装备制造合作的指导意见》(国发〔2015〕30 号)提倡发挥传统工程承包优势,积极采取"工程承包+融资""工程承包+融资+运营"等方式,向国外输出产能和开展装备制造合作。通过对外承包工程促进生产资料中间产品向国外市场转移,尤其是电路机车、工程机械、发电设备等大中型建设项目的配套产品,有利于我国企业对外输出技术与服务,推动企业转型升级提高竞争力,形成新的经济增长点。在国家的倡议下,我国企业积极布局"一带一路"沿线地带,如 2016 年,我国工程企业在"一带一路"沿线国家已完成的营业额达 760 亿美元,当年新签合同额达到了 1 260 亿美元。"一带一路"的发展倡议的推行,大大提高了中国工程企业在国际工程承包市场的地位。

## 二、中国扩大国际工程承包市场的思考

### (一) 当前存在的问题

我国对外工程承包商在国际工程承包市场已经具有一定的地位,但与国际上大的承包商的发展相比,我国对外承包工程行业还存在着一些不容忽视的问题,必须认真研究,制定对策。

1. 国际市场营业额低,国际化程度低

我国对外工程公司的海外承包工程营业额在公司总营业额中的比例都比较

低。如2018年在ENR统计的国际最大250家承包商中排名第3的中国交通建设股份有限公司,其国际市场总营业额为227.3亿美元,占公司总营业额832.8亿美元的27.3%,而排名在其后的法国万喜集团、西班牙ACS集团、法国布依格集团的国际营业额占比分别为42.6%、86.1%和48.7%。当然这与中国当前是全球最大的建设市场不无关系,任何一家建筑公司都会首先考虑占领国内市场。但国际市场营业额所占比例是衡量一个企业国际化程度的重要指标,具有优势和前瞻性的工程公司提高国际化程度既是企业发展的需要,也是为国家的对外发展尽责。

2. 资金短缺,融资能力不足

承包商带资承包成为国际工程竞争中的重要因素,我国对外工程承包企业融资能力普遍较弱:

(1) 融资渠道窄,国际上通行的项目融资在我国尚未开展,企业境外融资还面临着很大的障碍。

(2) 融资担保难,国家设立的对外承包工程保函风险专项基金规模小,而且程序复杂、审批时间过长、支持范围有限。

(3) 融资成本高,据统计,大企业的融资成本一般在10%左右,一些中小企业甚至达到20%—30%。自有资金短缺,融资能力不足,制约了中国公司在国际工程市场的发展。

3. 对国民经济发展的推动作用还不明显

对外承包工程的年营业额占国内建筑业产值的5%左右,占外贸出口总额的3%左右,仅占国民生产总值(GNP)的1.5%左右。这些数字说明对外承包工程行业对国民经济发展的影响力还不大。只有当对外承包工程发展到对国民经济有足够的影响力时,才能得到国家政策等更多的支持。根据有关部门的研究,对外承包工程行业对国民经济增长有1∶4左右的拉动力,对外承包工程行业的进一步发展,能够更好地发挥对国民经济发展的推动作用。

4. 缺乏高级国际工程管理人才

国际工程市场的竞争是国家综合实力的竞争,包括国家经济实力、科技水平、工业设备制造水平、工程管理水平等。由于我国开展对外承包工程历史不长,缺乏受过专门培养教育又经过实践锻炼成长的高级国际工程管理人才,这是当前亟待解决的问题。

面对国际工程市场的激烈竞争,面对发达国家垄断国际工程市场的现状,亟待培养一大批复合型、外向型、开拓型高级国际工程管理人才。

(二) 国际承包工程市场发展对策建议

随着国家综合实力,特别是经济实力的增长,中国工程公司必将在国际承包工程市场上取得更大的成绩。为促进对外承包工程行业的进一步发展，政府、商会、企业和相关机构应该共同努力，探求国际承包工程市场发展对策。以下是一些可供参考的建议。

1. 应加大对国际承包工程公司的金融支持力度

积极发展对外工程承包，开拓海外市场，有利于缓解国内建设市场“僧多粥少”的恶性竞争状况，增加外汇收入，拉动国内经济发展。因此，国家主管部门应加大对国际承包工程公司的金融支持力度，如考虑适当下浮对外承包工程的贷款利率和保险费率；提高贷款的政策性贴息率；增加对外工程承包保函风险专项基金的数额，简化使用程序，扩大使用的范围等。

2. 深化对外工程承包企业管理体制改革

加大对外承包工程企业内部改革，将企业国际市场的开拓情况和经营情况列入企业领导人的考核目标；促进有条件的对外承包工程企业之间的重组、合并、并购、专业分工合作，提升核心竞争力，形成工程咨询设计和工程承包综合实力更强的集团公司，避免在国际市场内部竞争，进一步推动对外承包工程业务的发展。

3. 转变对外承包企业经营模式，提高国际竞争力

有条件的对外承包企业应拓宽业务范围，加强自身能力建设，加快进入 EPC 总承包、BOT 项目等高端业务市场的步伐。尽快形成一批专业能力突出、技术实力雄厚、国际竞争力强的对外工程承包的大企业集团。

4. 加快培养高级国际工程管理人才

中国发展国际承包工程市场需要一批企业家和项目经理人才，他们应该通过学习和实际锻炼具备：

(1) 复合型知识结构。包括：掌握一门以上专业领域工程知识；熟悉国内及国际经济、金融、商贸、管理及法律知识；了解国外通用的设计要求、技术规范、试验标准；熟悉工程承包市场的国际惯例等。

(2) 熟练的外语运用能力。具有较熟练的外语听说及阅读能力，专业的信函、合同书写能力。

(3) 创业开拓精神素质。国际工程市场的发展需要企业家的创新精神、战略决策能力、把握市场机遇的敏感性、公关沟通技巧等。

高级国际工程管理人才是多方面的，包括：项目经理、工程咨询、合同、财务、物资管理、投标报价、工程施工、索赔、风险管理、融资等多方面的人才。

很显然，高级国际工程管理人才的培养需要高等工程院校和对外工程企业共同努力才能奏效。

## 本章小结

本章首先对国际工程承包相关概念作了详细阐明,并对国际工程承包的本质特征进行了论述。其次,对全球国际工程承包九大建设市场分布概况及近年市场份额作了介绍,并分析了国际工程承包市场主要特点,以更深入了解国际工程承包市场。继而对中国承包商近年来在国际工程承包市场的进步及地位作了介绍。最后对我国当前国际工程承包发展中存在的问题进行了分析,对今后发展的对策提出了一些思考建议,特别是应加强高级国际工程管理人才的培养。

## 关键词

国际工程　建筑市场　工程承包　工程管理

## 复习思考题

1. 何谓工程发承包? 现代工程发承包有什么特点?
2. 国际工程承包本质特征是什么?
3. 国际工程承包市场分布如何? 市场占有情况有何特点?
4. 纵观国际工程承包市场的近期发展,工程承包市场有何特点?
5. 试论述中国应如何开拓发展国际工程承包市场。
6. 国际工程管理人才应具备什么样的基本素质?

# 第二章

# 国际工程项目管理模式

学习目标

通过本章学习，你应该能够：

1. 熟悉工程建设项目干系人组成及其职责；
2. 了解现代国际工程项目管理的多种模式及其内涵；
3. 掌握业主发包工程项目三种典型的合同模式及适用条件；
4. 掌握工程费用支付合同类型及适用条件；
5. 熟悉项目部组织结构多种模式；
6. 掌握项目管理九大领域专业知识。

## 第一节　国际工程建设项目干系人

工程建设项目干系人指参与国际工程项目建设的利益相关方，包括项目建设的业主、业主代表、承包商、建筑师/工程师、分包商、供应商、造价工程师、劳务供应商和项目融资方等。

一个项目的建设涉及众多干系人，项目的成功取决于所有干系人共同的努力。

### 一、业主

业主(owner)本义是指项目的产权所有者，在项目管理中主要指工程项目的发起人，常泛指工程项目的发起人、组织论证立项者、投资决策者、资金筹集者、项目实施的组织者，并负责项目生产、经营和偿还贷款者。业主机构可以是政府部门、社会法人、国有企业、股份公司、私人公司以及个人。

英文中 employer(雇主)，client(顾客、委托人)，promoter(发起人、创办人)，

developer(房地产开发商),在工程合同中均可理解为业主。

## 二、业主代表

业主代表(owner's representative)指由业主方正式授权的代表,代表业主行使在合同中明文规定的或隐含的权利和职责。

业主代表无权修改合同,无权解除承包商的任何责任。

在传统的项目管理模式中,对工程项目的具体管理均由工程师(相当于国内监理工程师)负责。在某些项目管理模式中(如设计采购施工(EPC)/交钥匙项目),不设工程师,业主代表要执行类似工程师的各项监督、检查和管理工作。总之,业主代表的具体权利和职责范围均应明确地在合同条件中规定。

## 三、承包商

承包商(contractor)通常指按合同约定,被业主接受的具有项目承包主体资格的当事人。通常按照承包合同的内容又分为设计承包商、施工承包商、施工总承包商、项目总承包商等。

施工承包商通常指承担工程项目施工及设备采购的公司、个人或他们的联合体。如果业主将一个工程分为若干的独立的合同,并分别与几个承包商签订合同,凡直接与业主签订承包合同的都叫承包商。

如果业主将整个项目的全部实施过程或部分实施过程中的全部施工工作与一个承包人签订承包合同,该承包人称施工总承包商。

当业主采用项目总发包模式时,将整个项目从咨询、设计到设备采购、施工等项目建设全过程的服务与一个承包人签订项目总承包合同,该承包人称项目总承包商。国外许多大型工程公司都可以提供从投资前咨询、设计到设备采购、施工等项目建设全过程的服务,这种公司多拥有自己的设计部门,规模较大,技术先进,具有担当项目总承包商能力。

## 四、建筑师/工程师

建筑师/工程师(architect/engineer)均指不同领域和阶段负责设计、咨询或工程管理服务的专业公司和专业人员。

建筑师/工程师提供的服务内容很广泛,一般包括:项目的调查、规划与可行性研究,工程各阶段的设计,工程监理,参与竣工验收、试车和培训,项目后评价以及各类专题咨询。在工程实施阶段,国际工程中的建筑师/工程师的职责相当于我国的监理工程师。

在国外对建筑师/工程师的职业道德和行为准则都有很高的要求,主要包括:

努力提高专业水平，使用自己的才能为委托人提供高质量的服务；按照法律和合同处理问题；保持独立和公正：不得接受业主支付的酬金之外的任何报酬，特别是不得与承包商、制造商、供应商有业务合伙和经济关系；禁止不正当竞争；为委托人保密等。

建筑师/工程师虽然本身就是专业人员，但是由于在工程项目管理中涉及的知识领域十分广阔，因而建筑师/工程师在工作中也常常要雇用其他的咨询专家作为顾问，以弥补自己知识的不足，使工作更加完善。

## 五、分包商

分包商(subcontractor)是指那些直接与承包商签订合同，分担一部分承包商与业主签订合同中的任务的承包公司。业主和工程师不直接管理分包商，他们对分包商的工作有要求时，一般通过承包商处理。

国外有许多专业承包商和小型承包商，专业承包商在某些领域有特长，在成本、质量、工期控制等方面有优势。大多数小公司人数很少，往往只有 10 多人，但公司数量多。而占公司总数不足 1%的大公司却承包了工程总量的 70%。大小并存和专业分工的局面有利于提高工程项目建设的效率。专业承包商和小承包商在大工程中一般都是分包商的角色。

指定分包商(nominated subcontractor)是业主方在招标文件中或在开工后指定的分包商或供应商，指定分包商仍应与承包商签订分包合同。

广义的分包商包括供应商与设计分包商。

## 六、供应商

供应商(suppliers)是指为工程实施提供工程设备、材料和建筑机械的公司和个人。一般供应商不参与工程的施工，但是有一些设备供应商由于设备安装要求比较高，往往既承担供货，又承担安装和调试工作，如电梯、大型发电机组等。

供应商既可以与业主直接签订供货合同，也可以直接与承包商或分包商签订供货合同，视合同类型而定。

## 七、造价工程师

造价工程师(cost engineer)是对工程造价管理人员的称谓，在英国、英联邦国家以及中国香港地区叫工料测量师，在日本叫建筑测量师(building surveyor)。

造价工程师的主要任务是为委托人（一般是业主，也可以是承包商)进行工程造价管理，协助委托人将工程成本控制在预定目标之内。

造价工程师受雇于业主时，协助业主编制工程的成本计划，建议采用的合同类型,在招标阶段编制工程量表及计算标底,也可在工程实施阶段进行支付控制,以至编制竣工决算报表。

造价工程师受雇于承包商时可为承包商估算工程量,确定投标报价或在工程实施阶段进行造价管理。

### 八、劳务供应商

劳务供应商(labour suppliers)指为工程项目实施提供劳务的公司或个人。劳务供应商按承包商或分包商需求提供各工种工人和技术人员,使用承包商或分包商提供的材料和设备完成指定的工作,劳务供应商按提供的人数和时间,或者完成的工作量向承包商或分包商结算。

### 九、项目融资方

项目融资方(project financer)是为工程项目实施提供资金的单位,通常是银行、大的企业、信托基金机构、保险公司等。项目融资方主要是向业主提供资金,但也会给业主一定约束,如世界银行贷款项目,承包商的选择要经世界银行批准。

以上介绍的是工程项目实施的主要参与干系人,因不同的合同类型,不同的项目管理模式有不同的参与方,即使是同一个参与方(如建筑师),也可能在不同合同类型和不同的实施阶段中,承担不同的职责。

## 第二节 国际工程项目管理模式

要想实现项目的目标,就必须对项目的具体工作任务、项目的资源条件、管理及劳务人员情况进行合理化的组织,但一个项目究竟采用哪种类型的项目组织管理模式为好却不是唯一的。每个项目经理都会有理由来决定如何安排自己承担项目的组织管理模式,以追求高效地完成项目的建设工作。但项目的组织管理模式首先是受业主工程发包的方式和合同的类型制约的,承包商并没有太多的选择权,业主组织和管理工程建设的模式,很大程度上决定了承包商所能选择的项目管理模式。

工程项目管理模式指从事工程建设的工程公司或工程管理公司对项目管理的运作方式。但是,任何工程项目都是有差别的一次性任务,而其管理都是项目经理的管理理念和方法的体现。近年来,一些国际上比较先进的工程公司为适应项目建设大型化、一体化以及项目融资和分散项目风险的需要,推出了一些较成熟的项目管理方式。

## 一、设计-招标-建造模式

设计-招标-建造模式(design-bid-build，DBB)是一种传统的模式，在国际上比较通用，世界银行、亚洲开发银行贷款项目和采用国际咨询工程师联合会(FIDIC)《施工合同条件》的项目多采用这种模式。这种模式各方关系见图 2-1。

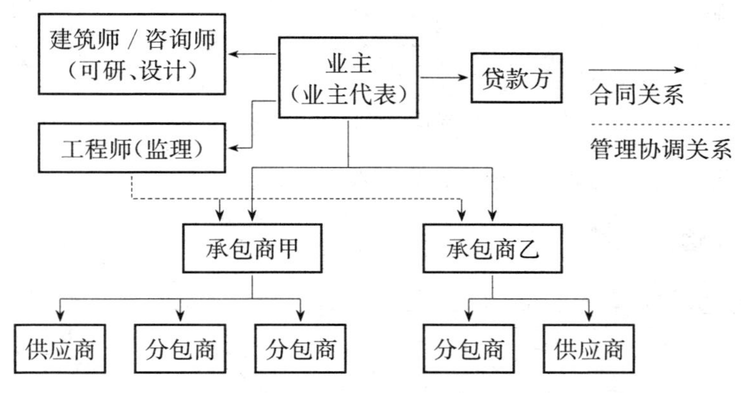


图 2-1　国际上传统的项目管理模式

这种模式最突出的特点是强调工程项目的实施必须按设计-招标-建造的顺序方式进行，只有一个阶段结束后另一个阶段才能开始。采用这种模式时，业主与设计机构(建筑师/工程师)签订专业服务合同，建筑师/工程师负责提供项目的设计和施工文件。在设计机构的协助下，通过竞争性招标将工程施工任务交给报价和质量都满足要求的投标人(承包商)来完成。在施工阶段，工程师通常担任重要的监督角色，并且是业主与承包商沟通的桥梁。

FIDIC 合同文本《施工合同条件》代表的即是这种模式。在施工合同管理方面，业主与承包商为合同双方，工程师处于特殊的合同地位，对工程项目的实施进行监督管理。

传统管理模式的项目实施过程见图 2-2。

DBB 模式的优点是：参与项目的三方即业主、承包商、工程师在各自合同的约定下，各自行使自己的权利和履行义务。这种模式可以使三方的权、责、利分配明确。由于市场竞争激烈，业主有条件挑选信得过、技术过硬的咨询设计机构、承包商和监理工程师。

DBB 模式的缺点是：项目管理是按照线性顺序进行设计、招标、施工的管理，建设周期长，投资成本容易失控，业主单位管理的成本相对较高，与建筑师、工程师、施工承包商之间协调比较困难。由于施工承包商无法参与设计工作，设计的“可施工性”差，变更频繁，而且变更时容易引起较多的索赔，使业主利益受损。另

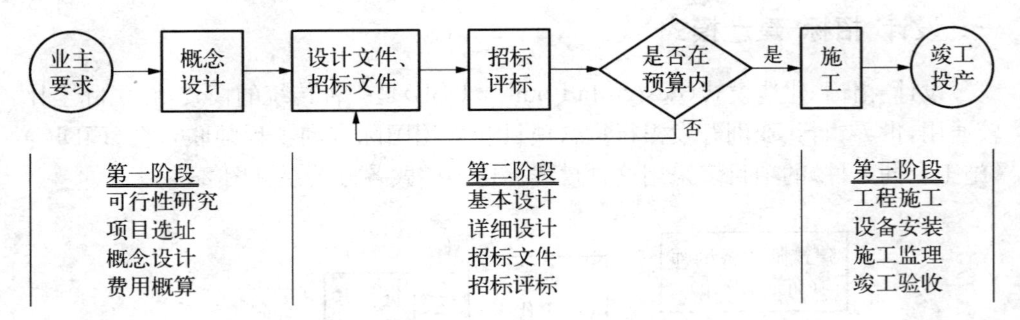


图 2-2 传统管理模式的项目实施过程

外,项目周期长,业主管理费较高,前期投入较高。

## 二、边设计边施工模式

边设计边施工模式(construction management, CM),又称快速路径法,如图 2-3 所示。

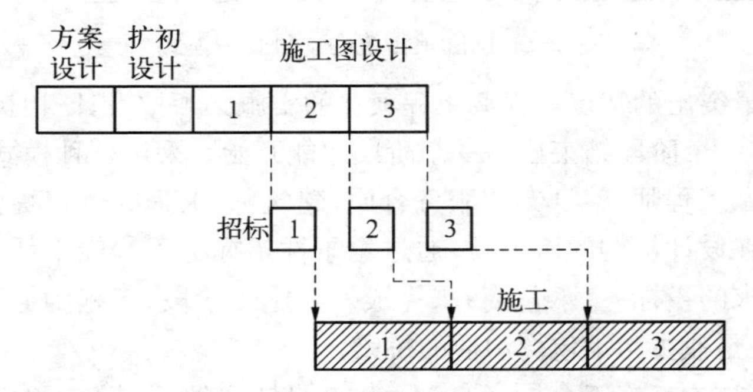


图 2-3 快速施工 CM 法各阶段工作关系示意

在 CM 模式中"项目的设计过程被看作一个由业主和设计人员共同连续地进行项目决策的过程。这些决策从粗到细,涉及项目各个方面,而某个方面的主要决策一经确定,即可进行这部分工程的施工"。CM 模式在美国、加拿大、澳大利亚和欧洲等许多国家和地区,广泛地应用于大型建筑项目的承发包和项目管理上,比较有代表性的是美国的世界贸易中心和英国诺丁汉地平线工厂。在 20 世纪 90 年代进入我国之后,CM 模式得到了一定程度上的应用,如上海证券大厦建设项目、深圳国际会议中心建设项目等。CM 管理模式在国内被译为建设工程管理模式:如果采取此管理模式,业主从项目决策阶段就聘请具有工程经验的咨询人员(CM 经理)参与到项目实施过程中,为设计专业人员(建筑师)提供施工方面的建议,并负责施工过程的管理。

长期以来,我国是不允许边设计边施工的,“边设计,边施工,边修改”被称为“三边工程”,特别是施工图审查办是要待施工图设计完成审查通过才能进行项目施工。

CM法的关键是项目业主要委托具有设计、施工经验的CM项目管理公司(简称CN单位),在施工图部分完成后由CM单位审查后即可招标开始施工,CM单位的经验能有效预见后续施工的问题,防止施工中对图纸的修改。

CM模式又分两种类型:

1. 代理型CM模式(CM/Agency)

这种模式CM单位与业主签订工程咨询服务合同,代业主对设计、施工进行监督管理。业主直接与设计、施工、材料、设备单位签合同,如图2-4所示。这种模式接近中国现行监理模式。

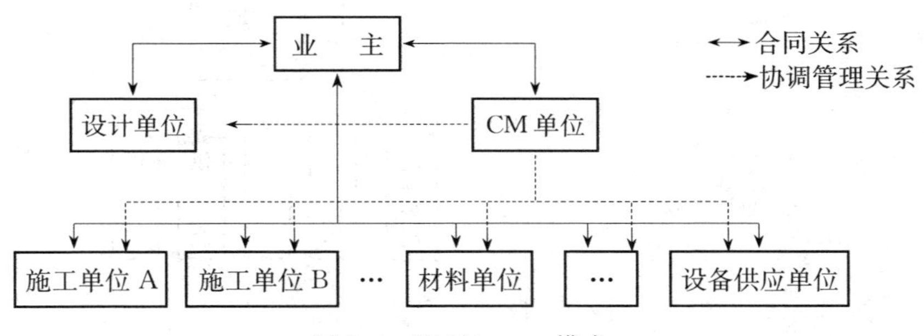


图2-4 CM/Agency模式

2. 非代理型CM模式(CM/Non-Agency)

这种模式的特点有以下几种,如图2-5所示。

(1) 相当于施工总包,但分包要经过业主同意。

(2) CM单位在设计阶段就介入工作。

(3) CM单位与施工单位、材料单位、设备单位签合同,但费用由业主向各单位结算,CM单位与业主签合同只报自己的管理费用价,不包括工程价。

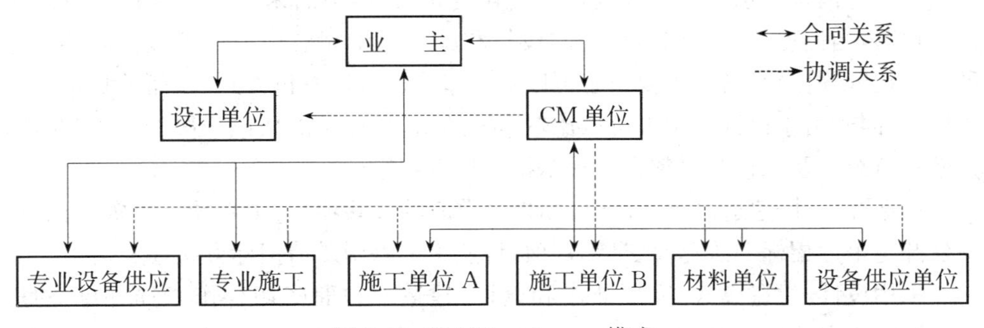


图2-5 CM/Non-Agency模式

## 三、设计-建造总承包模式

设计-建造(design-build, DB)总承包模式是指工程总承包公司按照合同约定,承担工程项目设计和施工,并对承包工程的质量、安全、工期、造价全面负责。

设计-建造模式组织形式见图 2-6。

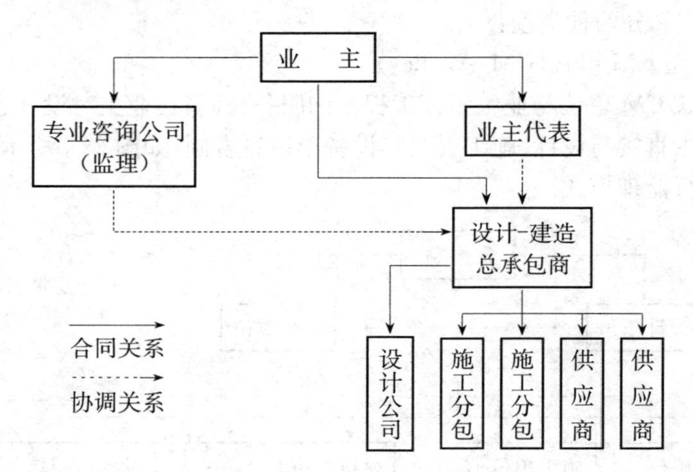


图 2-6 设计-建造总承包模式

在这种模式下业主首先招聘一家专业咨询公司代他研究拟定拟建项目的原则及基本要求,授权一个具有专业知识和管理能力的管理专家为业主代表,与设计-建造总承包商联系。

在项目原则确定之后,业主招标选定一家总承包商负责项目的设计和施工。这种模式在投标时和订合同时是以总价合同为基础的,设计建造总承包商对整个项目的成本负责。

总承包商首先选择一家咨询设计公司进行设计,然后采用竞争性招标方式选择分包商,当然也可以利用本公司的设计和施工力量完成一部分工程。近年来这种模式在国外比较流行,主要由于可以对分包采用阶段发包方式,因而项目可以提早投产;同时由于设计与施工可以比较紧密地搭接,业主能从包干报价费用和时间方面的节约以及承包商对整个工程承担责任得到好处。

在选择设计-建造总承包商时,如果是政府的公共项目,则必须采用资格预审,用公开竞争性招标办法;如果是私营项目,业主可以用邀请招标方式选定。

采用设计-建造模式,需要业主和设计-建造承包商密切合作,完成项目的规划、设计、成本控制、进度安排等工作。对业主而言,使用一个总承包商对整个项目负责,避免了设计和施工的矛盾,可减少项目的成本和工期。同时,在选定总承包商时,把设计方案的优劣作为主要的评标因素,可保证业主得到高质量的工程项目。

设计-建造这一类模式的主要优点是：在项目初期选定项目组成员,连续性好,项目责任单一,业主可得到早期的成本保证;可采用 CM 模式,缩短工期,可减少管理费用、减少利息及价格上涨的影响;更有利于在项目设计阶段预先考虑施工因素,从而可减少由于设计的错误和疏忽引起的变更。

主要缺点是：业主无法参与设计人员(单位)的选择;业主对最终设计和细节的控制能力降低,工程设计可能会受施工者的利益影响。

## 四、设计-管理模式

设计-管理模式(design-manage, DM)通常是指一种类似 CM 模式但更为复杂的,由同一实体向业主提供设计和施工管理服务的工程管理方式,在通常的 CM 模式中,业主分别就设计和专业施工过程管理服务签订合同。采用设计-管理合同时,业主只签订一份既包括设计也包括类似 CM 服务在内的合同。在这种情况下,设计师与管理机构是同一实体。这一实体常常是设计机构与施工管理企业的联合体。

设计-管理模式的实现可以有两种形式：第一种是业主与设计-管理公司和施工总承包商分别签订合同,由设计-管理公司负责设计并对项目实施进行管理(图 2-7a);第二种是业主只与设计-管理公司签订合同,由设计公司分别与各个单独的承包商和供应商签订分包合同,由它们施工和供货(图 2-7b)。这种方式可看作是 CM 与设计-建造两种模式相结合的产物,这种方式也常常对承包商或分包商采用阶段发包方式以加快工程进度。

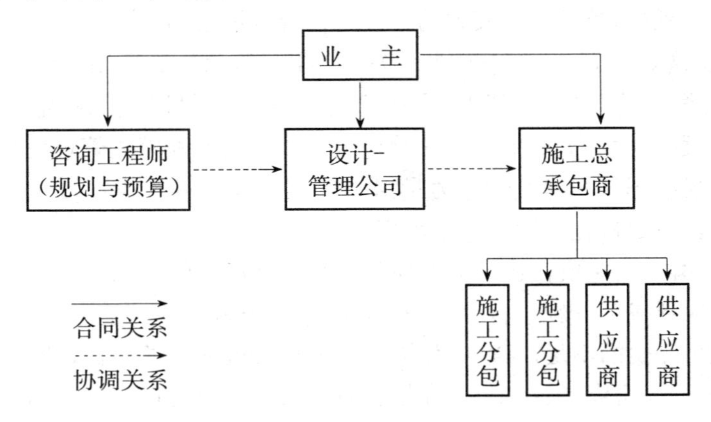


(a) 形式一

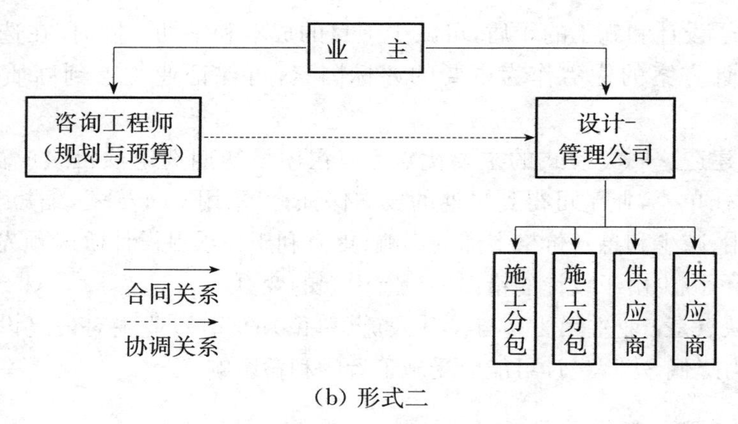


(b) 形式二

图 2-7　DM 模式的两种形式

## 五、设计采购施工/交钥匙模式

设计采购施工(EPC)/交钥匙(engineering, procurement, construction/turnkey)总承包是指工程总承包公司按照合同约定,承担工程项目的设计、采购、施工、试运行服务等工作,并对承包工程的质量、安全、工期、造价全面负责。

交钥匙总承包是设计-建造总承包业务和责任的延伸,在采用此类模式时总承包商可根据合同要求为业主提供包括项目融资、设计、施工、设备采购、安装和调试直至竣工移交的全套服务。最终是向业主提交一个满足使用功能、具备使用条件的工程项目,业主"转动钥匙"即可运行。

## 六、项目管理承包模式

PMC 项目管理模式(project management contractor, PMC)是指项目业主聘请一家公司(一般为具备相当实力的工程公司或咨询公司)代表业主进行整个项目过程的管理,这家公司在项目中被称为"项目管理承包商"(project management contractor),简称为 PMC。PMC 受业主的委托,从项目的策划、定义、设计到竣工、投产全过程为业主提供项目管理承包服务。选用该种模式管理项目时,业主方面仅需保留很小部分的建设管理力量对一些关键问题进行决策,而绝大部分的项目管理工作都由项目管理承包商来承担。

PMC 是由一批对项目建设各个环节具有丰富经验的专门人才组成的,它具有对项目从立项到竣工、投产进行统筹安排和综合管理的能力,能有效地弥补业主项目管理知识与经验的不足。PMC 作为业主的代表或业主的延伸,帮助业主在项目前期策划、可行性研究、项目定义、计划、融资方案,以及设计、采购、施工、试运行等整个实施过程中有效地控制工程质量、进度和费用,保证项目的成功实施,达到项目寿命期技术和经济指标最优化。

PMC 模式的主要任务是自始至终对一个项目负责，这可能包括项目任务书的编制、预算控制、法律与行政障碍的排除、土地和资金的筹集等，同时使设计者、工料预测师和承包商的工作正确地分阶段进行，在适当的时候引入指定分包商的合同和任何专业建造商的单独合同，以使业主委托的活动得以顺利进行。

PMC 通常用于国际性大型项目，PMC 具有如下特点：

(1) 项目投资额大，且包括相当复杂的工艺技术；

(2) 业主是由多个大公司组成的联合体，并且有些情况下有政府的参与；

(3) 业主自身的资产负债能力无法为项目提供融资担保；

(4) 项目投资通常需要从商业银行和出口信贷机构取得国际贷款，需要通过 PMC 取得国际贷款机构的信用，获取国际贷款；

(5) 由于某种原因，业主感到凭借自身的资源和能力难以完成项目，需要寻找有管理经验的 PMC 来代业主完成项目管理。

总之，一个项目的投资额越高，项目越复杂且难度大，业主提供的资产担保能力越低，就越有必要选择 PMC 进行项目管理。

采用 PMC 模式的项目，通过 PMC 对项目环节的科学管理，可大规模节约项目投资：

(1) 通过项目设计优化以实现项目寿命期成本最低。PMC 会根据项目所在地的实际条件，运用自身的技术优势，对整个项目进行全方位的技术经济分析与比较，本着功能完善、技术先进、经济合理的原则对整个设计进行优化。

(2) 在完成基础设计之后通过一定的合同策略，选用合适的合同方式进行招标。PMC 会根据不同发包工作的设计深度、技术复杂程度、工期长短、工程量大小等因素综合考虑采取哪种合同形式，从而从整体上给业主节约投资。

(3) 通过 PMC 的多项目采购协议及统一的项目采购策略，降低投资。

多项目采购协议是业主将建设的多个项目或同一项目中多个单项使用的同一种商品(设备/材料)与制造商签订的供货协议。与业主签订该协议的制造商是多项目这种商品(设备/材料)的唯一供应商。业主通过此协议获得价格、日常运行维护等方面的优惠。各个承包商必须按照业主所提供的协议去采购相应的设备。多项目采购协议是 PMC 项目采购策略中的一个重要部分。在项目中，要适量选择商品的类别，以免对承包商限制过多，直接影响积极性。

PMC 还应负责促进承包商之间的合作，以符合业主降低项目总投资的目标，包括最优化的项目内容，以及获得合理 ECA(出口信贷)数量和全面符合计划的要求。

(4) PMC 的现金管理及现金流量优化。PMC 可通过其丰富的项目融资和财务管理经验,并结合工程实际情况,对整个项目的现金流进行优化。

## 七、合同更替管理模式

合同更替管理模式(novation contract;NC)是一种新的项目管理模式,即用一种新合同更替原有合同,而两者之间又有密不可分的联系。业主在项目实施初期与某一设计咨询公司签订合同,委托其进行项目的初步设计,当这一部分工作完成(视情况一般达到全部设计要求的 30%—80%)时,业主可开始招标选择承包商,承包商与业主签约承担全部未完成的设计与施工工作,然后由承包商与原设计咨询公司签订设计合同,完成后一部分设计。设计咨询公司成为设计分包商,对承包商负责,由承包商对设计费用进行支付。

这种方式的主要优点是既可以保证业主对项目的总体要求,又可以保持设计工作的连贯性,还可以在施工样图设计阶段吸收承包商的施工经验,有利于加快工程进度、提高施工质量,并可减少施工中设计的变更,由承包商更多地承担这一实施期的风险管理,为业主方减轻了风险。采用 NC 模式,业主方必须在前期对项目有一个周到的考虑,因为设计合同转移后,变更就会比较困难,此外,在新旧设计合同更替过程中要细心考虑责任和风险的重新分配,以免引起纠纷。

NC 模式各方关系见图 2-8。

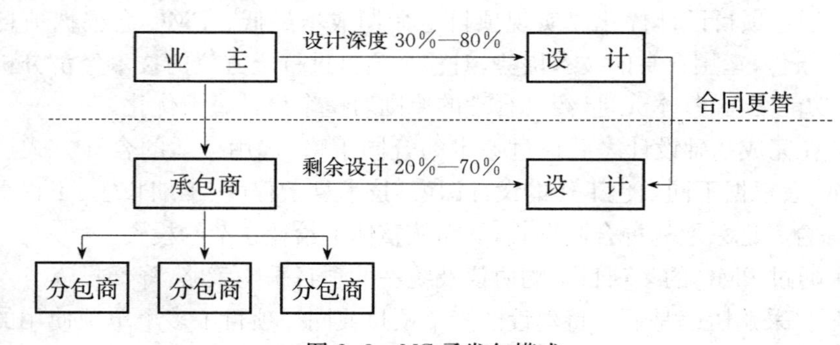


图 2-8 NC 承发包模式

## 八、合伙模式

合伙模式(partnering)于 20 世纪 80 年代中期首先出现在美国。该模式是在充分考虑建设各方利益的基础上确定建设工程共同目标的一种管理模式。它一般要求业主与参建各方在相互信任、资源共享的基础上达成一种短期或长期的协议,通过建立工作小组相互合作,及时沟通以避免争议和诉讼的产生,共同解决建设工程实施过程中出现的问题,共同分担工程风险和有关费用,以保证参与各方目标和利益的实现。合伙模式是一种新的建设项目的管理模式。它是指项目参与各方为了取得最大的资源效益，在相互信任、相互尊重、资源共享的基础上达成的一种短期或长期的相互协定。这种协定突破了传统的组织界限，在充分考虑参与各方的利益的基础上，通过确定共同的项目目标，建立工作小组，及时地沟通以避免争议和诉讼的发生，培育相互合作的良好工作关系，共同解决项目中的问题，共同分担风险和成本，以促使在实现项目目标的同时保证参与各方目标利益的实现。

相对于传统的管理模式，合伙模式对于业主在投资、进度、质量控制方面有着非常显著的优越性。同时，合伙模式改善了项目的环境和参与工程建设各方的关系，明显减少了索赔和诉讼的发生。相对于承包商而言，合伙模式也能够提高承包商的利润。

合伙模式的组织形式具有以下特点：

(1) 双方的自愿性。

(2) 高层管理的参与。

(3) 信息的开放性等。

合伙模式的特点决定了它特别适用于：

(1) 业主长期有投资活动的建设工程。

(2) 不宜采用分开招标或邀请招标的建设工程。

(3) 复杂的、专业性强的建设工程。

(4) 国际金融组织贷款的建设工程。针对目前我国建筑市场项目管理模式较单一的情况，积极引进合伙模式具有积极的意义。

## 九、项目总控模式

项目总控模式(project controlling, PC)是指以独立和公正的方式，对项目实施活动进行综合协调，围绕项目目标的投资、进度和质量进行综合系统规划，以使项目的实施形成一种可靠安全的目标控制机制。它通过对项目实施的所有环节的全过程进行调查、分析、建议和咨询，提出切实可行的建议实施方案，供项目的管理层决策。

项目总控是在项目管理基础上结合企业控制论发展起来的一种运用现代信息技术为大型建设工程业主方的最高决策者提供战略性、宏观性和总体性咨询服务的新型组织模式。项目总控模式于20世纪90年代中期在德国首次出现并形成相应的理论。彼得·格雷纳(Peter Greiner)博士首次提出了项目总控模式，并将其成功应用于德国统一后的铁路改造和慕尼黑新国际机场等大型建设工程。

项目总控模式是适应大型和特大型建设工程业主高层管理人员决策需要而产

生的,是工程咨询和信息技术相结合的产物。它的核心就是以工程信息流处理的结果指导和控制工程的物质流。大型建设工程的实施过程中,一方面形成工程的物质流;另一方面在各建设工程参与方之间形成信息传递关系,即工程的信息流。通过信息流可以反映工程物质流的状况。

建设工程业主方的管理人员对工程目标的控制实际上就是通过及时掌握信息流来了解工程物质流的状况,从而进行多方面策划和控制决策,使工程的物质流按照预定的计划进展,最终实现建设工程的总体目标。基于这种流程分析,大型和特大型工程项目管理在组织上可分为两层:项目管理信息处理及目标控制层和具体项目管理执行层。项目总控模式的总控机构处于项目管理信息处理及目标控制层,其工作核心就是进行工程信息处理并以处理结果指导和控制项目管理的具体执行。

项目总控以强化项目目标控制和项目增值为目的。该模式的基础是项目管理学、企业控制论和现代信息技术的结合。国际上已有多个大型建设工程应用项目总控取得成功。项目总控是以现代信息技术为手段,对大型建设工程信息进行收集、加工和传输,用经过处理的信息流指导和控制项目建设的物质流,支持项目最高决策者进行规划、协调和控制的管理模式。项目总控方实质上是建设工程业主的决策支持机构。

项目总控模式,不能作为一种独立的模式,取代常规的建设项目管理,往往与其他管理模式同时并存。

项目总控的特点主要体现在以下几方面。

1. 为业主提供决策支持

项目总控单位主要负责全面收集和分析项目建设过程中的有关信息,不对外发任何指令,对设计、监理、施工和供货单位的指令仍由业主下达。项目总控工作的成果是采用定量分析的方法为业主提供多种有价值的报告(包括月报、季报、半年报、年报和各类专用报告等),这将是对业主决策层非常有力的支持。

2. 项目总控注重项目的战略性、总体性和宏观性

所谓战略性就是指对项目长远目标和项目系统之外的环境因素进行策划和控制。长远目标就是从项目全寿命周期集成化管理出发,充分考虑项目运营期间的要求和可能存在的问题,为业主在项目实施期的各项重大问题提供全面的决策信息和依据,并充分考虑环境给项目带来的各种风险,进行风险管理。

所谓总体性,就是注重项目的总体目标、全寿命周期、项目组成总体性和项目建设参与单位的总体性。

所谓宏观性,就是不局限于某个枝节问题,而是高瞻远瞩,预测项目未来将要面临的困难,及早提出应对方案,为业主最高管理者提供决策依据和信息。

3. 项目总控注重过程控制及界面控制

项目总控的过程控制体现在抓关键点；项目总控的界面控制方法体现了重综合、重整体。过程控制和界面控制既抓住了过程中的关键问题，也能够掌握各个过程之间的相互影响和关系，这两方面的有机结合有利于加强各个过程进度、投资和质量的重要因素策划与控制，有利于管理工作的前后一致和各方面因素的综合，以作出正确决策。

## 十、建造-运营-移交模式

建造-运营-移交(build-operate-transfer，BOT)模式的运作方式是：由项目所在国政府或所属机构为项目的建设和经营提供一种特许权协议作为项目融资的基础，由本国公司或者外国公司作为项目的投资者和经营者安排融资，承担风险，开发建设项目，并在特许的运营期内经营项目获取商业利润，最后根据协议将该项目转让给相应的政府机构，见图 2-9。

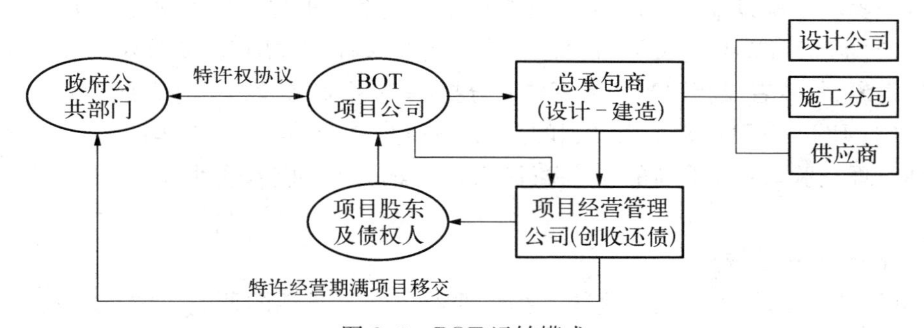


图 2-9　BOT 运转模式

BOT 模式由土耳其总理土格脱·奥扎尔于 1984 年首次提出。20 世纪 80 年代初期到中期，项目融资在全球范围内处于低潮阶段。在这一阶段，虽然有大量的资本密集型项目，特别是发展中国家的基础设施项目在寻找资金，但是，由于世界性的经济衰退和第三世界债务危机所造成的影响，如何增加项目抵抗政治风险、金融风险、债务风险的能力，如何提高项目的投资收益和经营管理水平，成为银行、项目投资者、项目所在国政府在安排融资时所必须面对和解决的问题。BOT 模式就是在这样的背景下发展起来的一种主要用于公共基础设施建设的项目融资模式。BOT 模式一出现，就引起了国际金融界的广泛重视，被认为是代表国际项目融资发展趋势的一种新型结构。

BOT 广泛应用于一些国家的交通运输、自来水处理、发电、垃圾处理等服务性或生产性基础设施的建设中，显示了旺盛的生命力。BOT 模式不仅得到了发展中国家政府的广泛重视和采纳，一些工业国家政府也考虑或计划采用 BOT 模式来完成政府企业的私有化过程。迄今为止,在发达国家已进行的 BOT 项目中,比较著名的有横贯英法的英吉利海峡海底隧道工程、澳大利亚悉尼港海底隧道工程等。20 世纪 80 年代以后,BOT 模式得到了许多发展中国家政府的重视,中国、马来西亚、菲律宾、巴基斯坦、泰国等发展中国家都有成功运用 BOT 模式的项目。如中国深圳的沙角火力发电厂 B 厂、马来西亚的南北高速公路及菲律宾那法塔斯(Novotas)一号发电站等都是成功的案例。

BOT 模式的一个重要特征是运营中的项目将被转让给相应的政府机构,除非特许期的长度接近项目生命期的长度。所以,BOT 项目是一种公有部门的项目,但在有限的一段时间(开发期、运营初期)内寻求私人的支持。BOT 模式主要用于基础设施项目包括发电厂、机场、港口、收费公路、隧道、电信、供水和污水处理设施等,这些项目都是一些投资较大、建设周期长和可以自己运营获利的项目。

BOT 方式的优点有:

(1) 降低政府财政负担。通过采取民间资本筹措、建设、经营的方式,吸引各种资金参与基础设施项目建设,以便政府集中资金用于其他公共物品的投资。

(2) 政府可以避免大量的项目风险。实行该种方式融资,使政府的投资风险由投资者、贷款者及相关当事人等共同分担,其中投资者承担了绝大部分风险。

(3) BOT 项目通常都由外国的公司来承包,这会给项目所在国带来先进的技术和管理经验,既给本国的承包商带来较多的发展机会,也促进了国际经济的融合。

BOT 方式的缺点有:

(1) 公共部门和私人企业往往都需要经过一个长期的调查了解、谈判和磋商过程,以致项目前期过长,使投标费用过高。

(2) 在特许期内,政府对项目失去控制权。

BOT 方式开创了利用民间资金加快公用基础设施建设,提高社会公共服务水平的途径,在此基础上,根据项目的不同情况,又产生了多种新的变异模式:建设-移交(build-transfer, BT);建设-占有-运营(build-occupy-operate, BOO);建设-占有-运营-移交(build-occupy-operate-transfer, BOOT)等。

## 十一、私人主动融资模式

私人主动融资模式(private finance initiative, PFI),即私人主动融资,由英国政府于 1992 年提出,其含义是公共工程项目由私人资金启动,投资兴建,政府授予私人委托特许经营权,通过特许协议政府和项目的其他各参与方之间分担建设和运作风险。它是在 BOT 之后又一优化和创新了的公共项目融资模式。

PFI 模式的引入是为了增加私人部门在公共服务的提供方面的参与。政府采用 PFI 目的在于获得有效的服务，而并非旨在最终的建筑的所有权。

在 PFI 模式下，公共部门在合同期限内因使用承包商提供的设施而向其付款。在合同结束时，有关资产的所有权或者留给私人部门承包商，或者交回公共部门，取决于原始合同条款规定。它是国际上用于开发基础设施项目的一种模式，其要点是利用私有资金来开发、实施、建设公共工程项目。

公共项目的委托特许经营被认为是 200 年来英国建筑业最具根本性的变革，英国政府要求公共工程项目在计划阶段，必须首先考虑采用 PFI 方式，除非经过政府的评估部门认可该项目不宜或不能或没有私人部门参与的情况下，才能采用传统的政府财政投资兴建的办法。PFI 的目的在于通过公共部门和私营企业的伙伴关系来提高资金的利用率，从而实现价值的最大化。这一政策大大改变了英国的建筑活动方式。承包商必须以实现基础设施项目全寿命周期目标为核心而绝非单纯的营造，政府也得以从传统模式下复杂全过程开发的重任中解脱出来去规划更多的项目。但最根本的改变还在于 PFI 使得项目公司对项目全寿命成本进行集成化的考虑，从而使政府在整个项目投入的成本低于传统模式下的总成本。

PFI 是以开发、建设和运营为核心的产业链条，承包商在 PFI 中获得的不单是某一环节的效益，而是较长期的回报；PFI 的参与方多且复杂：项目发起人、项目公司、投资银行、贷款银行、建设单位、设计单位、运营单位甚至用户。承包商无论是列于其中还是兼任多角，都可以利用众多的参与方平衡和规避项目风险；私营化的体制使得回报率更可期待。当前在英国，最大型的项目来自国防部，例如空对空加油罐计划、军事飞行培训计划、机场服务支持等。更多的项目是相对小额的设施建设，包括公路、监狱、医院、学校、警察局、能源管理或公路照明等。

PFI 模式的优势在于：

（1）它是一种吸收民间资本的有效手段。以潜在的巨大市场及利润吸引各种来源的私人资本，投资基础设施建设，这样既可以弥补本国建设资金的不足，也可以改变投资环境。

（2）可减轻政府的财政负担。采用 PFI 方式建设的项目，其融资风险及责任均由投资者承担，政府不提供信用担保。因此它是降低政府财政负担和债务的一种良好方式。

（3）有利于加强管理、控制成本。PFI 项目可以引进先进的管理方法，提高项目建设速度与质量，降低工程成本，提供更好的服务，以较低的价格最终使消费者受益。PFI 项目实行的项目管理方式，能集中与项目有关的各方面专家，有利于解决工程中出现的各种问题，从而实现降低成本、提高效益、创造利润的目的。

(4) 有利于引进先进的设计理念和技术设备。由于 PFI 方式采用“一揽子”总承包方式，在项目设计中，项目公司中的设计人员有时会带来新的设计观念，有助于产生优秀的设计，达到创新的目的，对整个项目建设起到极大促进作用。在 PFI 项目的实施中，项目公司为了加速 PFI 的施工进度，提高施工质量，或为了达标运营，必然会引进或开发研制先进技术设备、仪表仪器等。在项目公司建完项目后，施工设备一般要折价留给当地政府所属的企业单位，从而增加了地方的技术设备，另外更多设备经国外引进后装配在生产线上，从而提高了特许基建项目的技术质量水平，对政府推动技术进步产生积极影响。

(5) PFI 不会像 BOT 方式那样使政府在特许期内完全失去对项目所有权或经营权的控制，政府在特许权期间不出让项目的所有权，可随时检查 PFI 的工作进展。

PFI 项目由于起源于英国，再加之英国政府大力宣传和推广，以 PFI 为方案的项目已经越来越多；但由于 PFI 项目的建设周期长，所以至今有近一半的项目还在进行中。当前 PFI 的一些热点问题讨论包括：

(1) PFI 是否提供了资金价值。英国的许多研究统计机构经过对大量 PFI 案例的总结，发现 PFI 方式下的采购前期费用要远远高于常规采购方式的花费。这是因为 PFI 投标者需要提供的方案的要求比较高，这在一定程度上限制了招标的广泛性。

(2) PFI 融资是否是最经济的融资方式。一般认为，由于采用 PFI 融资方式客观上使得政府部门不用动用预算而获得所需服务。但是此种方式是否是最经济的，政府部门是否真正达到了“省钱”的目的，还有待项目的完成和项目带来的社会影响的评估。因为项目最终的服务将是政府部门出资购买的产品。

(3) PFI 应用的国别范围。PFI 的根本在于政府从私人处购买服务，目前这种方式多用于社会福利性质的建设项目中，不难看出这种方式多被那些硬件基础设施相对已经较为完善的发达国家采用。比较而言，发展中国家由于经济水平限制，将更多的资源投入到了能直接或间接产生经济效益的地方，而这些基础设施在国民生产中的重要性很难使政府放弃其最终所有权。

## 十二、政府公共部门与私人合作模式

政府公共部门与私人合作(private public partnership, PPP)模式是国际上新近兴起的一种新型的政府公共部门与私人合作建设城市基础设施的形式。

其典型的方式为：政府部门通过政府采购形式与中标单位组成的特殊目的公司签订特许合同，由特殊目的公司负责筹资、建设及经营。政府通过给予私营公司长期的特许经营权和收益权来换取基础设施加快建设及有效运营。

特殊目的公司一般是由中标的建筑公司、服务经营公司或对项目进行投资的第三方组成的股份有限公司。政府通常与提供贷款的金融机构达成协议，使特殊目的公司能比较顺利地获得金融机构的贷款。

PPP 模式的目标有两种：一是低层次目标，指特定项目的短期目标；二是高层次目标，指引入私人部门参与基础设施建设的长期目标。

PPP 模式的组织形式非常复杂，既可能包括私人营利性企业、私人非营利性组织，同时还可能包括公共非营利性组织（如政府）。合作各方之间不可避免地会产生不同层次、类型的利益和责任的分歧。只有政府与私人企业形成相互合作的机制，才能使得合作各方的分歧模糊化，在求同存异的前提下完成项目的目标。

PPP 模式的机构层次就像金字塔一样，金字塔顶部是项目所在国的政府，是引入私人部门参与基础设施建设项目的有关政策的制定者。项目所在国政府对基础设施建设项目有一个完整的政策框架、目标和实施策略，对项目的建设和运营过程的参与各方进行指导和约束。金字塔中部是项目所在国政府有关机构，负责对政府政策指导方针进行解释和运用，形成具体的项目目标。金字塔的底部是项目私人参与者。这种模式的一个最显著的特点就是项目所在国政府或者所属机构与项目的投资者和经营者之间的相互协调，以在项目建设中发挥最大的作用。

从国外近年来的经验看，以下几个因素是成功运作 PPP 模式的必要条件：

（1）政府部门的有力支持。在 PPP 模式中政府公共部门与民营机构合作双方的角色和责任会因项目的不同而有所差异，但政府为大众提供最优质的公共设施和服务的总体角色和责任却是始终不变的。在任何情况下，政府均应从保护和促进公共利益的立场出发，负责项目的总体策划，组织招标，理顺各参与机构之间的权限和关系，降低项目总体风险等。

（2）健全的法律法规制度。PPP 项目的运作需要在法律层面上，对政府部门与企业部门在项目中需要承担的责任、义务和风险进行明确界定，保护双方利益。在 PPP 模式下，项目设计、融资、运营、管理和维护等各个阶段都可以采纳政府公共部门与民营机构合作，通过完善的法律法规对参与双方进行有效约束，是最大限度发挥优势和弥补不足的有力保证。

（3）专业化机构和人才的支持。PPP 模式的运作广泛采用项目特许经营权的方式，进行结构融资，这需要比较复杂的法律、金融和财务等方面的知识。一方面要求政策制定参与方制定规范化、标准化的 PPP 交易流程，对项目的运作提供技术指导和相关政策支持；另一方面，需要专业化的中介机构提供具体专业化的服务。

PPP模式的优点在于:

(1) 在初始阶段,私人企业与政府公共部门共同参与项目的识别、可行性研究、设施和融资等项目建设过程,保证了项目在技术和经济上的可行性,缩短前期工作周期,使项目费用降低。

(2) 有利于转换政府职能,减轻财政负担。政府可以从繁重的事务中脱身出来,从过去的基础设施公共服务的提供者变成一个监管的角色,从而保证质量,也可以在财政预算方面减轻政府压力。

(3) 参与项目融资的私人企业在项目前期就参与进来,有利于私人企业一开始就引入先进技术和管理经验。

(4) 政府公共部门和民间机构可以取长补短,发挥政府公共机构和民营机构各自的优势,弥补对方身上的不足。双方可以形成互利的长期目标,可以以最有效的成本为公众提供高质量的服务。

(5) 使项目参与各方整合组成战略联盟,对协调各方不同的利益目标起关键作用。

(6) 政府拥有一定的控制权。

(7) 应用范围广泛,该模式突破了目前的引入私人企业参与公共基础设施项目组织机构的多种限制,可适用于城市供热等各类市政公用事业及道路、铁路、机场、医院、学校等。

PPP模式的缺点在于:

(1) 对于政府来说,如何确定合作公司给政府增加了难度,而且在合作中要负有一定的责任,增加了政府的风险负担。

(2) 组织形式比较复杂,增加了管理上协调的难度,对参与方的管理水平有一定的要求。

(3) 如何设定项目的回报率可能成为一个颇有争议的问题。

虽然PPP模式在国外已有很多成功的案例,但在我国基本上是一个空白。我国基础设施一直以来都是由政府财政支持投资建设,由国有企业垄断经营。这种基础设施建设管理的模式不仅越来越不能满足日益发展的社会经济的需要,而且政府投资在基础设施建设中存在的浪费严重、效率低下、风险巨大等诸多弊病,暴露得也越来越明显,成为我国市场经济向纵深发展的一个制约因素。因此,基础设施领域投融资体制要尽快向市场化方向改革,在我国基础设施建设中引进和应用PPP模式,积极吸引民间资本参与基础设施的建设,并将其按市场化模式运作,既能有效地减轻政府财政支出的压力,以提高基础设施投资与运营的效率,同时又不会产生公共产权问题。因此,PPP模式在我国有着广泛的发展前景。

在以上 12 种项目管理模式中，后 3 种 BOT、PFI、PPP 主要是与项目建设融资密切相关的模式，因此更多是与业主项目管理有关。前 9 种主要是与常规项目建设管理相关的模式，与业主和承包商项目管理均密切有关。前 9 种仍然是后 3 种模式在项目建设实施管理中可选模式。

## 第三节　工程项目业主发包合同模式

### 一、项目总发包/交钥匙工程合同模式

对于较复杂的工程，业主没有完整的经验，但又希望工程项目最终价格和工期能很好控制，往往采用项目总发包/交钥匙合同模式，将项目全部建设工作交由总包商来完成。这种工程发包模式的标准合同如国际咨询工程师联合会（法文为 Fédération Internationale Des Ingénieurs Conseils，FIDIC）组织推出的合同文本《设计采购施工（EPC）/交钥匙工程合同条件》（Conditions of Contract for EPC/Turn Key Projects）。交钥匙工程的通常情况是，由承包商进行设计（engineering）、采购（procurement）和施工（construction）的全部工作，提供一个完善竣工的项目交付给业主，业主“转动钥匙”即可投入运行。

交钥匙合同（EPC）模式具有以下特点：

（1）项目的最终价格和要求的工期具有很大程度的确定性，一般按固定价签合同，调价条款非常严格。

（2）由承包商承担项目设计、采购和施工的全部职责，建设方（业主）很少介入，只要最终的结果能够满足业主规定的功能标准，业主重点是对“竣工试验”给予特别注意。

（3）总承包商承担了更大范围的风险（除由业主承担的特殊风险和不可抗力外），因此投标报价会增加一些。建设方（业主）一般对交钥匙合同愿意多支付一些费用，只要能确保商定的最终价格不会超过业主预设的最大可接受价格。

（4）交钥匙合同不适于建设内容会有较多不确定性因素的工程，如没有经验的新型建筑，或涉及相当数量的地下工程等。对于业主想要严密监督或控制承包商的工作的项目，也不适于采用此模式。

（5）总承包商自身必须具有完成大部分设计及施工的能力，允许少量分包，不允许将设计、施工完全分包出去。

业主以交钥匙合同模式组织工程建设时，自身的项目管理工作相对较少，但仍然需要设置一个专门的项目部，管理项目合同、技术、财务方面的工作。其组织模

式如图 2-10 所示。

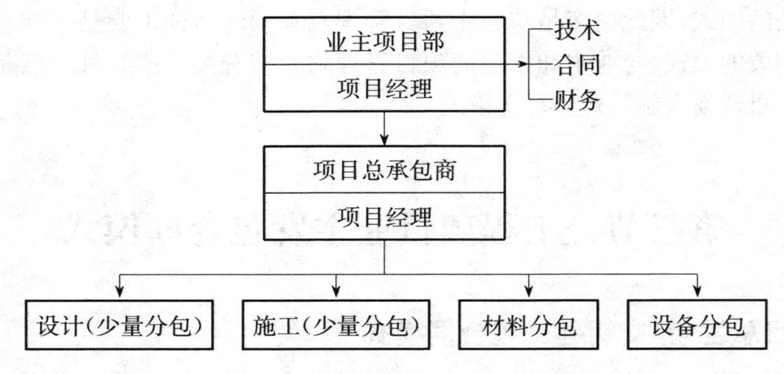


图 2-10　项目总发包/交钥匙工程合同模式

## 二、项目总发包/少合同模式

业主希望将整个工程以少合同的方式发包,以减少自身的项目管理工作,但同时又希望对工程建设过程进行严密的监督或控制,这种情况下可以采用非交钥匙合同的项目总发包模式。通常有两种模式:

模式 1:业主与项目管理公司签订项目总包合同,由项目管理公司将项目的设计、施工、设备及材料的采购分别进行分包,并由项目管理公司对建设过程进行严密的监督和控制。项目管理公司此时要成立一个较大的项目部来履行职责。业主自身仍需要设立专门的项目部,管理项目的合同、技术、财务方面的工作,管理工作量要比总发包/交钥匙合同模式要大一些。其组织模式如图 2-11 所示。

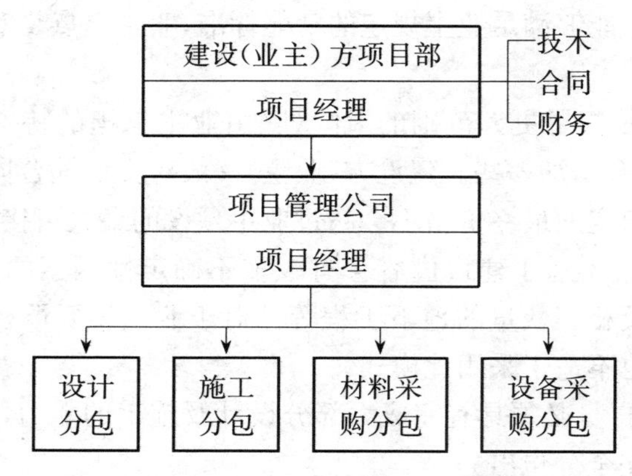


图 2-11　项目总发包/少合同模式 1

模式 2:业主与总承包商签订总包合同,由总承包商来进行工程设计,提供生产设备和进行施工及安装，直至项目竣工交付生产(使用)。此外，为了加强对建设全过程的监控，业主还需聘请工程监理公司(或咨询公司)全程介入建设过程，代表业主进行监控，并正式签订委托监理合同。业主方也需成立项目部，管理项目的合同、技术、财务等方面工作，工作量较之模式1要增加一些。其组织模式见图2-12。项目总承包商必须具有完成大部分设计和施工的能力，不允许总承包商将全部的设计和施工工作分包。

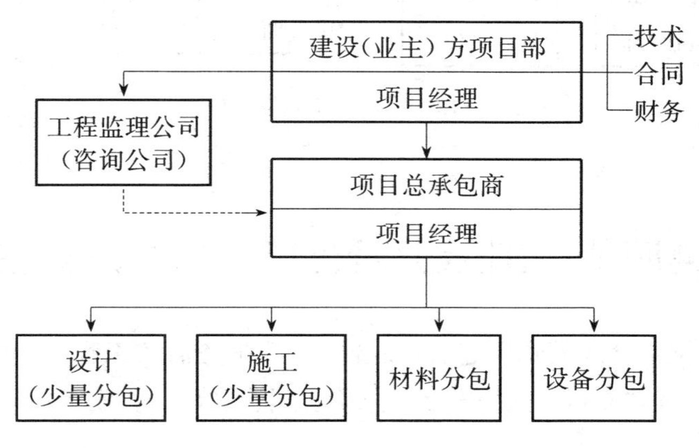


图2-12　项目总发包/少合同模式2

上述两种模式的项目总发包适用的总包合同可参照FIDIC组织的《生产设备和设计-施工合同条件》文本，模式1中的"项目管理公司"及模式2中的"工程监理公司"，可对应于该合同文本中"工程师"的角色。

## 三、项目生产设备、设计、施工分别发包/多合同模式

业主将项目的生产设备、设计、施工及部分材料等分别进行发包，签订多项合同的方式组织工程建设。在时序上，业主将首先进行设计招标发包，然后再进行施工、生产设备招标发包。同时为了加强对工程建设过程的监督管理，另签订合同委托监理公司(咨询公司)进行。这种先设计，后施工及设备招标发包模式也是国际上传统的模式，见图2-13。这种多合同的模式无疑使业主的项目管理工作陡增，业主需要组织一个与管理工作量相适应的项目部，这种模式要求业主方对项目的建设有较完整的建设经验。这种模式组织建设明显划分为设计和施工阶段，业主先行进行设计发包，施工图完成后再进行施工、设备采购发包。施工的发包合同可参照国际上通行的FIDIC组织的《施工合同条件》标准文本。

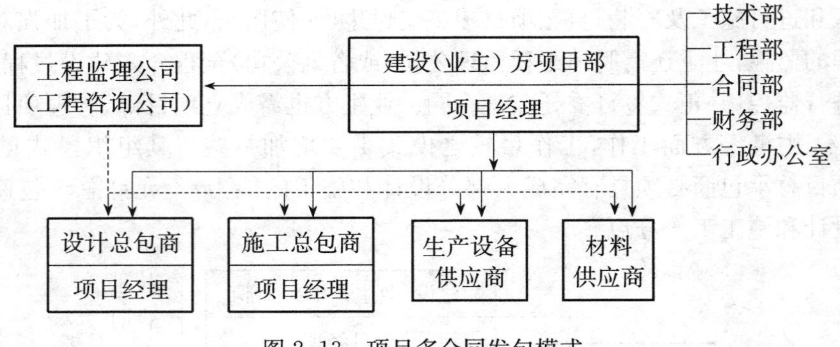


图 2-13 项目多合同发包模式

# 第四节 国际工程费用支付合同类型

国际工程发包合同模式选定后,在合同条款中还需按工程具体情况选择工程款支付方式,工程款支付方式可分为:总价合同、单价合同、成本补偿合同。

## 一、总价合同

总价合同(lump sum contract)是指,要求投标人按招标文件要求报一个总价,在这个价格下完成合同规定的全部项目。通常又有以下四种方式。

(一) 固定总价合同

当图纸内容及要求不改变时,则总价不允许改变,承包商承担全部风险。适用于工期一般不超过 1 年,项目相对简单,不可预见因素少的项目。

(二) 可调价总价合同

按招标文件要求规定报价时的物价计算的总价合同,同时在合同中约定,由于通货膨胀引起工料成本增加达到某一限度时,合同价应按约定方法调整。业主承担通货膨胀风险,承包商承担其他风险。

(三) 固定工程量总价合同

投标人按单价合同办法按工程量清单表填报分项工程单价,从而计算工程总价,据之报价和签订合同。施工中如改变设计或增加工程量,仍按原相应单价计算调整总价。适用于工程量变化不大的项目。

(四) 管理费总价合同

业主聘请管理专家对工程项目进行管理和协调,管理费常用总价合同。

## 二、单价合同

当工程的内容、设计指标不十分确定，或工程量可能出入较大时，宜采用单价合同(unit price contract，schedule of rate contract)。单价合同常分三种形式。

### (一) 估计工程量单价合同

招标文件提供估计的工程量清单表，承包商填报单价，据之计算总价作为投标报价。施工时以每月实际完成的工程量计算，完工时以竣工图工程量结算工程总价。

当工程量实际变化很大时，承包商风险大，FIDIC《施工合同条件》第12.3款规定当工程量变化超出10%，或超出中标合同金额的0.01%，或导致该项工作的单位成本超过1%时允许商量调整单价。

### (二) 纯单价合同

当某些工程无法给出工程量(如地质不好的基础工程)时，招标文件可给出各分项工程一览表、工程范围及必要说明，而不提供工程量表，投标人只报单价，施工时按实际工程量计算。

### (三) 单价与包干混合式合同

以估计工程量单价合同为基础，但对其中某些不易计算工程量的分项工程则采用包干的办法，施工时按实际完成的工程量及工程量表中单价及包干费结算。很多大、中型土木工程采用这种合同。

## 三、成本补偿合同

成本补偿合同(cost reimbursement contract，cost plus fee contract)，当工程内容不太确定而又急于开工的工程(如灾后修复工程)，可采用按成本实报实销，另加一笔酬金作为管理费及利润的方式支付工程费用，具体有以下多种方式。

### (一) 成本加固定费用合同

成本加固定费用合同(cost plus fixed fee contract)是指，根据双方讨论同意的工程规模、估计工期、技术要求、工作性质及复杂性、所涉及的风险等来考虑确定一笔固定数目的报酬金额作为管理费及利润。对人工、材料、机械台班费等直接成本则实报实销。如果设计变更或增加新项目，当直接费用超过原定估算成本的10%左右时，固定的报酬费也要增加。在工程总成本一开始估计不准，可能变化较大的情况下，可采用此合同形式，有时可分几个阶段谈判付给固定报酬。这种方式虽不能鼓励承包商关心降低成本，但为了尽快得到酬金，承包商会关心缩短工期。有时也可在固定费用之外根据工程质量、工期和节约成本等因素，给承包商另加奖金，以鼓励承包商积极工作。

(二) 成本加定比费用合同

成本加定比费用合同(cost plus percentage fee contract)是指,工程成本中的直接费加一定比例的报酬费,报酬部分的比例在签订合同时由双方确定。这种方式报酬费随成本加大而增加,不利于缩短工期和降低成本。一般在工程初期很难描述工作范围和性质,或工期急迫,无法按常规编制招标文件招标时采用,在国外,除特殊情况外,一般公共项目不采用此形式。

(三) 成本加奖金合同

成本加奖金合同(cost plus incentive fee contract)是指,奖金是根据报价书中成本概算指标制定的。合同中对这个概算指标规定了一个"底点"(在工程成本概算的60%—75%之间)和一个"顶点"(在工程成本概算的110%—135%之间)。承包商在概算指标的"顶点"之下完成工程则可得到奖金,超过"顶点"则要对超出部分支付罚款。如果成本控制在"底点"之下,则可加大酬金值或酬金百分比。采用这种方式通常规定,当实际成本超过"顶点"对承包商罚款时,最大罚款限额不超过原先议定的最高酬金值。

当招标前设计图纸、规范等准备不充分,不能据以确定合同价格,而仅能制定一个概算指标时,可采用这种形式。

(四) 成本加保证最大酬金合同

成本加保证最大酬金合同(cost plus guaranteed maximum contract),也称成本加固定奖金合同。订合同时,双方协商一个保证最大酬金额,施工过程中及完工后,业主偿付给承包商花费在工程中的直接成本(包含人工、材料等)、管理费及利润。但最大限度不得超过成本加保证最大酬金。如实施过程中工程范围或设计有较大变更,双方可协商新的保证最大酬金。这种合同适用于设计已达到一定深度,工作范围已明确的工程。

(五) 最大成本加费用合同

最大成本加费用合同(maximum cost plus fee contract)简称MCPF合同,是在工程成本总价合同基础上加上固定酬金费用的方式,即设计深度已达到可以报总价的深度,投标人报一个工程成本总价,再报一个固定的酬金(包括各项管理费、风险费和利润)。合同规定,若实际成本超过合同中的工程成本总价,由承包商承担所有的额外费用;若是承包商在实际施工中节约了工程成本,节约的部分由雇主和承包商分享(其比例可以是雇主75%,承包商25%;或各50%等),在订合同时要确定节约分成比例。

(六) 工时及材料补偿合同

工时及材料补偿合同(time and material reimbursement contract)是指,用一个综合的工时费率(包括基本工资、保险、纳税、工具、监督管理、现场及办公室各项开支以及利润等),来计算支付人员费用,材料则以实际支付材料费为准支付费用。

签订成本补偿合同时应注意以下三点。

(1) 业主应明确如何向承包商支付补偿酬金的条款,包括支付时间、金额百分比、发生工程变更时补偿酬金调整办法。

(2) 双方应确定成本的统计方法、数据记录要求等,避免事后对成本支出的纠纷。

(3) 业主与承包商之间应相互信任,承包商应尽力节约成本,为业主节约费用。

# 第五节　工程项目部组织结构模式

## 一、业主工程项目部组织结构模式

建设(业主)方不论采用什么方式对工程项目建设发包,都需要组建自己的项目部,但项目部机构部门设置、项目管理的工作量的大小则主要与发包方式有关。图 2-14 是一般大型工程的业主项目部组织结构模式,可供参考。

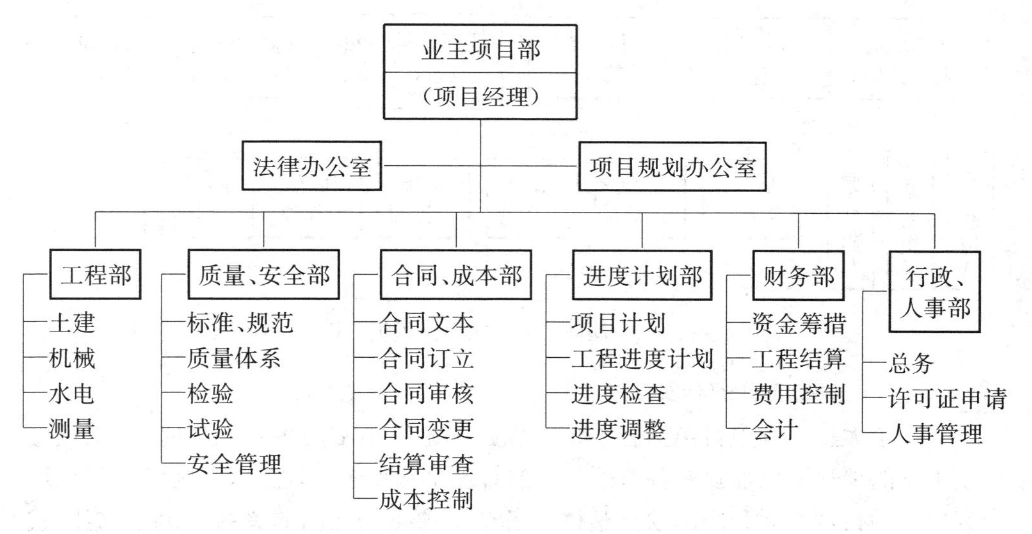


图 2-14　大型工程业主项目部组织结构

## 二、施工项目部的组织结构模式

无论是业主的项目部结构还是承包商(设计、施工)项目部的组织结构,均受到建设工程发包合同模式、工程大小及复杂程度、人员专业结构及素质、公司的组织结构类型、工程项目所在地的环境等因素影响,项目部的结构如何为好,必须具体项目具体分析。以下是两类带有共性的施工项目部组织结构形式。

(一) 团队式项目部组织结构

由参与项目的员工单独成立一个团队式项目部,由一名项目经理全权负责管理,包括项目的计划、进度、质量、技术管理、员工工作分配等。施工项目部组织结构形式如图 2-15 所示。当一个建设项目的施工场地离公司总部很远时,或项目的实施具有安全保密要求时,团队式项目部是常见的做法。在项目经理全权负责下,团队中不同专业的技术人员及专家可以很方便、及时地交流,更好地了解项目的现状及目标,项目经理的指挥、协调效率较高。团队式项目组织的成功与否,很大程度上取决于项目经理。项目经理只有具备较完整的知识结构、很强的组织协调和指挥决策能力,才能驾驭整个项目活动,确保项目中所有活动都是为了成功地实现项目目标。

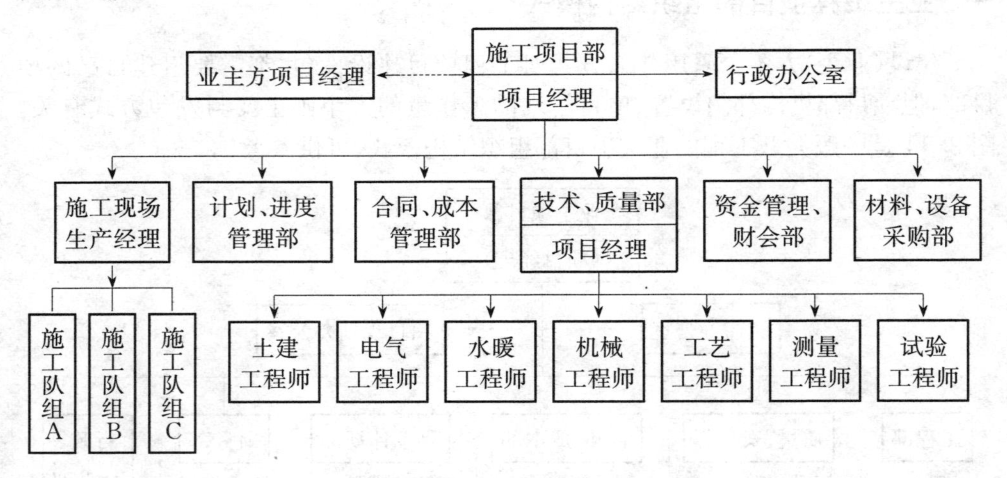


图 2-15 团队式施工项目部组织结构

(二) 矩阵式项目部组织结构

当一个大型工程项目包括若干个可以独立组织施工的单项工程时,分别设立单项工程的项目部以加强对各单项工程的管理是常见的有效方法。为了更好地综合利用各种技术资源和协调项目整体与各个单项工程之间的关系,可采用矩阵式项目组织结构,如图 2-16 所示。

在大型工程项目部结构中,项目总经理是最高权力者,负责整个项目目标的实现。项目成员分成两大部分:一是项目部的各职能部门,分别负责整个项目的各项专业业务的指导、协调、监督;二是负责各单项工程施工的项目部,各单项的项目经理负责相应单项工程的完成。各职能部门的工作人员受双重领导,即同时听命

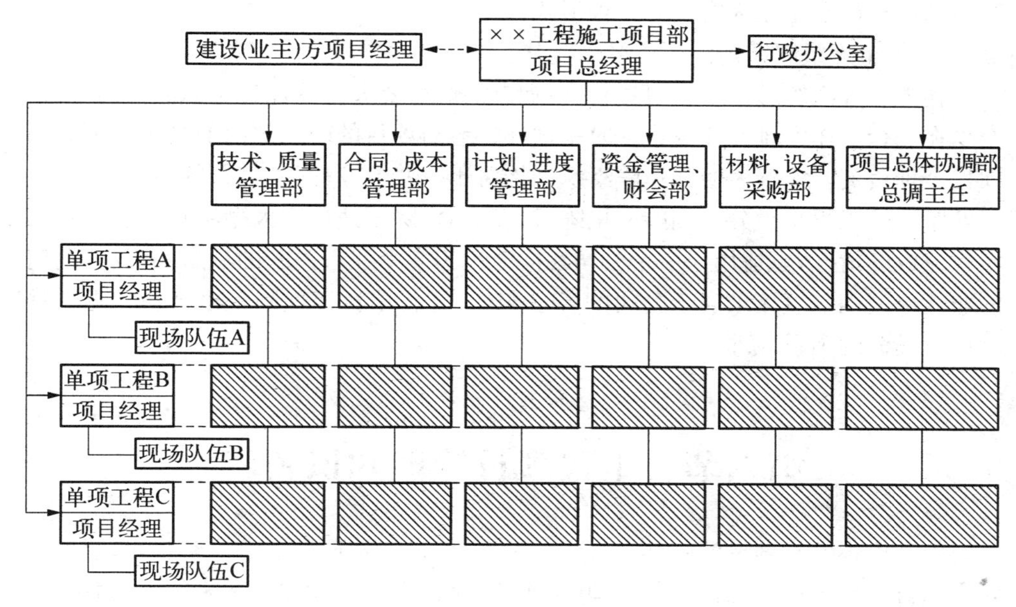


图 2-16　矩阵式施工项目组织结构

于项目经理和部门经理的安排。各单项工程都有自己的现场施工队伍,他们仅听命于本项目经理的调度。在职能部门中设立了“项目总体协调部”,其主要职能是协调各单项工程的进度与总体项目进展,各单项工程之间的接口管理,项目整体资源的调度安排、相关单位的协调等。总体协调部的设立是我国许多大型工程建设的宝贵经验之一,有着非常重要的作用。对总调主任的赋权,通常高于各职能部门及单项工程项目经理,相当于项目的副总经理。

在矩阵型项目组织结构中,由于部门工作人员接受来自部门经理和项目经理的双重指令,难免会有冲突的时候,此时谁的指令有优先权?这就取决于项目总经理对项目经理和职能部门经理赋予的权力大小了,通常据此将矩阵型组织分为以下三种类型。

1. 弱矩阵组织结构

在弱矩阵组织结构中,单项工程项目经理所拥有的职权少于职能部门的经理,项目经理主要起规划和协调的作用,指挥安排的作用受到限制。当发生冲突时,应服从职能部门经理的安排。若项目经理认为服从会对项目影响很大,应与职能部门进行沟通,或求助于项目总经理协调解决。

2. 平衡矩阵组织结构

在平衡矩阵组织结构中,项目经理与职能经理被赋予了相互制约的职责与权力,他们相互配合、共同决定人力、物力资源的分配以确保项目的成功实施。这种组织结构理论上是较为完美的一种形式。

3. 强矩阵组织结构

在强矩阵组织结构中,项目经理所拥有的职权要大于并优先于职能部门经理,至少在进行工作安排和任务分配时是这样。参与项目的职能部门的员工主要是对项目经理负责。实践表明强矩阵组织结构对于一些专业性强、复杂的单项工程,或工期紧迫的工程是十分有利的。矩阵式组织结构除了适用于大型项目中多个单项工程建设的情况,也适用于一个公司在同时承担多个互不关联的项目的情况,此时的职能部门则是直接隶属于公司的各个职能部门,项目经理则是由公司根据承接的项目任命的项目经理。

## 第六节　工程项目管理知识领域

国际工程的管理尽管有其自身的复杂性,但是从管理科学的范畴来讲,仍然是属于项目管理领域。项目管理是20世纪40年代以来逐渐发展起来的一门管理学科。它融合系统工程的思想与变化的理念,具有明确的目标导向、柔性的组织方式、动态的资源配置、科学有效的管理方法与工具等特点,成为工程项目与不具备完整经验的一次性任务管理的有效方法。学习国际工程的管理,脱离不了项目管理最基本的知识领域。按照美国项目管理学会(Project Management Institution, PMI)对项目管理知识领域的划分,共分九个领域。

### 一、项目综合管理

项目综合管理(project integration management)包括保证项目管理各要素相互协调所需要的过程,需要在相互影响的各子项目目标和方案中做出平衡,以满足或超出项目干系人的需求和期望。它包括三个主要过程。

(一) 项目计划的制定

这里的项目计划是指项目的总控制计划,是在收集各子项、分项进度计划的基础上,从项目总体的高度,汇集各子项、分项计划形成一份连贯的、协调一致的总计划文件。在汇总过程中,必须充分考虑历史的信息、项目总的方针、各种约束条件、预期的计划考虑要求等。在总计划的编制方法上应充分运用各种计划管理软件、风险分析方法,并集中项目干系人的智慧、经验和知识,制定一份符合项目实际性质的、可靠的、便于操作的计划文件。

(二) 项目计划的执行

在这个过程中,项目经理班子需要协调、管理存在于项目中的各种技术和组织接口，发现偏差并及时采取纠正措施，确保计划的正常执行。执行的结果一是输出执行情况报告，二是可能需要提出变更申请。

（三）综合变更控制

一般项目的计划很少能够精确执行，变更与修改是难免的。综合变更应确保产品的变更反映在项目范围的定义之中；对综合变更应建立变更控制系统（程序、批准层次，文档建立等）；变更后的计划更新，纠正措施，教训记录应明确形成文档。

## 二、项目范围管理

项目范围是指为交付具有规定特征和功能的产品或服务所必须完成的工作。

项目范围管理（project scope management）包括了用以保证项目且只包含所有需要完成的工作，以顺利完成项目所需要的所有过程。其核心是定义及控制项目应该包括和不应包括的内容。

项目范围管理包括：项目的发起、项目范围规划、项目范围确定、项目范围核实、项目范围的变更控制五个过程。

（一）项目的发起

项目的发起是指项目在经过可行性研究、初步计划及相关分析完成，并得到批准后项目正式立项。项目能否得到批准与市场需求、顾客要求、技术领先需求、法律法规要求及项目本身的投资回报、市场份额、公众的理解等有关，同时还需要建立在一系列科学决策分析论证（如收益对比分析、经济模型分析、约束条件下的优化、决策分析等），通常还需要经过专家评定才能给出结果。项目发起这一过程输出的结果包括项目的产品描述及要求、约束条件、项目经理确定等。

（二）范围规划

项目范围规划编制过程是要编制一份书面范围说明的过程，以便用于确定项目或阶段（子项目）是否按规定要求完成的控制标准。

项目范围说明应在项目干系人之间确认或建立一个对项目范围的共识，作为未来项目管理的文档基准。范围说明应包括如下内容：

（1）项目所要满足顾客要求的论证。

（2）项目产品描述的简要概括。

（3）项目可交付成果（各层次产品的总和）。

（4）项目成功完成所必须满足的定量标准，至少应该包括成本、进度和质量标准等目标，项目目标通常被称为关键成功因素。没有量化的目标通常含有较高的风险。

对项目范围一般还应制定项目范围管理计划，描述项目范围是如何被管理的，以及如范围变更时应该如何管理及如何被集成到项目中去的。

(三) 项目范围定义

项目范围定义主要是把项目主要可交付的成果分解成较小的且更易管理的单元,以达到如下目的:

(1) 提高对成本、时间及资源估算的准确性。

(2) 为实施后检查执行情况定义一个基准计划。

(3) 便于进行明确的职责分配。

对范围的准确定义对项目成功十分关键,定义不明确,变更就不可避免地出现,会打破原计划,造成工期延误,项目成本超出预算,影响士气等一系列后果。

范围定义的主要方法是工作分解结构(WBS),它是对可交付成果的组成元素的分类、划分层次,每细分一个层次表示对组成元素的更细致的描述,并建立基于项目整体范围的统一编码系统。

项目范围的定义贯穿于整个项目生命周期,直至所有实施过程的记录和归档保存。

(四) 范围核实

范围核实是项目干系人(发起人、项目经理、设计、施工、监理、用户、贷款银行及其他利益相关方等)正式接受项目的过程。范围核实需要检查工作产品和结果,以确保它们都已正确圆满地完成。如果项目被提前中止,范围核实过程应当对项目完成程度建立文档。这里的工作产品或结果是指部分或全部完成的项目可交付成果,以及发生和承诺的成本。

(五) 范围的变更控制

项目范围的变更控制关心的是对可能带来收益的变更因素施加影响,对已发生的范围变更控制应与时间控制、费用控制、质量控制等结合起来。

## 三、项目时间管理

项目时间管理(project time management)包括为确保项目按时完成所需要的各个过程的管理。这些过程包括:

(1) 项目各项活动定义,即完成项目可交付成果所必须进行的诸项具体的工作。

(2) 项目各项活动的排序,即确定各项活动之间的依赖关系,并形成文档。

(3) 项目各项活动历时估算,即估算完成各单项活动所需时间。

(4) 制定进度计划,即分析活动的顺序、活动历时和资源需求,以编制项目进度计划。

(5) 进度计划控制,即控制项目进度计划的变化。

## 四、项目费用管理

项目费用管理(project cost management)包括确保在批准的预算内完成项目

所需要的诸过程，包括：

（1）资源计划的编制，包括项目所需要的劳动力、设备、材料等的种类及需要量；

（2）费用的估算，编制一个为完成项目活动所需要的资源成本的近似估算；

（3）费用预算，将总费用估算分配到各单项工作上；

（4）费用控制，控制项目预算的变更。

## 五、项目质量管理

项目质量管理（project quality management）包括了保证项目满足其共同目标要求所需要的过程。主要包括：

（1）质量计划编制，即确定分项目相关的质量标准，并制定如何满足这些标准的方案；

（2）质量保证，即定期评价总体项目执行情况，以提供项目满足相关质量标准的保证；

（3）质量控制，即监控具体项目结果以确定其是否符合相关的质量标准，并制定相应措施来消除质量隐患。

## 六、项目人力资源管理

项目人力资源管理（project human resource management）包括最有效地使用涉及项目人员所需要的过程。主要包括：

（1）组织计划编制，即确定、分配项目的角色、职责和报告关系，并形成文档；

（2）人员获取，即获得项目所需要的人力资源，并将他们分配到项目上进行工作；

（3）团队建设发展，即为加强项目实施而进行的队伍建设、个人技能培养等。

## 七、项目沟通管理

项目沟通管理（project communication management）包括确保及时、正确地产生、收集、发布、储存和最终处理项目信息所需要的过程。它是项目目标和其他支持系统及管理者、操作者之间的关键纽带，是项目取得成功所必不可少的。它主要包括：

（1）沟通筹划，即确定项目干系人的信息沟通需求；何人，在何时，需要何种信息，以及信息提供的方法；

（2）信息分发，即及时将项目干系人各自需要的信息发送给相关人；

（3）效能报告，即收集并发布项目执行情况的信息，包括状态报告、进度测量

及预测等;

(4) 管理闭合,即产生、收集和发布阶段性或项目完成执行情况报告、经验教训等。

## 八、项目风险管理

项目风险管理(project risk management)包括对项目风险进行识别、分析和应对的过程。它包括把风险负面影响降低到最小。它包括以下过程:

(1) 风险管理策划。

(2) 风险的识别。

(3) 风险的定性分析。

(4) 风险的定量分析。

(5) 风险的应对计划。

(6) 风险的监测与控制。

## 九、项目采购管理

项目采购管理(project procurement management)包括需要从执行组织(公司)以外获得货物和服务的过程。包括:

(1) 采购计划编制,即决定何时采购何物。

(2) 询价计划编制,即编制采购货物需求和确定潜在的来源。

(3) 询价,即依据情况获得报价、投标或建议书。

(4) 供方选择,即选择货物供应商。

(5) 合同管理,管理与卖方的合同。

(6) 合同的收尾,即合同执行后相关事项的处理。

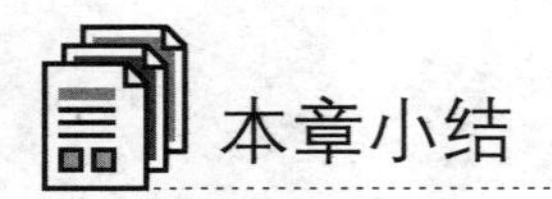

# 本章小结

本章较系统地阐述了国际工程项目管理的有关知识,包括:项目干系人组成及其职责;现代国际工程项目管理的多种模式;工程发包三种典型合同模式及适用条件;费用支付合同类型及适用条件;项目部组织结构多种模式;项目管理九大领域专业知识等。这些都是从事国际工程项目管理的必备知识,而且要特别注意上述相关知识之间相互交叉、互为补充的联系。例如项目合同模式与费用支付合同类型的相关性;项目管理模式一般从属于项目合同模式的选择;项目管理模式与项目部组织结构模式之间关系等。项目管理相关知识的学习重在融会贯通,灵活应用。

## 关键词

项目管理　项目干系人　项目管理模式　项目合同模式　项目组织结构

## 复习思考题

1. 工程建设项目干系人由哪些人组成？其中对项目运作起主导作用的是哪些人？其他干系人与哪些主导干系人有关系？

2. 本章介绍的12种建设项目管理模式中，哪些与项目融资密切相关？哪些是与常规项目建设管理相关的模式？两者关系如何？

3. 业主发包工程有哪几种典型的合同模式？与不同支付合同类型如何结合使用？

4. 试分析施工项目部组织结构采用团队式或矩阵式的适用条件。

5. 项目管理九大领域知识是如何为实现项目目标服务的？

# 第三章

# 国际工程招标程序与资格预审

**学习目标**

通过本章学习，你应该能够：

1. 了解国际工程招标概念，招标方式及分类；
2. 熟悉国际工程招标程序及方法；
3. 掌握投标资格预审的程序及方法。

## 第一节　国际工程招标概念

### 一、招投标的概念

商品经济的进一步发展，社会分工的逐渐扩大，使得商业与生产出现了分离，同时银行业也逐渐发展起来了。此时，商品交换便出现了现货交易和期货交易两种方式。

现货交易亦称"现期买卖"。买卖双方在商品市场上见面以后，通过讨价还价，达成契约，进行银货交割，或在极短的期限内履行交割，交割后交易即告结束。

期货交易亦称"定期交易"或"期货买卖"，即买卖双方交易成立时，便约定一定时期实行交割，这种方式适用于大宗商品、外汇、证券等交易。期货交易方式的出现，客观上要求交易成立之前的洽谈具有广泛性、选择性，交易成立之后的契约具有约束性，这就促使了具有鲜明市场竞争择优、诚信守诺特性的招标投标交易方式的产生。

招标投标最早起源于 18 世纪后半叶英国实行的"公共采购"，这种"公共采购"

或称“集中采购”也是公开招标的雏形和最原始形式。当时英国的社会购买市场可按购买人划分为公共购买和私人购买两种。私人采购的方法和程序是任意的，或通过洽谈签约，或从拍卖市场买进，形式不受约束；而公共采购的方式则必须是招标，只有在招标不可能的情况下才能以谈判购买。其原因是：公开采购的开支，即政府机构和公用事业部门的开支主要来源于税收，税收取之于公众，开支的使用就要对公众负责。因此，政府和公用事业部门有义务保证自己的购买行为的合理和有效，为便于公众监督，上述部门的采购要最大限度的透明、公开，由此产生公开招标。

招标投标是一家买主通过发布招标公告，吸引多家卖主前来投标，进行洽谈，这样，买主可享有灵活的选择权。所以，招投标非常适合期货交易方式的需要。买卖双方通过招标投标达成协议，交易成立之后，还没有实行交割，此时还需签订合同，以保证期货届时交割顺利进行。因此，招标投标制与合同制是紧密相连的，两者结合起来，才能保证期货交易成功。

工程招投标从广义上讲是商品期货交易的一种行为，它能够较好地体现市场竞争、公平交易的原则。自第二次世界大战以来，招标的影响力不断扩大。先是西方发达国家，接着是世界银行、亚洲开发银行等国际金融组织在货物采购、工程承包、咨询合同中大量推行招标方式；后是近二三十年以来，发展中国家也日益重视和采用设备采购、工程承包的招标。

## 二、国际工程招标与投标

国际工程招标与投标是一种国际上普遍应用的、有组织的工程市场交易行为，是国际贸易中一种商品、技术和劳务的买卖方法。

工程招标是招标人（雇主）在发包工程项目或购买大批货物前，公布工程项目或货物预期要求的招标文件，公开或书面邀请投标人（承包商）在遵照招标文件要求的前提下前来参加竞标，招标人将从竞标人中择优选定承包商。

投标是对招标的响应，是投标人为了得到工程合同（含工程建设、技术设备、劳务等）或货物采购合同而向招标人发出的要约邀请的响应表示。

市场以其内在规律无形或有形地调控着工程市场交易行为，工程招投标体现了市场经济的基本特征，它既是供需关系的博弈，也是供方间的博弈，具有如下特点：

（1）招标与投标是工程市场供需关系的博弈。当工程市场建设规模总量过大，而建设队伍不足时，处于卖方市场，承包商较为主动，投标报价可适当提高，招标人往往也只能接受；反之，当建设队伍承包工程能力超出市场建设规模总量时，处于买方市场，招标人较为主动，通常压价发包，承包商不仅无可奈何，甚至相互间陷于恶性竞争,不顾成本低价以求,悲莫过于此,市场残酷也莫过于此。

(2) 招标是雇主的择优方式。市场供需关系的不平衡,调控的是市场整体价位走高或走低。无论市场整体价位走高或走低,只要存在两个以上投标人,招标始终是雇主的择优方式。招标人可对投标人方案综合满足项目质量、价格、工期、技术、管理、安全等要求的程度进行评价,从中择优。

(3) 招标为投标人提供了平等竞争的平台,投标人通过公开、公正、公平的相互竞争,取得工程承包合同或货物采购合同。

(4) 招标是招标人对投标人的限制性招标。招标文件中"投标人须知"实质就是约束投标人的文件,如资格预审、银行保函提供、招标人对文件的解释权、招标人的择优权等,投标人如要参加投标,只能接受"投标人须知"的限制,作响应性投标。

## 三、工程招标方式

### (一) 公开招标

以公开发布招标公告的方式进行。源于18世纪后期英国实行的"公共采购",其开支来源于税收,必须对公众负责,实行公开招标,竞争择优。主要适用于政府机构及公共事业部门的采购,有别于私人采购。

### (二) 限制性招标

限制性招标指对投标人有某些范围或条件的限制的招标,包括以下三种招标。

1. 邀请招标

邀请招标主要是专业技术性强的工程,希望能由具有专业实力的承包商承建,因此只向业内少数具有专业实力的投标人发出要约邀请。这样也可减少部分招标、评标工作量。

2. 排他性招标

在两国政府或机构间有专门协议的工程,有时排斥第三国投标人参加;还有些地区性工程限于地区外投标人参加;一般国际金融组织贷款的工程也仅限于成员国的承包商参加投标。如世界银行贷款的工程招标,便只允许成员国的承包商参加。

3. 保留性招标

对投标人附加一些条件,如中标必须使用当地的分包;或规定投标人需与所在国承包商联合投标等。

### (三) 其他招标方式

1. 议标性质招标

议标属于谈判性质招标,可用于私营性质项目招标,或工期紧,或保密性军事工程等。谈判时可有意向地找1—3家公司，以便比较选择。

2. 两阶段招标

对交钥匙合同，某些大型的、复杂的设施，或特殊性质的工程，或复杂的信息和通信技术，要求事先准备好完整的技术规范是不现实的，此时可采用两阶段招标。先邀请投标人根据概念设计或性能要求提交不带报价的技术建议书，并要求投标人应遵守其他招标要求。在业主方对此技术建议书进行仔细评审后，指出其中的不足，并分别与每一个投标人一同讨论和研究，允许投标人对技术方案进行改进以更好地符合业主的要求。凡同意改进技术方案的投标人均可参加第二阶段投标，即提交最终的技术建议书和带报价的投标书。业主据此进行评标。世行、亚行的采购指南中均允许采用两阶段招标。

考虑到透明性和知识产权的要求，在第二阶段对招标文件进行修改时，招标人应尊重投标人在第一阶段投标时所提交的关于技术建议书保密性的要求。

3. 双信封投标

对某些形式的机械设备或制造工厂的招标，其技术工艺可能有选择方案时，可以采用双信封投标方式，即投标人同时递交技术建议书和价格建议书。评标时首先开封技术建议书，并审查技术方面是否符合招标文件的要求，之后再与每一位投标人就其各自的技术建议书进行讨论，以使所有的投标书达到所要求的技术标准。

如由于技术方案的修改致使原有已递交的投标价需修改时，将原提交的未开封的价格建议书退还投标人，并要求投标人在规定期间再次提交其价格建议书。当所有价格建议书都提交后，再一并打开进行评标。

亚行允许采用此种方法，但需事先得到批准，并应注意将有关程序在招标文件中写清楚。世行不允许采用此方法。

## 四、工程招标分类

国际工程招标根据其招标内容范围的不同可分为以下几种。

(1) 项目总包招标。这种方式招标范围包括整个工程项目实施的全过程，其中包括勘察设计、材料与设备采购、工程施工、生产准备、竣工、试车、交付使用与工程维修。如“交钥匙”工程招标，项目总承包招标。

(2) 勘察设计招标。招标范围为完成勘察设计任务。

(3) 材料、设备招标。招标范围为完成材料、设备供应及设备安装调试等工作任务。

(4) 工程施工招标。招标范围为完成工程施工阶段的全部工作；可以根据工程施工范围的大小及专业不同实行全部工程招标、单项工程招标、分项工程招标和专业工程招标等。

## 第二节　国际工程项目的招标程序

招标是国际工程市场雇主发包工程的主要方式。对于如何招标,雇主有很大的决定权,但久而久之,在国际上形成了一套约定俗成的招标程序的国际惯例。特别是世行、亚行贷款的项目,都是要求按照通行的国际惯例,并通过公开的竞争性招标来优选承包商或供应商。目前国际上的招标程序大同小异,下面分别介绍美国招标采购程序和国际咨询工程师协会(FIDIC)招标程序供学习参考。

### 一、美国招标程序

早在1861年美国国会就制定了法律,要求一项采购至少需要三个投标人。1868年美国国会又制定了公开招标和公开授标的程序。美国的招标采购管理的法律依据是《联邦政府采购法》,还有一系列完整的规章制度和供政府采购官员参考的《采购工作细则》。以比较科学和严密的管理制度和手段居于世界政府采购现代化管理的领先地位。美国建筑师学会(AIA)出版的与招标有关的系列合同文件在美国建筑业界及国际工程承包界,特别在美洲地区具有较高的权威性和应用广泛性。

美国政府对建设工程招投标的管理首先是明确区分投资主体,并根据不同的主体采取不同的发包方式。美国在1961年通过一项联邦法案规定,超过一定金额的联邦政府的采购,都必须使用公开招标的方式。对于私人工程,是否采用招投标程序,政府则不予干预。在美国,一般有公开招标、邀请招标、议标三种招投标方式。美国有些工程也采用两阶段招标的方式:第一阶段按公开招标方式招标,经过开标和评标后,再邀请其中报价较低的或较合格的三家或四家投标人进行第二次投标报价。美国招标的基本做法是:

(1) 招标人准备招标文件。

(2) 刊登广告或发邀请函。

(3) 资格预审。

(4) 发售招标文件。

(5) 招标准备和投标。

(6) 在预定日期公开开标,按照一定的规则评标。

(7) 由招标人决定中标者进行工程建设。

其工程招标的简明程序见图 3-1。

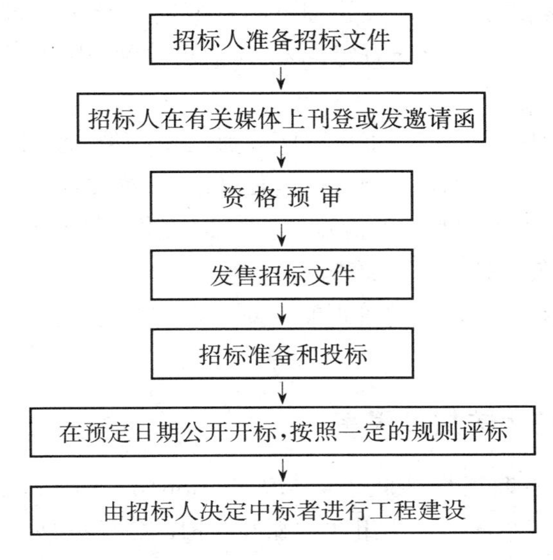


图 3-1　美国工程招标的简明程序

美国的招标采购管理依据《联邦政府采购法》和供政府采购官员参考的《采购工作细则》，有一系列完整严密的管理制度和手段，可概括为以下五个方面。

（1）公开招标制度规范化。要求招标公告和通知、标书、招标文件及条款格式应统一规范化。并规定了招标的步骤和程序，招标管理和操作人员的工作范围，各个部门与人员之间互相衔接和配合的方法，使用统一的格式和条文对采购合同实行规范化管理。

（2）招标采购作业标准化。详细制定了招标采购操作规程，要求招标采购人员严格按照每一程序逐项完成。例如，将国际招标划分为不同阶段，每个阶段又分数项步骤，将细分的步骤编制成"招标采购项目进度表"，统一编目和编号；将进度表发给采购管理人员和操作人员，每一步骤完成后签字交付，待整项工作完成后形成资料齐全的档案。

（3）供应商评审制度。强调供应商资料种类和归档的方法。按照国家标准局的规定，提出对本国企业审查的项目、应提交的资料、审查的标准；对国外企业审查的标准、项目和方法。审查后及时整理编目并提出分析报告或列出合格供应商名单。

（4）招标采购审计监察制度。分为采购审计和管理审计两部分。采购审计内容为审查采购部门的政策与程序，审核采购的数量和成本价格，以及采购过程中发生的一切财务事项。管理审计主要观察投标企业的组织结构、资料系统、工作效率、考核方法等有关管理事项。同时考核采购部门的工作计划的制定和工作进度情况。审计分为定期和不定期两种,内部审计与外部审计相结合。

(5) 采购交货追查制度。按工作程序分为三步:第一步,检查合同的签订,催促其按时完成。第二步,检查交货情况,督促其按时、按质、按量完成交货义务。一旦发现疑点,立即采取惩罚和补救措施。第三步,交货完成后,整理资料归档,以便今后对物资和项目使用情况跟踪调查。

美国招标采购科学和严密的管理制度对培育和规范招投标活动,起到了积极和重要的作用。

## 二、FIDIC 推荐使用的招标程序

FIDIC 是国际咨询工程师联合会(Fédération Internationale Des Ingénieurs Conseils)法文名称五个词的字头组成的缩写。FIDIC 最早是于 1913 年由欧洲三个国家的咨询工程师协会组成的。自 1945 年第二次世界大战结束以来,已有全球各地 60 多个国家和地区的成员加入了 FIDIC,我国在 1996 年正式加入。可以说 FIDIC 代表了世界上大多数独立的咨询工程师,是最具有权威性的咨询工程师组织,它推动了全球范围的高质量的工程咨询服务业的发展。

FIDIC 有两个下属的地区成员协会:FIDIC 亚洲及太平洋地区成员协会(ASPAC)和 FIDIC 非洲成员协会集团(CAMA)。FIDIC 下设五个永久性专业委员会:业主与咨询工程师关系委员会(CCRC)、合同委员会(CC)、风险管理委员会(RMC)、质量管理委员会(QMC)、环境委员会(ENVC)。FIDIC 的各专业委员会编制了许多规范性的文件,不仅世界银行、亚洲开发银行、非洲开发银行的招标文件样本采用这些文件,还有许多国家和国际工程项目也常常采用这些文件。1999 年,FIDIC 出版了最新的《施工合同条件》《设计采购施工(EPC)/交钥匙工程合同条件》《生产设备和设计-施工合同条件》及《简明合同格式》4 个文本。

FIDIC 1994 年编制并推荐使用的“招标程序”(tendering procedure)是在吸收各国招标经验基础上编写的,不仅 FIDIC 成员国采用,世界银行、亚洲开发银行、非洲开发银行的招标样本也常常采用。该招标程序以“招标程序流程图”方式作了清晰的描述,并对之作了注解,见图 3-2。

“招标程序流程图”共分为确定项目策略、资格预审、招标和投标、开标、评审投标书、授予合同六个部分。

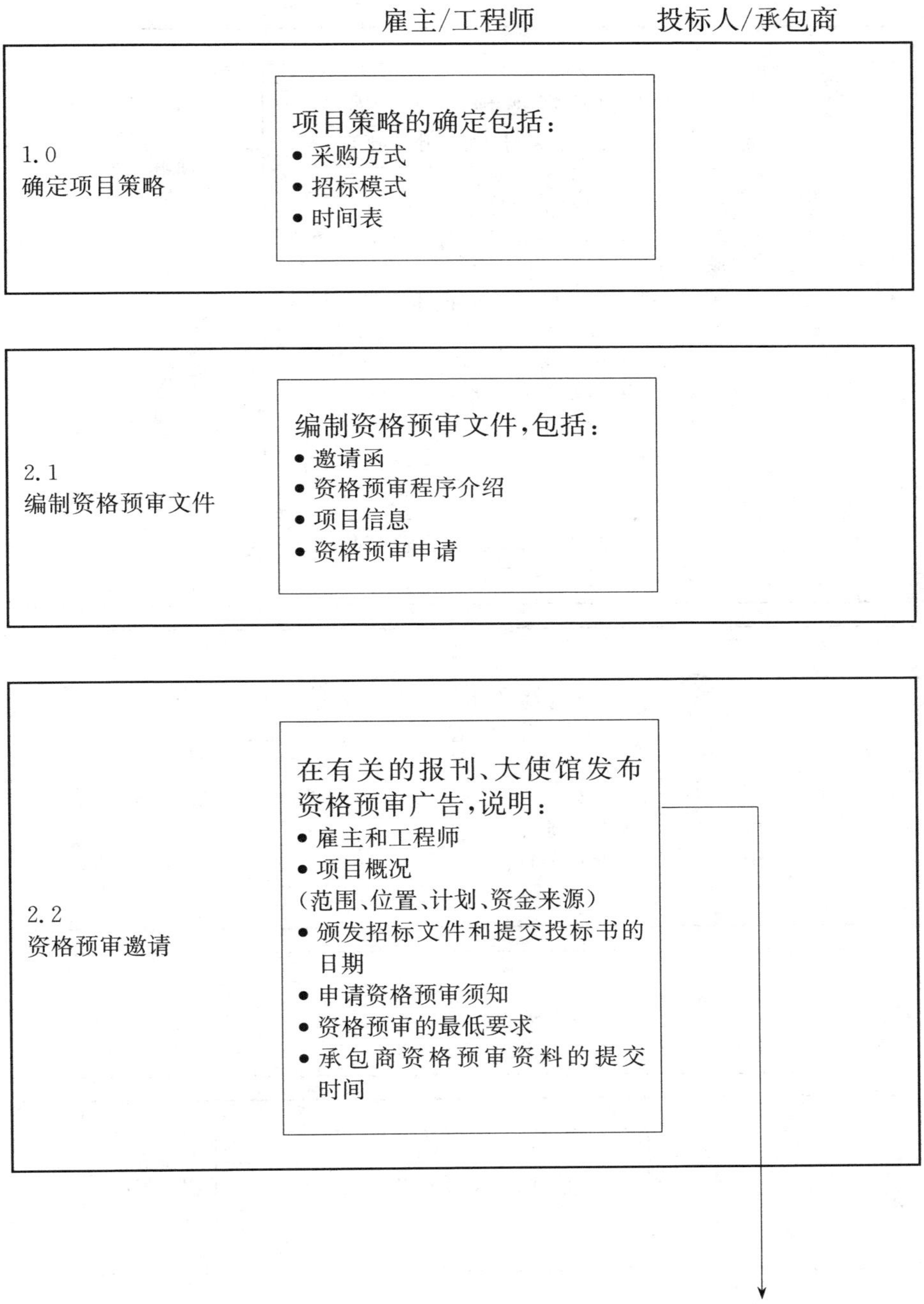

| | 雇主/工程师 | 投标人/承包商 |
|---|---|---|
| 1.0<br>确定项目策略 | 项目策略的确定包括：<br>• 采购方式<br>• 招标模式<br>• 时间表 | |
| 2.1<br>编制资格预审文件 | 编制资格预审文件，包括：<br>• 邀请函<br>• 资格预审程序介绍<br>• 项目信息<br>• 资格预审申请 | |
| 2.2<br>资格预审邀请 | 在有关的报刊、大使馆发布资格预审广告，说明：<br>• 雇主和工程师<br>• 项目概况<br>（范围、位置、计划、资金来源）<br>• 颁发招标文件和提交投标书的日期<br>• 申请资格预审须知<br>• 资格预审的最低要求<br>• 承包商资格预审资料的提交时间 | → |

(a) 为投标人资格预审推荐使用的程序

图 3-2 FIDIC 招标程序流程图

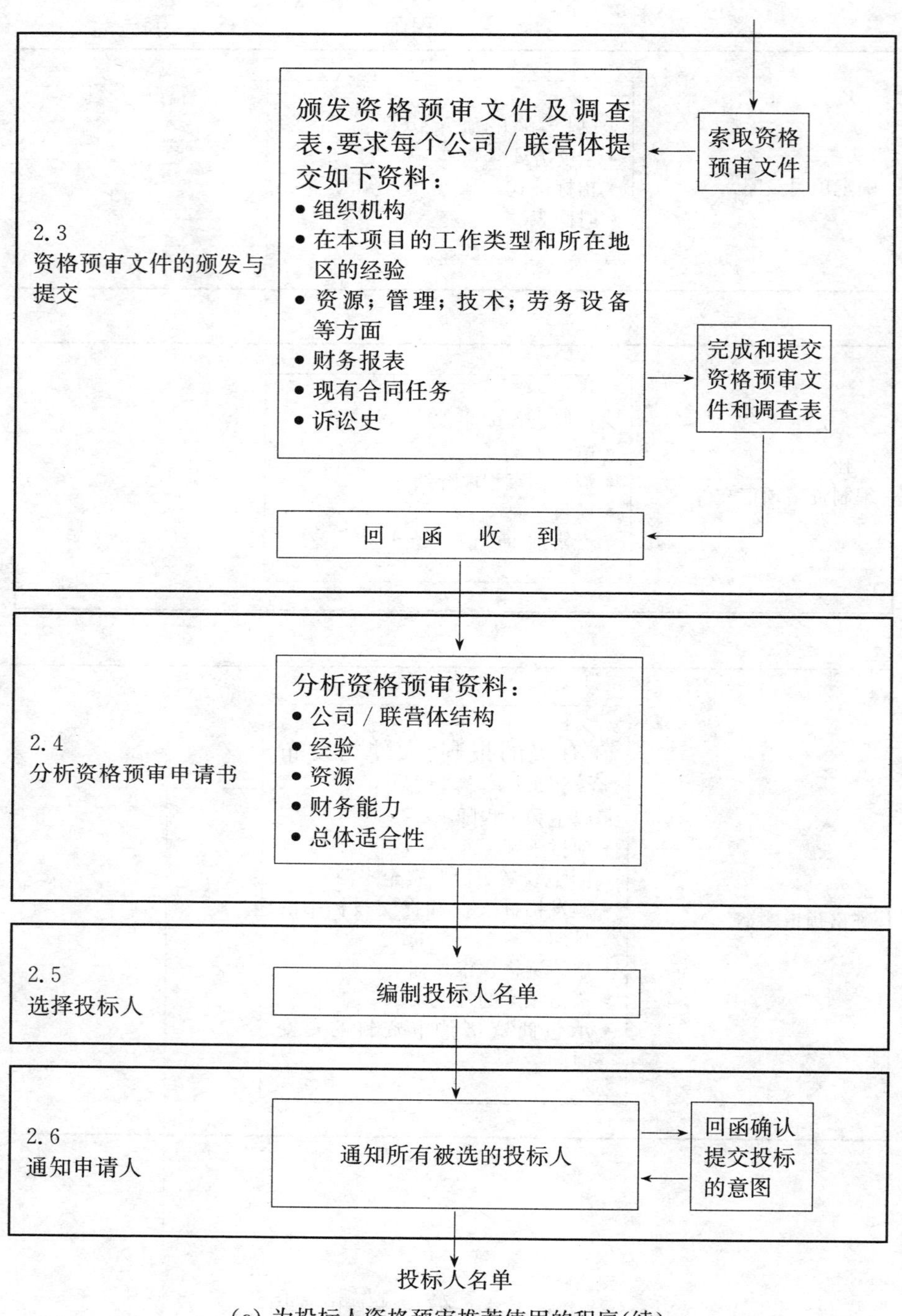


(a) 为投标人资格预审推荐使用的程序(续)

图 3-2 FIDIC 招标程序流程图

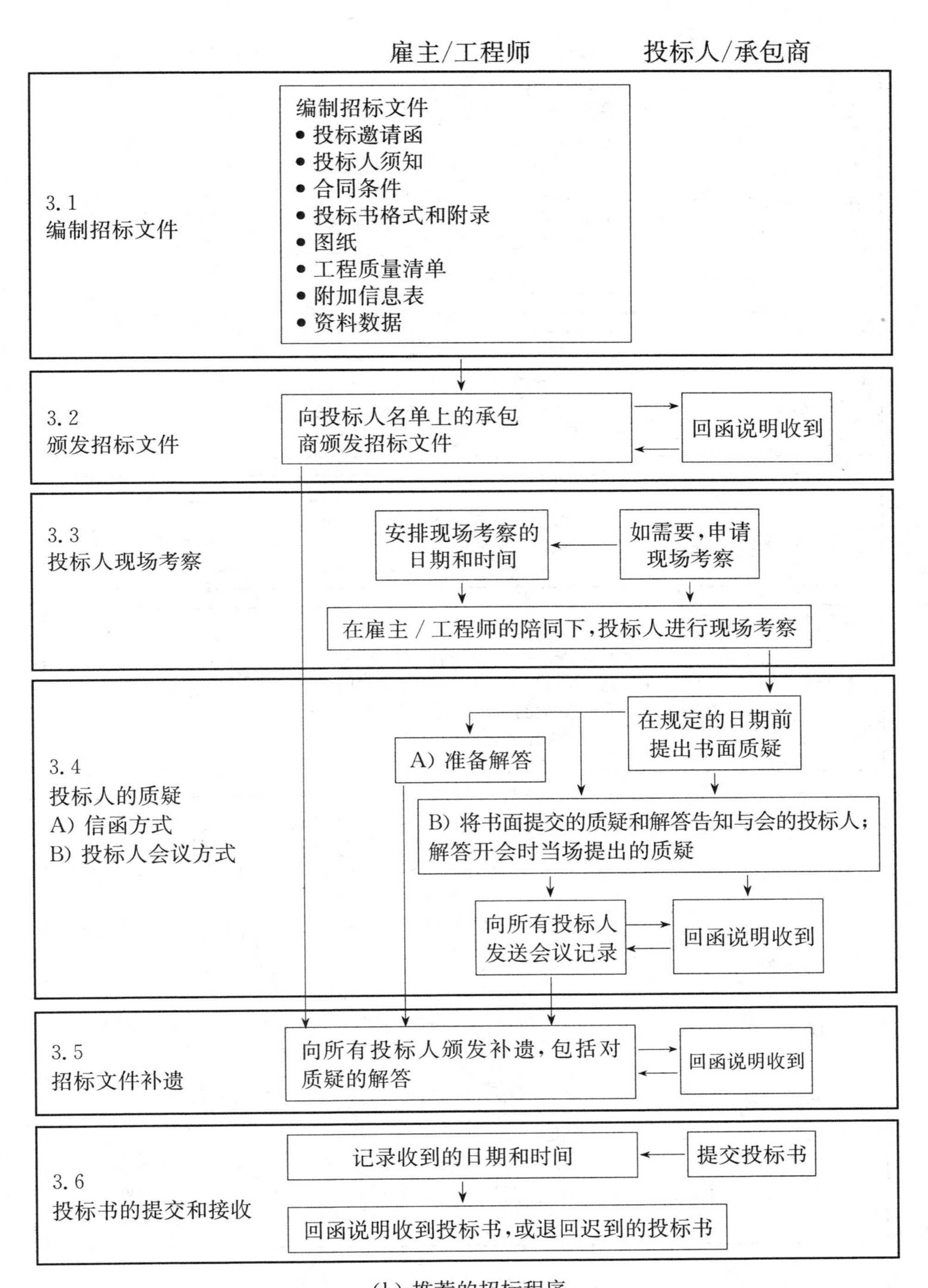


(b) 推荐的招标程序

图 3-2　FIDIC 招标程序流程图

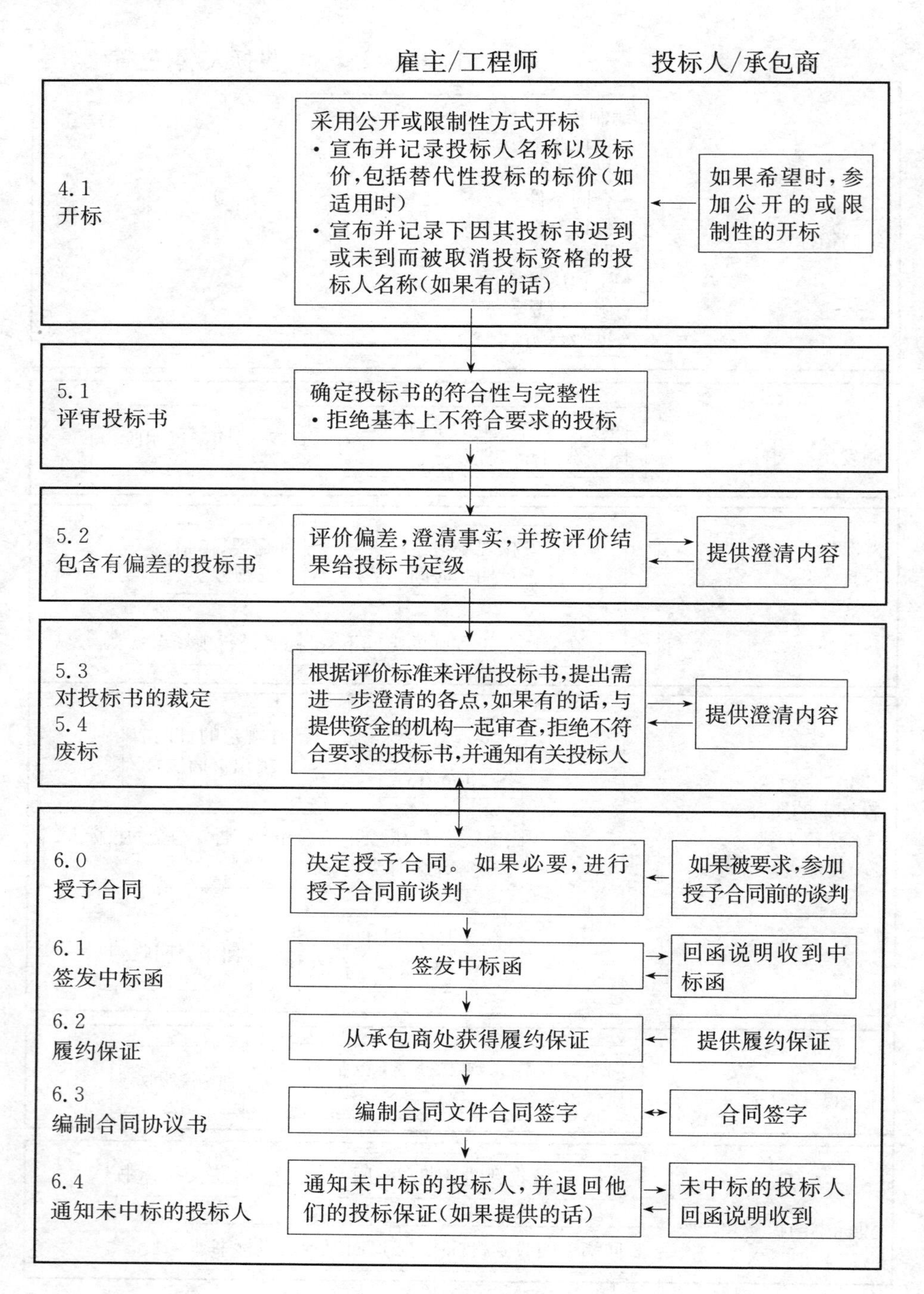


(c) 推荐的开标和评审程序

图 3-2 FIDIC 招标程序流程图

（一）确定项目策略

“项目”一词的含义系指雇主对一个特定的有形资产，从初步构思到建成竣工验收的全部过程。项目策略的选择属于一项重大决策，确定项目策略（establishment of project strategy）包括确定采购方式、招标方式和项目实施的时间表。

确定采购方式首先要确定采用何种项目管理模式，然后才能确定采购方式和招标方式。如采用传统的DBB管理模式，则是先招标找一家咨询设计公司做前期工作和设计，再招标找一家工程公司承包施工；如采用设计-建造总包模式，则只要招标找一家公司承担全部的设计和施工工作；假如采用“交钥匙”项目管理模式，则要招标找一家具有实力的项目公司承担全部的咨询、设计、施工和管理工作。

项目策略阶段还应根据项目采购方式和招标方式来确定整个项目的时间进度表，包括项目确定、招标、设计、施工、验收等工作的里程碑（milestone）日期。同时，也应规定招标工作的日程表。

项目的计划安排在开始实施前要得到上级机关的审查批准，如果是国际金融机构贷款还需要得到该组织的审查批准。在安排日程表时，要充分估计审查批准的时间。

（二）对投标人进行资格预审

在国际工程招标过程中，对投标人（tenderer，bidder）进行资格预审（prequalification）是一个十分重要的环节。其目的是通过投标之前的审查，挑选出一批确有经验、有能力和具备必要的资源以保证能圆满完成项目的公司获得投标的资格，还要保证招标具有一定的竞争性。因而，在保证资格合格的前提下，一般允许通过资格预审的不宜太多，也不宜太少（因为有一些通过资格预审的投标人不一定来投标），通常以6—10家为宜。

资格预审的程序包括雇主方编制资格预审文件，通过刊登广告等方式邀请承包商参加资格预审，向承包商出售资格预审文件，承包商填写资格预审文件并送交雇主方，由雇主方对所有的资格预审文件进行审查，最后确定通过资格预审的投标人，即进入“短名单”（short list）的投标人，并将结果告知所有的申请人。

（三）招标和投标

1. 招标

招标（call for tender，invitation to bid）主要包括以下两方面内容。

（1）招标文件的内容。招标工作正式开始前的准备工作十分重要，其中最主要的即是编写一份高水平的招标文件。招标文件可以认为是合同的草案，是制定合同的基础，其中绝大部分的内容将要进入正式的合同，因而对雇主和承包商双方来说，招标文件都十分重要。

雇主方在大多数情况下都是聘请咨询公司编制招标文件。招标文件内容包括：投标邀请书、投标人须知、招标资料表、合同条件(通用、专用)、技术规范、图纸、投标书、工程量表、投标书附录和投标保函格式、协议书格式、各种保函格式等。一般投标邀请书和投标人须知不进入合同。

(2) 颁发招标文件。招标文件的颁发一般采取出售形式。招标文件只出售给那些通过资格预审的公司。

2. 投标人现场考察

投标人现场考察(visit to site by tenderers)是指雇主方在投标人购置招标文件后的一定时间(一般为一个月左右),组织投标人考察项目所在现场的一种活动。其目的是让投标人有机会考察了解现场的实际情况。

一般现场考察都与投标人会议(tenderers' conference)一并进行,有关组织工作由雇主方负责,投标人自费参加该项活动。

3. 投标人质疑

投标人质疑(tenderers' queries)有两种方式：信函答复方式或召开投标人会议方式,或两者同时采用。一般均采用现场考察与投标人会议相结合的方式。可以要求投标人在规定时间内将质疑的问题书面提交雇主方,也允许在会议中提问。雇主在会议上应回答所有的问题,向所有的投标人(无论与会与否)发送书面的会议纪要以及对所有有关问题的解答,但问题解答中不应提及问题的质疑人。雇主应说明此类书面会议纪要及问题解答是否作为招标文件的补遗。如果是,则应将之视为正式招标文件的内容。

4. 招标文件补遗

招标文件补遗(addenda to tender documents)应编有序号,并应由每个投标人正式签收,因为招标文件补遗构成正式招标文件的一部分。

补遗的内容多半出于雇主方对原有招标文件的解释、修改或增删,也包括在投标人会议上对一些问题的解答和说明。

一般雇主应尽量避免在招标期的后一段时间颁发补遗,这样将使承包商来不及对其投标书进行修改,如果颁发补遗太晚就应延长投标期。

5. 投标书的提交和接收

投标书的提交和接收(submission and receipt of tenders)是指,投标人应在招标文件规定的投标截止日期(deadline)之前,将完整的投标书按要求密封、签字之后送交雇主方。雇主方应有专人签收保存。开标之前不得启封。如果投标书的递交迟于投标截止日期,一般将被原封不动地退回。

(四) 开标

开标(opening of tenders,bid opening)指在规定的正式开标日期和时间,招标方在正式的开标会上启封每一个投标人的投标书,招标方在开标会上只宣读投标人名称、投标价格、备选方案价格和检查是否提交了投标保证。同时也宣读因迟到等原因而被取消投标资格的投标人的名称。

一般开标应采取公开开标,也可采取限制性开标,只邀请投标人和有关单位参加。

(五) 评标

评标(bid evaluation)包括以下几部分工作。

1. 评审投标书

评审投标书(review of tenders)的主要工作是审查每份投标书是否符合招标文件的规定和要求,也包括核算投标报价有无运算方面的错误,如果有,则要求投标人来一同核算并确认改正后的报价。如果投标文件有原则性的违背招标文件之处或投标人不确认其投标书报价运算中的错误,则投标书应被拒绝并退还投标人。投标保证金将被没收。

2. 包含有偏差的投标书

包含有偏差的投标书(tenders containing deviations)是指,在评审投标书后,雇主方一般要求报价最低的几个投标人澄清其投标书中的问题,包括投标书中的偏差。偏差指的是投标书总体符合要求,但个别地方有不合理的要求。雇主方可以接受此投标书,但在评标时由雇主方将此偏差的资金价值加到投标价中,或从投标价中减去。这样可以得到真实的投标价,以便与其他投标书进行比较。

如果因投标书包含的偏差太大而不可能决定偏差的资金价值,则一般认为投标书不符合要求,将之退还投标人。

如果评定的报价最低的投标书在澄清后仍然包含雇主不能接受的偏差,则应通知投标人,给予投标人撤回偏差的机会。只有投标人声明确认撤回偏差,并不对投标价作任何修改,雇主才接受此投标书。

3. 对投标书的裁定

对投标书的裁定(adjudication of tenders)一般简称决标,指雇主方在综合考虑了投标书的报价、技术方案以及商务方面的情况后,最后决定选中哪一家承包商中标。

如果是世行、亚行等贷款项目,则要在贷款方对雇主选中的承包商进行认真严格的审查后才能正式决标。

4. 废标

废标(rejecting of all tenders)是指由于下列原因而宣布此次招标作废,取消所有投标,这些原因包括每个投标人的报价都大大高于雇主的标底;每一份投标书都不符合招标文件的要求;收到的投标书太少,一般指不多于 3 份。此时雇主方应通知所有的投标人,并退还他们的投标保证。

(六)授予合同

授予合同(award of contract)包括以下四个步骤:

1. 签发中标函

签发中标函(issue letter of acceptance)是指,在经过决标确定中标人之后,雇主要与中标人进行深入的谈判,将谈判中达成的一致意见写成一份谅解备忘录(memorandum of understanding,MOU),此备忘录经双方签字确认后,雇主即可向此投标人发出中标函(letter of acceptance)。如果谈判达不成一致,则雇主即与评标价第二低的投标人谈判。

MOU将构成合同协议书的文件之一,并优先于其他合同文件。

2. 履约保证

履约保证(performance security)是指投标人在签订合同协议书时或在规定的时间内,按招标文件规定的格式和金额,向雇主方提交的一份保证承包商在合同期间认真履约的担保性文件。

如果投标人未能按时提交履约保证,则投标保证将被没收,雇主再与第二个投标人谈判签约。

3. 编制合同协议书

一般均要求雇主与承包商正式签订一份合同协议书,雇主方应准备编制合同协议书(preparation of contract agreement)。协议书中除规定双方基本的权利、义务以外,还应列出所有的合同文件。

4. 通知未中标的投标人

只有在承包商与雇主签订了合同协议书并提交了履约保证后,雇主才将投标保证退还承包商。招标投标工作至此正式告一段落。

此时雇主应通知所有未中标的投标人并退还他们的投标保证。

## 第三节 对投标人进行资格预审

对投标人进行资格预审是公开招标的一个重要环节,只有资格预审合格的投标人才准许参加投标。通过资格预审可以达到下列目的:

(1) 预先审查淘汰不符合要求的投标人,减少评标工作量,降低评标费用,同时也使不符合要求的投标人免去参加徒劳无获的投标竞争之苦,并节约购买招标文件、现场考察和投标的费用。

(2) 通过了解投标人的财务状况、技术力量以及类似本工程的施工经验,降低将合同授予不合格的投标人的风险,为业主选择优秀的承包商打下良好的基础。

## 一、资格预审程序

（一）编制资格预审文件

由业主组织有关专业人员编制，或委托招标代理机构编制。资格预审文件的主要内容有工程项目简介、对投标人的要求、各种附表等。资格预审文件应报请有关行政监督部门审查。

（二）刊登资格预审通告

资格预审通告应当通过国家指定的报刊、信息网络或者其他媒介发布，邀请有意参加工程投标的承包商申请投标资格预审。

资审通告的内容应包括：工程项目名称、工程所在位置、概况和合同包含的工作范围、资金来源等，资格预审的最低要求，文件的发售日期、地点和价格、递交资格预审文件的日期、地点等。

（三）出售资格预审文件

在指定的时间、地点开始出售资格预审文件。资格预审文件售价以收取工本费为宜。资格预审文件发售的持续时间为从开始发售至截止接受资格预审申请时间为止。

（四）对资格预审文件的答疑

在资格预审文件发售之后，购买资格预审文件的投标人可能对资格预审文件提出各种疑问，这种疑问可能是由于投标人对资格预审文件理解困难，也可能是资格预审文件中存在疏漏或需进一步说明的问题。投标人应将这些疑问以书面形式（如信函、传真、电报等）提交招标人；招标人应以书面形式回答，并同时通知所有购买资格预审文件的投标人。

（五）报送资格预审文件

投标人应在规定的截止日期之前报送资格预审文件。在报送截止时间之后，不接受任何迟到的资格预审文件。已报送的资格预审文件在规定的截止时间之后不得作任何修改。

（六）澄清资格预审文件

招标人在接受投标人报送的资格预审文件后，可以找投标人澄清报送的资格预审文件中的各种疑点，投标人应据实回答，但不允许投标人修改报送的资格预审文件的内容。

（七）评审资格预审文件

组成资格预审评审委员会，对资审文件进行评审。

（八）向投标人通知评审结果

招标人以书面形式向所有参加资格预审者通知评审结果，在规定的日期、地点向通过资格预审的投标人出售招标文件。

## 二、资格预审文件的内容

资格预审文件的内容应包括资格预审通告、资格预审须知和资格预审申请书的表格。

(一) 资格预审通告

资格预审通告的内容包括以下几点。

(1) 工程项目名称、建设地点、工程规模、资金来源。

(2) 对申请资格预审投标人的要求。主要写明投标人应具备以往类似工程的经验和在施工机械设备、人员和资金、技术等方面有能力执行上述工程的令招标人满意的证明,以便通过资格预审。

(3) 业主和招标代理机构(如果有的话)名称、工程承包的方式、工程招标的范围、工程计划开工和竣工的时间。

(4) 要求投标人就工程的施工、竣工、保修所需的劳务、材料、设备和服务的供应提交资格预审申请书。

(5) 获取进一步信息和资格预审文件的办公室名称和地址、负责人姓名、购买资格预审文件的时间和价格。

(6) 资格预审申请文件递交的截止日期、地址和负责人姓名。

(7) 向所有参加资格预审的投标人发出资格预审通知书的时间。

(二) 资格预审须知

资格预审须知包括以下内容。

1. 总则

在总则中分别列出工程业主名称、资金来源、工程名称和位置、工程概述(其中包括“初步工程量清单”中的主要项目和估计数量、申请人有资格执行的最小合同规模以及资格预审时间表等,可用附件形式列出)。

2. 要求投标人应提供的资料和证明

在资格预审通知中应说明对投标人提供资料内容的要求,一般包括以下几个方面。

(1) 申请人的身份及组织机构,包括该公司或合伙人或联营体各方的章程或法律地位、注册地点、主要营业地点、资质等级等原始文件的复印件。

(2) 申请人(包括联营体的各方)在近3年(或按资审文件规定的年限)内完成的与本工程相似的工程的情况和正在履行的合同的工程情况。

(3) 管理和执行本合同所配备主要人员资历和经验。

(4) 执行本合同拟采用的主要施工机械设备情况。

(5) 提供本工程拟分包的项目及拟承担分包项目分包人情况。

(6) 提供近3年(或按资审文件规定的年限)经审计的财务报表(损益表、资产负债表),今后的财务预测以及申请人出具的允许招标人在其开户银行进行查询的授权书。

(7) 申请人近几年(或按资审文件规定的年限)介入的诉讼情况。

3. 资格预审通过的强制性标准

强制性标准以附件的形式列入。它是通过资格预审时对列入工程项目一览表中各主要项目提出的强制性要求。其中包括:强制性经验标准(指主要工程一览表中主要项目的业绩要求),强制性财务、人员、设备、分包、诉讼及履约标准等。达不到标准的,资格预审不能通过。

4. 对联营体提交资格预审申请的要求

对于一个合同项目能凭一家的能力通过资格预审的,应当鼓励以单独的身份参加资格预审。但在许多情况下,对于一个合同项目,往往一家不能单独通过资格预审,需要两家或两家以上组成的联营体才能通过,因此在资格预审须知中应对联营体通过资格预审做出具体规定,一般规定如下。

(1) 对于达不到联营体要求的,或企业单位既以单独身份又以所参加的联营体的身份向同一合同投标时,资格预审申请都应遭到拒绝。

(2) 对每个联营体的成员应满足的要求是:联营体的每个成员必须各自提交申请资格预审的全套文件;通过资格预审后,投标文件以及中标后签订的合同,对联营体各方都产生约束力;联营体协议应随同投标文件一起提交,该协议要明确规定联营体各方对项目承担的共同和各自的义务,并声明联营体各方提出的参加并承担本项目的责任和份额以及承担其相应工程的足够能力和经验;联营体必须指定某一成员作为主办人负责与业主联系;在资格预审结束后若新组成的联营体或已通过资格预审的联营体内部发生了变化,应征得业主的书面同意,新的组成或变化不允许从实质上降低竞争力,包含未通过资格预审的单位和降低到资格预审所能接受的最低条件以下;提出联营体成员合格条件的能力要求,例如可以要求联营体中每个成员都应具有不低于各项资格要求的25%的能力,联营体的主办人应具有不低于各项资格要求的40%的能力,所承担的工程应不少于合同总价格的40%;申请并接受资格预审的联营体不能在提出申请后解体或与其他申请人联合而自然地通过资格预审。

5. 对通过资格预审投标人所建议的分包人的要求

由于对资格预审申请者所建议的分包人也要进行资格预审,所以如果通过资格预审后申请人对他所建议的分包人有变更时,必须征得业主的同意,否则,对他们的资格预审被视为无效。

6. 对通过资格预审的工程所在国的国内投标人的优惠

世界银行贷款项目对于通过资格预审的工程所在国的国内投标人在投标时，能够提出令招标人满意的符合优惠标准的文件证明，在评标时其投标报价可以享受优惠。一般享受优惠的标准条件为：投标人在工程所在国注册；工程所在国的投标人持有绝大多数股份；分包给国外工程量不超过合同价的50%。具备上述三个条件者，其投标报价在评标排名次时可享受7.5%的优惠。

7. 其他规定

其他规定包括递交资格预审文件的份数、送交单位的地址、邮编、电话、传真、负责人、截止日期；招标人要求申请人提供的资料要准确、详尽，并有对资料进行核定和澄清的权利，对于弄虚作假、不真实的介绍可拒绝其申请；对于资格预审者的数量不限，并且有资格参加投一个或多个合同的标；资格预审的结果将以书面的形式通知每一位申请人，申请人在收到通知后的规定时间内(如48小时)回复招标人，确认收到通知。随后招标人将投标邀请函送给每一位通过资格预审的申请人。

8. 附件

资格预审须知的有关附件应包括如下内容。

(1) 工程概述。工程概述的内容一般包括：项目的环境，如地点、地形与地貌、地质条件、气象与水文、交通和能源及服务设施等；工程概况，主要说明所包含的主要工程项目的情况，如结构工程、土方工程、合同标段的划分、计划工期等。

(2) 主要工程一览表。用表格的形式将工程项目中各项工程的名称、数量、尺寸和规格用表格列出，如果一个项目分几个合同招标，应按招标的合同分别列出。

(3) 强制性标准一览表。对于各工程项目通过资格预审的强制性要求用表格的形式全部列出，并要求申请人填写满足或超过强制性标准的详细情况。因此，该表一般分为三栏：第一栏为提出强制性要求的项目名称；第二栏是强制性业绩要求；第三栏是申请人满足或超过业绩要求的项目评述。

(4) 资格预审时间表。表中列出发布资格预审通告的时间、出售资格预审文件的时间、递交资格预审申请书的最后日期和通知资格预审合格的投标人名单的日期等。

(三) 资格预审申请书的表格

为了使资格预审申请人按统一的格式递交申请书，在资格预审文件中按通过资格预审的条件编制成统一的表格，让申请人填报，这对于申请人公平竞争和对其进行评审是非常重要的。申请书的表格通常包括如下内容。

1. 申请人表

申请人表主要包括申请人的名称、地址、电话、电传、传真、成立日期等。如系联营体，应首先列明牵头的申请人，然后是所有合伙人的名称、地址等，并附上每个公司的章程、合伙关系的文件等。

2. 申请合同表

如果一个工程项目分为几个标段招标，应在申请合同表中分别列出各标段的编号和名称，以便让申请人选择申请资格预审的标段。

3. 组织机构表

组织机构表包括公司简况、领导层名单、股东名单、直属公司名单、驻当地办事处或联络机构名单等。

4. 组织机构框图

组织机构框图主要用框图表述申请者的组织机构，与母公司或子公司的关系，总负责人和主要人员。如果是联营体，应说明合作伙伴关系及在合同中的责任划分。

5. 财务状况表

财务状况表包括的基本数据为：注册资金、实有资金、总资产、流动资产、总负债、流动负债、未完成工程的年投资额、未完成工程的总投资额、年均完成投资额（近 3 年或按资审文件规定的最近年限）、最大施工能力等。近 3 年年度营业额和为本项目合同工程提供的营运资金，现在正进行的工程估价，今后两年的财务预算，银行信贷证明。并随附由审计部门审计或由公证部门公证的财务报表，包括损益表、资产负债表及其他财务资料。

6. 公司人员表

公司人员表包括：管理人员、技术人员、工人及其他人员的数量；拟为本合同提供的各类专业技术人员数及其从事本专业工作的年限。对于公司主要人员，应提供他们的一般情况和主要工作经历。

7. 施工机械设备表

施工机械设备表包括拟用于本合同自有设备，拟新购置设备和租用设备的名称、数量、型号、商标、出厂日期、现值等。

8. 分包商表

分包商表包括拟分包工程项目的名称、占总工程价的百分数、分包人的名称、经验、财务状况、主要人员、主要设备等。

9. 业绩——已完成的同类工程项目表

它包括项目名称、地点、结构类型、合同价格、竣工日期、工期、业主和监理工程师的地址、电话、电传等。

10. 在建项目表

在建项目表包括正在施工和准备施工的项目名称、地点、工程概况、完成日期、合同总价等。

11. 介入诉讼事件表

介入诉讼事件表详细说明申请人或联营体内合伙人介入诉讼或仲裁的案件。

应该注意对于每一张表格都应有授权人的签字和日期,对于要求提供的证明附件的应附在表后。

## 三、资格预审文件的填报

对投标人来说,填好资格预审文件是能否购买招标文件,进行投标的第一步,因此,填写资格预审文件一定要认真细心,严格按照要求逐项填写,不能漏项,每项内容都要填写清楚。投标人应特别注意根据所投标工程的特点,有重点地填写,对在评审内容中可能占有较大比重的内容多填写,有针对性地多报送资料,并强调本公司的财务、人员、施工设备、施工经验等方面的优势。对报送的预审文件内容应简明准确,装帧美观大方,从而给招标人一个良好的印象。要做到在较短的时间内填报出高质量的资格预审文件,平时要做好公司财务、人员、施工设备和经验等各方面原始资料的积累与整理工作,分门别类地存在计算机中,随时可以调用和打印出来。例如:公司施工经验方面应详细记录公司近5—10年来所完成和目前正在施工的工程项目名称、地点、规模、合同价格、开工时间、竣工时间;业主名称、地址、监理单位名称、地址;在工程中本公司所担任的角色是独家承包还是联合承包,是联营体负责人还是合伙人,总承包人还是分承包人;公司在工程项目实施中的地位和作用等。

上述资料应不断充实,这也反映出公司信息管理的水平。

## 四、资格预审文件评审

由评审委员会进行资格预审评审工作。评审委员会一般由招标机构负责组织,参加人员有:业主代表、招标机构、设计咨询单位等部门的人员,其中应包括有关专业技术、财务经济方面的专家。

### (一) 评审标准

资格预审是为了检查、评估投标人是否具备能令人满意地执行合同的能力。只有表明投标人有能力胜任,公司机构健全,财务状况良好,人员技术管理水平高,施工设备适用,有丰富的类似工程经验,有良好信誉,才能被认为是资格预审合格。

### (二) 评审方法

1. 资格预审文件的审查

首先对收到的资格预审文件进行整理,看是否对资格预审文件做出了实质性的响应,即是否满足资格预审文件的要求。检查资格预审文件的完整性,并检查资格预审强制性标准的合格性。例如投标申请人(包括联营体成员)营业执照和授权代理人授权书应有效;投标申请人(包括联营体成员)企业资质和资信登记等级应与拟承担的工程标准和规模相适应;以联营体形式申请资格预审,应提交联营体协议,明确联营体主办人;如果有分包,应满足主体工程限制分包的要求;投标申请人提供财务状况、人员与设备情况及履行合同的情况应满足要求。

只有对资格预审文件做出实质性响应的投标人的申请才有资格进一步评审。

2. 对资格预审文件评审

一般情况下资格预审都采用评分法进行，按一定评分标准逐项进行打分。评选按淘汰法进行，即先淘汰明显不符合要求的申请人，对于满足填报资格预审文件要求的投标人按组织机构与经营管理、财务状况、技术能力、施工经验四个方面逐项打分。只有每项得分均超过最低分数线，而且四项得分之和高于60分(满分为100分)的投标人才能通过资格预审。

最低合格分数线应根据参加资格预审的投标人的数量来决定，如果申请投标人的数量比较多，则适当提高最低合格分数线，这样可以多淘汰一些水平较低的投标申请人，使通过资格预审的投标人的数量不致太多。

资格预审评审时，上述评分的四个方面的任一方面还可以进一步细分为若干因素分别打分，经常引用的打分因素如下。

(1) 机构与管理(10分)。机构与管理包括：公司管理机构情况、经营方式、以往履约的情况，如获得的各种奖励或处罚等；目前和过去涉及诉讼案件的情况。

(2) 财务状况(30分)。财务状况包括：平均年营业额或合同额、财务投标能力、流动资金、信贷能力、流动资产与负债比值。

(3) 技术能力(30分)。技术能力包括：现场主要管理人员的经验与胜任程度、现场专业技术人员的经验与胜任程度、施工机械的适用来源与已使用的年限、工程分包情况。

(4) 施工经验(30分)。施工经验包括：类似工程的施工经验、类似现场条件下的施工经验、完成类似工程中特殊工作的能力、过去完成类似工程的合同额。

上述各个方面各个因素所占分值可根据项目的性质以及它们在项目实施中的重要性而调整。如复杂的工程项目，人员素质与施工经验可占更大比重；一般的航道疏浚工程、道路土方工程等，则施工设备可占更大比重。

## 五、资格预审评审报告

资格预审评审委员会对评审结果要写出书面报告，评审报告的主要内容包括：工程项目概要、资格预审工作简介、资格预审评价标准、资格预审评审程序、资格预审评审结果、资格预审评审委员会名单、资格预审评分汇总表、资格预审分项评分表、资格预审评审细则等。

资格预审评审结果应在资审文件规定的期限内通知所有投标申请人，同时向通过资格预审的投标申请人发出投标邀请书。

### 六、资格后审

对于一些开工期要求比较早、工程不复杂的工程项目,为了争取早日开工,有时不预先进行资格预审,而进行资格后审。

资格后审是在招标文件中加入资格审查的内容。投标人在填报投标文件的同时,按要求填写资格审查资料。评标委员会在正式评标前先对投标人进行资格审查,对资格审查合格的投标人进行评标,对不合格的投标人不进行评标。

资格后审的内容与资格预审的内容大致相同,主要包括投标人的组织机构、财务状况、人员与设备情况、施工经验等方面。

本章首先介绍了国际工程招标概念,招标方式及分类,然后比较详细地阐述了国际咨询工程师协会(FIDIC)推荐的招标程序及方法,投标资格预审的程序及方法。

凡涉及政府和社会公共工程的采购,各国一般都会有招投标方面的法律法规予以规范,因此各国都有自己的招标程序及方法。国际上大的金融组织也有自己的招标采购程序,如世行、亚行都有专门的采购程序。但各国或各金融组织招标程序及方法还是以共性为多,差异性小。本章主要选择介绍具有一定的通用性的国际咨询工程师协会推荐的招标程序及方法,因此学习中要注重招标程序及方法的实质内容的理解和应用。

工程招标　招标程序　投标资格预审

## 复习思考题

1. 国际工程招标方式有哪几种?其适用条件是什么?
2. 美国的招标采购管理主要有哪些制度和手段?
3. FIDIC 招标程序中"确定项目策略"包含什么内容?有何作用?
4. 为什么要对投标人进行资格预审?

# 第四章

# 国际工程采购招标与评标

**学习目标**

通过本章学习，你应该能够：

1. 掌握国际工程采购标准招标文件的组成内容及编制方法；
2. 熟悉国际工程招标开标、评标与授标的程序和方法。

## 第一节　国际工程采购招标文件编制

招标文件的编制是招标准备工作中最为重要的一环。一方面招标文件是提供给投标人的投标依据，投标人根据招标文件介绍的工程情况、合同条款、工程质量和工期的要求等进行投标报价。另一方面，招标文件是签订工程合同的基础，几乎所有的招标文件内容均将成为合同文件的组成部分。尽管在招标过程中业主也有可能对招标文件进行补充和修改，但基本内容不会改变。因此，招标文件的编制必须做到完整、系统、准确、明了，使投标人能够充分了解自己应尽的职责和享有的权益。

不同的项目管理模式确定了不同的招标采购方式，招标文件也各有差异，但其所应包含的核心内容却是大同小异的。本节主要介绍国际上通用的传统的设计-招标-建造（DBB）项目管理模式招标文件的编制。在 DBB 模式招标文件中最具代表性的是世界银行 1995 年 1 月编制的工程采购的标准招标文件（Standard Bidding Documents for Works，SBDW），我国财政部根据这个标准文本改编出版了适用于中国境内世行贷款项目招标文件范本（Model Bidding Documents，MBD）。

世界银行每年有几百亿美元的贷款项目，用于这些贷款项目的标准招标文本是世行多年来经验的总结，经多次修改而成。世行的这些招标文件标准文本也是国际上通用的传统项目管理模式招标文本中的高水平、权威性的文本,学习掌握SBDW文本有助于理解亚行、非行和各国经常使用的通用项目管理模式的各种招标文本。因而本节下面主要介绍世行工程采购招标文件SBDW编制。

世行《工程采购标准招标文件》共包括以下13部分内容:投标邀请书,投标人须知,招标资料,合同通用条件,合同专用条件,技术规范,投标书、投标书附录和投标保函格式,工程量表,协议书格式、履约保证和保函格式,图纸,说明性注解,资格后审,争端解决程序。还附有"世行资助的采购中提供货物、土建和服务的合格性"的说明。

## 一、投标邀请书

投标邀请书(invitation for bids, IFB)一般应包括以下内容:

(1) 通知已通过资格预审的投标人参加该工程投标。

(2) 发售招标文件的时间、地点、售价。

(3) 现场考察和召开标前会议的日期、时间和地点。

(4) 投标时提交投标保证金的规定额度和时间。

(5) 投标文件送交的地点、份数和截止时间。

(6) 开标的日期、时间和地点。

(7) 要求以书面形式确认收到邀请书,如不参加投标需通知业主。

以下是世界银行贷款项目招标文件范本中的投标邀请书格式。

### 投标邀请书格式

致 ............(承包商名称) ............(日期)

............(地址)

............

............

关于:(世行贷款号、合同名称与招标编号)

敬启者:

我们通知您,你们已经通过上述合同的资格预审。

1. 我们代表业主(填入业主名称)邀请你们与其他资格审查合格的投标人,为实施并完成此合同递交密封的投标文件。

2. 按下述地址你们可在我们的办公处所获取进一步的信息、查阅并取得招标文件:

(邮政地址、电报、电话和传真)。

3. 在交纳一笔不可退还的费用(填入金额和币别)后可购得一套完整的招标

文件。

4. 所有的投标文件均应有按招标文件规定的格式和金额递交的投标保证金，并且应于：(时间和日期)之时或之前送至下述地点：(地址和准确地点)开标仪式随即开始，投标人可派代表参加。

5. 请以书面形式(电报、传真或电传)立即确认已收到此函。如果您不准备参与投标，亦请尽快通知我们，我们将不胜感谢。

您真诚的，

授权代表签名：__________ 授权代表签名：__________

姓名和职务：__________ 姓名和职务：__________

采 购 代 理：__________ 业 主：__________

## 二、投标人须知

投标人须知(instruction to bidders，ITB)是业主或其委托的咨询公司为投标人如何投标所编制的指导性文件。包括以下六个部分39条内容。

(一) 总则(general)

1. 招标范围 (scope of bid)

预期中标的投标人应从开工之日起在招标资料表和投标书附录中规定的时期内完成投标人须知所描述的及招标资料表所概述的工程。

2. 资金来源(source of funds)

业主招标项目的资金来源，如是国际金融机构(如世界银行)的贷款，应说明贷款机构名称及贷款支付使用的限制条件。

3. 合格的投标人(eligible bidders)

任何投标人都应满足以下几个条件。

(1) 投标人不得与在本工程或作为本项目组成部分的工程的准备阶段已向业主提供了有关工程的咨询服务的公司或实体有关系，同时也不应与已被业主雇用或拟被雇用作为本合同的工程师有关系。

(2) 投标人必须是得到业主通知已通过资格预审者。

(3) 投标人不属于本须知发布的具有腐败和欺诈行为之列。

(4) 当业主提出合理的要求时，投标人应提供令业主继续满意其资格的证明材料。

4. 合格的材料、工程设备、供货和服务(eligible materials，plant，supplies，equipment and services)

要求为工程所提供的全部材料、工程设备、供货和服务必须来源于世行《采购指南》中规定的合格的原产地国家(一般指世行成员国)。

5. 投标人的资格(qualification of the bidder)

(1) 作为投标文件的一部分,投标人应同时递交一份投标人委托签署投标书的书面授权书;此外,投标人应更新所有随资格预审申请书递交的且已经变更的资料,务必更新在招标资料表中指明的资料,而且应使这些资料继续满足资格预审文件中规定的最低要求。

(2) 对于联营体递交的投标文件应满足以下要求:

① 投标文件中应包括上述(1)中指明的所有资料。

② 投标文件和中标后的协议书应予以签署,以使所有联营体成员均受法律约束。

③ 应推荐一家联营体成员作为主办人,且应提交一份由所有联营体成员的合法代表签署的授权书。

④ 应授权联营体主办人代表任何和所有联营体成员承担责任和接受指示,而且整个合同的实施(包括支付)应全部由联营体主办人负责。

⑤ 在上述的授权书、投标文件和协议书中应声明所有联营体成员为实施合同所共同和分别承担的责任。

⑥ 应随同投标文件同时提交一份联营体各成员签署的联营体协议。

6. 一标一投(one bid per bidder)

每个投标人只应自己单独或作为联营体的成员投一个标。

7. 投标费用(cost of bidding)

一般国际惯例规定无论投标结果如何,投标人应承担其投标文件准备与递交所涉及的一切费用,业主不负担此类费用。

8. 现场考察(site visit)

建议投标人对工程现场和周围环境进行考察,以便获取有关投标准备和签署合同所需的资料。考察现场的费用和人身及财产损失由投标人自己负责。

(二) 招标文件(bidding documents)

1. 招标文件的内容(contents of bidding documents)

招标文件包括下列格式与内容:

(1) 第一章投标邀请书。

(2) 第二章投标人须知。

(3) 第三章招标资料表。

(4) 第四章合同通用条件。

(5) 第五章合同专用条件。

(6) 第六章技术规范。

(7) 第七章投标书、投标书附录和投标保函的格式。

(8) 第八章工程量清单。

(9) 第九章协议书格式，履约保函格式、预付款保函格式。

(10) 第十章辅助资料表。

(11) 第十一章图纸。

2. 招标文件的澄清(clarification of documents)

投标人在收到招标文件时应仔细阅读和研究，如发现有遗漏、错误、词义模糊等情况，应按招标文件中规定的地址以书面或电报、电传、传真等方式向业主质询，否则后果自负。招标文件中应规定提交质询的日期限制(如投标截止日 28 天以前)。业主将书面答复所有质询的问题的附本交给所有已购买招标文件的投标人。

3. 招标文件的修改(amendment of bidding documents)

在递交投标文件以前的任何时候，业主可能以补遗书的方式对招标文件进行修改。所有补遗书均将构成招标文件的一个组成部分，投标人应以电报方式尽快确认收到每份补遗书。

为了使投标人在准备投标书时能有合理的时间将补遗书的内容考虑进去，业主应酌情延长递交投标书的截止时间。

(三) 投标文件的编制(preparation of bids)

1. 投标文件的语言(language of bid)

投标文件及投标任何业主之间的与投标有关的来往函电和文件，均应使用规定的语言(ruling language)。投标人递交的证明材料和印刷品可以是另外一种语言，但其中相关段落应配有上述规定的语言的准确译文，且投标文件的解释将以此译文为准。

2. 投标文件的组成(documents comprising the bid)

投标人递交的投标文件应包含下列文件：正确填写的投标书格式和投标书附录、投标保函、已报价的工程量表、被邀请提供的替代方案。

如果招标资料表中有规定，将此合同与其他合同组成一个包投标的投标人应在投标文件中予以声明，并且给出授予一个以上合同时所提供的任何折扣。

3. 投标价格(bid prices)

投标价格是指按照投标人提交的工程量表中的单价和工程量为依据，计算得出的工程总标价。投标人未填报单价和价格的项目的费用将被视为已包含在工程量表的其他单价和价格中，业主在执行期间将不予以支付。

所有根据合同或由于其他原因，截至投标截止日前 28 天，由投标人支付的关税、税费和其他捐税都要包含在投标人呈报的单价、价格和总投标报价中。

投标人填报的单价和价格在合同执行期间将根据合同条件的规定予以调整。

投标人应在投标书附录中为价格调整公式填写价格指数和权重系数，并随投标文件递交证明材料。

4. 投标货币与支付货币(currencies of bid and payment)

在投标报价时和在以后工程实施过程中结算支付时所用的货币种类可以选择以下两个方案之一：

(1) 投标人报价时完全采用工程所在国的货币表示，若投标人预计有来自工程所在国以外的工程投入会产生其他币种的费用(外汇需求)，投标人应在投标书附录中列出其外汇需求占投标价格(除暂定金额外)的百分比(%)，投标人应在投标书附录中列明外汇需求和采用的汇率。

业主可能会要求投标人澄清其外汇需求，此时，投标人应递交一份详细的外汇需求表。

(2) 采用两种报价，即对于在工程所在国应支付的费用，如当地劳务、当地材料、设备、运输等费用以当地货币报价，而对在工程所在国以外采购所需费用则以外币报价。

5. 投标文件的有效期(bid validity)

投标文件应在招标资料表中规定的期限内保持有效，如果有特殊情况，业主可在原投标有效期结束前，以书面和电报形式要求投标人延长一个写明的期限。投标人可拒绝这种要求，业主不得以此为理由没收其投标保证金。同意延期的投标人将不得要求在此期间修改其投标文件，但需要相应延长投标保证金的有效期，并符合下一条有关投标保证金的所有要求。

对于固定总价合同，若投标有效期延长超过 8 周，则对于应付给未来中标人的当地货币和外币的金额，将按招标资料表或要求延期函中为超过 8 周的期限所定的系数分别对当地货币和外币部分进行调价。评标时仍以投标价为依据，不考虑上述的价格调整。

6. 投标保证金(bid security)

为了对业主进行必要的保护，招标文件要求投标人投标必须提供投标保证金。根据投标人的选择，投标保证金可以是保兑支票、信用证或由在投标人选择的任一合格国家的有信誉的银行出具的保函。银行保函的格式应符合招标文件的要求，其有效期应为直至投标文件有效期满后的第 28 天，或根据业主要求的延期时间。

未能按要求提供投标保证金的投标文件，业主视其为不响应投标而予以拒绝。联营体应以联营体的名义提交投标保证金。

未中标的投标人的投标保证金在最迟不超过投标有效期满后的 28 天退还。中标人的投标保证金将在其签约并按要求提供了履约保证金后予以退还。

如果投标人在投标有效期内撤回投标文件，或中标人未能在规定的期限内签署协议并提供履约保证金，则投标保证金将被没收。

7. 投标人的选择报价(alternative proposals by bidders)

如果明确邀请投标人报出选择工期，则应在招标资料表中进行说明，同时应规定评审不同工期的办法。

若允许投标人对工程的某些指定部分提供技术选择方案，则应在招标文件的“技术规范”中进行说明；除此情况之外，对于希望提供满足招标文件要求的技术选择方案的投标人，应首先按招标文件描述的业主的设计报价，然后再向业主提供全面评审其技术选择方案所需的全部资料。如有技术选择方案，只有符合基本技术要求且评标价最低的投标人递交的技术选择方案，业主才予以考虑。

8. 标前会议(pre-bid meeting)

召开标前会议的目的是澄清投标人对招标文件的疑问，解答问题。如果举行标前会议，投标人的指定代表可按照招标资料表中规定的时间、地点出席会议。业主不能以不出席标前会议作为投标人不合格的理由。

投标人应尽可能在会议召开前一星期，以书面形式或电报向业主提交问题，迟交的问题可能无法在会上回答，但所有问题和答复(包括会上回答的和会后准备的答复)将以会议纪要的形式提供给所有投标人。

对由于标前会议而产生的对招标文件的任何修改，只能由业主按照本须知第11条的规定，以补遗书的方式进行，而不以标前会议纪要的形式发出。

9. 投标文件的形式和签署(format and signing of bid)

招标文件中应规定投标需提供的正本和副本的份数。正本是指投标人填写所购买的招标文件的表格以及投标人须知中所要求提交的全部文件和资料，副本是正本的复印件。正本与副本有不一致时，以正本为准。

投标文件应由投标人正式授权的一个人或几个人签署，对于有增加或修正的地方，均应由一位或几位投标文件的签字人进行小签。

(四) 投标文件的递交(submission of bids)

1. 投标文件的密封与标志(sealing and marking of bids)

投标人应将正本和副本分别封装在信封(内信封)中，并在信封上标明“正本”和“副本”，所有这些信封都应密封在一个外信封中。内、外信封上均应标明业主的地址、合同名称、合同号、开标时间及开标日期前不得启封等字样；此外，内信封还应标明投标人的名称和地址，以使业主能在不开封的情况下将迟到的投标文件退回投标人。

如果未按规定书写和密封，业主对由此引起的一切后果概不负责。

2. 投标截止日期(deadline for submission of bids)

投标文件应由业主在规定的地址、不迟于招标资料表中规定的日期和时间收到。在特殊情况下,业主可自行以补遗书的形式延长投标截止日期。

3. 迟到的投标文件(late bids)

业主在规定的投标截止日期以后收到的任何投标文件,将原封退给投标人。

4. 投标文件的修改、替代与撤回(modification, substitution and withdrawal of bids)

投标人在递交投标文件截止日期前,可以通过书面形式通知业主,对已提交的投标文件进行修改、替代或撤回。

(五) 开标与评标(bid opening and evaluation)

1. 开标(bid opening)

业主按照招标资料表规定的时间、日期和地点开标。

对标明“修改”和“替代”的信封将首先开封并宣布投标人的名称。对投标人已提交了撤回通知函的投标文件将不予开封。

开标时,将宣读投标人的名称、投标报价(包括任何选择报价或偏离)、折扣、投标文件修改和撤回、投标保证金的提供与否及其他业主认为合适的内容。标明“修改”的信封将被开封,其中的适当内容将被宣读。除迟到的投标文件外,开标时不应废除任何投标文件。以上宣布的内容都将记录在开标记录中。

2. 过程保密(process to be confidential)

开标后,在评标过程中应对与评标工作无关的人员和投标人严格保密。投标人对业主评审或授标工作施加影响的任何努力都可能导致其投标文件被拒绝。

3. 投标文件的澄清及同业主的接触(clarification of bids and contacting the employer)

为有助于投标文件的审查、评价和比较,业主可要求任何投标人澄清其投标文件。有关澄清的要求与答复应以书面或电报方式进行。但不应寻求、提出或允许对价格或实质性的内容进行更改。

从开标到授予合同期间,投标人不应同业主就投标有关问题进行接触,但投标人可书面向业主提供信息。

4. 投标文件的检查与响应性的确定(examination of bids and determination of responsiveness)

在详细评标前,业主要检查各投标文件是否做到如下几点:被适当签署,提供了符合要求的投标保证金,对招标文件的要求做出了实质性的响应,提交了业主要求提供的、确定其响应性的澄清材料和(或)证明文件。

业主会拒绝没有对招标文件做出实质性响应的投标书。

5. 错误的修正(correction of errors)

对那些对招标文件做出实质性响应的投标文件,可按照一定原则修改投标文件中存在的计算错误、书写错误和数字表示与文字表示不一致的错误。修改后，在征得投标人同意的情况下，修正后的金额对投标人起约束作用。若投标人不接受修正后的金额，则其投标将被拒绝，并且其投标保证金将被没收。

6. 为评标换算为单一的货币(conversion to single currency)

为比较各投标书，应将投标报价换算为单一货币。

(1) 对于投标人须知中所列的第(1)种投标报价方案，应首先根据投标人在投标书附录中写明的汇率，将投标报价换算为不同支付币别的相应金额；然后将投标报价中应支付的各种货币按照招标资料表中指定的机构在规定的日期公布的卖出价汇率，换算为业主所在国的货币；或者是将外币支付部分的金额按招标资料表中规定的国际报刊在规定的日期公布的卖出价汇率，换算为一种招标资料表中指定的国际贸易中广泛使用的货币，将业主所在国的货币按照指定的机构在规定的日期公布的卖出价汇率也换算成那种广泛使用的货币。

(2) 对于投标人须知中所列的第(2)种投标报价方案，可将投标报价中应支付的各种货币的金额，根据指定的机构在规定的日期公布的卖出价汇率，换算为业主所在国的货币；或者先将外汇需求部分根据规定的国际报刊在规定的日期公布的卖出价汇率，换算为一种指定的国际贸易中广泛使用的货币，再将业主所在国货币根据规定的机构在规定的日期公布的卖出价汇率换算成那种广泛使用的货币。

7. 投标文件的评价与比较(evaluation and comparison of bids)

对于实质上符合招标文件要求的投标文件，在评价与比较时，业主对投标价格进行以下调整，以确定每份投标文件的评标价格：

(1) 修正投标人须知第 29 条中提及的错误。

(2) 在工程量汇总表中扣除暂定金额，但应包括具有竞争性标价的计日工。

(3) 将以上两项金额按第 30 条的规定换算为单一货币。

(4) 对具有满意的技术和(或)财务效果的其他可量化、可接受的变更、偏离或其他选择报价，其投标价应进行适当的调整。

(5) 若招标资料表中允许并规定了调价方法，应对投标人报的不同工期进行调价。

(6) 如果本合同与其他合同被同时招标，投标人为授予一个以上合同而提供的折扣应计入评标价。

业主有保留接受或拒绝任何变更、偏离或选择性报价的权利。凡超出招标文件规定的变更、偏离或其他因素在评标时将不予考虑。在评标时，对适用于合同执行期间的价格调整因素不予考虑。

若最低评标价的投标文件出现明显的不平衡报价，业主可要求投标人对工程量表的任何或所有细目提供详细的价格分析，并视分析的结果考虑采取保护措施。

8. 国内投标人优惠(preference for domestic bidders)

国际金融组织,如世界银行的贷款项目规定,贷款国的投标人在符合下列所有条件时,在与其他投标人按投标报价排列顺序时,可享受7.5%的优惠。

(1) 在工程所在国注册。

(2) 工程所在国公民拥有大部分所有权。

(3) 分包给国外公司的工程量不大于合同总价(不包括暂定金额)的50%。

(4) 满足招标资料表中规定的其他标准。

对于工程所在国承包商与国外承包商组成的联营体,在具备以下条件时,也可获得优惠:

(1) 国内的一个或几个合伙人分别满足上述优惠条件。

(2) 国内合伙人能证明他(们)在联营体中的收入不少于50%。

(3) 国内合伙人按所提方案,至少应完成除暂定金额外的合同价格50%的工程量,并且这50%不应包括国内合伙人拟进口的任何材料或设备。

(4) 满足招标资料表中规定的其他标准。

评标时,将投标人分为享受优惠和不享受优惠两类,在不享受优惠的投标人报价上加上7.5%,再统一排队、比较。

(六) 合同授予(award of contract)

1. 授标(award)

授标是指业主把合同授予实质上响应招标文件要求,并经审查认为有足够能力和资产来完成本合同,满足上述各项资格要求,而且投标报价最低的投标人。

2. 业主接受投标和拒绝任何或所有投标的权利(employer's right to accept any bid and to reject any or all bids)

业主在授予合同前的任何时候均有权接受或拒绝任何投标、宣布投标程序无效或拒绝所有投标。

3. 中标通知书(notification of award)

在投标有效期截止前,业主将以电传、传真或电报的形式通知中标人,并以挂号信的形式寄出正式的中标通知书。中标通知书将成为合同的组成部分。

4. 协议书的签署(signing of agreement)

业主通知中标人中标的同时,还应寄去招标文件中所提供的合同协议书格式。在收到合同协议书28天内,中标人应签署此协议书,并连同履约保证金一并送交业主。此时,业主应通知其他未中标者,他们的投标文件没有被接受,并尽快退还其投标保证金。

5. 履约保证(performance security)

在接到中标通知书28天内,中标人应按招标资料表和合同条件中规定的形式向业主提交履约保证。

若中标人不遵守投标人须知的规定，将构成对合同的违约，业主有理由废除授标，没收投标保证金，并寻求可能从合同中得到的补偿。业主可以寻求将合同授予名列第二的投标人。

6. 争端审议委员会(disputes review board, DRB)

应在招标资料表中规定争端解决的办法。如果选择的办法是成立争端审议委员会或聘请争端审议专家，指定的人选将在招标资料表中明确，投标人如果不同意，应在其投标文件中指出。如果业主和中标人不能就最初指定的委员任命达成一致，任何一方可要求合同专用条款指定的"任命机构"做出此项任命。

7. 腐败和欺诈行为(corrupt or fraudulent practices)

拒绝将合同授予有"腐败行为""欺诈行为"的投标人。

## 三、招标资料表

招标资料表(bidding data)是招标文件的一个重要组成部分，招标资料表应与投标人须知中的有关各条相对应，为投标人提供具体资料、数据、要求和规定。投标人须知中的文字和规定不允许修改，只能在招标资料表中对之进行补充和修改。招标资料表中的内容与投标人须知不一致时则以招标资料表为准。表 4-1 列出的是世行土建工程国际竞争性招标文件中的招标资料表格式(已作删减)。

**表 4-1　招标资料表**

| 投标人须知中各条序号 | 内　　容 |
|---|---|
| 1.1 | 工程概述(填入工程简介，本项目同其他合同关系，如该工程分为几个标段招标，应介绍所包括的所有标段) |
| 1.1 | 业主的名称和地址 |
| 1.2 | 竣工期限 |
| 2.1 | 借款人名称(说明借款人同业主的关系，填写内容须与投标邀请书一致) |
| 2.1 | 项目名称及描述，世行贷款金额及类型 |
| 5.1 | 需更新的(以前提供的)资格预审资料 |
| 12.1 | 投标语言 |
| 13.2 | 说明本合同是否与其他分标段以"组合标"(slice and package)形式同时招标 |

续 表

| 投标人须知中各条序号 | 内　　容 |
| --- | --- |
| 14.4 | 说明本合同是否进行价格调整(工期超过18个月必须进行调价) |
| 15.1 | 说明投标货币是采用第15条的选择方案A或B |
| 15.2 | 业主国别 |
| 15.2 | 业主国币种 |
| 16.1 | 投标有效期 |
| 16.3 | 外币部分调价的年百分比(以预计的国际价格年上涨幅度为基础)<br>当地币部分调价的年百分比(以业主国在所涉及的期限内项目的物价涨幅为基础) |
| 17.1 | 投标保函金额 |
| 18.1 | 投标时施工工期可在至少________天和最多________天之间选择,评标办法见(本表中)31.2(e)。中标人提出的竣工期应为合同竣工期 |
| 19.1 | 标前会议及组织现场考察的地点、时间和日期 |
| 20.1 | 投标文件副本的份数 |
| 21.2 | 递交投标文件的地点 |
| 21.2 | 合同编号 |
| 22.1 | 投标截止日期 |
| 25.1 | 开标的地点、时间和日期 |
| 30.2 | 为换算为通用货币而选择的货币(或当地币,或一种可兑换货币,如美元)。<br>汇率来源(如通用货币为当地币以外的一种货币(如美元),应指明一种国际刊物(如金融时报),以报上的汇率作为换算外币汇率;如通用货币选择当地币,应明确业主国中央银行或商业银行)<br>汇率日期(在投标截止日前第28天和投标有效期截止日之间选择) |
| 31.2(e) | 选择竣工期的报价评审方法(如评标时考虑不同竣工期,应在此说明评审方法。例如可规定一个"标准"或最迟竣工期,给出每延长一周工期的金额。但该金额不应超过投标书附录中规定的误期损害赔偿费金额) |
| 32.1 | 说明评标时国内承包商是否享受优惠 |

续　表

| 投标人须知中各条序号 | 内　　容 |
| --- | --- |
| 37 | 业主可接受的履约保函的格式和金额 |
| 38 | 争端解决方式(如成立"争端审议委员会"或聘请"争端审议专家",填入业主方建议人员名单及个人简历) |

注:如果不适用,应在相应栏中注明"不适用"。任何对投标人须知的修改均应在招标资料表后的"修改清单"中反映,并保持原条款号不变。

## 四、合同条件

合同条件一般也称合同条款,它是合同中商务条款的重要组成部分。合同条件主要是论述在合同执行中,当事人双方的职责范围、权利和义务、监理工程师的职责和授权范围,遇到各类问题(诸如工程进度、质量、检验、支付、索赔、争议、仲裁等)时,各方应遵循的原则及采用的措施等。目前在国际上,由于承、发包双方的需要,根据多年积累的经验,已编写了许多合同条件模式,在这些合同条件中有许多通用条件几乎已经标准化、国际化,无论在何处施工都能适应承发包双方的需要。

国际上通用的工程合同条件一般分为两大部分,即"通用条件"和"专用条件"。前者不分具体工程项目,不论项目所在国别均可适用,具有国际普遍适应性;而后者则是针对某一特定工程项目合同的有关具体规定,用以将通用条件加以具体化,对通用条件进行某些修改和补充。这种将合同条件分为两部分的做法,既可以节省业主编写招标文件的工作量,又可以方便投标人投标。

国际上最通用的土木工程施工合同条件的标准形式有三种:

英国"土木工程师协会(Institution of Civil Engineers,ICE)"编写的合同条件(ICE Conditions of Contract)。

美国建筑师协会(The American Institute of Architects,AIA)编写的《施工合同通用条件》(General Conditions of The Contract for Construction, AIA Document A201)。

国际咨询工程师联合会(FIDIC)编写的系列合同条件,不仅FIDIC成员采用,世界银行、亚洲开发银行的贷款项目也采用。各成员可以稍加修改后用于国内。因此,在熟悉了FIDIC的各种合同条件后,对于编制自己的合同条件和投标都是十分有用的。

1999年FIDIC出版了四种新版本FIDIC合同条件,继承了以往合同条件的优点,并根据多年来工程实践中取得的经验以及专家、学者和相关各方的建议,在内容、结构和措辞等方面作了较大调整。四种新版本FIDIC合同条件如下。

(1)《施工合同条件》(Conditions of Contract for Construction)。推荐用于由雇主设计的建筑或工程项目,并采用单价合同及由工程师负责监理,承包商按照雇主提供的设计施工,也可以包含由承包商设计的土木、机械、电气和构筑物的某些部分。

(2)《生产设备和设计-施工合同条件》(Conditions of Contract for Plant and Design-Build)。推荐用于电气和(或)机械设备供货和建筑或工程的设计与施工,通常采用总价合同。由承包商按照雇主的要求,设计和提供生产设备和(或)其他工程,可以包括土木、机械、电气和建筑物的任何组合进行工程总承包,也可以对部分工程采用单价合同。

(3)《设计采购施工(EPC)/交钥匙工程合同条件》(Conditions of Contract for PEC/Turnkey Projects)。可适用于以交钥匙方式提供工厂或类似设施的加工或动力设备、基础设施项目或其他类型的开发项目,采用总价合同。这种合同条件下,项目的最终价格和要求的工期具有更大程度的确定性;由承包商承担项目实施的全部责任,雇主很少介入,即由承包商进行所有的设计、采购和施工,最后提供一个设施配备完整、可以投产运行的项目。

(4)《简明合同格式》(Short Form of Contract)。适用于投资金额较小的建筑或工程项目。根据工程的类型和具体情况,这种合同格式也可用于投资金额较大的工程,特别是较简单的或重复性的或工期短的工程。在此合同格式下,一般都由承包商按照雇主或其代表——工程师提供的设计实施工程,但对于部分或完全由承包商设计的土木、机械、电气和(或)构筑物的工程,此合同也同样适用。

2017年,国际咨询工程师联合会(FIDIC)对上述前三种合同条件文本进行了修订,但合同条件的总体结构都基本不变,主要是对1999版合同条件使用18年来产生的一些问题进行了修订,使其能更好地反映国际工程实践。

## 五、技术规范

技术规范即指工程技术要求说明文件,它是招标文件中一个非常重要的组成部分,技术规范和图纸两者反映了业主对工程项目应达到的技术要求,也是施工过程中承包商控制质量和工程师检查验收的主要依据。严格按规范施工与验收才能保证最终获得合格的工程产品。

技术规范、图纸和工程量清单三者都是投标人在投标时必不可少的资料,因为依据这些资料,投标人才能拟定施工规划,包括施工方案、进度计划、施工工艺等,并据之进行工程估价和确定投标价。因此在拟定技术规范时,既要满足设计要求,保证工程的施工质量,又不能过于苛刻。因为太苛刻的技术要求必然导致投标人提高投标价格。

编写技术规范时一般可引用国家有关各部正式颁布的规范，同时往往还需要由咨询工程师再编制一部分具体适用于本工程的技术要求和规定。正式签订合同之后，承包商必须遵循合同列入的规范要求。

技术规范一般包含下列内容：工程的全面描述、工程所采用材料的要求、施工质量要求、工程计量方法、验收标准和规定、其他规定。技术规范可分为总体规定和各项规定两部分。

（一）总体规定

总体规定通常包括工程范围及说明、水文气象条件、工地内外交通、开工日期、完工日期、对承包商提供材料的质量要求、技术标准、工地内供水与排水、临建工程、安全、测量工作、环境卫生、仓库及车间等。下面就某些内容作一些说明。

(1) 工程范围和说明。它包括工程总体介绍，分标情况，本合同工作范围，其他承包商完成工作范围，分配给各承包商使用的施工场地、生活区和交通道路等。

(2) 技术标准。即为已选定的适用于本工程的技术规范，总体规定中应列出编制规范的部门和名称。

(3) 一般现场设施。它包括施工现场道路等级、对外交通、桥梁设计、工地供电电压范围和供电质量、供水、生活及服务设施、工地保卫、照明通信、环保要求等。

(4) 安全防护设施。对承包商在工地应采取的安全措施做出规定，安全措施包括安全员的任用、安全规程的考核和执行、安全栏网的设置、防火、照明、信号等有关安全设施。

(5) 水土保持与环境。由于工程的大量土石方开挖，破坏了植被，影响了环境的美化，为此应提出有关水土保持和环境保护的要求。

(6) 测量。监理工程师应向承包商提供水准基点、坝 0 量基线以及适当比例的地形图等，并应对这些资料的正确性负责。日常测量、放样均由承包商承担，承包商应对现场测量放样精度、现场控制点设置与保护、人员、设备配备等负责。

(7) 试验室与试验设备。按照国际惯例，土建工程的试验工作(包括材料试验等)多由承包商承担，因此在规范中对要求进行试验的项目、内容及要求等应做出明确的规定；并对试验室的仪器设备等提出要求，以便投标人在投标报价中考虑到这一笔费用，对试验费的支付也应有明确的规定。

（二）各项规范

根据设计要求，各项规范应对工程每一个部位的材料和施工工艺提出明确的要求。

各项技术规范一般按照施工内容和性质来划分，例如一般土建工程包括临时工程、土方工程、基础处理、模板工程、钢筋工程、混凝土工程、圬工结构、金属结构、装修工程等;水利工程还包括施工导流、灌浆工程、隧洞开挖工程;港口工程则有基床工程、沉箱预制、板桩工程等。

各项技术规范中应对计量要求做出明确规定,因为这涉及实施阶段计算工程量与支付问题,以避免和减少争议。

## 六、图纸

图纸是招标文件和合同的重要组成部分,是投标人在拟定施工方案、确定施工方法以及提出替代方案、计算投标报价时必不可少的资料。

图纸的详细程度取决于设计的深度与合同的类型。详细的设计图纸能使投标人比较准确地计算报价。但实际上,常常在工程实施中需要陆续补充和修改图纸,这些补充和修改的图纸均须经监理工程师签字后正式下达,才能作为施工及结算的依据。

图纸中所提供的地质钻孔柱状图、探坑展视图等均为投标人的参考资料,它提供的水文、气象资料也属于参考资料。而投标人根据上述资料作出自己的分析与判断,据之拟定施工方案,确定施工方法。

## 七、工程量清单

工程量清单就是对合同规定要实施的工程全部项目和内容按工程部位、性质等列在一系列表内。每个表中既有工程部位需实施的各个分项,又有每个分项的工程量和计价要求(单价与合价或包干价)以及每个表的总计等,后两个栏目留给投标人填写。

工程量清单的用途之一是便于投标人报价,为投标人提供了一个共同的竞争性投标的基础。投标人根据施工图纸和技术规范的要求以及拟定的施工方法,通过单价分析并参照本公司以往的经验,对表中各栏目进行报价,并逐项汇总为各部位以及整个工程的投标报价。用途之二是在工程实施过程中,每月结算时可按照表中已实施的项目的单价和价格计算应付给承包商的款项。用途之三是在工程变更增加新项目或索赔时,可以选用或参照工程量清单中的单价确定新项目或索赔项目的单价和价格。

工程量清单和招标文件中的图纸一样,是随着设计深度的不同而有粗细程度的不同,利用施工详图,就可以编得比较细致。

工程量清单中的计价办法一般分为两类。一类是按“单价”计价项目,如模板每平方米多少钱,土方开挖每立方米多少钱等,投标文件中此栏一般按实际单价计算。另一类按“项”包干计价项目,如竣工场地清理费;也有将某一项设备的安装作为一“项”计价的,如闸门采购与安装(包括闸门、预埋件、启闭设备、电器操作设备及仪表等的采购、安装和调试)。编写这类项目时要在括号内把有关项目写全,最好将所采用的图纸号也注明,方便承包商报价。

工程量清单一般包括前言、工程量清单细目表、计日工表和汇总表。

(一)前言

前言中应说明下述有关问题。

(1)应将工程量清单与投标人须知、合同条件、技术规范、图纸和图表资料等综合起来阅读。

(2)工程量清单中的工程量是业主估算的和临时性的,只能作为投标报价时的依据。付款的依据是实际完成的工程量和工程量清单中确定的费率。实际完成的工程量可由承包商计量,监理工程师核准,或按规定的其他方式。

(3)除合同另有规定外,工程量清单中填入的单价和合价必须包括全部施工设备、劳务、管理、损耗、燃料、材料、安装、维修、保险、利润、税收以及风险费等全部费用。

(4)每一行的项目内容中,不论写入工程数量与否,投标人均应填入单价或价格,对于没有填写单价或价格的项目的费用,则认为已包含在工程量清单的其他项目之中。

(5)工程量清单不再重复或概括工程和材料的一般说明,在编制工程量清单的每一项的单价和合价时,应参考合同文件中有关章节对有关项目的描述。

(6)测量已完成的工程数量用以计算价格时,应根据业主选定的工程测量标准计量方法为准。所有工程量均为完工以后测量的净值。

(二)工程量清单细目表

编制工程细目表时要注意将不同等级要求的工程区分开;将同一性质但不属于同一部位的工作区分开;将情况不同、可能进行不同报价的项目分开。

编制工程细目表划分项目时要做到简单明了,使表中所列的项目既具有高度的概括性,条目简明,又不漏掉项目和应该计价的内容。例如港口工程中的沉箱预制,是一件混凝土方量很大的项目,在沉箱预制中有一些小的预埋件(如小块铁板、塑料管等),在编制工程量清单时不要单列,而应包含在一个项目内,即沉箱混凝土浇筑(包含××号图纸中列举的所有预埋件)。

一份概括很好的工程量清单反映了咨询工程师的编标水平。按上述原则编制的工程量清单既不影响报价和结算,又大大地节省了编制工程量清单、计算标底、投标报价的时间,特别是节省了工程实施过程中每月结算和最终工程结算的工作量。表 4-2 为某项目工程量清单(一般项目)表,表 4-3 为某项目的土方工程工程量清单示例表。

表 4-2　某项目工程量清单(一般项目)细目表

| 序号 | 内　　容 | 单位 | 数量 | 费率 | 总额 |
|---|---|---|---|---|---|
| 101 | 履约保证 | 总价 | 项 | | |
| 102 | 工程保险 | 总价 | 项 | | |
| 103 | 施工设备保险 | 总价 | 项 | | |
| 104 | 第三方保险 | 总价 | 项 | | |
| 105 | 竣工后 12 个月的工程维修费 | 月 | 12 | | |
| 106 | 其他 | | | | |
| 112 | 提供工程师办公室和配备设施 | 个 | 2 | | |
| 113 | 维修工程师办公室和服务 | 月 | 24 | | |
| 114 | 其他 | | | | |
| 121 | 提供分支道路 | 总价 | 项 | | |
| 122 | 分支道路交通管理及维修 | 月 | 24 | | |
| 123 | 其他 | | | | |
| 132 | 竣工时进行现场管理 | 总价 | 项 | | |
| 总　计 | | | | | |

表 4-3　某项目工程量清单(土方工程)细目表

| 序号 | 内　　容 | 单位 | 数量 | 费率 | 总额 |
|---|---|---|---|---|---|
| 201 | 开挖表土(最深 25 cm)废弃不用 | $m^3$ | 50 000 | | |
| 202 | 开挖表土(25—50 cm)储存备用,最远运距 1 km | $m^3$ | 45 000 | | |
| 206 | 从批准的取土场开挖土料用于回填,最远运距 1 km | $m^3$ | 258 000 | | |
| 207 | 岩石开挖(任何深度),弃渣 | $m^3$ | 15 000 | | |
| 208 | 其他 | | | | |

(三) 计日工表

计日工在招标文件中一般有劳务、材料和施工机械三个计日工表。

计日工是指在工程实施过程中,业主有一些临时性的或新增加的项目需要按计日(或计时)使用人工、材料和施工机械时,则应按承包商投标时在上述三个表中填写的费率计价。未经监理工程师书面指令,任何工程不得按计日工施工计价。

在编制计日工表时需对每个表中的工作费用应该包含哪些内容,以及如何计算时间做出说明和规定。计日工劳务的工时计算是由到达工作地点并开始从事指定的工作算起，到返回原出发地点为止的时间，扣去用餐和工间休息时间。

承包商可以得到用于计日工劳务的全部工时的支付，此支付应按“计日工劳务单价表”中所填报的基本单价计算，加上一定百分比的管理费、税金、利润等附加费。下面列出一份计日工劳务单价表，如表4-4所示。

**表4-4　某项目劳务计日工单价表**

| 项目编号 | 说　明 | 单位 | 名义工作量 | 费率 | 总额 |
|---|---|---|---|---|---|
| D100 | 工长 | h | 500 | | |
| D101 | 普工 | h | 5 000 | | |
| D102 | 砌砖工 | h | 500 | | |
| D103 | 抹灰工 | h | 500 | | |
| D104 | 木工 | h | 500 | | |
| D113 | 10 t 卡车司机 | h | 1 000 | | |
| D115 | 推土机或松土机司机 | h | 500 | | |
| | ⋮ | | | | |
| D122 | 承包商的上级管理费、利润等(为总计的百分率) | | | | |
| 合　计 | | | | | |

计日工材料费的支付，应按“计日工材料单价表”中所列的基本单价计算，加上一定百分比的管理费、税金、利润等附加费。

按计日工作业的施工机械费用的支付，应按“计日工施工机械单价表”中所列的单价计算，该单价应包括施工机械的折旧、维修、保养、零配件、保险、燃料和其他辅助材料的费用，加上相关的管理费、税金和利润等附加费用。

有的计日工表中将管理费、税金和利润等附加费不单列而统一包含在上述的单价中。

（四）汇总表

将各个区段、分部工程中的各类施工项目报价表的总额汇总就是整个工程项目的总的计算标价。

## 八、投标书格式和投标保函格式

### （一）投标书格式

投标书是由投标人充分授权的代表签署的一份投标文件。投标书是对业主和承包商双方均有约束力的合同的一个重要组成部分。

投标书包含投标书及其附录,一般都是由业主或咨询工程师拟定好固定的格式,由投标人填写。

下面列举的投标书及其附录,投标人应填写其中的所有空白。

## 投标书格式

合同名称:

致:(填入业主名称)

先生们:

1. 按照合同条款、技术规范、工程量表和第　　号补遗书,我方愿以(以数字和文字形式填入金额)　　的总价承担上述工程的施工、建成和维修工作。

2. 我方确认投标书附录是我方投标的组成部分。

3. 如果贵方接受我方投标,我方保证在接到工程师开工令后尽快开工,并在投标书附录中规定的期限内完成并交付合同规定的全部工程。

4. 我方同意在从规定的递交投标文件截止之日起的　　天内遵守本投标,在期满前本投标对我方始终有约束力,并可随时被接受。

5. 在正式合同协议制定和签署之前,本投标书连同贵方的中标通知书应成为约束贵、我双方的合同。

6. 我方理解,贵方不一定接受最低标价的投标或其他任何你们可能收到的投标。

7. 与此投标书和授予合同的履行相关的应付给代理的佣金或报酬如下所列:

| 代理的名称和地址 | 金额和货币 | 给予佣金或报酬的目的 |
| --- | --- | --- |
| | | |
| | | |

(如没有,注明“无”)

日期:　　年　　月　　日

签名:

以　　资格

经授权代表:　　签署投标文件

地址:

证人:

地址:

职务:

## 投标书附录

（填入协议条款号）

| | |
|---|---|
| 履约保证金 | 合同价的______% |
| 银行保函金额 | 合同价的______%（一般5%） |
| 履约担保书金额 | 合同价的______%（一般10%） |
| 提交进度计划 | 在______天内 |
| 发出开工令的时间 | 签订合同协议书后______天内 |
| 工期 | ______天 |
| 误期赔偿费金额 | ______元/天 |
| 误期赔偿费限额 | 最终合同价的______% |
| 提前工期奖励 | ______元/天（如不适用填入0） |
| 提前工期奖励限额 | 合同价的______% |
| 缺陷责任期 | ______天（年） |
| 中期支付证书的最低金额 | ______元 |
| 拖期支付利率 | ______%/年 |
| 保留金 | ______元 |
| 动员预付款金额 | 合同价的______% |
| 动员预付款开始回扣时间 | ______ |
| 指定争端审议委员会或专家机构 | ____________________ |
| 仲裁语言 | ____________________ |

投标单位：（盖章）

法定代表人：（签字盖章）

日期：　　年　　月　　日

（二）投标保函格式

在国际工程承包中，当事一方为避免因对方违约而遭受经济损失，一般都要求对方提供可靠的第三方保证。这里的第三方保证是指第三者（如银行、担保公司、保险公司或其他金融机构、商业团体或个人）应当事一方的要求，以其自身信用，为担保交易项下的某种责任或义务的履行而做出的一种具有一定金额、一定期限、承担其中支付责任或经济赔偿责任的书面付款保证承诺。

与工程项目建设有关的保证主要有投标保证、履约保证和动员预付款保证等。常用的保证形式有两种：一种是由银行提供的保函；另一种是由担保公司或保险公司提供的担保。

投标保函的主要目的是担保投标人在业主定标前不撤销其投标。投标保函通常为投标人报价总金额的2.5%,有效期与报价有效期相同,一般为90天。下面是投标保函的格式。

**投标保函格式**

(银行保函)

鉴于 (投标人名称) (以下称“投标人”)已于 (日期) 递交了建设 (合同名称) 的投标文件(下称“投标文件”)。

兹宣布,我行, (银行的国家) 的 (银行名称) 注册于 (下称“银行”)向业主 (业主名称) (下称“业主”)立约担保支付 的保证金,本保函对银行及其继承人和受让人均有约束力。

(加盖本行印章) 于 年 月 日

本保证责任的条件是:

(1) 如果投标人在投标文件中规定的投标文件有效期内撤回投标文件;或

(2) 如果投标人拒绝接受对其投标文件错误的修正;或

(3) 如果投标人在投标文件有效期内业主所发的中标通知书后:

(a) 未能或拒绝根据投标人须知的规定,按要求签署协议书;或

(b) 未能或拒绝按投标人须知的规定提供履约保证金。

我行保证在收到业主第一次书面要求后,即对业主支付上述款额,无须业主出具任何证明,只需在其书面要求中说明索款是由于出现了上述条件中的一种或两种,并具体说明情况。

本保证书在投标人须知规定的有效期后的28天内或在业主要求延期的时限(此延期通知无须通知银行)内保持有效,任何索款要求应在上述日期前交到银行。

日期: 银行签署:

证人:

(签名、名称、地址)

## 九、辅助资料表

辅助资料表是招标文件的一个组成部分,其目的是通过投标人填写招标文件中统一拟定好格式的各类表格,得到所需要的相当完整的信息。通过这些信息既可以了解投标人的各种安排和要求,便于在评标时进行比较,又便于在工程准备和施工过程中作好各种计划和安排。

常用的各类补充资料表介绍如下。

(1) 项目经理简历表。
(2) 主要施工管理人员表。
(3) 主要施工机械设备表。
(4) 项目拟分包情况表。
(5) 劳动力计划表。
(6) 现金流动表。
(7) 施工方案或施工组织设计。
(8) 施工进度计划表。
(9) 临时设施布置及临时用地表。
(10) 其他。

## 十、合同协议书

合同协议书是由工程承发包双方共同签署，确定双方在工程实施期间所应承担的权利、责任和义务的共同协定。协议书的文字通常很简洁，目前国际工程承包中都采用标准格式打印，最后由双方代表正式签字。下面所附的是世界银行贷款项目招标文件范本中推荐的合同协议书格式。

### 协　议　书

本协议书是以________(下称“招标代理”)和________(下称“业主”)为一方，以________(以下称“承包商”)为另一方，于________年________月________日共同达成并签署的。

鉴于业主拟修建并维修下列有关工程，即____(合同名称)____并接受了承包商对于实施本工程的投标，本协议书签署如下：

1. 本协议中的单词和用语应同下文提到的合同条件中有关词语具有相同的含义。

2. 下列文件构成协议书的组成部分，供阅读和解释。即

(1) 中标通知书，
(2) 投标书和投标书附录，
(3) 合同条件第二部分(A和B)，
(4) 合同条件第一部分，
(5) 技术规范，
(6) 图纸，及
(7) 已报价的工程量表，
(8) 在投标书附录中列明的其他文件。

3. 考虑到业主应按下条规定给承包商付款,承包商特此同业主立约,保证在所有方面按合同条件的规定,承担本工程的施工、建成和修复缺陷。

4. 作为对工程的施工、建成和修复缺陷的报酬,业主特此立约,保证按合同规定的时间和方式,向承包商支付合同价或根据合同条件可能支付的其他款项。

为此,立约双方代表在本协议项各自签字并加盖公章以资证明,并自签字之日起生效。

签字并盖章

姓名：
代表招标代理

姓名：
代表承包商

姓名：
代表业主

## 十一、履约保函与动员预付款保函

(一) 履约保函

履约保函的目的是担保承包商按照合同规定正常履约,防止承包商中途毁约,以保证业主在承包商未能圆满实施合同时能得到资金赔偿。履约保函通常为合同额的10%,有效期到缺陷责任期结束。

如前文所述,履约保证也有履约担保和银行履约保函两种形式,而履约担保的含义与银行履约保函的含义是不同的。在使用范围上,担保远大于保函。提供担保的担保公司不仅承担支付的责任,而且要保证整个合同的履行。一旦承包商违约,业主在要求担保公司承担责任之前,必须证实投标人或承包商确已违约。这时担保公司可以采取以下措施之一:

(1) 按照原合同的要求继续完成该工程;

(2) 另选承包商与业主签订新合同完成此工程,在原合同价之外所增加的费用由担保公司承担,但不能超过规定的担保金额;

(3) 按业主要求支付给业主款额,但款额不超过规定的担保金额。

由前述可知,银行保函作用更类似于保险,可保证某一方免受某种风险所造成的损失。而担保的作用则是保证某种特定合同义务的履行。

由于保函与担保保证的含义不同,其保证金额也不同。通常均按合同总价的百分比计算。担保金额的比例通常要大得多。在美洲,履约担保金额能达到合同金额的50%以上，在中东地区的一些国家，履约担保金额甚至达到合同金额的100%。

银行履约保函有两种类型。一种称为无条件(unconditional or on demand)银行保函。其保证的含义是：如果业主在任何时候提出声明，认为承包商违约，而且提出的索赔日期和金额在保函有效期和保证金额的限额之内，银行即无条件履行保证，对业主进行支付。另一种是有条件(conditional)银行履约保函。其保证的含义是：在银行支付之前，业主必须提出理由，指出承包商执行合同失败、不能履行其义务或违约，并由业主或工程师出示证据，提供所受损失的计算数值等。赔偿的最大金额为保函的投保金额。相对第一种形式的保函来说，第二种保函的特点是赔偿金额的支付不是一次性的，而是按照按价赔偿的原则进行，从而能更好地保护承包商的利益。

### 银行履约保函(无条件的)格式

致：......(业主名称)

......(业主地址)

鉴于......(承包商名称与地址)......(以下称"承包商")已保证按......合同(......年......月......日签约)的规定实施......(合同名称和工程简述)......(下称"合同")。

鉴于你方在上述合同中提到，承包商必须按规定金额提交一份业经认可的银行保证函，作为履约担保。

我们因此同意作为保证人，并代表承包商以支付合同价款所用的货币种类和比例，向你方承担总额为......(保证金额，大写)......。银行在收到业主第一次书面付款要求后，不挑剔、不争辩，即在上述担保的金额范围内，向你方支付......(保证金数额)......。你方无须出具证明或陈述提出要求的理由。

在你方向我方提出索款要求之前，我们并不要求你方应先对承包商就上述付款进行说明。

我方还同意任何业主与承包商之间可能对合同条件的修改，对规范和其他合同文件进行变动补充，都丝毫不能免除我方按本保证书所应承担的责任，因此，有关上述变动、补充和修改无须通知我方。

本保证书在根据合同规定从签约到发放接收证书之后28天内一直保持有效。

保证人签字盖章：......

银行名称：......

地址：……………………………………

日期：……………………………………

(二) 动员预付款保函

一般在合同的专用条件中均注明承包商应向业主呈交动员预付款保函(也称预付款保函),主要目的是担保承包商按照合同规定偿还业主垫付的全部动员预付款,防止出现承包商拿到动员预付款后卷款逃走的情况发生。动员预付款的担保金额与业主支付的预付款等额,有效期直到工程竣工(实际在扣完动员预付款后即自动失效)。

## 动员预付款银行履约保函格式

致：……………(业主名称)……………………

……………(业主地址)……………………

先生们：

根据上述合同中合同条件第 60.14 和 60.15 款(“预付款”)的规定,(承包商名称与地址)(下称“承包商”)应向(业主名称)业主支付一笔金额为(担保金额)(大写金额)的银行保证金,作为其按合同条件履约的担保。

我方(银行或金融机构),受承包商的委托,不仅作为保人而且作为主要负责人,无条件地和不可改变地同意在收到业主提出因承包商没有履行上述条款规定的义务,而要求收回动员预付款的要求后,向业主(业主名称)支付数额不超过(保证金数额)(大写金额)的担保金,并按上述合同价款向业主担保,不管我方是否有任何反对的权利,也不管业主享有本合同向承包商索回全部或部分动员预付款的权利。我方还同意,任何(业主名称)与承包商之间可能的合同条件的修改,对规范或其他合同文件进行变动补充,都丝毫不能免除我方按本担保书应承担的责任,因此,有关上述变动、补充和修改无须通知我方。

只有在我们收到你们已按合同规定将上述预付款支付给承包商的通知后,你们才可能从本保函中进行扣款。

本保函从动员预付款支出之日起生效,直到(业主名称)收回承包商同样数量的全部款项为止。

签字盖章：……………………………………

银行或金融机构的名称：……………………………………

地址：……………………………………

日期：……………………………………

# 第二节 国际工程开标、评标与授标

国际工程的开标、评标、授标活动是基于“充分公平竞争”原则进行的。有关开标、评标、授标的具体做法及有关原则，国际上并没有统一的规定，但国际工程招标、投标的活动经过200多年的实践，已形成了一套国际惯例。一般来讲，对于采用招标方式进行采购的政府投资项目通常多采用最低价中标原则。私人工程投资者则针对不同性质、不同规模的工程采用相应的一些控制措施。

## 一、开标

开标是指在规定的日期、时间、地点，在投标单位法定代表人或授权代理人在场的情况下举行开标会议，由招标机构当众逐一宣读所有投标人送来的投标书，包括投标人名称、投标报价以及提供的替代投标方案的报价（如果要求或允许报替代方案的话），使全体投标人了解各家标价和自己在其中的顺序，开标时不解答任何问题。

任何装有替换、修改或撤回投标内容的信封均应予以宣读，包括关键细节、价格的变化等。若未能读出这些信息，并且未将其写入开标记录可导致该标不能进入评标。如某投标已被撤回，仍应将其读出，并且在撤标通知的真实性被确认之前，不应将该标退回投标人。开标后任何投标人均不允许更改其投标内容和报价，也不允许再增加优惠条件。对未在规定日期收到的投标文件应被视为废标而予以原封未拆退还投标人。开标后即转入评标阶段。

## 二、评标组织

国际工程评标必须遵循公平、公正、科学、择优的原则进行，并且评标活动必须注意不违背工程所在国的国家法律、法规。在评标过程中任何单位和个人不得非法干预或者影响评标过程和结果。招标人应当采取必要组织措施，保证评标活动在严格保密的情况下进行。

### （一）评标委员会

评标委员会由招标人负责组建，评标委员会负责评标活动，评标委员会成员名单在中标结果确定前应当保密。

评标委员会人员结构，应由招标人或者其委托的招标代理机构熟悉相关业务的代表，以及有关技术、经济等方面的专家组成，为了得到更广泛的评审意见，还应当邀请咨询设计公司和工程业主的有关管理部门派人参加评标。评标委员会成员之间具有同等表决权。

在国际工程招标评标活动中,有的政府工程评标委员会设置合同官员,并扮演着重要的角色。以美国为例,美国的合同官员是通过一个授权证书来指定,证书中说明了授权的范围和界限,合同官员在定标时,如果其认为是为了政府的利益,可以拒绝所有投标并可以选择重新邀请投标。

有些招标机构可能采取多途径评标的方式,即将所有投标文件轮流分别送给咨询公司、工程业主的有关管理部门和专家小组,由他们各自独立地评审,并分别提出评审意见;而后由招标机构的评审小组进行综合分析,写出评审对比的分析报告,交评标委员会讨论决定。一般情况下,评标委员会和评审小组的权限仅限于评审、分析比较和推荐。决标和授标的权利属于招标机构和工程项目的业主。

(二) 评标原则

在公开开标后到中标的投标人被通知授予合同之前,与投标审核、澄清及评估有关的信息不得泄露给投标人或其他与评标过程无关的人。在个别情况下,如业主需要,应以书面的形式,要求投标人对其标书中的含糊不清和不一致的地方进行澄清。

在评标阶段,投标人可能会频繁尝试与业主直接或间接地接触,以质询评标进展情况,提供非经征询的澄清或对其竞争对手提出批评。收到该类信息应仅答复收悉。业主必须以相应的投标文件所提供的信息为依据进行评标,不过所提供的附加信息可能有助于提高评标的精确性、快速性或公正性,但无论如何不允许改变投标报价或实质内容。

## 三、评标内容

工程项目采购的评标内容主要包括行政性评审、技术评审、商务评审及综合评审等。

(一) 行政性评审

对所有的投标文件都要进行行政性评审,行政性评审是对投标文件合格性的形式审查,主要审查投标人合格性、有效性、文件完整性、报价计算的正确性、与招标文件的响应性。目的是淘汰那些基本不合格的投标,以免浪费时间和精力对其进行技术评审和商务评审。

1. 投标人的合格性检查

若为国际金融组织的贷款项目,投标人必须是合格成员国的公民或合法实体;若是联营体,则其中的各方均应来自合格的成员国,并且联营体也应注册在一个合格的成员国。此外,根据世界银行贷款项目的评标规则,若投标人(包括一个联营体的所有成员和分包商）与为项目提供过相关咨询服务的公司有隶属关系，或投标人是业主所在国的一个缺乏法律和财务自主权的公有企业，该投标人可被认定无资格投标。

2. 投标文件的有效性

有效的投标文件应具备必要的条件，例如：投标人必须已通过资格预审；总标价必须与开标会议宣布的一致；投标保证金必须与招标文件中规定的一致；投标书必须有投标人的法定代表签字或盖章；若投标人是联营体，必须提交联营协议；如果投标人是代理人，应提供相应的代理授权书等。

3. 投标文件的完整性

投标文件必须包括招标文件中规定的应提交的全部文件。例如，除工程量表和报价单外，还应该按要求提交工程进度表、施工方案、现金流动计划、主要施工设备清单等。随同投标文件还应提交必要的证明文件和资料，例如，除招标中有关设备供货可能要求提供样本外，还要提供该设备的性能证明文件，诸如设备已在何时何地使用并被使用者证明性能良好，或制造者提供的性能实验证书等。除此之外，投标文件正本缺页会导致废标。

4. 报价计算的正确性

各种计算上的错误包括分项报价与总价的算术错误过多，至少说明投标人是不认真和不注意工作质量的，不但会给评审委员留下不良印象，而且可能在评审意见中提出不利于中标的结论。对于报价中的遗漏，则可能被判定为“不完整投标”而被拒绝。

5. 投标书的实质性响应

所谓实质性响应是指投标文件与招标文件的全部条款、条件和技术规范相符，无重大偏差。这里的重大偏差是指有损于招标目的的实现或在与满足招标文件要求的投标进行比较时有碍公正的偏差。判断一份投标文件是否有重大偏差的基本原则是要考虑对其他投标人是否公平。在其他投标人没有同等机会的情况下，如果默认或允许一份投标文件的偏差可能会严重影响其他投标人的竞争能力，则这种偏差就应被视为重大偏差。

重大偏差的例子有：固定价投标时提出价格调整；未能响应技术规范；合同起始、交货、安装或施工的分段与所要求的关键日期或进度标志不一致；以实质上超出所允许的金额和方式进行分包；拒绝承担招标文件中分配的重要责任和义务，如履约保证和保险范围；对关键性条款表示异议或例外（保留），如适用法律、税收及争端解决程序；那些在投标人须知中列明的可能导致废标的偏差。

若投标文件存在重大偏差，则存在两种处理方式，其一是以世界银行为代表的处理方式,即业主对存在重大偏差的投标将予以拒绝,并且不允许投标人通过修改投标文件而使之符合招标文件的要求;其二是国际工程师联合会推荐的投标程序中规定的处理方法,即如果业主不接受投标人提出的偏差,则业主可通知投标人在不改变报价的前提下撤回此类偏差。

通常,行政性评审是评标的第一步,只有经过行政性评审,被认为是合格的投标文件,才有资格进入技术评审和商务评审;否则,将被列为废标而予以排除。

(二) 技术评审

技术评审的目的是确认备选的中标人完成本工程的技术能力,主要内容有以下几方面。

1. 技术资料的完备性

应当审查是否按招标文件要求提交了除报价外的一切必要的技术文件资料,例如,施工方案及其说明、施工进度计划及其保证措施、技术质量控制和管理、现场临时工程设施计划、施工机具设备清单、施工材料供应保障和计划等。

2. 施工方案的可行性

对各类工程(包括土石方工程、混凝土工程、钢筋工程、钢结构工程等)施工方法的审查,主要是机具的性能和数量选择,施工现场及临时设施的安排,施工顺序及其互相衔接等等。特别是要对该项目的难点或要害部位的关键技术和施工方法进行可行性论证。

3. 施工进度计划的保障性

审查施工进度计划是否满足业主对工程竣工时间的要求。如从书面上看进度能满足要求,则应审查机械设备、劳动力配备、材料供应是否有保障等。

4. 施工质量的保证性

审查投标文件中提出的质量控制和管理措施,包括质量管理人员的配备、质量检查仪器设备的配置和质量管理制度等。

5. 工程材料和机器设备供应的技术性能符合设计技术要求

审查投标书中关于主要材料和设备的样本、型号、规格和制造厂家名称地址等,判断其技术性能是否可靠和达到技术要求的标准。

6. 分包商的技术能力和施工经验

招标文件可能要求投标人列出其拟指定的专业分包商,因此应审查这些分包商的能力和经验,甚至调查主要分包商过去的业绩和声誉。

7. 审查投标文件中有何保留意见

审查投标文件中对某些技术要求有何保留性意见。

8. 对于投标文件中按招标文件规定提交的建议方案作出技术评审

这种评审主要对建议方案的技术可靠性和优缺点进行评价,并与原招标方案进行对比分析。

（三）商务评审

商务评审的目的，是从成本、财务和经济分析等方面评审投标报价的正确性、合理性、经济效益和风险等，估量授标给不同投标人产生的不同后果。商务评审的主要内容有以下几方面。

1. 报价的合理性

审查全部报价数据计算的正确性，包括报价的范围和内容是否有遗漏或修改；报价中每一单项的价格的计算是否正确；分析投标报价中有关前期费用、管理费用、主体工程和各专业工程价格的比例关系是否合理，是否采用了“不平衡报价法”；从可供选择项目的材料和工程施工报价分析其基本报价的合理性；审查投标人报价中的外汇支付比例的合理性等。

2. 资金支付的合理性

通常招标文件中要求投标人填报整个施工期的资金流量计划，有些缺乏工程投标和承包经验的承包商经常忽略了正确填报资金流量表的重要性，比较草率地随意填报工程的资金流量计划。评审的专家可以从资金流量表中看出承包商的资金管理水平和财务能力，审查其合理性。此外，还应审查投标人对支付工程款有何要求，或者对业主有何优惠条件。

3. 关于价格调整问题

如果招标文件规定该项目为可调价格合同，则应分析投标人在调价公式中采用的基价和指数的合理性，估计调价方面的可能影响幅度和风险。

4. 审查投标保证金

尽管在公开开标会议上已经对投标保证金作了初步的审查，在商务评审过程中仍应详细审查投标保证金的内容，特别是是否有附带条件。

5. 其他条件

(1) 评标货币币种。应按投标人须知中的规定，将投标报价中应支付的各种货币(不包括暂定金额)转换成单一币种货币。

(2) 若在投标行政性评审时，允许通过将偏差折算成一个货币值在商务评审时计入标价作为“惩罚”，从而使包含偏差的投标转变为具有实质性响应的投标，则此时应将偏差按评标货币折价计入标价中。

(3) 国内优惠。如果在评标中，允许给国内投标人优惠，投标人须知中应注明并提供确定优惠合理性的具体程序及优惠金额的百分比。

(4) 交叉授标折扣。在多个分标招标，对同一投标人授予一个以上的合同或合同包时，这个投标人会提供有条件的折扣，此时，业主应在投标人满足资格条件的前提下，以总合同包成本最低的原则选择授标的最佳组合。

6. 对投标人建议方案的商务评审

应当与技术评审共同协调地审查建议方案的可行性和可靠性,认真分析对比原方案和建议方案的各方面利弊,特别是接受建议方案在财务方面可能发生的潜在风险。

(四) 澄清问题

这里所指的澄清问题,是为了正确地做出评审报告,有必要对评审工作中遇到的问题,约见投标人予以澄清,其内容和规则包括:要求投标人补充报送某些报价计算的细节资料;特别要求对其具有某些特点的施工方案做出进一步的解释,证明其可靠性和可行性,澄清这种施工方案对工程价格可能产生的影响;要求投标人对其提出的新建议方案做出详细的说明,也可能要求补充其选用设备的技术数据和说明书;要求投标人补充说明其施工经验和能力,澄清对某些并不知名的潜在中标人的疑虑。

(五) 综合评标报告

综合评标的目的就是从投标报价、技术、商务、法律、施工管理等各方面对每份投标文件进行全面比较分析评价。有时候在报价单上费用最低的投标,在经过诸方面综合比较后,并不一定是经济效益最高的投标。

在投标评审的最后,各评审小组对其评审的每一份投标文件都应提出评审报告;而评标委员会要对所有投标文件进行评审后作出一份综合性评标报告,综述整个评审过程、进行对比分析和提出 1—3 名潜在中标人的推荐意见。

## 四、决标和授标

决标即最后决定中标人;授标是指向最后决定的中标人发出通知,接受其投标书,并由项目业主与中标人签订承包该项工程的合同。决标和授标是工程项目招标阶段的最后一项非常重要的工作。

(一) 决标

通常由招标机构和业主共同商讨决定中标人。如果业主是一家公司,通常由该公司董事会根据评标报告决定中标人;如果是政府部门的项目招标,则政府会授权该部门首脑通过召开会议讨论决定中标人;如果是国际金融机构或财团贷款建设的项目招标,除借款人作出决定外,还要报送贷款的金融机构征询意见。贷款的金融机构如果认为借款人的决定是不合理或不公平的,可能要求借款人重新审议后再作决定。如果借款人与国际贷款机构之间对中标人的选择有严重分歧而不能协调,则可能导致重新招标。

(二) 授标

在决定中标人后,业主向投标人发出中标通知书。中标通知书也称中标函,它连同承包商的书面回函对业主和承包商之间具有约束力。中标函会直接写明该投标人的投标书已被接受，授标的价格是多少，应在何时、何地与业主签订合同。有时在中标函之前有一意向书，在意向书中业主表达了接受投标的意愿，但又附有限制条件。意向书只是向投标人说明授标的意向，但之后取决于业主和该投标人进一步谈判的结果。

投标人中标后即成为此项工程的承包商，按照国际惯例，承包商应立即向业主提交履约保证，用履约保证换回投标保证金。

在向中标的投标人授标并商签合同后，对未能中标的其他投标人，也应发出一份未能中标的通知书，不必说明未中标的原因，但应注明退还投标人投标保证金的方法。

（三）拒绝全部投标

在招标文件中一般规定业主有权拒绝所有投标，但绝不允许为了压低标价再以同样的条件招标。一般在下述三种之一情况下，业主可以拒绝全部投标：

(1) 具有响应性的最低标价大大超过标底（通常如达 20%以上），业主无力接受招标；

(2) 投标文件基本上不符合招标文件的要求；

(3) 投标人过少（不超过 3 家），没有竞争性。

如果发生上述情况之一时，业主应研究发生原因，采取相应的措施，如扩大招标广告范围，或与最低标价的投标人进行谈判等。按照国际惯例，若准备重新招标，必须对原招标文件的项目、规定、条款进行审定修改，将以前作为招标文件补遗颁发的修正内容和（或）对投标人的质疑的解答包括进去。

## 本章小结

本章讲述的招标文件的编制、开标、评标与授标等内容是业主及工程师进行招标的重要业务工作。反之，承包商作为投标人更应仔细研究招标文件，因为招标文件中“投标人须知”等实质是对承包商的约束，必须遵守。

招标文件的编制质量是招标能否取得成功的关键因素之一，同时招标文件的编制又是专业性十分强的一项工作，需要专业知识、工程经验和编标技巧。本章选择介绍的世界银行工程采购招标文件（SBDW）是一份内容详尽、构思严谨的文本，也是国际上通用的项目施工招标文本中的高水平、权威性的文本，学习掌握 SBDW 文本有助于理解亚洲开发银行、非洲开发银行和各国经常使用的各种招标文本。

## 关键词

工程招标　招标文件　工程开标　工程评标　工程授标

## 复习思考题

1. 世行“工程采购标准招标文件”包括哪些部分内容?

2. 招标文件中“投标人须知”包括哪些部分内容?

3. 何谓招标文件的澄清?

4. 何谓投标文件的检查与响应性的确定?

5. 业主在对投标文件进行评价与比较时,如何对投标价格进行调整,以确定每份投标文件的评标价格?

6. 世界银行贷款项目采购指南中对“国内投标人优惠”有何规定?

7. 国际工程采购招标的评标主要包括哪些内容?

# 第五章

# 国际工程投标与报价

**学习目标**

通过本章学习，你应该能够：

1. 熟悉工程投标前期有关准备工作内容；
2. 了解国际工程项目施工投标程序及方法；
3. 了解国际工程标价费用构成；
4. 掌握国际工程分项综合单价分析方法；
5. 熟悉国际工程投标报价技巧。

## 第一节　投标前期准备工作

工程项目施工投标过程包括：投标前有关准备；制定施工方案，编制投标文件；投标报价决策；递交投标书。本节先讲述投标前期有关准备工作。

### 一、项目的跟踪和选择

项目跟踪和选择也就是对工程项目招标信息不断地收集、分析、判断、寻找投标机会，并根据项目具体情况和公司投标策略，进行选择直至确定投标项目的过程。

承包商应该密切关注国际建设市场项目招标信息，建立采集项目信息的广泛渠道，国际上工程项目招标信息源非常广泛：

(1) 国际金融机构的出版物，如世界银行的《商业发展论坛》、亚洲开发银行的《项目机会》等。

(2) 公开发行的国际刊物，如《中东经济文摘》《非洲经济发展周刊》等。

(3) 各国及国际金融机构等在互联网上发布的招标公告。

(4) 通过我国驻外使馆或当地代理人获取的工程招标信息。

在广泛采集信息的基础上,选择出"风险可控、能力可及、效益可靠"的项目作为投标对象。

## 二、投标前期调研工作

投标前期调研工作主要是了解与项目有关的情况,为投标决策提供依据。调研内容包括:

(1) 政治方面。指工程所在国政治经济形势、政权稳定性、相邻国家情况(战争、暴乱)、与本国的关系等。

(2) 法律方面。指项目所在国的法律法规,如建筑法规、经济法规、劳动法、环境法、税收法、合同法、海关法规、仲裁法规等。

(3) 市场方面。包括工程所在地的建筑材料、设备、劳动力、运输、生活用品市场供应能力、价格、近 3 年物价指数变化等情况。

(4) 金融、保险。有关外汇政策、汇率、保险规定、银行保函等情况。

(5) 当地公司过去投标报价有关资料。

(6) 有关项目业主的资信情况。

一般情况下投标前期调研工作不可能太详细,如中标获得项目后还应作详细的现场考察。

## 三、选择当地代理人

当地代理人,是指在工程所在国从事工程中介的机构或个人。

### (一) 代理人的作用

承包商想承建国外工程,但未必能够在国外顺利地得到项目,得到项目后也未必能成功地实施工程,其重要的原因之一,就是它不熟悉国外的经营和工作环境。熟悉国外的社会、法律、经济、商务习惯和金融惯例,了解当地的传统习惯和社会人事关系,弄清楚解决各类问题的渠道,是国际承包商取得成败的关键。因此国际工程公司为了得到项目,往往需要寻找合适的当地代理人,协助自己进入市场开展业务获得项目,并且在项目的实施过程中协助自己在有关方面进行必要的斡旋和协调。因此,使用和选择好代理人是国际承包业务的重要内容之一。

当地代理人大多是在当地社会中有一定活动能力的人,和当地的经济界、政治界有密切的关系,有广泛的信息渠道,他们可以较早地获得一些重要的大型项目的招标动态,甚至一些内部的情况。作为承包商如果你已经和代理人建立了联系,并确定了代理关系,他们就应当向你提供这些信息,你可从中筛选和确定你所感兴趣的项目,并指示代理人密切跟踪这些项目。

有些国家法律明确规定，任何外国公司必须指定当地代理人，才能参加所在国的建设项目的投标和承包。

国际工程承包业务中，通过代理人的积极工作，不仅易于获得合同，还可以得到各方面的协调和服务，使工程进展顺利，提高营业活动的效益。在世界范围内国际工程承包工程业务的80%是通过代理人和中介机构获得的，他们的代理服务不仅有利于承包商，同时也有利于业主，促进了当地的项目建设和经济的发展，这一点已经得到大多数国家的承认，因此他们的活动在大多数国家都是合法而有序地进行的。

代理人至少可以提供以下几个方面的服务：

(1) 提供项目信息、介绍项目。

(2) 提供当地税收、法律、关税、进出口政策、劳务来源和价格等情况资料。

(3) 提供业务咨询建议，如介绍和解释社会局势、投标形势，介绍当地的技术人员、分包商情况等。

(4) 提供当地服务。一般在得到项目后，代理人仍然应该向客户继续提供服务。其服务范围可以在代理协议中明确规定。例如：协助承包商的人员办理出入境手续、长期居住手续和工作许可证等；推荐当地分包商，物资清关代理；推荐设备物资或建筑材料的供货商或介绍供应渠道；招聘技术人员和劳务等。

代理人是有偿服务的，服务的内容及服务的费用应在代理协议中明确。

(5) 当地事务的协调和斡旋。国际承包合同实施过程中，承包商、业主、咨询工程师与当地政府部门之间产生各种矛盾是经常的，这些矛盾应采取友好的方式解决，应避免过激的争议，否则对各方都是不利的。一般来说代理人可以凭借他们的关系和共同的利益从中进行协调和斡旋，使矛盾缓和并得到妥善的解决。即使有些问题超出他的能力，由于他可能熟悉(或他可以出面邀请)当地有权威有影响的人物，通过这些人物的调解会有助于问题被友善地解决。

(二) 代理人的选择

承包商应根据所需代理的业务内容十分慎重地选择代理人，一旦选择的代理人并不理想，中途更换代理人是十分麻烦的事，甚至会带来许多纠纷。为此，认真进行事前调查研究是十分必要的，可通过本国驻外使领馆、信誉良好的银行和当地商会等了解有关的信息和情况。理想的代理人应该具备信誉良好、社会关系广泛、熟悉商务和工程投标业务、合法的地位等条件。

1. 信誉良好

代理人的信誉不仅直接影响承包商是否可以得到项目，还会直接影响承包商在当地公众中的社会形象。选择了信誉不佳的代理人，不仅为自己埋下隐患而且会受到社会的非议。信誉良好的代理人应该是在当地商界或社会上受到尊重，没有劣迹和违法历史，没有被直接卷进过诉讼的历史。

2. 社会关系广泛

在一个国家或地区取得一个工程承包项目尤其是大型项目,不是一件简单的事,往往要惊动高层政府机构,因此代理人的地位和社交的广泛性十分重要。如果代理人的社会地位高,社交广泛,他便会有快捷灵通的信息来源,便于承包商及时地做出正确的决策。此外还能帮助承包商结识许多当地的重要人物和朋友,很快进入当地主流社会圈,这对于一个国际承包商是十分重要的。

3. 熟悉商务和工程投标业务

国际工程承包是技术性相当强的业务,要求代理人也要有相应的商务和技术知识,并有丰富的经验。如果代理人缺乏这方面的知识,不仅不能给承包商提供服务,在与承包商配合时都会感到困难。

有些国家有专门的工程项目代理公司,例如承包商服务公司、承包咨询公司和工程代理公司等,它们当中有些雇员本身就是建筑师、结构工程师、咨询工程师、项目经理等,他们了解市场情况和工程投标及承包业务,熟悉当地办事渠道。这些代理公司还拥有一批能办理各种事务的雇员,这样的代理人往往能够提供相当有效的技术性的实际的帮助。

4. 合法的地位

对于一般的项目介绍人,项目介绍完毕,支付酬金后双方的关系即告结束,故其是否注册和是否合法一般不会构成问题。但是,如果正式聘用一家公司或某一个人作为代理人,这就构成了合同关系,为此则需要该公司或个人具有合法的地位。尤其是在一些对代理人管理严格的国家,务必予以注意,以防止违反所在国法律。如科威特、卡塔尔、阿曼等一些海湾国家要求外国承包商与有资格的代理人签订代理协议,并向政府有关部门登记备案,经批准后方可开展代理业务。有些国家则不允许聘用代理人,如阿尔及利亚等,总之在聘用代理人之前应对当地的法律进行了解,避免触犯当地法律,造成不利局面。

(三) 代理协议

为了明确代理人的责任、义务和支付酬金金额及方式,同时也为了明确承包商的权利及责任,双方应正式签订代理协议,一般内容如下:

(1) 协议双方注册的法定名称、法定地址、法人代表姓名和职务。

(2) 说明代理协议的具体目的和性质以及双方的愿望。

(3) 详细确定代理范围:即代理的项目或具体业务范围。

(4) 说明是否唯一代理,是否有排他性的要求等。一般情况下,应避免聘用唯一代理,而应按项目签代理协议。

(5) 说明代理时间,即代理协议的有效时间。

(6) 义务和职责,首先明确代理人必须代表和维护承包商的利益,并力求获得工程合同，其次可以根据双方谈定的代理工作内容，如提供资料、业务咨询、后期的服务等应逐条确认。

(7) 佣金金额及支付方式，代理佣金一般是按项目合同金额的比例确定的，一般在2%—3%之间，如果协议需要报政府机构登记备案，合同金额的比例不应超过当地政府规定的限额和当地的习惯。

## 四、选择合作伙伴

合作伙伴是指国际工程承包中的合作人，可以是主、分包关系，也可以是联营体关系。

(一) 分包商的选择

获得项目合同的承包商有时会将所得项目的一部分“分包”给其他承包商，有的可能是按专业或施工部位进行分包，有的则可能采用劳务分包，其情况是各式各样的。无论哪种方式分包，作为主包商必须慎重地选择合适的分包商，一旦选择失误，则可能被分包商拖进困境。由于整个工程的各分项工程是相互联系的一个整体，一家分包商拖延工期或因质量不合格而返工，可能会引起连锁反应，影响其他分项工程，甚至影响全部工程的工期和质量。如果发生分包商违约，尽管可以采取措施中途解除分包合同，但其给总承包商造成的经济损失和工期损失可能是巨大的，即使处罚分包商也难以弥补。另外，分包商的失误都将对总承包商的信誉造成不良影响。因此，最好是在选择分包商时就十分慎重，以避免中途更换分包商。

一般来说，最好是先从承包商自己过去的合作者中选择两三家公司询价，然后再向其他有良好信誉的公司询价，从中优选。

分包商的选择条件包括：具备足够的财力、设备、管理和技术实力；具备投标项目的施工经验；有足够的人力资源，并且分包报价合理。

分包商选择的方式：一般应投标前选择，共同参加投标，共同分担投标风险；也可中标后选择分包商；此外，还有业主/工程师指定的分包商。

(二) 联营体合作伙伴的选择

“联营体”是一个国家或几个国家的承包商组成一个优势互补的临时合伙的组织去参加投标。联营体各方均是独立法人，如果不中标则解散。

组建联营体的主要优点是可以优势互补，例如可以弥补技术力量的不足，有助于通过资格预审和在项目实施时取长补短；又如可以加大融资能力，对大型项目而言，周转资金不足不但无法承担工程实施所需资金，甚至开出履约保函也有困难，参加联营则可减轻每一个公司在这方面的负担；参加联营体的另一个优点就是可以分散风险；在投标报价时可以互相检查，合作提出备选方案，也有助于工程的顺利实施。当然联营体也有一些缺点，因为是临时性的合伙，彼此不易搞好协作，有时难以迅速决策。这就需要在签订联营体协议时，明确各方的职责、权利和义务，组成一个强有力的联营体领导班子。

在国际承包业界，联营体承包项目已经是非常普遍的工程承包形式。对我国公司而言，在国外承包大型项目时，为了借助外国大公司的品牌、经验、技术力量或资金优势，要尽可能地与他们组成联营体，而不要成为他们的分包商。

有时，业主要求外国承包公司必须和当地承包公司建立联营体承包项目。我国接受世界银行贷款的大型水电工程项目几乎都是由几家外国的承包公司或由外国公司和我国公司组成联营体实施的，大多取得了良好的效果。

在成立联营体时，合作伙伴的选择是首要的任务。因为工程承包本身是风险事业，所找的联营伙伴必须是有可能与你“同舟共济”的伙伴而且是双方能够信得过的伙伴。若双方“同床异梦”，只能增加双方的风险，则违背了联营的目的。因此，联营双方首先在工程理念、投标思想上应保持一致，否则“道不同则不相为谋”。

在选择联营体伙伴时要事先调查合作伙伴的信誉、资源、技术能力和经验等，要对其优势和不足有所了解，要和己方有良好的优势互补性。例如，许多国际承包公司选择当地公司作为合作伙伴，主要是想利用当地公司熟悉当地事务，具有广泛的社会关系，有易于疏通解决当地问题的渠道等优势，因此要切实了解该当地公司是否确实具有这些能力。

## 五、建立公共关系

在工程所在地与当地政府机构、项目业主、咨询机构、金融机构、劳工组织、供货商、地方名流等建立良好的关系，是创造投标机会，提高中标率的重要工作。

从长远目标来看，现代化的国际承包公司应把建立广泛良好的社会公共关系作为企业管理重要的工作，它通过有目的、有计划的、持久的不懈努力协调和改善公司的对内对外关系，以期开拓当地市场和长期占领当地市场，并实现公司利益与公众利益的协调和统一。

在开拓国际承包市场开展公共关系的过程中，作为中国公司有着一定的优势，因为我国是一个第三世界的大国，我国一贯实行和平共处五项原则基础上的友好外交政策，和大多数发展中国家有着良好的国际关系，尤其是改革开放以来我国的经济发展迅速也得到这些国家的承认，这些都为中国国际承包公司在国外开展公共关系奠定了良好基础。

## 六、在工程所在国的注册登记

在国际工程承包业务中，由于各国管理政策不一，对注册问题要求不一。有些国家没有十分严格的注册手续，有些国家手续则非常严格，因此在进行市场调查时应详细了解这方面的法律法规，及时准备一切必要的文件，办理一切相应的手续为投标或实施项目做好准备。

有些国家允许外国公司参加该国的各项投标活动，但只有在投标取得成功，得到工程合同后，才准许该公司办理注册登记手续，发给在该国进行营业活动的执照。相反，有些国家则要求只有在该国事先注册登记，在该国取得合法的法人地位后方能参加投标。如果拟进入的市场属于后者，毫无疑问承包商应当将办理公司注册登记手续作为投标前的一项重要准备工作，应不失时机地完成。

注册登记的法律手续和注册需要的文件资料一般较繁杂，因国家而异，承包商对当地法律手续一般都比较生疏，因此要充分发挥代理人作用，或聘请当地律师帮助办理。

## 第二节　国际工程投标

### 一、投标决策

投标决策首先是指参加投标与否的决策，其次是如确定参加投标后，以什么样的方案和工程报价参加投标。

（一）影响投标决策的因素

影响投标决策的因素是多方面的，而且都是既相互制约又相互关联的，投标决策前必须认真分析利弊。

(1) 工程方面的因素。包括工程性质、规模、复杂程度、自然情况、现场交通、水电、材料供应、工期要求等。这方面主要分析工程的复杂程度等可能带来的投标风险。

(2) 投标人自身的因素。包括施工能力、工程设备、同类工程经验、垫资能力、对今后发展的影响等。这方面主要分析投标人的工程胜任能力可能带来的投标风险。

(3) 业主方面的因素。包括信誉、资金来源、支付能力、是否要求垫资、合同的条件、所在国政治经济形势、货币稳定性、海关规定等。这方面主要分析业主因素对投标人如果中标承包工程，在实施中可能带来的风险。

(4) 竞争对手方面的因素。包括竞争对手数量、竞标实力、竞标决心、竞标策略等。这方面主要分析竞争对手可能的投标报价，竞标中是否会志在必得，压价以求等。

（二）投标决策的方法

项目投标决策的分析方法包括定性和定量的，通常适用的方法是专家评定法，一般可先由专家讨论，定性分析判断，如大多专家偏向不宜参加投标，则放弃。如大多专家偏向可以参加投标，则可进一步进行定量评分分析，以最终确定是否参加投标。

表 5-1 是某工程投标决策专家评分法示例。

定量评分法首先设定投标决策因素评分指标和权重，其次按照是否对投标有利的机会程度划分为好、较好、一般、较差、差五个等级，然后由专家对各方面投标决策因素隶属的投标机会等级讨论、分析、判断并给出结论填入表中，最后计算定

量评分的结果 $\sum WC$ 。

由评分的结果 $\sum WC$，结合投标人的决策判断准则进行判断。一般当 $\sum WC \geqslant 0.6$ 便可参加投标，表 5-1 示例 $\sum WC = 0.78$，可参加投标。

决策判断准则是因人而异的，如某保守型投标人的决策判断准则为只有 $\sum WC \geqslant 0.8$，才参加投标；而某冒险型投标人只要 $\sum WC \geqslant 0.5$，便参加投标。

**表 5-1　某工程投标决策专家评分法示例**

| 投标因素指标 | 权数($W$) | 投标机会等级($C$) | | | | | $WC$ |
|---|---|---|---|---|---|---|---|
| | | 好<br>1.0 | 较好<br>0.8 | 一般<br>0.6 | 较差<br>0.4 | 差<br>0.2 | |
| 1. 工程方面的因素 | 0.20 | | ✓ | | | | 0.16 |
| 2. 投标人的因素 | 0.30 | ✓ | | | | | 0.30 |
| 3. 业主方面的因素 | 0.30 | | ✓ | | | | 0.24 |
| 4. 竞争对手因素 | 0.20 | | | | ✓ | | 0.08 |
| | | | | | | | $\sum WC = 0.78$ |

## 二、投标的组织

投标的组织是指对投标班子的组成和对成员的要求。

当承包商决策确定要参加某工程项目投标，并通过招标人的资格预审之后，第一位的工作即是要组成一个干练的投标班子。投标是一项综合要求很高的工作，涉及技术、经济、法律、合同、管理、翻译等多种人才，对参加的人员要经过认真挑选，应该由具备以下基本条件的多方面人员组成：

(1) 熟悉有关外文招标文件，对投标、合同谈判和合同签约有丰富的经验。

(2) 对工程所在国经济、合同方面的法律和法规比较了解。

(3) 有丰富的工程施工经验的工程师，还要具有设计经验的设计工程师参加，他们应对招标文件的设计图纸具有审查能力，能提出改进方案或备选方案。

(4) 熟悉国际工程物资采购的特点、程序和方法。

(5) 精通国际工程报价方法和技巧的经济师或会计师。

(6) 具有工程初步知识的外语翻译和精通工程技术而又懂外语的人员。

一个国际工程承包公司应该有一个按专业或承包地区分组的、稳定的投标班子，但应避免把投标人员和实施人员完全分开的做法，部分投标人员必须参加所投标的工程的实施，这样才能减少工程实施中的失误和损失，不断地总结经验，提高投标人员的水平和公司的总体投标水平。

## 三、投标报价程序

投标报价是一项责任重大十分细致而又紧张辛苦的工作，它要求投标人员有高度的责任心、丰富的投标经验和施工经验、十分细致严谨的工作作风。

国际工程承包招标有多种合同形式，对不同的合同形式，计算报价方式是有差别的。具有代表性且比较常见的是单价合同形式，其投标报价的程序见图 5-1。

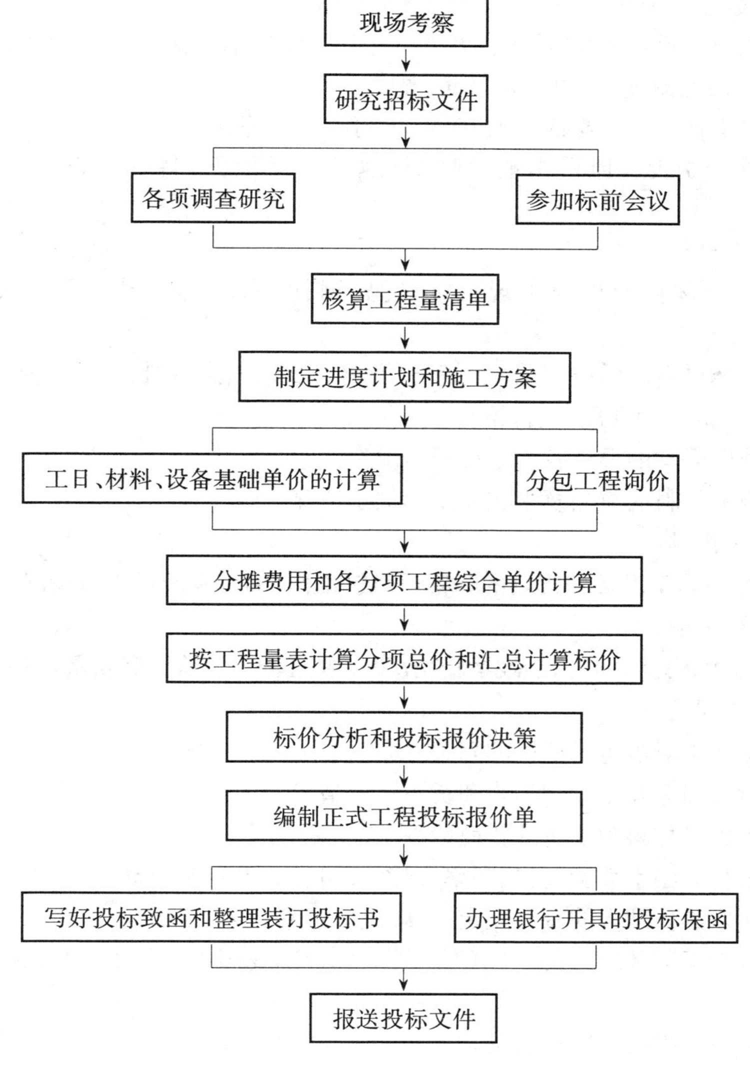


图 5-1　单价合同投标报价程序

(一) 现场考察

现场考察是整个投标报价中的一项重要活动,对于考虑施工方案和合理计算报价具有重要意义。一般从购买招标文件到投标截止,业主方给出的报价时间都比较紧,因此现场考察前应根据对招标文件研究和投标报价的需要,制定考察提纲,有针对性地调查。考察后应提供实事求是和包含比较准确可靠数据的考察报告,以供投标报价使用。

现场考察时注意收集的资料和信息包括以下内容:

1. 自然地理条件

(1) 气象资料:年平均气温,年最高气温;风玫瑰图,最大风速,风压值;年平均湿度,最高、最低湿度;室内计算温度、湿度。

(2) 水文资料:流域面积、年降水量、河流流量等。

(3) 地质情况:地质构造及特征;地基承载能力,特殊土;地震及其设防等级。

2. 施工材料

(1) 当地材料的供应情况:如水泥、钢材、木材、砖、砂、石料、商品混凝土等。

(2) 装修材料的供应情况:如瓷砖、石材、墙纸、喷涂材料、各类门窗材料、水电器材、空调等的产地和质量、价格等。

(3) 跨国采购的渠道及当地代理情况。

(4) 当地材料的成品及半成品生产加工情况。

3. 施工机具

该国有关施工设备和机具的购置、租赁、维修、加工和配件供应情况。

4. 交通运输

该国空运、海运、河运、陆地运输情况;主要运输工具购置和租赁价格。

5. 商务问题

(1) 所在国对承包商征税的有关费率。

(2) 所在国近几年通货膨胀和货币贬值情况。

(3) 进出口材料和设备的关税费率。

(4) 银行保函手续费,贷款利率,保险公司有关工程保险费率。

(5) 所在国代理人的有关规定,一般收费费率。

(6) 人工工资及附加费,当地工人工效以及同我国工人的工效比,招募当地工人手续。

(7) 临建工程的标准和收费。

(8) 当地及国际市场材料、机械设备价格的变动;运输费和税率的变动。

6. 施工现场

(1) 施工现场的三通一平(通水、通电、通路和场地平整)情况。

(2) 工程的地形、地物、地貌:城市坐标,用地范围;工程周围的道路、管线位置、标高、管径、压力;市政管网设施等。

(3) 市政给排水设施:废水、污水处理方式;市政雨水排放设施;市政消防供水管道管径、压力。

(4) 当地供电方式、电压、供电方位、距离;电视和通信线路的铺设。

(5) 政府有关部门对现场管理的一般要求、特殊要求及规定。

(6) 当地建筑物的结构特征、建筑风格、施工方法及注意事项等。

(7) 当地的民族习俗、宗教传统及注意事项等。

### (二) 研究招标文件

投标人应认真细致地阅读及研究招标文件,并通过各项调查研究和标前会议等弄清楚招标文件的要求和报价内容,以便进一步制定施工方案、进度计划等。应重点注意以下方面内容。

1. 投标人须知与合同条件

投标人须知与合同条件是国际工程招标文件十分重要的组成部分,其目的在于使承包商明确中标后应享受的权利和所要承担的义务和责任,以便在报价时考虑这些因素。

2. 招标文件中所附的设计图纸

明确承包工程的范围和报价范围,以避免在工程计算和报价中发生任何遗漏。设计图纸中规定使用的特殊材料和设备,以便在计算报价之前调查了解价格,避免因盲目估价而失误。另外,应整理出招标文件中含糊不清的问题,有一些问题应及时书面提请业主或工程师予以澄清。

3. 招标文件中所附的技术规范

研究招标文件中所附的施工技术规范,是参照或采用英国规范、美国规范或其他国际技术规范,该规范有无特殊施工技术要求,有无特殊材料设备技术要求,有关选择代用材料、设备的规定,以便计算有特殊要求的分项价格。

4. 报价要求

应当注意招标文件规定的合同种类;工程量表的编制体系和方法;工程量的分类方法;永久性工程之外的项目报价要求;指定分包商的计价方法;监理工程师现场办公设施、工程模型及有关会议费用计价规定,以便考虑如何将之列入工程总价中去。

5. 承包商风险

认真研究招标文件中,对承包商不利,需承担很大风险的各种规定和条款,以便考虑在报价中适当加大风险费。

（三）核算工程量清单

国际工程招标文件中一般附有工程量清单表，投标人应根据图纸仔细核算工程量，当发现相差较大时，投标人不能改动工程量，报价时仍按原工程量计算，但可在投标时附上说明：工程量表中某项工程量有较大错误，施工结算应按实际完成量计算。

有时招标文件中没有工程量表，需要投标人根据设计图纸自行计算，按国际承包工程中的惯例形式分项目列出工程量表。

不论是复核工程量还是计算工程量，都要求尽可能准确无误。这是因为工程量大小直接影响投标价的高低。对于总价合同来说，工程量的漏算或错算有可能带来无法弥补的经济损失。

在核算完全部工程量表中的细目后，投标人可按各主要工种工程分类汇总工程量，以便对工程的规模有一个全面的概念，为制定施工方案和选择施工设备作参考。

（四）制定总体施工规划

招标文件中要求投标人在报价的同时附上其施工规划（construction planning）。施工规划内容一般包括施工技术方案、施工进度计划、施工机械设备和劳动力计划安排以及临建设施规划。制定施工规划的依据是工程内容、设计图纸、技术规范、工程量大小、现场施工条件以及开工、竣工日期。

投标时的施工规划将作为业主评价投标人是否采取合理和有效的技术措施，能否保证按工期、质量要求完成工程的一个重要依据。

施工方案的可行性和进度计划的合理安排与工程报价有着密切的关系，编制一个好的施工规划可以大大降低标价，提高竞争力。因此，投标人应根据现场施工条件、工期要求、机械设备来源和劳动力的来源等，采用对比和综合分析的方法全面考虑寻求最佳方案。

（五）分项工程综合单价计算

在投标报价中，要按照招标文件工程量清单表（或叫报价单）中的格式填写各分项工程综合单价和总价。参见本章第三节有关内容。

（六）汇总计算标价

前面计算出了分项工程综合单价和工程量清单总价后，再考虑招标文件要求列入的暂定金额可得计算标价。然后从投标策略和投标报价技巧考虑，进行投标报价策略的费用增减调整，最终得到投标报价。

（七）编制投标文件

在确定投标报价后，承包商应按招标文件的要求正确编制正式工程投标报价单，写好投标致函和整理装订投标书，办理银行开具的投标保函，按规定对投标文件进行分装和密封，按规定的日期和时间，在检查投标文件的完整性后一次报送递交。

1. 编制工程投标报价单

编制投标报价单即在招标文件所附的工程量清单表原件上填写经调整的分项工程综合单价和计算总价，每页均有小计，并最后汇总总价。工程量表的每一数字均需认真校核，并签字确认。

2. 办理银行开具的投标保函

投标保函要按招标文件中所附的格式由承包商业务银行开出。银行保函可用单独的信封密封，在投标致函内也可以附一份复印件，并在复印件上注明“原件密封在专用信封内，与本投标文件一并递交”。

3. 写好投标函和整理装订投标书

一般承包商可写一封投标函，表明投标人完全愿意按招标文件中的规定承担工程施工、建成、移交和维修任务，并写明自己的总报价金额；确认投标人接受的开工日期和整个施工期限；确认在本投标被接受后，愿意提供履约保证等。

如果招标文件允许备选方案，且承包商又制定了备选方案，可以在招标文件中附上备选方案，并说明备选方案的技术和价格优点，明确如果采用备选方案，可能降低或增加的标价。

除上述包含在投标文件内的投标函外，如果承包商认为需要时，还可另写一封详细的投标致函，对自己的投标报价作必要的说明，如降价的决定等，说明编完报价单后考虑到同业主友好的长远合作的诚意，决定按报价单的汇总价格无条件地降低某一个百分比，总价降到多少金额(应用大写和数字两种写法)，并愿意以这一降低后的价格签订合同。这封投标书以外的致函应本着吸引业主、咨询工程师和评标委员会对这份投标书和承包商感兴趣和有信心为宗旨而精心写就。

投标文件、投标致函可分开递交，但都必须在规定的投标日期和时间内报送。

## 第三节 国际工程投标报价

### 一、标价组成分析

投标报价的费用主要由工程直接费、工程分摊费和暂定金额三大部分构成。

直接费是指在工程施工中直接用于工程实体上的人工、材料、设备和施工机械使用费等费用的总和。

工程分摊费用的概念是工程项目实施所必需的，但在工程量清单中没有单列项的项目费用,需要将其作为待摊费用分摊到工程量清单的各个报价分项中去。分摊费主要由初期费(又称开办费)、施工现场管理费和其他待摊费组成。

暂定金额又叫备用金,是业主在招标文件中明确规定了数额的一笔金额,准备用于将来工程上可能发生的一些意外开支。按规定承包商应将暂定金额列入投标报价中,但暂定金仅能根据工程师的指令使用。暂定金可能部分甚至全部动用,也可能完全不用。

标价的主要费用组成见图 5-2。

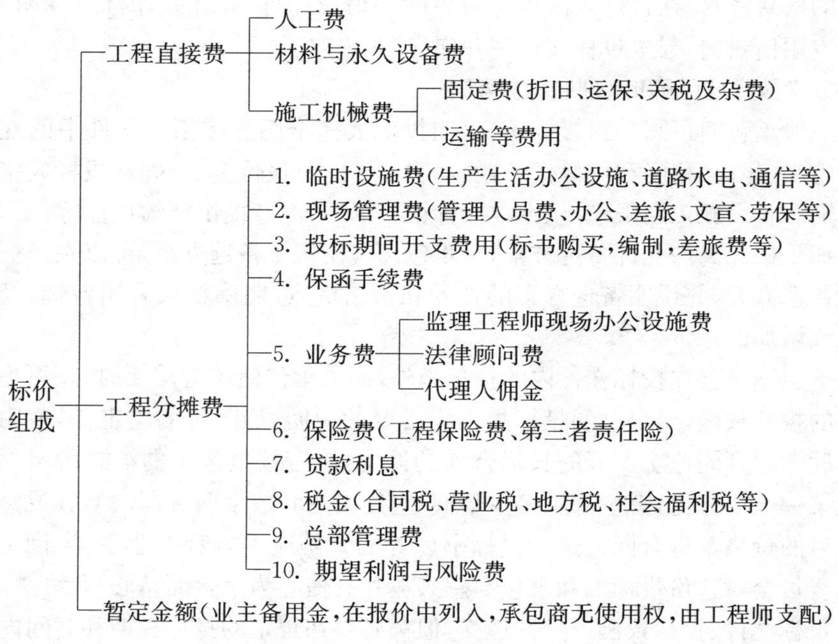

图 5-2 标价的主要费用组成

## 二、工程直接费基础单价计算

### (一) 人工工日基价

工日基价是指国内派出的工人和在工程所在国招募的工人,每个工作日的平均工资。一般来说,在分别计算这两类工人的工资单价后,再考虑功效和其他一些有关因素以及人数,加权平均即可算出工日工资基价。

国内派出人员费用包括以下几方面:

(1) 国内工资,可按出国前工资计算。

(2) 派出人员的企业收取的管理费,可与派出人员的单位商定。

(3) 置装费,按热带、温带、寒带等不同地区给予补助。

(4) 国内旅费,包括人员出国和回国时往返于国内工作地点之间的旅费。

(5) 国际旅费,包括开工的出国、完工后回国及中间回国探亲所开支的旅费。

(6) 国外零用费及艰苦地区的补贴,按各公司的规定计算。

(7) 国外伙食费,按各公司情况参照有关规定计算。

(8) 人身意外保险费,按保险公司投保的费用计算。

(9) 加班费和奖金。

雇用当地人员费用包括以下几方面。

(1) 日基本工资。

(2) 带薪法定节假日、带薪休假日工资。

(3) 夜间施工或加班应增加的工资。

(4) 按规定应由雇主支付的税金、保险费。

(5) 招募费和解雇时须支付的解雇费。

(6) 上下班交通费等。

### (二) 材料和设备基价

国际承包工程中材料、设备的来源有三种渠道,即工程所在国当地采购、承包商国内采购或第三国采购。

(1) 工程所在国当地采购的材料、设备单价计算。如果当地材料商供货到现场,可直接用材料商的报价作为材料设备单价;如果自行采购,可用下列公式计算:

$$材料、设备单价=市场价+运杂费+运输+采购保管损耗$$

(2) 承包商国内采购或第三国采购的材料、设备单价,可用以下公式计算:

$$\begin{aligned}材料、设备单价=&到岸价+海关税+港口费+运杂费+保管费\\&+运输保管损耗+其他费用\end{aligned}$$

上述各项费用如果细算,包括海运费、海运保险费、港口装卸费、提货费、清关费、商检费、进口许可证费、关税、其他附加税、港口到工地的运输装卸费、保险和临时仓储费、银行信用证手续费,以及材料设备的采购费、样品费、试验费等。

从承包商国内采购材料、设备,利用开展国际工程承包业务带动材料设备出口,既可以降低成本,增加外汇收入,还可以推动国内建材、机械工业的发展。

### (三) 施工机械台班单价

施工机械台班单价一般由下列费用组成:

(1) 基本折旧费。

(2) 安装拆卸费及场外运输费。

(3) 维修保养费。

(4) 保险费。

(5) 燃料动力费。

(6) 机上人工费。

## 三、工程分摊费用的计算

### (一) 临时设施工程费

包括生活用房、生产用房和室外工程等临时房屋的建设费,施工临时供水、供电、通信等设施费用。有的招标文件将一些临时设施作为独立的工程分列入工程量清单,则应按要求单独报价,这对承包商是有利的,可以较早得到这些设施的进度支付款。

### (二) 现场管理费

现场管理费是由于施工组织与管理工作而发生的各种费用,费用项目较多,主要包括下列几方面。

(1) 管理人员费,从生产和辅助生产劳务数量的比例并结合管理岗位计算管理人员数量,按他们的平均日工资计算管理人员的工资和费用。

(2) 办公费,包括复印、打字、文具纸张、邮电、办公家具,以及水电、空调、采暖等开支。

(3) 差旅交通费,包括因公出差费用、交通工具使用费、养路费、牌照费等。

(4) 文体宣教费,包括报纸、学习资料、图书、电影、电视以及体育和文娱活动的费用。

(5) 生活设施费,如现场人员卧具、厨房设施、卫生设施等费用。

(6) 劳动保护费,购置公用或大型劳保用品,如安全网等发生的费用。个人的劳保用品等费用可以计入此项,也可以计入人工费中。

(7) 检验试验费,包括材料、半成品的检验、鉴定、测试等费用。

(8) 工具、用具使用费,指小型工具(如人力推车)、消防器材、工人常用低值易耗用品、用具等费用。

(9) 固定资产使用费,指办公使用的房屋、设备,办公和生活使用的交通车辆等的折旧摊销、维修、租赁费等。

(10) 广告宣传、会议及招待费。

### (三) 投标期间开支的费用

包括购买资格预审文件、招标文件、投标期间的差旅费、标书编制费等。

（四）保函手续费

包括投标保函、履约保函、预付款保函、维修保函等，可按估计的各项保证金数额乘以银行保函年费率，再乘以各种保函有效期（以年计）即可。

（五）业务费

包括为监理工程师在现场工作和生活而开支的费用（如监理工程师的办公室、交通车辆等）以及法律顾问费等。有的招标文件对监理工程师具体开支项目有明确规定，投标人可以单独列项报价；如果招标文件没有规定单列，则这笔费用可计入业务费摊销。如果聘请代理人，代理人的佣金也应列入业务费中。

（六）保险费

保险项目主要是工程保险及第三方责任险（工程中的人身意外保险、施工机械设备保险、材料设备运输保险已分别计入人工、材料、施工机械的基础单价，此处不再考虑）。

（七）贷款利息

承包商为启动和实施工程常常需要先垫付一笔流动资金，以补充工程预付款的不足，这笔资金大部分是承包商从银行借贷的，因此，应将流动资金的利息计入工程报价中。

（八）税金

按照国家有关规定应交纳的各种税费和按当地政府规定的收费。

（九）总部管理费

总部管理费是指公司总部或上级管理部门对现场施工项目经理部收取的管理费。

（十）期望利润与风险费

期望利润可按工程总价的某一个百分数计取。风险费是指工程承包过程中由于各种不可预见的风险因素发生而增加的费用。由投标人经过对具体工程项目的风险因素分析之后，确定一个比较合理的工程总价的百分数作为报价中考虑的风险费。

## 四、工程开办费

在国际工程投标报价中一般按照上述工程直接费、工程分摊费计算分项工程综合单价，然后列入工程量清单表的各计价分项中去。但有的招标文件将某些初期费用规定单列为“开办费”，则应弄清允许列入初期费用的具体内容，并在报价单中单列“开办费”，这笔费用业主一般会先行支付，对承包商是有利的。在“开办费”已计入的费用项目不应再计入工程分摊费中。

工程开办费在不同的招标项目中包括的内容可能不相同，一般可能包括以下内容。

(1) 现场勘察费。业主移交现场后,应进行补充测量或勘探者,可根据工程场地的面积计算。

(2) 现场清理费。包括清除树木、旧有建筑构筑物等,可根据现场考察实际情况估算。

(3) 进场临时道路费。如果需要时,应考虑其长度、宽度和是否有小桥、涵洞及相应的排水设施等计算,并考虑其经常维护费用。

(4) 业主代表和现场工程师设施费。如招标文件规定了具体内容要求,则应根据其要求计算报价。

(5) 现场试验设施费。如招标文件有具体规定,应按其要求计算;可按工程规模考虑简易的试验设施,并计算其费用,如混凝土配料试块、试验等。其他材料、成品的试验可送往附近的研究试验机构鉴定,考虑一笔试验费用即可。

(6) 施工用水电费。根据施工方案中计算的水电用量,结合现场考察调查,确定水电供应设施,例如水源地、供水设施、供水管网,外接电源或柴油发电机站、供电线路等,并考虑水费、电费或发电的燃料动力费用。

(7) 脚手架及小型工具费。根据施工方案,考虑脚手架的需用量并计算总费用。

(8) 承包商临时设施费。按施工方案中计算的施工人员数量,计算临时住房、办公用房、仓库和其他临时建筑物等,并按简易标准计算费用,还应考虑生活营地的水、电、道路、电话、卫生设施等费用。

(9) 现场保卫设施和安装费用,按施工方案中规定的围墙、警卫和夜间照明等计算。

(10) 职工交通费。根据生活营地远近和职工人数,计算交通车辆和职工由住地到工地往返费用。

(11) 其他杂项。如恶劣气候条件下施工设施、职工劳动保护和施工安全措施(如防护网)等,可按施工方案估算。

## 五、分项工程综合单价分析与标价汇总

### (一) 分项工程综合单价和总价

单价分析就是对工程量清单中所列分项单价进行分析和计算,确定出每一分项的单价和总价。单价分析之前,应首先计算出工程中拟使用的劳务、材料、施工机械的基础单价,还要选择好适用的工程定额,然后对工程量清单中每一个分项进行分析与计算。

国际工程分项工程综合单价构成如图 5-3 所示。

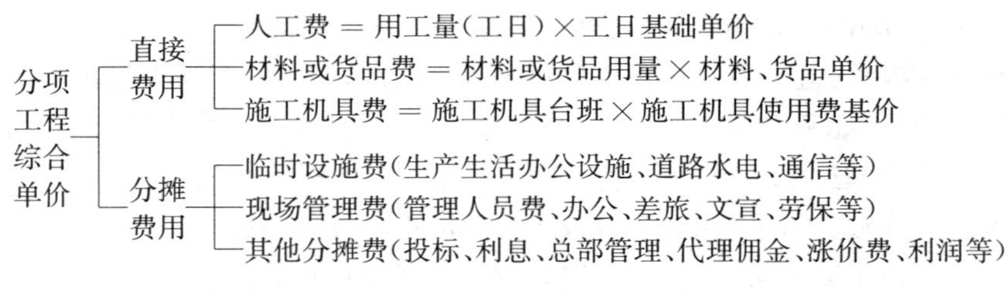


图 5-3　分项工程综合单价构成

分项工程直接费可按每个分项的人工、材料、机械费用分别计算求得。但工程分摊费用是按整个项目计算的，需按合理的分摊比例系数 $K$ 分摊到各分项工程中去。

$$分项综合单价 = 分项工程直接费 + K \times 分项工程项目直接费$$

$$K = \sum B / \sum A$$

式中：$\sum A$ ——整个项目各分项工程直接费之和；

$\sum B$ ——整个项目分摊费用。

上式中，$\sum B$ 中的某些分摊费用项不是按分项工程可以计算的，而是需按工程总价或分部工程价的百分比计算的，而工程总价或分部工程价的确定又有赖于分摊费用的确定，这种循环因果关系使得直接求解 $K$ 是困难的。一般可先预估假定工程总价或分部工程价代入计算，得到计算的新工程总价或分部工程价后视差异比例再行修正，直到假定与计算基本吻合。也可参照以往类似工程经验分摊费所占比例假定 $K$ 代入试算，然后视情况修正。

求出 $K$ 值后，则有

$$分项工程分摊费 B = K \times 该分项工程直接费 A$$

$$分项工程综合单价 = 分项工程直接费 A + 分项工程分摊费 B$$

进一步求分项工程总价，由各分项工程综合单价分别乘以各分项工程量后汇总而成：

$$分项工程总价 = 分项工程综合单价 \times 分项工程量$$

将工程量清单中各分项工程总价汇总即构成工程量清单计算总价：

$$工程量清单计算总价 = \sum 分项工程总价$$

按照上述方法算出的工程量清单计算总价还需要进一步分析调整，因为组成总价的各部分费用间的比例还有可能不尽合理,计算过程中有可能对某些费用的预估存在偏差,甚至重复计算或漏算等等。因此,必须对工程量清单计算总价进行合理性分析,如和以往类似工程相比,每平方米造价、每延长米造价是否合理,并应仔细研究利润这个关键因素,应当坚持"既能够中标、又有利可图"的原则,既考虑一次投标成败的得失,同时又着眼于今后的市场发展目标,分析后可对工程量清单计算总价作出某些必要的调整,得到调整后清单计算总价:

调整后清单计算总价 = 工程量清单计算总价 + 清单总价合理性调整费

对于清单总价合理性调整费的处理,一般应重新分摊到各分项工程综合单价中去,修正原分项工程综合单价,并重新计算分项工程总价,供正式编制投标报价单使用。

(二) 标价汇总

前面计算出了调整后清单计算总价,再考虑招标文件要求列入的暂定金额可得计算标价:

计算标价 = 调整后工程量清单计算总价 + 暂定金额

按照上述方法算出的计算标价还不能作为投标价格,因为还需从投标策略和投标报价技巧考虑,如竞争对手可能的报价、业主可能的"标底",进行分析后可作投标报价策略的费用增减调整,最终得到投标报价:

投标报价 = 计算标价 + 投标报价策略增减费

## 六、投标报价的技巧

投标报价的技巧是指运用一定的策略使招标人可以接受承包商的报价,承包人中标后又能获得更多的利润。以下投标策略可供参考。

(一) 不平衡报价

所谓不平衡报价,就是在不影响投标总报价的前提下,将某些分部分项工程的单价定得比正常水平高一些,某些分部分项工程的单价定得比正常水平低一些。不平衡报价是单价合同投标报价中常见的一种方法。

(1) 对能早期得到结算付款的分部分项工程(如土方工程、基础工程等)的单价定得较高,对后期的施工分项(如粉刷、油漆、电气设备安装等)单价适当降低。

(2) 估计施工中工程量可能会增加的分项,单价提高;工程量可能会减少的分项单价降低。

(3) 设计图纸不明确或有错误的,估计今后修改后工程量会增加的分项,单价提高;工程内容说明不清的,单价降低,如中标,施工时要求澄清有关内容,并要求提高单价。

(4) 清单中未列工程量，只填单价的项目(如土方工程中的挖淤泥、岩石等)，其单价可报高些，这样做既不影响投标总价，以后发生时承包人又可多获利。

(5) 对于暂列工程分项，预计将来需做的可能性较大的，价格可定高些，估计不需做的则单价报低些。

(6) 零星用工(计日工)的报价高于一般分部分项工程中的工资单价，因它不属于承包总价的范围，发生时实报实销，价高可多获利。

(二) 其他方法

1. 补充方案报价法

投标人如果发现招标文件、工程说明书或合同条款不够明确，或条款不很公正，技术规范要求过于苛刻时，为争取达到修改工程说明书或合同的目的而采用的一种报价方法。当工程说明书或合同条款有不够明确之处时，承包人往往可能会承担较大的风险，为了减少风险就须提高单价，增加风险防范费，但这样做又会因报价过高而增加投标失败的可能性。运用补充方案报价法，是先按原工程说明书和合同条件报价，以响应招标文件规定。然后再提出补充方案，表明如果工程说明书或合同条件可作某些改变时，将以另一个较低的报价投标。这样可使报价降低，吸引招标人。

2. 突然降价法

这是一种迷惑竞争对手的手段。投标报价是一项需要保密性的商业竞争，竞争对手之间可能会随时互相探听对方的报价情况。在整个报价过程中，投标人可先按一般情况进行报价，待到投标截止时间前一刻，再递交一封投标致函，声明在原报价基础上下降某个百分率。这种突然降价，往往使竞争对手措手不及。

3. 先亏后盈法

承包商如想占领某一市场或急于在某一地区打开局面，寄希望取得后续市场，可采用较大幅度降低投标价格的手段，甚至不惜亏本投标，只求中标。采用这种方法的承包人，必须要有十分雄厚的经济实力和技术实力，一炮打响，才能取得后续市场优势。

## 第四节　国际工程投标报价实例

### 一、招标项目工程简介

(一) 工程内容

某国某城市近郊新建一条“城市型”公路，长 18 km，总宽 30 m，其中街心岛宽

3 m,每侧汽车道各 9 m,路侧石及雨水坡 0.5 m,人行道宽各 4 m,即总宽为:3+(9×2)+(0.5×2)+(4×2)=30 m。公路结构:车行道为压实土上铺大块碎石基础层,再铺碎石次面层,而后浇铺有钢筋网的水泥混凝土。人行道为压实土上铺碎石垫层,再做沥青混凝土面层。

路侧有雨水进水井,经钢筋混凝土管流向铺在街心岛下面的钢筋混凝土干管,人行道外有排水明沟。但道侧的给水管和消火栓、街心岛下的电缆和照明灯柱等,均不属报价范围。在 10 km 处,有小桥一座,跨度为 15 m,钢筋混凝土"T"形梁,梁上现浇钢筋混凝土板。另外,还有双孔涵洞一处,单孔涵洞 12 处。

公路沿线多系农田和丘陵,因此填方较多,除部分挖方可用于道路的填方外,尚需借土填方。所有填方工程必须分层压实。

(二) 招标文件概要

招标文件中有招标书、投标须知、合同条件、工程量表、技术说明书和工程详图等。

合同文件有如下规定:应在投标的同时递交投标保函,其价值为投标者报价的 2%,有效期为 90 天。要求签订合同后 60 天以内开工,开工后 22 个月竣工。履约保函值为合同价的 10%,预付款也为合同价的 10%,按同样的比例从每月工程进度付款中扣除。每次付款尚需扣除保留金 10%,但保留金总额不超过合同总价的 5%,保留金在竣工验收合格后退还,但须递交一份为期 1 年的相当于合同总价 3%的维修期保函。工程材料到达现场并经化验合格后可支付该项材料款的 60%,每月按工程进度付款,凭现场工程审定的付款单在 30 天以内支付。工程罚款为合同总价的 0.05%/天,限额不超过总价的 5%,为加速进度,经批准后允许两班制工作。按实测工程量付款,单价不予调整。无材料涨价或货币贬值的调价条款或补偿条款。施工机具设备可以允许临时进口,应提交银行出具的税收保函(保函值为进口设备值的 20%),以保证竣工后机具设备运出境外。各种工程材料均不免税。公司应按政府规定缴纳各种税收,包括合同税、个人所得税和公司所得税等。

(三) 现场调查简况

1. 国情调查

工程所在国系发展中国家,政局基本稳定,无战争或内乱迹象,与我国关系基本上是友好的。经济形势基本稳定,货币贬值每年不超过 10%,货币基本上可以自由兑换,金融基本上也是稳定的。交通运输方便,工程所在地区距海运港口仅数十千米。

2. 自然条件

气候属于湿热带,除雨季(11 月至次年 3 月)外均可施工,雨季时较少连续降雨天气,可间断施工。

3. 地区条件

公路在城市近郊，生活条件较好。对于当地工人可以不建生活营地。材料运输方便，附近可供应砂石。公路基层的土壤在填方区需供土，运距约 5 km。

4. 其他条件

当地税收较多，因无免税条件，须缴纳合同税，相当于合同价的 4%；公司利润所得税较高，约 35%。工程保险和人身意外险及第三方责任险必须在当地保险公司投保。当地原则上不允许使用外籍劳务。除非特殊工种在当地招聘不到，可向劳工部门和移民局事先申请，获得批准后外籍技术劳务才能入境。外籍高级技术人员较易获得签证入境。

5. 商情调查

经过多种渠道询价或调查，用于公路建设的主要材料决定在当地采购，但应根据工期考虑一定的涨价系数。当地施工机具比较短缺，考虑到租赁费高，决定自境外调入或购置。

当地劳务价格不高，引进外籍劳务不仅工资偏高，且须解决工人生活营地问题和入境限制，因此，决定基本上采用当地劳务，甚至包括机械操作手也在当地招募。当地工程技职人员工资不高，平均工资在 400—500 美元/月。

## 二、标价计算前的数据准备

### （一）核算工程量

原招标文件有主要工程数量表，经按图纸和说明书校核，业主提供的工程量基本上是正确的，可以作为报价的依据。其中，有三项属于可供选择的报价，应单独列出。需提供土壤及材料试验设备，也可以利用承包商的自备设备，可不另报价；提供监理工程师办公设施和两套住宅(2 年租赁)；监理工程师用的小轿车一辆、四轮驱动越野车一辆以及 2 年的维修和司机服务。为保证报价的完整性，决定对可供选择项目也予以报价。

### （二）确定主要施工方案

1. 按主要工程量考虑粗略的工程进度计划

(1) 下达开工命令后立即进入现场，合同规定签合同后 60 天内开工。应当争取时间在 60 天内准备好施工机具，进入现场后用 1 个月进行临时工程建设，并同时利用已到机具开始推土方和清除填方区表土层。

(2) 为便于集中使用不同类型设备，先集中处理土方工程，时间约 12 个月，而后集中进行垫层和混凝土面层施工，时间约 8 个月(其中与土石方工程交错 2 个月)。桥梁工程从第 7 个月开始，包括预制构件等用 1 年时间完成。其他工程如人行道铺砌、护坡等可在主路工程后期根据劳动力安排交错完成。

(3) 最后保留1个月作为竣工移交的时间,并进行可能发生的局部维修工作。

2. 施工方法和施工设备的选择

主要工程量采用机械施工,大致选择方案如下。

(1) 土方挖方。采用120—140 hp(马力,1 hp=745.7 W)的推土机推土,能就地回填者直接用推土机回填,余土用1.5—1.9 $m^3$ 装载机装入自卸汽车运至填土区用于填方。公路部分的挖方为251 664 $m^3$,约1/4可用于就地填方,其余须运至远处填方区。填方量为3/4×251 664=188 748 $m^3$。全部填方需土340 568 $m^3$,因此,尚须从别处借土方340 568−188 748=151 820 $m^3$,这部分土方也需使用推土机。因此,推土机总的推土方量应为251 664+151 820=403 484 $m^3$。

按定额取每台班推土420 $m^3$,采用每日两个台班,每月工作按25天计,推土机所需数量:

$$403\,484\ \mathrm{m^3}/(2\times12\times25\times420)=1.6\ (台)$$

故推土机台数采用2台,其利用系数1.6/2=80%。为挖沟方便,另采用小型挖掘机1台。

(2) 土方运输。按以上类似方法计算采用8—10 t自卸汽车运输。总填方量340 568 $m^3$,其中用推土机就地填方量1/4×251 664=62 916 $m^3$;需运送土方340 568−62 916=277 652 $m^3$;运距平均5 km时,运输定额按每台班60 $m^3$ 计,用上述方法计算自卸汽车台数(理论值)为7.7台,拟采用10台,使用系数77%。

(3) 装载设备。装载设备采用1.5—1.9 $m^3$ 装载机3台。在土方工程基本完成后,尚可抽调用于混凝土搅拌站。

(4) 碾压设备。碾压设备采用15 t振动压路机1台,10 t钢轮压路机2台。

(5) 平整设备。平整设备采用平地机1台。

(6) 混凝土搅拌站。实际采用30 $m^3$/h的搅拌站1套,包括水泥立式存储仓1个,另加1台400 L的自带动力式搅拌机,以备在工地需要时作小型流动搅拌站设备使用。

(7) 混凝土运输设备。采用混凝土搅拌汽车(搅拌罐4—6 $m^3$)2台。为配合400 L搅拌机工作,另增加小型翻斗车3台。

(8) 其他设备。为吊装混凝土管道和桥用T形梁等,选用10 t汽车吊1台,小型机具如各种振捣器、砂浆搅拌机等适当配备。工程量表中钢筋加工量约570 t,可选用钢筋拉直机和钢筋切断机各1台。测量用经纬仪和水平仪各2台。

考虑到仅桥梁墩基需要打桩,拟委托当地专业公司分包打桩工程。沥青混凝土面层也向外分包。

3. 临时工程

(1) 建立混凝土搅拌站。选择在公路中段,并靠近桥梁工地附近。经化验,小河的水可用于搅拌混凝土。

(2) 工地指挥部也设在搅拌站附近，设工地办公室及实验室(临时板房)共 200 $m^2$，仓库及钢筋加工棚 500 $m^2$，驻场技职人员临时住房 100 $m^2$，其他临时房屋(食堂、厕所、浴室等)150 $m^2$。

(3) 工地设相应的临时生产设施，如预制构件场地、机具停放场和维修棚、临时配电房、水泵站及高位水箱、进场道路、通信设施、临时水电线路、简易围墙及照明和警卫设施等。

### (三) 基础价格计算

#### 1. 工日基价

雇用当地工人。按当地一般熟练工月工资 150 美元，机械操作手月工资 200 美元。2 年内考虑工资上升系数每年上升 10%。另考虑招募费、保险费、各类附加费和津贴(不提供住房，适当贴补公共交通费)、劳动保护等加 20%。故工日基价为

一般熟练工 $150 \times 1.3 \div 25 = 7.8$(美元/工日)

机械操作手 $200 \times 1.3 \div 25 = 10.4$(美元/工日)

#### 2. 材料基价

基本上均从当地市场采购，根据其报价和交货条件统一转换计算为施工现场价。以水泥价计算举例说明如下：

材料品名：水泥(普通水泥相当于我国标号 425 号)

出厂价：60 美元/t

运输费：水泥厂运输部用散装水泥车运送 0.2 美元/t·km×40 km=8 美元/t

装卸费：3 美元/t

运输、装卸损耗：$3\% \times (60 + 8 + 3) = 2.13$ 美元/t

采购、管理及杂费：$2\% \times (60 + 8 + 3 + 2.13) = 1.47$ 美元/t

水泥到现场价：74.6 美元/t

按此例计算得出材料基价见表 5-2。

**表 5-2　主要材料基价表**

| 序号 | 材料名称 | 单位 | 运到现场基价(美元) |
|---|---|---|---|
| 1 | 水泥(散装) | t | 74.60 |
| 2 | 碎石粒径 6 cm 以上，用于基础垫层 | $m^3$ | 4.50 |
| 3 | 碎石粒径 2—4 cm，用于次表层 | $m^3$ | 5.50 |
| 4 | 砾石(用于混凝土) | $m^3$ | 6.00 |

续 表

| 序号 | 材料名称 | 单位 | 运到现场基价(美元) |
|---|---|---|---|
| 5 | 中砂,粗砂 | $m^3$ | 4.50 |
| 6 | 钢筋 $\phi$6—10 | t | 430.00 |
| 7 | 变截面钢筋 $\phi$12—22 | t | 450.00 |
| 8 | 预制钢筋混凝土管 $\phi 18''$ | m | 8.50 |
|  | $\phi 24''$ | m | 12.00 |
|  | $\phi 36''$ | m | 20.00 |
| 9 | 锯材(模板用) | $m^3$ | 400.00 |
| 10 | 沥　青 | t | 210.00 |
| 11 | 柴　油 | kg | 0.40 |
| 12 | 水 | $m^3$ | 0.05 |
| 13 | 电 | kW·h | 0.12 |
| 14 | 铁　钉 | kg | 1.20 |

3. 设备基价

(1) 设备原价和折旧。设备原价按到达工程所在国港口价计算,设备折旧按表 5-3 所示。

表 5-3　设备及折旧费表　　单位：美元

| 序号 | 名　称 | 规　格 | 数量 | 设备情况 | 到港价 | 折旧率(%) | 本工程摊销设备值 |
|---|---|---|---|---|---|---|---|
| 1 | 推土机 | 120 hp | 1 | 新　购 | 85 370 | 50 | 42 685 |
| 2 | 推土机 | 120 hp | 1 | 调入旧设备 | 25 000 | 100 | 25 000 |
| 3 | 装载机 | 1.5 $m^3$ | 2 | 新　购 | 106 000 | 50 | 53 000 |
| 4 | 装载机 | 1.9 $m^3$ | 1 | 旧有设备 | 20 000 | 100 | 20 000 |
| 5 | 小型挖土机 | 0.5 $m^3$ | 1 | 旧有设备 | 25 000 | 100 | 25 000 |
| 6 | 平地机 |  | 1 | 新　购 | 29 200 | 50 | 14 600 |
| 7 | 振动压路机 | 16 t | 1 | 新　购 | 56 000 | 50 | 27 000 |
| 8 | 钢轮压路机 | 10 t | 2 | 旧有设备 | 52 000 | 100 | 52 000 |
| 9 | 手扶夯压机 |  | 2 | 新　购 | 6 000 | 50 | 3 000 |
| 10 | 自卸汽车 | 10 t | 5 | 新　购 | 150 000 | 50 | 75 000 |

续　表

| 序号 | 名　　称 | 规　格 | 数量 | 设备情况 | 到港价 | 折旧率(%) | 本工程摊销设备值 |
|---|---|---|---|---|---|---|---|
| 11 | 自卸汽车 | 10 t | 5 | 旧有设备 | 75 000 | 80 | 60 000 |
| 12 | 汽车吊 | 10 t | 1 | 旧有设备 | 27 500 | 80 | 22 000 |
| 13 | 混凝土搅拌站 | $30\ m^3/h$ | 1 | 旧有设备 | 150 000 | 80 | 120 000 |
| 14 | 混凝土搅拌机 | 400 L | 1 | 新　购 | 7 000 | 50 | 3 500 |
| 15 | 混凝土搅拌车 | $6\ m^3$ | 2 | 新　购 | 67 000 | 50 | 33 500 |
| 16 | 钢筋拉直机 | | 1 | 旧有设备 | 4 000 | 80 | 3 200 |
| 17 | 钢筋切断机 | | 1 | 旧有设备 | 5 000 | 80 | 4 000 |
| 18 | 发电机 | 50 kVA | 1 | 新　购 | 7 000 | 50 | 3 500 |
| 19 | 空压机 | $9\ m^3$ | 1 | 新　购 | 8 000 | 50 | 4 000 |
| 20 | 水　泵 | $4\ m^3$ | 1 | 新　购 | 2 000 | 50 | 1 000 |
| 21 | 水　车 | $5\ m^3$ | 1 | 旧车改装 | 12 000 | 100 | 12 000 |
| 22 | 测量仪器 | | 2 | 旧有设备 | 6 000 | 50 | 3 000 |
| 23 | 小翻斗车 | | 3 | 新　购 | 9 000 | 50 | 4 500 |
| | 合　　计 | | | | 934 070 | | 611 485 |

另外，关于小型工器具费用，可在计算标价时增加一定的系数，不另算设备折旧费。

(2) 设备台班基价及台时价。机具设备的台班基价除应包括上述折旧费外，尚应将下述费用全部摊入本工程的机具设备使用费中，包括：设备的清关、内陆运输、维修、备件、安装、退场等，另外再加每一台班的燃料费。现以推土机的机械台班使用费为例计算如下：

新购推土机进口手续费、清关、内陆运输、安装拆卸退场等，按设备原值的5%计，为 85 370×5%＝4 268.5(美元)。

备件及维修2年按20%计，为17 074(美元)。

本工程可能使用台班为12月×25天/月×2班/天×0.8(使用系数)＝480台班，故每台班应摊销：(42 685＋4 268.5＋17 074)/480＝133.4(美元)。

另加每台班燃料费：0.4美元/kg×73 kg×1.2(系数)＝35(美元)。

故本台推土机台班使用费为168.4美元，或每小时为21美元。

用同样方法可算出另1台旧有推土机的台班费为(25 000×1.25)/480＝100(美元)。

2台推土机平均使用台班费为(168.4＋100)/2＝134.2(美元)，可取134美元/台班或16.8美元/工时(均未计人工工资)。

由于各种小型机具设备难以在每个单项工程中计算其使用时间,根据前述机具设备折旧费用表中所列可知,小型机具设备应摊销的费用约28 000美元(表5-3第18—23项),占大型机具设备摊销的折旧费的比重为28 000/(611 485－28 000)＝0.048≈0.05,故不必细算小型机具设备的台班费,可在做工程内容的单价分析时,在计算大型机具台班费使用费后再增加5%即可。

根据上述方法,并考虑各种设备在本工程中可能使用的台班数的不同及其燃料消耗的不同,算出不同设备的台班基价,列出供计算标价用,如表5-4。

如果业主要求列出按工日计价的机械台时费,可在上述台班基价上,另加人工费及管理费和利润即可,现一并计算出列于表5-4。

**表5-4 机具设备使用台班基价** 单位：美元

| 序号 | 名　称 | 规　格 | 单位 | 设备台班基价(台班)(用于算标) | 机具设备使用台时价(用于报价单的日工价) |
|---|---|---|---|---|---|
| 1 | 推土机 | 120 hp | 每台 | 134 | 25.5 |
| 2 | 装载机 | 1.5—1.9 $m^3$ | 每台 | 98 | 19.5 |
| 3 | 挖土机 | | 每台 | 95 | 18.5 |
| 4 | 平地机 | | 每台 | 85 | 17.0 |
| 5 | 振动压路机 | 15 t | 每台 | 85 | 17.0 |
| 6 | 钢轮压路机 | 10 t | 每台 | 73 | 14.0 |
| 7 | 手扶式夯压机 | 10 t | 每台 | 20 | 4.0 |
| 8 | 自卸汽车 | 10 t | 每台 | 90 | 18.0 |
| 9 | 汽车吊 | 10 t | 每台 | 110 | 21.5 |
| 10 | 混凝土搅拌站 | 30 $m^3$/h | 每台 | 190 | 36 |
| 11 | 混凝土搅拌机 | 400 L | 每台 | 20 | 4.0 |
| 12 | 混凝土搅拌车 | 6 $m^3$ | 每台 | 100 | 20.0 |
| 13 | 水　车 | 5 $m^3$ | 每台 | 90 | 18.0 |
| 14 | 小翻斗车 | | 每台 | 20 | 4.0 |

4. 分摊费用及各种计算系数

(1) 管理人员费用。

① 公司派出的管理人员10人,其中项目经理1人,副经理兼总工程师1人,工

程技术人员4人(道路工程师、测量、材料、试验各1人),劳资财务2人,翻译2人。除住房外的生活补贴费用成本按400美元/人月计算:

$$400\text{美元/人月}\times 10\text{人}\times 24\text{月}=96\,000(\text{美元})$$

② 聘用当地技职人员6人(道路工程师、测量、试验、劳资、秘书、材料各1人),勤杂员4人(司机2人,服务2人)。技职人员平均工资按500美元/人月,勤杂服务人员按250美元/人月计算:

$$(6\times 500\times 24)+(4\times 250\times 24)=96\,000(\text{美元})$$

③ 管理人员住房,公司派出人员租用住宅(4居室独立式住宅2套),每套每月800美元,另加水、电、维修等按20%计:

$$2\times 800\times 24(\text{月})\times 1.2=46\,080(\text{美元})$$

以上合计为238 080美元。

(2) 业务活动费用。

① 投标费,按实际估算约2 500美元。

② 业务资料费,按实际估计约4 500美元。

③ 广告宣传费,暂计4 000美元。

④ 保函手续费,按合同总价约1 000万美元估算,各类保函银行手续费按0.75%/年计,投标保函金额为投标报价的2%(一次性),预付款保函金额和履约保函各为报价的10%(2年),维修保函为3%(1年),设备临时进口税收保函金额为设备价的20%。因此,保函手续费总值为

$$\{[1\,000\text{万}\times(2\%+10\%\times 2+10\%\times 2+3\%)]+(86.7\text{万}\times 20\%\times 2)\}$$

$$\times 0.75\%=(450\text{万}+34.68\text{万})\times 0.75\%=36\,350(\text{美元})。$$

⑤ 合同税,按4%计为400 000美元。

⑥ 各类保险费包括工程一切险、第三方责任险及人身事故伤害险等,按当地保险公司提供的费率计算为110 000美元。

⑦ 当地法律顾问和会计师顾问费,按当地公司的一般经验,2年内聘用费共20 000美元。

⑧ 其他税费:根据当地的所得税规定,暂按利润率为6%,税费率为35%计算,暂列入

$$1\,000\text{万}\times 6\%\times 35\%=220\,500(\text{美元})。$$

以上①—⑧项合计为752 350美元。

(3) 行政办公费及交通车辆费。可以按粗略估算方法计算:

① 一般办公费用、邮电费用按管理人员计算,20 人×20 美元/人月×24 月=9 600(美元)。

② 办公器具配置费(一次性摊销)20 000(美元)。

③ 交通车(2 辆越野车、1 辆小轿车)按当地市价购置,摊销 50%,购置费共 42 000 美元,摊销于本项目 21 000 美元。

④ 油料、交通车辆维修及其他活动费开支:油料按每台车 2 年内行车 30 000 km,维修备件按原值 25%计,其他活动费按每月 200 美元计,共 20 700 美元。

行政办公开支合计 71 300 美元。

(4) 临时设施费。

① 工地生活及生产办公用房,按当地简易标准平均 35 美元/$m^2$ 计,35 美元/$m^2$ ×950 $m^2$ =33 250(美元)。

② 生产性临时设施,包括临时水电、进场道路、混凝土搅拌站及预制场地、为修小桥须修筑一条 850 m(宽 5 m,土路)便道,按当地简易标准的实际价格计算共计 148 000 美元。临时工地试验室仪器(按 50%折旧)及经常性试块、土壤等试验(每月 100 美元)共 42 400 美元。

以上各项临时设施费合计 223 650 美元。

(5) 其他待摊费用。

① 利息:流动资金虽有付款,由于购置机具设备及有偿占用旧有设备的资金和初期发生的银行保函、保险、合同税、暂设工程等,肯定入不敷出。再加上材料费和工资等,估计总的自筹流动资金至少需 120 万美元,按年利率 10%,用粗略的资金流量预测,利息支出约 132 000 美元。

| | |
|---|---|
| ② 代理人佣金按当地协议应付 | 150 000 美元 |
| ③ 上层机构管理费用按 2%计 | 200 000 美元 |
| ④ 利润按 6%暂计 | 600 000 美元 |
| ⑤ 另计不可预见费用 1.5% | 150 000 美元 |
| 其他待摊费用共计 | 1 232 000 美元 |

以上总计待摊费用共为 2 517 380 美元。其中,有的费用(如保函手续费、合同税、保险费等)是假定合同价为 1 000 万美元条件下估算的,有待算出投标报价总价后修正。

以上待摊费用约为总价的 25.17%,为直接费用的:

$$2\ 517\ 380 \div (10\ 000\ 000 - 2\ 517\ 380) \times 100\% = 33.64\%。$$

在下面计算各单项工程内容的单项时,可以先按此系数计算摊销费用。待第一轮计算得出投标总价后，再根据情况适当调整。

(6) 其他系数的确定。

① 材料上涨系数。前面提出的材料基价是按投标时调查的价格列出的，并未考虑2年工期内价格的上涨因素。从施工方案中的计划进度分析，可以预计到大量值钱的材料如水泥、钢材等，都是在工期的后半段才使用，其实际采购价格肯定会受到汇率和通货膨胀使价格上涨的影响。按当地的实际调查，材料涨价率可能为每年10%左右，因材料一般是陆续采购进场的，并集中于中后期，故材料涨价系数可确定为

$$[(10\% \times 2) \div 2] \times 1.2(\text{调整系数}) = 12\%$$

式中的“÷2”，是指2年内均衡进料的平均系数。“×1.2”是指材料进场偏于中后期而使用的调整系数。

② 风险和降价系数。由于该标竞争激烈，暂不考虑这一系数，待标价算出后分析和权衡中标的可能性再研究确定。

## 三、单价分析和总标价的计算

### (一) 单价分析

对工程量表中每一个单项均需作单价分析。影响此单价最主要的因素是采用正确的定额资料。在缺乏国外工程经验数据的条件下，可利用国内的定额资料稍加修正。

这里只以水泥混凝土路面单价分析为例列表计算，详见表5-5。

**表5-5　单价分析计算表**

| 工程量表中分项编号 | 316 | 工程内容：水泥混凝土路面 | | 单位：$m^3$ | | 数量：74 115 |
|---|---|---|---|---|---|---|
| 序号 | 工　料　内　容 | 单位 | 基价（美元） | 定额消耗量 | 单位工程量计价（美元） | 本分项计价（美元） |
| 1 | 2 | 3 | 4 | 5 | 6 | 7 |
| Ⅰ | 材料费 | | | | | |
| 1-1 | 水泥 | t | 74.60 | 0.338 | 25.21 | |
| 1-2 | 碎石 | $m^3$ | 6.00 | 0.890 | 5.34 | |
| 1-3 | 沙 | $m^3$ | 4.50 | 0.540 | 2.43 | |
| 1-4 | 沥青 | kg | 0.21 | 1.0 | 0.21 | |

续 表

| 序号 | 工 料 内 容 | 单位 | 基价（美元） | 定额消耗量 | 单位工程量计价（美元） | 本分项计价（美元） |
|---|---|---|---|---|---|---|
| 1 | 2 | 3 | 4 | 5 | 6 | 7 |
| 1-5 | 木材 | $m^3$ | 400 | 0.002 12 | 0.85 | |
| 1-6 | 水 | $m^3$ | 0.05 | 1.18 | 0.06 | |
| 1-7 | 零星材料 | — | — | — | 1.70 | |
| | 小计 | | | | 35.80 | |
| | 乘上涨系数 1.12 后材料价 | | | | 40.10 | 2 972 011.5 |
| Ⅱ | 劳务费 | | | | | |
| 2-1 | 机械操作手 | 工日 | 10.4 | 0.41 | 4.26 | |
| 2-2 | 一般熟练工 | 工日 | 7.8 | 0.62 | 4.84 | |
| | 劳务费小计 | | | | 9.10 | 674 446.5 |
| Ⅲ | 机械使用费 | | | | | |
| 3-1 | 混凝土搅拌站 | 台班 | 190 | 0.005 2 | 0.99 | |
| 3-2 | 混凝土搅拌车 | 台班 | 100 | 0.01 | 1.00 | |
| | 小计 | | | | 1.99 | |
| | 小型机具费<br>机械费合计 | | | | 0.10<br>2.09 | 154 900.4 |
| Ⅳ | 直接费用(Ⅰ＋Ⅱ＋Ⅲ) | | | | 51.29 | |
| Ⅴ | 分摊管理费 | | 33.64％ | | 17.25 | 1 278 483.7 |
| Ⅵ | 计算单价 | | | | 68.54 | |
| Ⅶ | 考虑降价系数(暂不计) | | | | | |
| | 拟填入工程量计价单中的单价　68.54 美元/$m^3$ | | | | | |
| | 本分项总价　68.54×74 115＝5 079 842.10(美元) | | | | | |

水泥混凝土路面(工程量表编号 316)是一项接近本工程标价一半的主要分项。参照采用国内公路定额，并采用前面计算的工日、材料和设备摊销基价算出直接费用每立方米为 51.29 美元，按前述应分摊间接费用占直接费的 33.64％计算，

最后每立方米路面混凝土为68.54美元。根据搜集到的当地一般结构混凝土价格，与此相近。因此，可以判断这一计算是基本正确的。

采用同样方法，就工程量表中每一项工程内容列一张如表5-5的单价分析计算表，即可算出所有单项工程的价格。

### （二）汇总标价

1. 工程价格

将上述所有单价分析表中价格总汇，即可得出第一轮算出的标价（不包括供选择的项目报价及暂定备用金）。用这个标价的总价再回头复算各项管理费用中的特殊费用，特别是那些与总价有关的待摊费用，例如保函手续费、合同税、保险费、税收以及贷款利息、佣金、上级管理费、利润和不可预见费等等，并对管理待摊费用比例作适当调整，用来做第二轮计算。

按第一轮计算的总标价，计算各项管理费用占总标价的比例为24.80%。由此算出管理费用占直接费的比例为32.98%。在第二轮计算中，将表5-5中第Ⅴ项相应修改为32.98%，再行计算。依据最后的调整计算结果，可得出汇总的标价及报价单，见表5-6。

表5-6　工程量表及报价单

| 项目编号 | 工程内容 | 单位 | 数量 | 价格（美元） | |
|---|---|---|---|---|---|
| | | | | 单价 | 总价 |
| | （一）道路部分 | | | | |
| 100 | 场地清理 | $m^2$ | 539 615.00 | 0.12 | 604 753.80 |
| 105 | 道路及管道土方开挖 | $m^3$ | 149 997.00 | 2.10 | 314 993.70 |
| 106 | 结构土方开挖 | $m^3$ | 101 667.00 | 2.30 | 233 834.10 |
| 107-1 | 填方（利用本工程挖方） | $m^3$ | 188 748.00 | 2.40 | 452 995.20 |
| 107-2 | 借土填方 | $m^3$ | 151 820.00 | 4.50 | 683 190.00 |
| 108 | 路基垫层（上基层） | $m^3$ | 159 945.00 | 8.70 | 1 391 521.60 |
| 200 | 路基垫层（基础层） | $m^3$ | 125 175.00 | 7.49 | 937 560.75 |
| 316 | 水泥混凝土面层 | $m^3$ | 74 115.00 | 68.20 | 5 054 643.00 |
| 406 | 钢筋（用于路面） | t | 494.25 | 606 | 299 515.50 |
| 413-1 | ϕ18″钢筋混凝土管道 | m | 14 077.00 | 13.20 | 185 816.40 |
| 413-2 | ϕ24″钢筋混凝土管道 | m | 11 230.00 | 18.20 | 204 386.00 |
| 413-3 | ϕ36″钢筋混凝土管道 | m | 17 987.00 | 29.40 | 528 817.80 |
| 500 | 路侧石、雨水坡 | m | 73 050.00 | 7.836 | 572 419.80 |

续 表

| 项目编号 | 工 程 内 容 | 单 位 | 数 量 | 价格(美元) | |
|---|---|---|---|---|---|
| | | | | 单 价 | 总 价 |
| 502 | 浆砌石护坡 | $m^3$ | 2 207.00 | 18.30 | 40 388.10 |
| 506-1 | 雨水干管人孔 | 个 | 360.00 | 160 | 57 600.00 |
| 506-2 | 雨水次干管人孔 | 个 | 719.00 | 98.2 | 70 605.80 |
| 511 | 安全护栏 | m | 930.00 | 17.24 | 16 033.20 |
| 601-1 | 双孔涵洞 | 个 | 1 | 4 500 | 4 500.00 |
| 601-2 | 单孔涵洞 | 个 | 12 | 2 500 | 30 000.00 |
| 700 | 人行道面层(沥青混凝土) | $m^2$ | 146 100.00 | 1.6 | 233 760.00 |
| | 道路部分小计 | | | | 11 377 334.75 |
| | (二) 桥梁部分 | | | | |
| 106-1 | 结构部分土方(挖方) | $m^3$ | 882.00 | 2.10 | 1 852.20 |
| 106-2 | 结构挖方(硬土) | $m^3$ | 421.00 | 2.30 | 968.30 |
| 106-3 | 结构挖方(石头) | $m^3$ | 130.00 | 7.60 | 988.00 |
| 110 | 基础回填 | $m^3$ | 26.00 | 4.90 | 127.00 |
| 402-1 | 试验桩 | m | 58.00 | 40.00 | 2 320.00 |
| 402-2 | 左岸混凝土桩 | m | 120.00 | 40.00 | 4 800.00 |
| 402-3 | 右岸混凝土桩 | m | 120.00 | 40.00 | 4 800.00 |
| 405-1 | 桥梁混凝土 | $m^3$ | 703.00 | 68.20 | 47 944.60 |
| 405-2 | 钢筋(用于桥梁) | t | 73.82 | 635.8 | 46 934.75 |
| 406 | 栏杆 | m | 120.00 | 30.00 | 3 612.00 |
| 500 | 浆砌石护坡 | $m^3$ | 453.00 | 18.30 | 8 289.90 |
| | 桥梁部分小计 | | | | 122 636.75 |
| | 工程量价格总计 | | | | 11 499 971.5 |

2. 可供选择的项目报价

对于可供选择的项目报价,因为它们属于一种服务性质,可以在询价基础上,仅增加极少量的必不可少的管理费后报价。这样可使全部报价总数显得相应低些,有利于竞争。

(1) 试验设备和仪器。按招标书中的要求,其设备和仪器与承包商自备的工地试验室相近,因此,此项报价可以免去,仅注明:“免费利用承包商自设工地试验室的设备和仪器”,并列出工地试验室的设备仪器清单,表明完全符合标书要求。

(2) 工程师办公和居住设施。按标书要求,工程师办公室可采用带空调设备的活动房屋两套,并附办公家具等,共 24 500 美元,租赁独立式住宅两套,带家具,并使用两年计 28 800 美元，两项合计 53 300 美元。

(3) 工程师所用车辆及服务。按标书要求的车辆在当地询价，增加维修和司机服务，共 45 600 美元。

以上报价均已考虑了必需的管理费，例如合同税、佣金、利息、保函手续费和保险费等的增加，但未计利润和不可预见费及其他各项管理费(计入的管理费约 10%)。

3. 暂定备用金

暂定备用金完全按标书规定列入。这笔费用是由业主和工程师掌握，用于今后工程变更的备用金。本标为 250 000 美元。

4. 最后汇总标价

按招标文件的格式填写工程报价汇总表，见表 5-7。

**表 5-7　工程报价汇总表**

| 项目号 | 名　　称 | 价　格(美元) |
|---|---|---|
| 报价单Ⅰ | 工程部分 | 11 499 971.50 |
| | 其中，道路部分 | 11 377 334.75 |
| | 桥梁部分 | 122 636.75 |
| 报价单Ⅱ | 可供选择项目 | 98 900.00 |
| | 其中，试验仪器设备 | 免费使用工地试验室 |
| | 工程师办公，居住设施 | 53 300.00 |
| | 工程师用车辆及服务 | 45 600.00 |
| 备用金 | 暂定备用金 | 250 000.00 |
| 总　价 | | 11 848 871.50 |

## 四、标价分析资料

为方便领导人员决策，应整理出供内部讨论使用的资料工程标价构成表，见表 5-8。

另外，说明可供选择项目未计利润，仅计入必要的管理费。暂定备用金是按标书要求填报的。

(一) 关于机具设备

施工机具设备共 38 台，共值 867 070 美元。其中新购设备 21 台，共 532 570 美元；选用公司的现有设备 17 台，其净值为 334 500 美元。其中新设备折旧率约取

50%,旧有设备的折旧为100%。因此总的机具设备摊销于本工程的折旧费为611 485美元(见表5-3)。故在施工任务完成后,尚有残值255 585美元,加上试验仪器设备残值20 000美元和交通车辆残值21 000美元,均未进入成本,均须占用资金,共约296 585美元。即约占本工程利润的43%,将是物化利润资金。

(二) 关于材料

说明主要材料的询价和来源的可靠性,说明本标价计算考虑了2年内平均涨价系数12%基本是合理的。

(三) 简要分析

利用调查当地类似工程或本公司过去在当地承包的其他工程情况,分析本标价计算可行性和竞争力。例如,由于本工程利用了公司调入现有设备较多,使机械使用费占总标价的比重降低10%以下;同时,作为当地的外国公司,各种间接费用仅占总标价的25%以下。对于公路工程来说,这都是颇有竞争力的。

如能调查了解到竞争对手们的优势和弱点,综合上述情况,即可分析本标价中标的概率,并作出正确的投标决策。

**表5-8 工程标价构成表**

| 序号 | 工程标价构成内容 | 金额(美元) | 比重(%) |
|---|---|---|---|
| 1 | 工程部分总价 | 11 499 971.5 | 100 |
| 2 | 直接费 | 8 647 971.5 | 75.2 |
| 2-1 | 其中:人工费 | 1 632 994.0 | 14.2 |
| 2-2 | 材料费 | 5 922 483.3 | 51.5 |
| 2-3 | 机械使用费 | 1 092 494.2 | 9.5 |
| 3 | 间接费 | 2 852 000.0 | 24.8 |
| 3-1 | 管理人员费用 | 238 080.0 | 2.07 |
| 3-1-1 | 公司派出人员费 | 96 000.0 | |
| 3-1-2 | 当地雇员工资 | 96 000.0 | |
| 3-1-3 | 住房租赁等 | 46 080.0 | |
| 3-2 | 业务活动费 | 900 400.0 | 7.83 |
| 3-2-1 | 投标费 | 2 500.0 | |
| 3-2-2 | 业务资料费 | 4 500.0 | |
| 3-2-3 | 广告宣传费 | 4 000.0 | |
| 3-2-4 | 保函手续费 | 41 400.0 | |

续 表

| 序号 | 工程标价构成内容 | 金额(美元) | 比重(%) |
|---|---|---|---|
| 3-2-5 | 合同税 | 460 000.0 | |
| 3-2-6 | 保险费 | 126 500.0 | |
| 3-2-7 | 律师会计师费 | 20 000.0 | |
| 3-2-8 | 当地所得税 | 241 500.0 | |
| 3-3 | 行政办公及交通费 | 71 300.0 | 0.62 |
| 3-4 | 临时设施费 | 223 650.0 | 1.95 |
| 3-5 | 其他摊销费用 | 728 570.0 | 6.33 |
| 3-5-1 | 利 息 | 151 800.0 | |
| 3-5-2 | 代理人佣金 | 172 500.0 | |
| 3-5-3 | 不可预见费 | 174 270.0 | |
| 3-5-4 | 上级管理费 | 230 000.0 | |
| 3-6 | 计划利润 | 690 000.0 | 6 |

## 本章小结

参加投标并力争中标是承包商的心愿，但国际工程市场竞争激烈，投标文件编制水平及投标报价是能否中标的关键。

本章内容主要围绕承包商如何参加国际工程投标展开，包括：国际工程投标前期有关准备工作；国际工程投标程序；投标文件编制；工程投标报价费用构成；分项综合单价分析方法；国际工程投标报价技巧等。

本章的学习重点是综合单价分析方法、投标报价合理并具有竞争力，还要特别注意与前一章招标文件、投标人须知等内容紧密结合，编制符合招标文件要求的“响应性”投标书。

## 关键词

国际工程投标　投标程序　综合单价分析　投标报价　报价技巧

## 复习思考题

1. 国际工程承包中为什么考虑聘请代理人？有何作用？
2. 国际工程承包中承包商为什么选择合作伙伴？如何选择合作伙伴？
3. 何谓投标决策？影响投标决策的因素有哪些？
4. 国际工程投标为什么要组织投标班子？有什么要求？
5. 国际工程投标报价的程序包含哪些主要环节？
6. 国际工程投标报价的费用主要由哪些部分构成？
7. 何谓投标报价的技巧？通常有哪些方法？

# 第六章

# 国际工程合同条件

**学习目标**

通过本章学习,你应该能够:

1. 了解合同的概念和作用;
2. 了解国际上ICE、AIA等几种比较通用的标准合同条件;
3. 熟悉FIDIC《施工合同条件》的主要内容。

## 第一节 国际工程合同概述

### 一、合同的概念和作用

合同是指具有平等民事主体资格的当事人,为了达到一定目的,经过自愿、平等、协商一致而设立、变更、终止民事权利义务关系。合同条件规定了协议双方的权利、职责和义务,制定合同条件时,尽可能对实施中的所有可能出现的情况及处理办法都做出具体规定,作为工程项目实施中双方共同遵守的"法"。

工程合同是建设市场业主和承包商为工程承建事宜双方协商一致达成的协议。协议中的合同条件则是双方责、权、利的具体体现。若合同条件都由协议双方亲自制定则对谁都不是轻松的事,难免缺款少项和当事人意思表达不准确、不真实,带来日后扯皮和合同纠纷。为了提高合同签订的质量,减少甲乙双方签订合同的工作量,使经济合同规范化,推广使用合同文本标准格式十分必要。

### 二、国际工程合同的几种标准格式

一份合同条件,涉及技术、经济、法律、商务等诸多方面的内容及合同双方的各种复杂利益关系。合同条件的“标准格式”是集中各方面的专家在长期积累的合同管理智慧和经验的基础上制定的,它能合理、正确地表达合同双方的共同要求,公正合法地维护双方的权益,可节省订立合同条件的时间、人力、物力,因此乐于为合同双方采用,具有示范文本的作用。

国际工程项目的合同条件都是在参照世界知名的专业组织出版的合同条件标准格式的基础上,结合工程项目的具体要求编制出来的。当前国际上较通用的合同条件标准格式有:国际咨询工程师联合会编制的 FIDIC 合同条件,英国土木工程师学会编制的 ICE 合同条件,英国皇家建筑师学会编制的 RIBA 合同条件和英国合同审定联合会编制的 JCT 合同条件,美国建筑师学会编制的 AIA 合同条件等。

(一) ICE 合同条件

由英国土木工程师学会(The Institution of Civil Engineers)编写,英国土木工程师学会在土木工程建设合同方面具有高度的权威性。它编制的《ICE 土木工程合同条件》在英联邦和原英国殖民地国家的土木工程界有着广泛的影响。

ICE 合同条件属于单价合同形式,以实际完成的工程量和投标书中的单价来控制工程项目的总造价。同 ICE 合同条件配套使用的有《ICE 分包合同标准格式》,规定了总承包商与分包商签订分包合同时可采用的标准格式。

FIDIC《土木工程施工合同条件》最早版本主要是参照 ICE 文本编制的。

(二) AIA 合同条件

由美国建筑师学会(The American Institute of Architects, AIA)编制,主要用于私营的房屋建筑工程,有 A,B,C,D,G 多种系列不同文本,在美国及美洲地区应用甚广。

AIA 合同文件的计价方式主要有总价、成本补偿及最高限定价格法。

针对不同的工程项目管理模式及不同的合同类型有多种形式的 AIA 合同条件,分为 A,B,C,D,G 等系列,具体内容如下:

A 系列——用于业主与承包商之间的各种标准合同文件,不仅包括合同条件,还包括承包商资格申报表,保证标准格式等。

B 系列——用于业主与建筑师之间的标准合同文件,其中包括专门用于建筑设计,室内装修工程等特定情况的标准合同文件。

C 系列——用于建筑师与专业咨询机构之间的标准合同文件。

D 系列——建筑师行业内部使用的文件。

G 系列——建筑师企业及项目管理中使用的文件。

其中最为核心的是“通用条件”(A201)。

AIA 还为包括 CM 方式在内的各种工程项目管理模式专门制定了各种协议书格式。采用不同的工程项目管理模式及不同的计价方式时,只需选用不同的“协议书格式”与A201“通用条件”配合在一起使用即可。

对于比较简单的小型项目，AIA还专门编制了简短合同条件。

(三) FIDIC合同条件

由国际咨询工程师联合会(Federation Internationale des Ingenieurs Conseils, FIDIC)编制，有适用于不同项目管理模式的多种标准格式文件。

FIDIC编制有适用不同项目的多种合同文本，其中应用最广的是《土木工程施工合同条件》(国际上通称“红皮书”)，1957年发行第一版，到1992年已四次改版，10多次修订。1999年在原有关文本基础上，进行了较大的改版，新出版了《施工合同条件》(称“新红皮书”)，此外还有《生产设备和设计——施工合同条件》《设计采购施工(EPC)/交钥匙工程合同条件》《简明合同格式》，共4种文本。

1.《施工合同条件》

推荐用于由雇主或其代表工程师设计的建筑或工程项目。这种合同的通常情况是，由承包商按照雇主提供的设计进行工程施工。但该工程可以包含由承包商设计的土木、机械、电气和(或)构筑物的某些部分。

2.《生产设备和设计——施工合同条件》

推荐用于电气和(或)机械设备供货和建筑或工程的设计与施工。这种合同的通常情况是，由承包商按照雇主要求，设计和提供生产设备和(或)其他工程。可以包括土木、机械、电气和(或)构筑物的任何组合。

3.《设计采购施工(EPC)/交钥匙工程合同条件》

可适用于以交钥匙方式提供工厂或类似设施的加工或动力设备、基础设施项目或其他类型开发项目，这种方式：① 项目的最终价格和要求的工期具有更大程度的确定性；② 由承包商承担项目的设计和实施的全部职责，雇主介入很少。

交钥匙工程的通常情况是，由承包商进行全部设计、采购和施工，提供一个配备完善的设施，业主接受后(“转动钥匙”)即可运行。

4.《简明合同格式》

推荐用于资本金额较小的建筑或工程项目。根据工程的类型和具体情况，这种格式也可用于较大资本金额的合同，特别是适用于简单或重复性的工程或工期较短的工程。这种合同的通常情况是，由承包商按照雇主或其代表(如果有)提供的设计进行工程施工，但这种格式也可适用于包括或全部是由承包商设计的土木、机械、电气和(或)构筑物的合同。

这些合同格式是推荐在国际招标中通用的。在某些司法管辖范围，可能需要做些修改，以适应工程所在国的具体情况。

FIDIC 1999年出版的4种合同文本适用项目类型、承包商的工作、计价方式、质量管理、业主管理、风险分担原则简要比较见表6-1。

表6-1 FIDIC 1999年出版的4种合同文本

| 合同名称 | 施工合同条件 | 生产设备和设计——施工合同条件 | 设计采购施工(EPC)/交钥匙工程合同条件 | 简明合同格式 |
|---|---|---|---|---|
| 英文名称 | Conditions of Contract for Construction | Conditions of Contract for Plant and Design-Build | Conditions of Contract for EPC Turnkey Project | Short Form of Contract |
| 简　称 | 新红皮书 | 新黄皮书 | 银皮书 | 绿皮书 |
| 适用项目类型 | 由业主(或其工程师)负责设计的项目 | 由承包商负责设计或包含大量电力、机械设备安装项目 | 以交钥匙方式实施的加工厂、电站类似项目以及基础设施的建设等 | 投资额较低,或简单重复的项目 |
| 承包商的工作 | 施工 | 设计、施工 | 规划及设计、采购、施工 | 小额项目施工为主,视合同内容而定 |
| 计价方式 | 单价合同,按验收工程量计价 | 总价合同,按约定可调价 | 总价合同,非特定风险不调价 | 单价或总价视合同而定 |
| 质量管理 | 重施工过程检验,竣工试验合格后业主接受 | 施工检验、竣工试验和竣工后试运行合格后业主才接受 | 施工检验、竣工试验和竣工后试验,特别是竣工后试验合格业主才接受 | 竣工试验合格后业主接受 |
| 业主管理 | 业主聘请工程师管理 | 业主聘请工程师管理 | 业主代表管理 | 业主代表管理 |
| 风险分担原则 | 按合同风险条款,风险共担 | 按合同风险条款,风险共担 | 除战争、不可抗力外,承包商要承担绝大部分风险 | 视具体合同风险条款而定 |

注:2017年FIDIC对1999年出版的《施工合同条件》,《生产设备和设计-施工合同条件》,《设计采购施工(EPC)/交钥匙工程合同条件》进行了修订,但在适用项目类型、承包商的工作、计价方式、质量管理、业主管理和风险分担原则方面与表中内容没有改变。

## 第二节 FIDIC《施工合同条件》简介

国际咨询工程师联合会(FIDIC)最早于1913年由欧洲三个国家的咨询工程师协会组成的。自1945年第二次世界大战结束以来,已有全球各地100多个国家和地区的成员加入了 FIDIC，我国在 1996 年正式加入。可以说 FIDIC 代表了世界上大多数独立的咨询工程师，是最具有权威性的咨询工程师组织，它推动了全球范围的高质量的工程咨询服务业的发展。

FIDIC 有两个下属的地区成员协会：FIDIC 亚洲及太平洋地区成员协会（ASPAC）和 FIDIC 非洲成员协会集团（CAMA）。FIDIC 下设五个永久性专业委员会：业主与咨询工程师关系委员会（CCRC）；合同委员会（CC）；风险管理委员会（RMC）；质量管理委员会（QMC）；环境委员会（ENVC）。FIDIC 的各专业委员会编制了许多规范性的文件，不仅世界银行、亚洲开发银行、非洲开发银行的招标文件样本采用这些文件，还有许多国家和国际工程项目也常常采用这些文件。其中最常用的是老版本《土木施工合同条件》与 1999 年版《施工合同条件》。本节主要介绍新版本《施工合同条件》（2017 年版）。

## 一、FIDIC《施工合同条件》文本结构

FIDIC1999 年以原“红皮书”《土木施工合同条件》为基础的《施工合同条件》是在总结各个地区、国家的业主、咨询工程师和承包商各方的经验，广泛采纳众多专家意见的基础上编制出来的，是国际上一个高水平的通用性的合同文件，广泛用于国际工程。一些国际金融组织的贷款项目及一些国家和地区的国际工程项目也都采用 FIIDIC《施工合同条件》。

FIDIC 合同条件一般都分为两个部分，第一部分是“通用条件”；第二部分是“专用条件”。

通用条件对一般土木工程均适用，如工业和民用房屋建筑、公路、桥梁、水利、港口、铁路工程等。

专用条件则是针对一个具体的工程项目，考虑到国家和地区的法律法规的不同、项目的特点和业主对合同实施的不同要求，而对通用条件进行的具体化、修改和补充。FIDIC 编制的各类合同条件的专用条件中，业主与他聘用的工程师有权决定编制自己认为合理的措辞来对通用条件进行修改和补充。在合同中凡合同条件第二部分专用条件和第一部分通用条件不同之处均以第二部分专用条件为准，第二部分专用条件的条款号与第一部分相同，这样合同条件第一部分和第二部分共同构成一个完整的合同条件。本节中主要介绍通用条件。

2017 版《施工合同条件》通用条件涵盖了工程涉及的 21 个方面的问题，共计 168 条条款。为了解文本内容结，下面列出合同通用条件的 21 个章目：

通用条件　章目

1　一般规定

2　雇主
3　工程师
4　承包商
5　分包
6　员工
7　生产设备、材料和工艺
8　开工、延误和暂停
9　竣工试验
10　雇主的接收
11　接受后的缺陷
12　测量和估价
13　变更与调整
14　合同价格和付款
15　由雇主终止
16　由承包商暂停和终止
17　工程照管和保障
18　例外事件
19　保险
20　雇主和承包商的索赔
21　争端和仲裁

## 二、FIDIC《施工合同条件》通用条款介绍

FIDIC合同条款是集国际上多个国家数十年工程管理经验,并经多次修订、改版而成,其文本完整、严密、精炼、细致,是管理科学和实践经验的有机结合,可操作性好。FIDIC合同条款涉及工程管理、技术、经济、财务、风险、争端处理等各个方面,可以说是国际工程管理的一个缩影,认真学习FIDIC合同条款是尽快了解国际工程承包管理的有效途径。

以下重点介绍2017版FIDIC《施工合同条件》通用条件内容,为方便学习将《施工合同条件》通用条件共21章划分归集为:(一)一般规定;(二)雇主和工程师;(三)承包商;……(十二)争端和仲裁,共12个部分。

为了将学习与实际工作更好结合,引用《施工合同条件》通用条件中章、节、条、目的编号与原文本保持一致,如:“1　一般规定”;“1.1　定义”;“1.1.1　中标合同价格”;…。由于本书不是完整引用《施工合同条件》通用条件全文,因此引文中的章、节、条、目编号是不连续的。

（一）一般规定

此部分是FIDIC《施工合同条件》第1章主要内容的介绍。

由于各国语言习惯、文字内涵差异，可能对合同条件词语存在理解上的歧义；加之订立合同的双方工程经验、社会阅历不同等也可能对同一词语理解不同，因此对合同有关的基本用语和措辞进行了定义，共有88个词语，适用于合同所包含的全部文件。为方便学习特引用第1章部分条款如下：

1　一般规定

1.1　定义

1.1.1　“中标合同金额”系指在中标函中按照合同规定所认可的工程施工所需的费用。

1.1.4　“基准日期”系指递交投标书截止日期前28天的日期。

1.1.7　“开工日期”系指根据第8.1款[工程的开工]发出的工程师通知中规定的日期。

1.1.10　“合同”系指合同协议书、中标函、投标函，合同协议书中提到的任何附录、本合同条件、规范要求、图纸、资料表、联营体承诺书（如适用）以及合同协议书或中标函中列出的添加文件（如果有）。

1.1.14　“承包商”系指在雇主接受的投标函中称为承包商的当事人，及其财产所有权的合法继承人。

1.1.15　“承包商文件”系指第4.4款[包商文件]中所述的，由承包商根据合同编写的文件，包括所有计算、数字文件、计算机程序和其他软件、图纸、手册、模型、规范要求和其他技术性文件。

1.1.16　“承包商设备”系指承包商为实施工程所需的所有仪器、设备、机械、施工设备、车辆和其他物品。承包商设备不包括临时工程、生产设备、材料以及拟构成或正构成永久工程一部分的任何其他物品。

1.1.17　“承包商人员”系指承包商代表和承包商在现场或其他工程正在进行的地方聘用的所有人员，包括承包商和每个分包商的职员、工人和其他雇员以及所有其他帮助承包商实施工程的人员。

1.1.18　“承包商代表”系指由承包商在合同中指定的自然人，或根据第4.3款[承包商代表]的规定，由承包商任命为其代表的人员。

1.1.19　“成本（费用）”系指承包商在履行合同中在现场内外发生的（或将要发生的）所有合理开支，包括税费、管理费和类似支出，但不包括利润。如果承包商根据本条件的任一条款有权获得成本（费用），应将其加到合同价格中。

1.1.30　“图纸”系指包含在合同中的工程图纸，以及由雇主（或其代表）按照合同发出的任何补充和修改的图纸。

1.1.31 “雇主”系指在合同数据中称为雇主的当事人,及其财产所有权的合法继承人。

1.1.32 “雇主设备”系指雇主根据第2.6款[雇主提供的材料和雇主设备]的规定,由雇主向承包商提供使用的仪器、设备、机械、施工设备和车辆(如果有);但不包括根据第10条[雇主的接收]的规定,尚未经雇主接收的生产设备。

1.1.33 “雇主人员”系指工程师、工程师代表(如任命)、第3.4款[由工程师付托]中规定的助手,以及工程师和雇主根据合同履行雇主义务的所有其他职员、工人和其他雇员以及由雇主或工程师通知承包商作为雇主人员的任何其他人员。

1.1.35 “工程师”系指由雇主任命并在合同数据中指名,为实施合同担任工程师的人员,或根据第3.6款[工程师的替代]的规定,由雇主任命的任何其他人员。

1.1.36 “工程师代表”系指根据第3.3款[工程师代表]的规定,可由工程师任命的自然人。

1.1.39 “菲迪克(FIDIC)”系指国际咨询工程师联合会。

1.1.40 “最终付款证书”或“FPC”系指工程师根据第14.13款[最终付款证书]的规定签发的付款证书。

1.1.42 “外币”系指可用于支付合同价格中部分(或全部)款项的当地货币以外的某种货币。

1.1.45 “期中付款证书”或“IPC”系指工程师根据第14.6款期中付款证书的签发的规定,为期中付款签发的付款证书。

1.1.46 “联营体”或“JV”系指由两人或两人以上组成的联营企业、联盟、财团或其他非法人团体,其形式是合伙或其他形式。

1.1.48 “关键人员”系指规范要求中规定的除承包商代表外的承包商人员的职位(如果有)。

1.1.49 “法律”系指所有全国性(或州或省)的法律、条例、法令、法案、规则、条令、命令、条约、国际法和其他法律,以及任何合法成立的公共部门制定的规则和细则等。

1.1.50 “中标函”系指雇主签署的正式接受投标函的信函,包括其所附的由双方间签署的协议的任何备忘录。如无此类中标函,则“中标函”系指合同协议书,签发或收到中标函的日期系指签署合同协议书的日期。

1.1.51 “投标函”系指由承包商签署的投标函,说明承包商向雇主提出的实施工程的报价。

1.1.52 “当地货币”系指工程所在国的货币。

1.1.53 “材料”系指拟构成或正构成永久工程一部分的各类物品(生产设备除外),无论在现场或以其他方式按合同分配,包括根据合同要由承包商供应的只供材料(如果有)。

1.1.57 “不满意通知”或“NOD”系指一方对工程师根据第3.7款[商定或确定的规定]做出的确定,或DAAB根据第21.4款取得[争端避免/裁决委员会的决定]的规定做出的确定不满意时,可向另一方发出的通知。

1.1.58 “部分工程”系指雇主使用并根据第10.2款[部分工程的接收]的规定,被视为已接收的部分工程或部分分项工程(视情况而定)。

1.1.59 “专用条件”系指包含在合同中标题为合同专用条件的文件,由A部分——合同数据和B部分——特别规定组成。

1.1.65 “生产设备”系指在现场或以其他方式按合同分配,并构成或拟构成永久工程一部分的装备、设备、机械和车辆(包括任何部件)。

1.1.66 “进度计划”系指由承包商编制和提交的详细时间进度计划,工程师已根据第8.3款[进度计划]的规定,向承包商发出(或视为已发出)不反对通知。

1.1.67 “暂列金额”系指雇主在合同中规定为暂列金额的一笔款项(如果有),根据第13.4款[暂列金额]的规定,用于实施工程的任何部分,或用于提供生产设备、材料或服务。

1.1.68 “质量管理体系”系指承包商根据第4.9.1项质量管理体系的规定,制定的质量管理体系(可不时更新和/或修订)。

1.1.69 “保留金”系指雇主根据第14.3款[期中付款的申请]的规定扣留的累计保留金,根据第14.9款[保留金的发放]的规定进行支付。

1.1.73 “分项工程”系指在合同数据中确定为分项工程(如果有)的工程组成部分。

1.1.74 “现场”系指将实施永久工程和运送生产设备与材料到达的地点,以及合同中指定为现场组成部分的任何其他场所。

1.1.78 “分包商”系指在合同中为分包商的任何人,或承包商为部分工程任命为分包商或设计师的任何人员以及这些人员各自财产所有权的合法继承人。

1.1.79 “接收证书”系指工程师根据第10条[雇主的接收]的规定签发(或视为已签发)的证书。

1.1.80 “临时工程”系指为实施工程,在现场所需的所有各类临时工程(承包商设备除外)。

1.1.82 “竣工后试验”系指在规范要求中规定的,在工程或某分项工程(视情况而定),按照第10条雇主的接收的规定接收后,根据特别规定的要求进行的试验(如果有)。

1.1.83 “竣工试验”系指在合同中规定的,或双方商定的,或按指示作为一项变更的,在工程或某分项工程(视情况而定)根据第10条[雇主的接收]的规定接收前,按照第9条[竣工试验]的要求进行的试验。

1.1.84 “竣工时间”系指合同数据中规定的,自开工日期算起至工程或某分项工程(视情况而定)根据第8.2款竣工时间规定的要求竣工,连同根据第8.5款[竣工时间的延长]的规定提出的延长期的全部时间。

1.1.85 “不可预见的”系指一个有经验的承包商在提交基准日期前不能合理预见。

1.1.86 “变更”系指根据第13条[变更和调整]的规定,经指示作为变更的、对工程所做的任何更改。

1.1.87 “工程”系指永久工程和临时工程,或其中任何一项(视情况而定)。

1.1.88 “年”系指365天。

1.4 法律和语言

合同应受合同数据中所述国家(或其他司法管辖区)的法律管辖(如未规定,则由工程所在国的法律管辖),不包括任何法律规则的冲突。

合同的主导语言应为合同数据中规定的语言(如未规定,则为本条件的语言)。如果合同任何部分的文本采用一种以上语言编写,则应以合同数据规定的主导语言文本为准。

通信交流应使用合同数据中规定的语言。如未规定,应使用合同的主导语言。

1.5 文件优先次序

构成合同的文件应能够相互说明。如有任何冲突、歧义或不一致,文件的优先次序如下

(a) 合同协议书;

(b) 中标函;

(c) 投标函;

(d) 专用条件A部分——合同数据;

(e) 专用条件B部分——特别规定;

(f) 本通用条件;

(g) 规范要求;

(h) 图纸;

(i) 资料表;

(j) 联营体承诺书(如果承包商是联营体);(以及)

(k) 构成合同组成部分的任何其他文件。

如一方发现文件有歧义或不一致,应立即向工程师发出通知,说明歧义或不一

致之处。收到此类通知后,或如果工程师发现文件中的歧义或不一致之处,工程师应发出必要的澄清或指示。

1.7　权益转让

任一方都不应将合同的全部或任何部分,或在合同中或由合同规定的任何利益或权益转让他人。但任一方:

(a) 在另一方完全自主决定的情况下,事先征得其同意后,可以将合同的全部或部分转让;(以及)

(b) 可作为有利于银行或金融机构的担保,在未经另一方事先同意的情况下,转让其根据合同规定的任何到期或将到期应得款项的权利。

1.9　延误的图纸或指示

如果任何必需的图纸或指示未能在合理的特定时间内发至承包商,致使工程可能拖延或中断时,承包商应通知工程师。通知应包括必需的图纸或指示的细节,为何和何时前必须发出的详细理由,以及如果晚发出可能遭受的延误或中断的性质和程度的详情。

如果由于工程师未能在合理的并在承包商附有支持细节的通知中规定的时间内发出图纸或指示,使承包商遭受延误和/或招致增加费用,承包商有权根据第20.2款[付款和/或竣工时间延长的索赔]的规定,获得竣工时间的延长和/或此类成本加利润的支付。

但是,如果工程师未能发出是由于承包商的错误或拖延,包括承包商文件中的错误或提交拖延造成的,承包商无权要求此类竣工时间的延长和/或成本加利润。

1.10　雇主使用承包商文件

就双方而言,由承包商编制的承包商文件以及由承包商(或其代表)编制的其他设计文件,如果有,其版权和其他知识产权应归承包商所有。

承包商(通过签署合同协议书)应被认为已给予雇主无限期的、可转让的、不排他的、免版税的许可,复制、使用和传送承包商文件(以及此类其他设计文件,如果有),包括对其做出的修改和使用。这项许可应:

(a) 适用于工程相关部分的实际或预期寿命期(取较长的);

(b) 允许具有工程相关部分正当占有权的任何人,为了完成、运行、维护、更改、调整、修复和拆除工程的目的,复制、使用和传送承包商文件(以及此类其他设计文件,如果有);

(c) 如果在承包商文件(以及此类其他设计文件,如果有)是电子或数字文件、计算机程序和其他软件形式,允许它们在现场和/或合同规定的和/或雇主、工程师的地点的其他场所的任何计算机上使用;(以及)

(d) 在合同终止时:

(i) 根据第 15.2 款[因承包商违约的终止]的规定,雇主有权复制、使用和传送承包商文件(以及由承包商或为承包商编写的其他设计文件,如果有);(或)

(ii) 根据第 15.5 款为雇主便利的终止、第 16.2 款[由承包商终止]和/或第 18.5 款[自主选择终止]的规定,雇主有权复制、使用和传送承包商已收到付款的承包商文件。

为完成工程和/或安排其他实体同样使用这些文件。

未经承包商事先同意,雇主(或其代表)不得在本款允许以外,为其他目的使用、复制承包商文件以及由承包商(或其代表)编制的其他设计文件,或将其传送给第三方。

1.11 承包商使用雇主文件

就双方而言,由雇主(或其代表)编制的规范要求、图纸和其他文件,其版权和其他知识产权应归雇主所有。承包商因合同的目的,可自费复制、使用和传送上述文件。除合同需要外,未经雇主事先同意,承包商不得复制、使用这些文件(全部或部分),或将其传送给第三方。

1.12 保密

对工程师为了证实承包商遵守合同的情况,合理需要的所有秘密和其他信息,承包商应当透露。承包商应将构成合同的所有文件视为保密文件,但履行合同规定的承包商义务所必需的文件除外。未经雇主事先同意,承包商不应在任何行业或技术文件或其他地方发布、允许发布或透露合同的任何细节。

雇主和工程师应将承包商提供的所有标明“保密”的信息视为保密资料。雇主不应向第三方透露或允许透露任何此类信息,除根据第 15.2 款[因承包商违约的终止]的规定,雇主在履行其必要的权利时。

本款规定的一方保密义务不适用于以下情况:

(a) 该方从另一方收到该方事先已拥有的、没有保密义务的;

(b) 在不违反本条件的情况下,普遍向公众提供的;(或)

(c) 由该方从不受保密义务约束的第三方合法取得的。

### (二) 雇主和工程师

此部分是 FIDIC《施工合同条件》第 2、3 章主要内容的介绍。

“雇主”在国内工程施工合同中常称为“甲方”。建筑市场通常是买方市场,甲方更主动的权力常在合同履行过程中有失公平。雇主在合同履行过程中的任何不尽责或不当行为都将对工程进度、质量和造价带来难以预估的影响。FIDIC《施工合同条件》对雇主的权、责、利有合理及明细的规定。

FIDIC《施工合同条件》中的“工程师”在国内工程施工合同中常称为“监理工

程师”。工程师的职业水平一般都较高,雇主赋予工程师的权力也很大,对保障工程质量、进度及控制工程造价有举足轻重的作用。但工程师毕竟是受雇于雇主,在处理工程问题时难免过度维护雇主利益而有失公正,FIDIC《施工合同条件》中有明确条款,要求工程师在维护雇主利益的同时不应损害承包商的利益,保持应有的大体公平。工程师属于“雇主人员”,如其履职不当行为给承包商带来的损失,承包商可向雇主索赔。

下面摘录 FIDIC《施工合同条件》第 2、3 章部分条款如下:

2 雇主

2.1 现场进入权

雇主应在合同数据规定的时间(或几个时间)内,给予承包商进入和占用现场各部分的权利。此项进入和占用权可不为承包商独享。如果根据合同,要求雇主(向承包商)提供任何地基、结构、生产设备的占用权或进场方法,雇主应按规范要求规定的时间和方式提供。但是,雇主在收到履约担保前,可暂不给予上述任何进入或占用权。

如果合同数据中没有规定上述时间,雇主应在要求的时间内,给予承包商进入和占用部分现场的权利,使承包商能够按照进度计划进行施工,或如果当时没有进度计划,按第 8.3 款进度计划的规定提交的初步进度计划进行。

如果雇主未能及时给予承包商上述进入和占用的权利,使承包商遭受延误和/或招致增加费用,承包商应有权根据第 20.2 款[付款和/或竣工时间延长的索赔]的规定,获得竣工时间的延长和/或此类成本加利润的支付。

但是,如果雇主的违约是由于承包商的任何错误或延误,包括在任何可适用的承包商文件中的错误或提交延误造成的情况,承包商应无权获得此类竣工时间的延长和/或成本加利润。

2.2 协助

如果承包商提出请求,雇主应迅速对其提供合理的协助,以便承包商可获得:

(a) 与合同有关、但不易得到的工程所在国的法律文本;(以及)

(b) 工程所在国法律要求的任何许可证、准许、执照或批准(包括为取得此类许可证、准许、执照或批准,承包商需要提交的信息):

(i) 根据第 1.13 款[遵守法律]的规定,承包商需要得到的;

(ii) 为运送货物,包括清关需要的;(以及)

(iii) 承包商设备运离现场时出口需要的。

2.3 雇主人员和其他承包商

雇主应负责保证在现场或附近的雇主人员和雇主的其他承包商(如果有)

做到：

(a) 根据第4.6款合作的规定，与承包商努力合作：(以及)

(b) 要求承包商遵守与第4.8款[健康和安全义务](a)至(e)段和第4.18款[环境保护]规定的相同义务。

承包商可要求雇主撤换(或安排撤换)根据合理的证据，发现参与了腐败、欺诈、串通或胁迫行为的任何雇主人员或雇主的其他承包商人员(如果有)。

2.4 雇主的资金安排

合同数据中应详细说明雇主为履行合同义务所提供的资金安排。

如果雇主拟对这些资金安排做任何重要变更(影响雇主支付工程师当时估算还需支付的部分合同价格的能力)，或由于雇主的资金状况发生变化而必须这样做，雇主应立刻向承包商发出通知，并提供详细的证明资料。

如果承包商：

(a) 接到指示，执行价格超过中标合同金额10%的变更，或累计变更总额超过中标合同金额30%的变更：

(b) 未收到按照第14.7款[付款]规定的付款；(或)

(c) 知道雇主的资金安排发生重大变化，而承包商还未收到本款规定的通知；

承包商可提出要求，雇主应在收到承包商的要求后28天内提供其已做并将维持的资金安排的合理证据，说明雇主能够支付当时还需支付的(工程师估算的)部分合同价格。

2.5 现场数据和参考事项

雇主应在基准日期前，向承包商提供其拥有的现场地形和地下、水文、气候及环境条件方面的所有相关数据，供承包商参考。雇主应立即向承包商提供在基准日期后其拥有的所有此类数据。

原始测量控制点、基准线和基准标高(本条件中的“参考事项”)应在图纸和/或规范要求中规定，或由工程师向承包商发出通知。

2.6 雇主提供的材料和雇主设备

如果规范要求中列出了雇主提供的材料和/或雇主设备，供承包商在工程实施中使用，雇主应按照规范要求中规定的细节、时间、安排、费率和价格向承包商提供此类材料和/或可用设备。

当任何承包商人员操作、驾驶、指挥、使用或控制每项雇主设备时，承包商应对其负责。

3 工程师

3.1 工程师

雇主应任命工程师，工程师应履行合同中指派给他的任务。

工程师应享有合同规定中作为工程师所必需的一切权利。

如果工程师是法人实体，工程师雇用的自然人应根据合同规定任命和授权其代表工程师执行。

工程师(或如是法人实体，则为其任命、代表其行事的自然人)，应该是：

(a) 具有适当资格、经验和能力，根据合同规定担任专业工程师：(以及)

(b) 应能流利地使用第1.4款[法律和语言]所规定的主导语言。

如果工程师是法人实体，工程师应向双方的自然人(或任何替代人员)发出通知，任命和授权代表其执行。该授权应在双方收到通知后生效。同样，撤销任何此类授权，工程师也应发出通知。

3.2　工程师的任务和权利

除本条件中另有说明外，每当工程师履行或行使合同规定或隐含的任务或权利时，应作为熟练的专业人员和视为代表雇主执行；

除本条件中另有说明外，工程师无权修改合同，或解除合同规定的或与合同有关的任一方的任何任务、义务或职责。

工程师可行使合同中规定或必然隐含的应属于工程师的权利。如果要求工程师在行使规定权利前须取得雇主同意，这些要求应在专用条件中写明。在工程师根据第3.7款[商定或确定]的规定行使权利前，不要求取得雇主的同意。雇主将不对工程师的权利做进一步的限制。

但是，每当工程师行使需由雇主同意的规定权利时，则(就本合同而言)应视为雇主已予同意。

工程师、工程师代表或任何助手的任何接收、协议、批准、校核、证明、评论、同意、不批准、检查、检验、指示、通知、不满意、会议记录、许可、建议、记录、答复、报告、要求、审核、试验、评估或类似行动(包括无此类行动)，不应解除承包商根据合同有关规定应承担的任何任务、义务或职责。

3.3　工程师代表

工程师可根据第3.4款[由工程师付托]的规定，任命工程师代表，并授权其在现场代表工程师行使所需的权利，但替换工程师代表的情况除外。

工程师代表(如有任命)应遵守第3.1款[工程师](a)和(b)段的规定，在整个工程施工期间常驻现场。如果工程师代表在工程施工期间临时离开现场，工程师应指定一名同等资格、经验丰富和能胜任的替换人员，并应向承包商发出此类替换通知。

3.4　由工程师付托

工程师有时可向其助手指派任务和付托权利，也可撤销这种指派或付托，可通过向双方发出通知，说明分配给每个助手的任务和授权。指派、付托或撤销应在双

方收到通知后生效。但是,工程师不应将权利付托给:

(a) 根据第3.7款[商定或确定]的规定行事;(和/或)

(b) 根据第15.1款[通知改正]的规定发出改正通知。

助手应为具有适当资质的自然人,具备履行这些义务,行使此项权利,并能流利地使用第1.4款[法律和语言]规定的交流语言。

应只授权被指派任务或付托权利的每个助手,在工程师按照本款发出的付托通知规定的范围内向承包商发出指示。助手按照工程师的付托通知做出的任何行动,应与工程师做出的行动具有同等的效力。但是,如果承包商对助手的指示或通知提出质疑,承包商可通过发出通知将此事项提交工程师,如果工程师在收到承包商的通知后7天内,不能对该助手的指示或通知进行答复、取消或变更(视情况而定),工程师应被视为确认了该助手的指示或通知。

3.5 工程师的指示

工程师可(在任何时候)按照合同规定向承包商发出实施工程可能需要的指示。承包商仅应接受工程师或工程师代表(如有指定),或根据第3.4款[由工程师付托]的规定被付托适当权利的助手的指示。

在符合本款下列规定的情况下,承包商应遵守工程师或工程师代表(如有指定)或付托助手对合同有关的任何事项发出的指示。

如指示说明构成一项变更,则第13.3.1项[指示变更]应适用。

如未说明,承包商则认为该指示:

(a) 构成一项变更(或已成为现有变更一部分的工作);(或)

(b) 不符合适用的法律或将降低工程的安全性或技术上不可行。

承包商应在开始与本指示有关的任何工作之前,立即向工程师发出说明原因的通知。如工程师在收到通知后7天内未能做出答复,发出确认、取消或变更该指示的通知,工程师应被视为取消了该项指示。否则,承包商应遵守工程师的答复条件并受其约束。

3.6 工程师的替代

如果雇主拟替代工程师,雇主应在拟替代日期42天前通知承包商,告知拟替代工程师的姓名、地址和相关经验。

如果承包商在收到通知后14天内,不能对该通知进行答复,并在通知中说明对替换工程师的反对意见和理由,承包商应被视为已接受该替代。

对于承包商根据本款发出的通知,提出合理反对的人(无论是法人还是自然人),雇主不得用其替代工程师。

如果工程师因死亡、疾病、残疾或辞职而不能工作(或如为实体,工程师不能或不愿意履行其任何职责,而非雇主的原因),雇主应有权立即任命一名替代人员,向承包商发出通知说明替代人员的原因、姓名、地址和相关经验。此项任命应视为临时任命，直到承包商接受该替代人员，或根据本款的规定任命另一名替代人员。

3.7　商定或确定

在履行本款规定的任务时，工程师应在双方之间保持中立，不应被视为代表雇主行事。

本条件规定工程师应按照本款对任何事项或索赔进行商定或确定时，以下程序应适用：

3.7.1　协商达成协议

工程师应与双方共同和/或单独协商，并鼓励双方进行讨论，尽量达成协议。工程师应立即开始此类协商，以便有足够时间遵守根据第3.7.3项[时限]商定的时限。除非工程师另有提议并经双方商定，工程师应向双方提供协商会议记录。

如果在第3.7.3项[时限]规定的商定期限内达成协议，工程师应将协议通知双方，由双方签署该协议。应说明该通知是一份“双方商定的通知”，并应包括一份副本。

如果；

(a) 在第3.7.3项[时限]规定的商定时限内未能达成协议；(或)

(b) 双方告知工程师未能在此时限内达成协议。

以较早的时限为准，工程师应相应地通知双方，并应立即按照第3.7.2项[工程师的确定]的规定执行。

3.7.2　工程师的确定

工程师应根据合同，在适当考虑所有相关情况下，对此事项或索赔做出公正的确定。

在第3.7.3项[时限]规定的确定时限内，工程师应将其确定通知双方。该通知应说明是“工程师确定的通知”，详细说明确定的理由并附详细证明资料。

3.7.3　时限

如果达成商定，工程师应在42天内或由工程师提议并经双方商定的其他时限(本条件中的“商定时限”)内，在下列时间之后发出商定通知：

(a) 如为待商定或确定的事项(不是索赔)，本条件适用条款中规定的商定时限的开始日期；

(b) 如为第20.1款[索赔](c)段规定的某项索赔，工程师收到第20.1款规定的索赔方通知的日期；(或)

(c) 如为第20.1款[索赔](a)或(b)段规定的某项索赔，工程师收到(下述索赔)的日期；

(i) 第20.2.4项[充分详细的索赔]规定的充分详细的索赔；(或)

(ii) 第20.2.6项[具有持续影响的索赔]规定的索赔,临时或最终充分详细的索赔(视情况而定)。

工程师应在42天内或由工程师提议并经双方商定的其他时限(本条件中的"确定时限")内发出其确定通知,在其根据第3.7.1项[协商达成协议]最后一段规定的履行其义务的相应日期之后。

如果工程师不能在相关时限内发出商定或确定通知,则

(i) 在索赔的情况下,工程师应被视为已做出拒绝该项索赔的确定;(或)

(ii) 在待商定或确定的事项的情况下,该事项应视为是一项争端,任一方均可根据第21.4款[取得争端避免/裁决委员会的决定]的规定,将该争端提交争端避免/裁决委员会做出决定,而不必发出不满意通知(第3.7.5项[对工程师的确定不满意]和第21.4.1项[争端提交给争端避免/裁决委员会](a)段将不适用)。

3.7.4 商定和确定的效力

每项商定或确定对双方均具有约束力(工程师应遵守),除非并直到根据本款进行了改正,或在某项确定的情况下,根据第21条[争端和仲裁]的规定做出了修改。

如果某项商定或确定涉及一方向另一方支付一笔金额,承包商应将此金额列入下一份报表,工程师应随该报表将此项金额列入付款证书。

在发出或收到工程师商定或确定的通知后14天内,如发现有任何印刷、文书或运算性的错误:

(a) 如由工程师发现则由其立即通知双方;(或)

(b) 如由某一方发现则该方应根据第3.7.4项的规定向工程师发出通知,并明确指出错误之处。如果工程师不同意有错误,其应视情立即通知双方。

工程师应在发现错误7天内,或收到上述(b)段(视情况而定)规定的通知后,向双方发出改正后的商定或确定通知。此后,此改正后的商定或确定应视为本条件的商定或确定。

3.7.5 对工程师的确定不满意

如果任一方对工程师的确定不满意:

(a) 不满意的一方可向另一方发出不满意通知,并抄送工程师;

(b) 此份不满意通知应说明是"对工程师的确定不满意的通知",并应阐述不满意的理由;

(c) 此份不满意通知,应在收到工程师根据第3.7.2项[工程师的确定]的规定做出的确定通知,或如适用,在工程师根据第3.7.4项[商定或确定的效力]的规定发出的改正通知后28天内发出(或如被视为拒绝索赔的确定,在根据第3.7.3项[时限]的规定做出确定的时限期满后28天内);(以及)

(d) 此后，任一方均可根据第 21.4 款[取得争端避免/裁决委员会的决定]的规定执行。

如果任一方在上述(c)段所规定的 28 天内未能发出不满意通知，工程师的确定应被视为已由双方接受的最终确定，并对双方均具有约束力。

如果不满意的一方仅对工程师的部分确定不满意：

(i) 该部分应在不满意通知中明确说明；

(ii) 该部分以及受该部分影响或依赖其完整性的、确定的任何其他部分，应视为与确定的剩余部分可分割；(以及)

(iii) 确定的剩余部分应成为双方最终的并具有约束力的确定，如同未发出不满意通知。

如果一方未能遵守双方根据第 3.7 款达成的商定，或工程师做出的最终和具有约束力的确定，另一方可在不损害其可能拥有的任何其他权利的情况下，根据第 21.6 款[仲裁]的规定将不遵守的事项直接提交仲裁。在这种情况下，第 21.7 款[未能遵守争端避免/裁决委员会的决定]的第 1 段和第 3 段应适用于此类提交，提交方式与这些段落适用于争端避免/裁决委员会的最终和具有约束力的决定相同。

3.8　会议

工程师或承包商代表可要求其他人员参加管理会议，讨论进一步工作的安排和/或工程实施相关的其他事项。

应工程师或承包商代表的要求，雇主的其他承包商、合法成立的公共部门和/或私营公用事业公司的人员和/或分包商可以参加任何此类会议。

工程师应保存每次管理会议的记录，并将记录副本提供给与会人员和雇主。在任何此类会议和记录中，拟采取任何措施的责任应符合合同规定。

### (三) 承包商、分包及员工

此部分是 FIDIC《施工合同条件》第 4、5、6 章主要内容的介绍。

承包商是完成与雇主订立的合同所约定工程内容的实施者，是工程质量和进度的保障者，因此合同条款中对承包商应履行的义务、责任规定很多，对承包商工程质量体系、质量的合规验证体系的建立都有明确的条款要求。

当工程项目较为复杂时，承包商需将部分专业工程进行分包，以保证质量和(或)降低施工成本。对于允许分包的工程内容、分包工程金额占总体工程中标金额的比例有限制性条款。在国内工程中非特殊或紧急情况下是不允许指定分包商的，在国际工程中雇主及工程师有时出于多方考虑可能需要指定分包商，但雇主指定的分包商仍由承包商与其签订分包合同，纳入承包商统一监管和支付分包工程款。

此外,承包商还需要雇用大量员工,有时工程所在国主管部门还会要求必须招收一定数量的当地工人,以解决就业问题。承包商需要对雇用的员工负责,包括合理的工资标准、劳动条件、工作时间、安全健康保护及遵守《劳动法》等。

下面引用 FIDIC《施工合同条件》第 4、5、6 章部分条款供学习:

4 承包商

4.1 承包商的一般义务

承包商应按照合同实施工程。承包商承诺,工程的实施和竣工的工程将符合经过变更做出更改或修正而构成的合同文件的要求。

承包商应提供合同规定的生产设备(以及备件,如果有)和承包商文件,以及履行合同规定的承包商义务所需的所有临时性或永久性的承包商人员、货物、消耗品及其他物品和服务。

承包商应对所有承包商作业和活动、所有施工方法和所有临时工程的完备性、稳定性和安全性承担责任。除非合同另有规定,承包商:

(i) 应对所有承包商文件、临时工程,以及合同规定的每项生产设备和材料的设计承担责任:(以及)

(ii) 不应对其他永久工程的设计或规范要求负责。

当工程师提出要求时,承包商应提交其拟采用的详细工程施工安排和方法。事先在未向工程师提交此类改变之前,不得对这些安排和方法进行重要改变。

如果合同规定承包商设计永久工程的任何部分,除非在专用条件中另有规定,则:

(a) 承包商应编写并向工程师提交该部分的承包商文件(以及在工程施工期间完成和实施设计的和指导承包商人员所需的任何其他文件)进行审核;

(b) 这些承包商文件应符合规范要求和图纸的要求,并应包括工程师要求添加到图纸中的附加资料,以便协调各方的设计。如果工程师指示,合理要求进一步的承包商文件以证明承包商的设计符合合同要求,承包商应编写并及时提交工程师,费用由承包商承担;

(c) 在工程师根据第 4.4.1 项[编制和审核](i)段的规定,对承包商所有有关设计和该部分施工的承包商文件发出(或被视为已发出)不反对通知之前,不得开始该部分的施工;

(d) 承包商可向工程师发出通知并说明理由,修改已提交送审的任何设计或承包商文件。如果承包商已开始与此类设计或承包商文件相关的部分工程的施工，则应暂停该部分工程的工作，第 4.4.1 项[编制和审核]的规定应适用，如同工程师已根据第 4.4.1 项(ii)段的规定就承包商文件发出了通知一样。在工程师就已修正的文件发出(或视为已发出)不反对通知之前，不得恢复工作；

(e) 承包商应对工程竣工后该部分工程符合合同规定的预期目的负责(或如目的未如此定义和描述，则适用于其普通目的)；

(f) 除上述承包商的承诺外，承包商还承诺该部分工程的设计和承包商文件，将符合规范要求和法律中规定的技术标准(根据第 10 条[雇主的接收]的规定，接收工程时有效)，并符合经过变更做出更改或修正后构成的合同文件的要求；

(g) 如第 4.4.2 项[竣工记录]和/或第 4.4.3 项[操作和维护手册]适用，承包商应按照该条款向工程师提交该部分足够详细的承包商文件，使雇主能操作、维护、拆卸、再组装、调整和修复该部分工程；(以及)

(h) 如果第 4.5 款[培训]适用，承包商应对雇主人员进行该部分的操作和维护方面的培训。

4.2　履约担保

承包商(承包商承担费用)应取得履约担保以确保承包商恰当履行合同，保证金额和币种应符合合同数据中的规定。如合同数据中未明确保证金额，本款应不适用。

4.2.1　承包商的义务

承包商应在收到中标函后 28 天内向雇主提交履约担保，并向工程师送一份副本。履约担保应由雇主同意的国家(或其他司法管辖区)内的实体提供，并采用专用条件所附格式或雇主同意的其他格式(但这种同意和/或商定不应解除承包商根据本款承担的任何义务)。

承包商应在其履约证书签发和承包商履行了第 11.11 款[现场清理]规定前，确保履约担保保持有效和可执行。如果在履约担保的条款中规定了其期满日期，而承包商在该期满日期前 28 天尚无权拿到履约证书，承包商应将履约担保的有效期延长至履约证书签发和承包商按照第 11.11 款[现场清理]的规定完成清理时为止。

根据第 13 条[变更和调整]的规定，当变更和/或调整导致合同价格累计增加或减少超过中标合同金额的 20%时：

(a) 在此类增加的情况下，应雇主的要求，承包商应立即按累计增加额的百分比，增加该货币的履约担保金额。如果承包商因雇主的要求而增加费用，则第 13.3.1 项[指示变更]应适用，如同增加费用是工程师指示的一样；(或)

(b) 在此类减少的情况下，经雇主事先同意，承包商可按累计减少额的百分比，减少该货币的履约担保金额。

4.2.3 履约担保的退还

雇主应在下述时间将履约担保退还承包商:

(a) 履约证书签发后21天内,及承包商已遵守第11.11款[现场清理]的规定;(或)

(b) 如根据第15.5款[为雇主便利的终止]、第16.2款[由承包商终止]、第18.5款[自主选择终止]或第18.6款[依法解除履约]的规定终止合同,则在合同终止日期后。

4.3 承包商代表

承包商应任命承包商代表,并授予其代表承包商根据合同采取行动所需的全部权利,但替代承包商代表除外。

承包商代表应具备适用于本工程的主要工程专业的资格、经验和能力,并能流利使用第1.4款[法律和语言]规定的交流语言。

除非合同中已写明了承包商代表的姓名,承包商应在开工日期前,将其拟任命为承包商代表的人员姓名和详细资料提交工程师取得同意。如未获得同意,或随后撤销了同意,或任命的人员不能担任承包商代表,承包商应同样提交另外适合人选的姓名、详细资料,以取得该项任命。如果工程师在收到此项提交后28天内,未能向承包商发出对拟推荐人选和替代人员的反对通知,工程师应被视为已同意。

未经工程师事先同意,承包商不应撤销承包商代表的任命,或任命替代人员(除非承包商代表因死亡、疾病、残疾或辞职无法行事,在这种情况下,其任命应视为已被立即撤销,以及该替代人员的任命应视为临时任命,直到工程师同意或根据本款的规定任命另一名替代人员)。

承包商代表应将其全部时间用于指导承包商履行合同。承包商代表应在履行合同期间始终代表承包商行事,包括根据第1.3款[通知和其他通信交流]的规定签发和接收所有通知和其他通信交流,并根据第3.5款[工程师的指示]的规定接收指示。

承包商代表应在整个工程施工期间常驻现场。如果承包商代表在工程施工期间临时离开现场,应事先征得工程师的同意,临时指定一名合适替代人员。

承包商代表可将任何职权、任务和权利付托,以下情况除外:

(a) 根据第1.3款[通知和其他通信交流]的规定签发和接收通知和其他通信交流的权利;(以及)

(b) 根据第3.5款[工程师的指示]接收指示的权利。

有适当能力和经验的人员,并可随时撤销付托。任何付托或撤销应在工程师收到承包商代表发出的指明人员姓名,并说明付托或撤销的职权、职能和权利的通知后生效。

所有这些人员应能流利地使用第1.4款[法律和语言]规定的交流语言。

4.4 承包商文件

4.4.1 编制和审核

承包商文件应包括的文件:

(a) 在规范要求中规定的;

(b) 满足第1.13款[遵守法律]规定的承包商负责的所有许可证、准许、执照或其他监管批准要求的;

(c) 适用情况下,第4.4.2项[竣工记录]和第4.4.3项[操作和维护手册]中所述的;(以及)

(d) 适用情况下,第4.1款[承包商的一般义务](a)段的规定要求的。

除非规范要求另有规定,承包商文件应按照第1.4款[法律和语言]规定的交流语言编写。

承包商应编写所有承包商文件,雇主人员应有权检查所有这些文件的编写,无论这些文件在何处编写。

如果规范要求或本条件规定承包商文件应提交工程师审核,则应将其连同承包商的通知一并提交,说明承包商文件已编写好供审核并符合合同要求。

工程师应在收到承包商文件和承包商通知后21天内,向承包商发出通知:

(i) 不反对(可能包括不会对工程造成实际性影响的非重要事项的意见);(或)

(ii) 承包商文件(在规定的范围内)不符合合同规定,并说明原因。

如果工程师在21天内未能发出通知,工程师应被视为对承包商文件发出不反对通知。

在收到上述第(ii)段规定的通知后,承包商应根据本款修改承包商文件,并重新提交给工程师审核,审核期限为21天,从工程师收到通知的日期算起。

4.4.2 竣工记录

如果在规范要求中未规定承包商准备的竣工记录,本款应不适用。

承包商应编写并随时更新一套完整的工程施工“竣工”记录,如实记载竣工的准确位置、尺寸和承包商已实施工作的详细说明。竣工记录的格式、参考系统、电子存储系统和其他相关细节应按规范要求中的规定(如没有规定,按工程师所接受的)。这些记录应保存在现场,并仅限用于本款的需要。

竣工记录应提交给工程师审核,在工程师根据第4.4.1项[编制和审核](i)段的规定发出(或视为已发出)不反对通知之前,该工程不应被认为已按第10.1款[工程和分项工程的接收]规定的接收要求竣工。

承包商根据本款规定提交竣工记录副本的数量应符合第1.8款[文件的照管和提供]的要求。

4.6 合作

承包商应按照规范要求的规定或工程师的指示,与下列人员合作并为其工作提供适当的机会:

(a) 雇主人员;

(b) 雇主雇用的任何其他承包商;(以及)

(c) 任何合法成立的公共部门和私营公用事业公司的人员。

他们可能被雇用在现场或现场附近从事本合同中未计划进行的任何工作。此类适当的机会可包括使用承包商设备、临时工程、由承包商负责的进出安排和/或现场的其他承包商设施或服务。

承包商应负责其在现场的施工活动,并应在本规范要求或工程师指示中的规定范围内(如果有),尽一切合理的努力与其他承包商协调这些活动。

如果承包商因本款规定的指示而遭受延误和/或增加费用,在考虑到本规范要求中规定的合作、提供的机会和协调的范围(如果有)是不可预见的情况下,承包商应有权根据第 20.2 款[付款和/或竣工时间延长的索赔]的规定,获得竣工时间的延长和/或此类成本加利润的支付。

4.7 放线

承包商应按照第 2.5 款[现场数据和参考事项]的规定对与参考事项有关的工程放线。

4.7.1 准确性

承包商应当:

(a) 在工程使用前,核实所有这些参考事项的准确性;

(b) 及时将核实的每项结果送交工程师;

(c) 纠正在工程的位置、标高、尺寸或定线中的任何错误;(以及)

(d) 负责对工程的所有部分正确定位。

4.7.2 错误

如果承包商在任何参考事项中发现错误,承包商应向工程师发出通知,按以下要求对错误进行说明:

(a) 如果在图纸和/或规范要求中规定了参考事项,从开工日期算起的、合同数据中规定的期限内(如未规定,则为 28 天);(或)

(b) 如果参考事项是由工程师根据第 2.5 款[现场数据和参考事项]的规定签发的,在可行的范围内收到参考事项后。

4.7.3 对整改措施、延误和/或成本的商定或确定

在收到承包商根据第 4.7.2 项[错误]规定发出的通知后,工程师应根据第 3.7 款[商定或确定]的规定就以下事项做出商定或确定:

(a) 参考事项中是否有错误；

(b) 谨慎行事、经验丰富的承包商是否会（考虑到成本和时间）发现这样的错误：

- 在提交投标书前，对现场、图纸和规范要求进行审核时；或
- 在第4.7.2项(a)段规定的期限内检查参考事项时，如果图纸和/或规范要求中规定了参考事项；（以及）

(c) 承包商需要采取什么措施（如果有）改正错误。

根据以上(b)段所述，如果经验丰富的承包商不能发现错误：

(i) 第13.3.1项[指示变更]的规定应适用于要求承包商采取的措施（如果有）；（以及）

(ii) 如果承包商因错误而遭受延误和/或招致增加费用，承包商应根据第20.2款[付款和/或竣工时间延长的索赔]的规定，有权获得竣工时间的延长和/或此类成本加利润的支付。

4.8　健康和安全义务

承包商应：

遵守所有适用的健康和安全的规则和法律；

(b) 遵守合同中规定的所有适用的健康和安全义务；

(c) 遵守承包商健康和安全官员（根据第6.7款[人员的健康和安全]的规定任命）发布的所有指令；

(d) 保护所有有权在施工现场和其他地方（如果有）工作人员的健康和安全；

(e) 保持现场、工程以及正在实施工程的其他地方（如果有）清洁，清除不需要的障碍物，以避免对这些人员造成危险；

(f) 提供围栏、照明、安全通道、保卫和看守；

(g) 因实施工程，为了公众和邻近土地和财产的所有人、占用人的使用并对其保护，提供可能需要的任何临时工程（包括道路、人行道、防护物和围栏等）。

在开工日期后21天内，现场开始任何施工前，承包商应向工程师提交一份专门为工程和承包商拟实施工程的现场和其他地方（如果有）编写的健康和安全手册，以供参考。该手册应是对适用的健康和安全规则和法律所要求的任何其他类似文件的补充。

4.9　质量管理和合规验证体系

4.9.1　质量管理体系

承包商应制定和实施质量管理体系，以证明其符合合同要求。质量管理体系应为工程量身定制，并应在工程开工之日起28天内提交给工程师。此后，无论何时更新或修订质量管理体系，应立即向工程师提交一份副本。

质量管理体系应符合规范要求(如果有)的详细规定,并应包括承包商的程序:

(a) 确保根据第 1.3 款[通知和其他通信交流]规定发出的所有通知和通信交流、承包商文件、竣工记录(如适用)、操作和维护手册(如适用)和同期记录均能完全确定地追溯到与其相关的工程、货物、工作、工艺或试验;

(b) 确保工程实施阶段之间以及分包商之间衔接的适当协调和管理;(以及)

(c) 将承包商文件提交给工程师审核。

工程师可审核质量管理体系并可向承包商发出通知,说明其不符合合同规定的程度。承包商应在收到通知后 14 天内,修改质量管理体系,以纠正此类不合规情况。如果工程师未在质量管理体系提交之日起 21 天内发出此类通知,工程师应被视为已发出不反对通知。

工程师可随时向承包商发出通知,说明承包商未能按照合同的规定,在承包商的活动中正确实施质量管理体系的程度。收到该通知后,承包商应立即改正此类问题。

承包商应定期进行质量管理体系的内部审计,至少每 6 个月进行一次。承包商应在审计结束后 7 天内向工程师提交一份审计报告,列出每次内部审计的结果。适当时,每份报告均应包括在改进和/或纠正质量管理体系和/或其实施方面拟采取的措施。

如果承包商质量保证证书要求承包商接受外部审计,承包商应立即向工程师发出通知,说明在任何外部审计中发现的任何问题。如果承包商是联营体,则该义务应适用于联营体的每个成员。

4.9.2 合规验证体系

承包商应制定并实施合规验证体系,以证明设计(如果有)、材料、雇主提供的材料(如果有)、生产设备、工作和工艺在所有方面均符合合同要求。

合规验证体系应符合规范要求(如果有)的详细规定,并应包括承包商进行的所有检测和试验结果的报告方法。如果任何检测或试验发现合同要求的不符合项,则第 7.5 款缺陷和拒收应适用。

承包商应编写并向工程师提交一套完整的工程或分项工程(视情况而定)的合规验证文件,并按规范要求规定的方式进行充分汇总和整理,如未规定,则按工程师可接受的方式进行。

4.9.3 一般规定

遵守质量管理体系和/或合规验证体系,不应免除合同规定的或与合同有关的承包商的任何任务、义务或职责。

4.10 现场数据的使用

承包商应负责解释根据第 2.5 款[现场数据和参考事项]提供的所有数据。

在实际可行（考虑费用和时间）的范围内，承包商应被认为已取得可能对投标书或工程产生影响或作用的有关风险、偶发事件和其他情况的所有必要资料。同样，承包商应被认为在提交投标书前，已检验和检查了现场、进入现场的通道、周围环境、上述数据和其他得到的资料，并认为与实施工程相关的所有事项满足要求，包括：

(a) 现场的状况和性质，包括地下条件；

(b) 水文和气候条件，以及现场气候条件的影响；

(c) 实施工程所需的工作和货物的范围和性质；

(d) 工程所在国的法律、程序和劳务惯例；（以及）

(e) 包商对进入、食宿、设施、人员、电力、运输、水和其他公共设施或服务的要求。

4.11　中标合同金额的充分性

承包商应被认为：

(a) 已确信中标合同金额的正确性和充分性；（以及）

(b) 已将中标合同金额建立在根据第4.10款[现场数据的使用]中提到的所有相关事项的数据、解释、必要的资料、检验、检查和满意的基础上。

除非合同另有规定，中标合同金额应被视为包括承包商根据合同规定应承担的全部义务，以及按照合同规定为正确地实施工程所需的全部有关事项的费用。

4.12　不可预见的物质条件

本款中的"物质条件"系指承包商在现场施工期间遇到的自然物质条件，及物质障碍（自然的或人为的）和污染物，包括地下和水文条件，但不包括现场的气候条件以及这些气候条件的影响。

如果承包商遇到其认为不可预见的，并将对工程进度有不利影响和/或增加工程实施费用的物质条件，以下程序应适用。

4.12.1　承包商通知

发现此类物质条件后，承包商应通知工程师，工程师应：

(a) 在实际可行的情况下，适时给工程师机会在物质条件被干扰前，进行适当检查和调查；

(b) 描述物质条件，以便工程师及时进行检查和/或调查；

(c) 提出承包商认为物质条件是不可预见的理由；（以及）

(d) 说明物质条件对工程施工进度的不利影响和/或增加成本的方式。

4.12.2　工程师检验和调查

工程师应在收到承包商通知后7天内，或与承包商商定的更长时间内，对物质条件进行检验和调查。

承包商应采取与物质条件相适应的适当、合理的措施继续施工,并使工程师能够检验和调查。

4.12.3 工程师的指示

承包商应遵守工程师为应对物质条件而发出的任何指示,如果这种指示构成变更,第13.3.1项[指示变更]应适用。

4.12.4 延误和/或费用

如果承包商在遵守上述第4.12.1项至第4.12.3项的规定后,因这些物质条件而遭受延误和/或招致增加费用,承包商应有权根据第20.2款[付款和/或竣工时间延长的索赔]的规定,有权获得竣工时间的延长和/或此类费用的支付。

4.12.5 延误和/或费用的商定或确定

根据第20.2.5项[索赔的商定或确定]和第4.12.4项[延误和/或费用]的规定,对任何索赔的商定或确定,应包括考虑物质条件是否不可预见,以及(如果是)此类物质条件不可预见的程度。

工程师还可审核工程的类似部分中(如果有)其他物质条件是否比基准日期前能合理预见的更为有利。如果并在一定程度上遇到这些更为有利的条件,工程师在计算根据本第4.12.5项商定或确定额外费用时,可考虑由于这些条件而引起的费用减少额。但是,根据本第4.12.5项规定的所有增加和减少额的净作用,不应造成合同价格净减少的结果。

工程师可以考虑承包商在基准日期前所预见的任何物质条件的证据,承包商根据第20.2.4项[充分详细的索赔]的规定,可以在索赔的证明资料中包括这些证据,但不应受任何此类证据的约束。

4.16 货物运输

承包商应:

(a) 在不少于21天前,将任何生产设备或每项其他主要货物(如本规范要求所述)运到现场的日期,通知工程师;

(b) 负责工程需要的所有货物和其他物品的包装、装货、运输、接收、卸货、存储和保护;

(c) 负责所有货物的进口、运输和办理有关的通关、许可证、费用和杂费,并承担将货物交付到现场所需的所有义务;(以及)

(d) 保障并保持雇主免受因进口、运输和装卸所有货物引起的所有损害赔偿费、损失和开支(包括法律费用和开支),并应协商和支付由于货物进口、运输和装卸而引起的所有第三方索赔。

4.17 承包商设备

承包商应负责所有承包商设备。承包商设备运到现场后,应被视作准备为工程施工专用。未经工程师同意，承包商不得从现场运走任何主要承包商设备。但运送货物或承包商人员离开现场的车辆，无须经过同意。

除了根据第4.16款[货物运输]的规定发出的任何通知外，承包商还应向工程师发出通知，说明承包商设备的任何主要部件已交付到现场的日期。本通知应在交货日期后7天内发出，应确定承包商设备部件是否归承包商或分包商或其他人所有，如果是租用或租赁的，应明确租用或租赁实体。

4.18　环境保护

承包商应采取一切必要措施：

(a) 保护(现场内外)环境；

(b) 遵守工程的环境影响说明(如果有)；(以及)

(c) 限制由承包商施工作业和/或活动引起的污染、噪声和其他后果对公众和财产造成的损害和妨害。

承包商应确保因其活动产生的气体排放、地面排水、排污及任何其他污染物等，不得超过规范要求规定的数值，也不得超过适用法律规定的数值。

4.20　进度报告

承包商应按照规范要求中规定的格式(如未规定，按照工程师可接受的格式)编制月度进度报告，并提交给工程师。每份进度报告应按照合同数据的规定，提交一份纸质原件、一份电子副本和附加纸质副本(如果有)。第一次报告所包含的时期，应自开工日期起至当月月底止。此后，应每月提交一次报告，在每次报告月最后一天后7日内报出。

报告应持续到工程竣工的日期，或如果工程接收证书中列出了未完成扫尾工作，报告应持续到此类扫尾工作完成为止。除非规范要求中另有规定，每份进度报告应包括：

(a) 图表、示意图和详细进度说明，包括(承包商设计，如果有)承包商文件、采购、制造、货物送达现场、施工、安装、试验的每个阶段；

(b) 反映制造和现场内外进展情况的照片和/或录像；

(c) 关于每项主要生产设备和材料的制造、制造商的名称、制造地点、进度百分比，以及下列事项的实际或预计日期：

(i) 开始制造；

(ii) 承包商检验；

(iii) 试验；(以及)

(iv) 发货和运抵现场。

(d) 第6.10款[承包商的记录]中所述的细节；

(e) 质量管理文件、检测报告、试验结果及合规验证文件(包括材料证书)的

副本;

(f) 变更清单;

(g) 健康和安全统计,包括对环境方面和公共关系有危害的任何事件和活动的详细情况;(以及)

(h) 实际进度与计划进度的对比,包括可能影响按照计划和竣工时间完成工程的任何不利事件或情况的详情,以及为消除延误正在(或准备)采取的措施。

但是,任何进度报告中的任何内容都不应构成本条件条款的通知。

4.23 考古和地质发现

在现场发现的所有化石、硬币、有价值的物品或古物以及具有地质或考古价值的结构物和其他遗迹或物品,应置于雇主的照管和权限下。承包商应采取一切合理的预防措施,防止承包商人员或其他人员移动或损坏任何此类发现物。

发现任何此类物品后,承包商应在可行的范围内尽快通知工程师,以便工程师有机会在发现任何此类物品受到干扰前,及时进行检查和/或调查。该通知应说明这一发现,工程师应就处理发现的物品发出指示。

如承包商因执行工程师指示遭受延误和/或招致增加费用,承包商应有权根据第20.2款[付款和/或竣工时间延长的索赔]的规定,要求获得竣工时间的延长和/或此类费用的支付。

5 分包

5.1 分包商

承包商不得分包:

(a) 累计总价值大于合同数据中规定的中标合同金额百分比的工程(如未规定,则为全部工程);(或)

(b) 合同数据中规定不允许分包的任何工程部分。

承包商应负责所有分包商的工作,管理和协调所有分包商的工程,并对任何分包商、任何分包商代理或雇员的行为或违约负责,如同其是承包商自己的行为或违约一样。

承包商应事先获得工程师对所有拟定的分包商的同意,但下列情况除外:

(i) 材料供应商;(或)

(ii) 合同中指定分包商的分包合同。

如果要求承包商获得工程师对拟定的分包商的同意,承包商应向工程师提交该分包商的姓名、地址、详细资料和相关经验,以及拟分包的工作,和工程师可能合理要求的更多信息。如果工程师在收到这份提交(或如果要求提供更多信息)后14天内未做出答复,未对拟定的分包商发出不同意通知,应视为工程师已同意。

承包商应在每个分包商工作拟定开工日期前不少于28天,向工程师发出通知并在现场开始此类工作。

5.2 指定分包商

5.2.1 “指定分包商”的定义

在本款中,“指定分包商”系指在规范要求中指定的分包商,或工程师根据第13.4款[暂列金额]的规定指示承包商雇用的分包商。

5.2.2 反对指定

承包商不应有任何义务雇用工程师指示的指定分包商,承包商应在收到工程师指示后14天内,向工程师发出附有详细证明资料的通知,提出合理的反对意见。任何以下事项引起的反对,应被认为是合理的,除非雇主同意保障承包商免受这些事项的影响:

(a) 有理由相信,指定分包商没有足够的能力、资源或财力;

(b) 分包合同未明确规定,指定分包商应保障承包商不承担指定分包商及其代理和雇员的任何疏忽而误用货物的责任;(或)

(c) 对分包的工作(包括设计,如果有),分包合同未明确规定指定分包商应:

(i) 为承包商承担此项义务和责任,使承包商能履行其合同规定的相应义务和责任;(以及)

(ii) 保障承包商免除其合同规定的或与合同有关的所有义务和责任,以及因分包商未能履行这些义务或责任的影响而产生的义务和责任。

5.2.3 对指定分包商付款

承包商应按照分包合同规定的应付金额给指定分包商付款。除了第5.2.4项[付款证据]中所述的情况外,这些金额连同其他费用,应按照第13.4款[暂列金额]的规定,计入合同价格。

5.2.4 付款证据

工程师在发出包含应付给指定分包商金额的付款证书前,可要求承包商提供合理的证据,证明指定分包商已收到按照此前付款证书应付的、减去合理的保留金或其他扣除后的所有金额。除非承包商:

(a) 向工程师提交此项合理证据;(或)

(b)(i) 提出使工程师满意的,承包商合理有权暂扣或拒付该金额的书面说明;(以及)

(ii) 向工程师提交合理证据,证明指定分包商已被告知承包商的授权。

然后,雇主可(雇主自行决定)直接向指定分包商支付部分或全部以前已证明应付的金额(减去合理的扣减额),以及承包商未能提交上述(a)或(b)段所述证据的部分或全部金额。

此后,工程师应向承包商发出通知,说明雇主直接支付指定分包商的金额,并在该通知后的下一次期中付款证书中包含第14.6.1项[期中付款证书](b)段规定的扣减额。

6 员工

6.1 员工的雇用

除规范要求中另有说明外,承包商应安排从当地或其他地方雇用所有的承包商人员,并负责他们的报酬、住宿、膳食、交通和福利。

6.2 工资标准和劳动条件

承包商应支付薪酬并遵守所有适用法律的劳动条件,应不低于工作所在地该工种或行业制定的标准和条件。

如果没有现成的适用标准和条件,承包商所付的工资标准和遵守的劳动条件,应不低于当地与承包商类似的工种或行业雇主所付的一般工资标准和遵守的劳动条件。

6.3 招聘人员

承包商不应从雇主人员中招聘或试图招聘员工。

雇主或工程师均不得从承包商人员中招聘或试图招聘员工。

6.4 劳动法

承包商应遵守所有适用于承包商人员的相关劳动法,包括有关他们的雇用(包括薪酬和工作时间)、健康、安全、福利、入境和出境等法律,并应允许他们享有所有合法权利。

承包商应要求承包商人员遵守所有适用的法律,包括有关工作健康和安全的法律。

6.5 工作时间

除非出现下列情况,否则在当地公认的休息日,或合同数据中规定的正常工作时间以外,不应在现场进行工作:

(a) 合同中另有规定;

(b) 工程师同意;(或)

(c) 因保护生命或财产,或因工程安全而不可避免或必需的工作,在此情况下,承包商应立即向工程师发出通知,说明原因和所需的工作。

6.6 为员工提供设施

除规范要求中另有说明外,承包商应为承包商人员提供和保持一切必要的食宿和福利设施。如果此类住宿和设施将位于现场,除非雇主事先许可,否则应位于合同规定的区域内。如果在现场其他地方发现任何此类住宿和设施,承包商应立即将其移除,风险和费用由承包商承担。承包商还应按照规范要求中的规定为雇主人员提供设施。

6.7 人员的健康和安全

除第 4.8 款[健康和安全义务]的要求外，承包商应始终采取一切必要的预防措施，维护承包商人员的健康和安全。承包商应与当地卫生部门合作，确保：

(a) 随时在现场，以及承包商人员和雇主人员的任何住地，配备医务人员、急救设施、病房、救护车服务及规范要求中规定的任何其他医疗服务；

(b) 对所有必要的福利和卫生要求，以及预防传染病做出适当安排。

承包商应指派一名健康和安全官员，负责现场的人身健康和安全及安全事故预防工作。该人员应：

(i) 具备资格、经验丰富并胜任此项工作；(以及)

(ii) 有权发布指示，维护被授权进入和/或在现场工作的所有人员的健康和安全，及采取防止事故的保护措施。

在整个工程实施过程中，承包商应提供该人员为履行其职责和权利所需的任何事项。

6.8 承包商的监督

从开工日期到履约证书的签发，承包商应对工程实施的规划、安排、指导、管理、检测、试验和监测，提供一切必要的监督。此类监督应由足够数量的人员执行：

(a) 其应能流利使用或熟练掌握(第 1.4 款[法律和语言]所规定的)交流语言；(以及)

(b) 具有对要进行的各项作业所需的足够知识(包括所需的方法和技术、可能遇到的危险和预防事故的方法)。

以便工程能够令人满意和安全地实施。

6.9 承包商人员

承包商人员(包括关键人员，如果有)都应是在他们各自工种或职业内，具有相应资质、技能、经验和能力的人员。

工程师可要求承包商撤换(或敦促撤换)受雇于现场或工程的、有下列行为的任何人员，也包括承包商代表和关键人员(如果有)：

(a) 经常行为不当，或工作漫不经心；

(b) 无能力履行义务或玩忽职守；

(c) 不遵守合同的任何规定；

(d) 坚持任何有损安全、健康或有损环境保护的行为；

(e) 根据合理证据被认定从事腐败、欺诈、串通或胁迫行为；(或)

(f) 违反第 6.3 款招聘人员的规定从雇主人员中招聘员工。

如果适宜，承包商随后应立即指派(或敦促指派)合适的替代人员。如果替代承包商代表，第 4.3 款[承包商代表]应适用。如果替代关键人员(如果有)，第 6.12

款关键人员应适用。

6.10 承包商的记录

除非承包商另有提议并经工程师同意,否则在根据第4.20款[进度报告]规定的每份进度报告中,承包商应包括以下记录:

(a) 各类承包商人员的职业和实际工作时间;

(b) 各项承包商设备的类型和实际工作时间;

(c) 所使用的临时工程的类型;

(d) 永久工程中安装生产设备的类型;(以及)

(e) 所用材料的数量和类型。

对进度计划中所示的每项工作活动、在每个工作地点和每天的工作。

6.11 无序行为

承包商应始终采取各种必要的预防措施,防止承包商人员或其内部发生任何非法的、骚动的,或无序的行为,以保持安定、保护现场及邻近人员和财产的安全。

6.12 关键人员

如果规范要求中未规定关键人员,本款应不适用。

承包商应任命投标书中提名的自然人担任关键人员。如未提名,或如果任命的人员未能担任关键人员的相关职位,承包商应向工程师提交其拟任命担任该职位的另一人员的姓名和详细资料,以征得其同意。如果拒绝同意或随后撤销同意,承包商应同样地提交该职位的合适替代人员的姓名和详细资料。

如果工程师在收到任何此类提交后14天内未做出答复,发出通知说明其对该人员(或替代人员)的反对意见,并附说明理由,则应视为工程师已同意。

未经工程师事先同意,承包商不得撤销任何关键人员的任命,或任命替代人员(除非该人员因死亡、疾病、残疾或辞职无法工作,在这种情况下,该任命应被视为立即撤销并无效,在工程师同意或根据本款的规定任命另一名替代人员之前,该替代人员的任命应视为临时任命)。

所有关键人员应在整个工程施工期间常驻现场(或,在施工现场以外的地方,驻扎在工程所在地)。如果任何关键人员在工程施工期间临时离开现场,应事先征得工程师的同意,临时指定一名合适的替代人员。

所有关键人员应能流利地使用第1.4款法律和语言规定的交流语言。

### (四) 生产设备、材料和工艺

"生产设备"不是指承包商施工生产用的设备,而是指构成或拟构成永久工程一部分的装备、设备、机械等,相关工程完工并经验收后交于雇主接受。

承包商为实施工程自带进入施工现场的机械、设备、仪器、车辆和其他物品属于“承包商设备”，有别于雇主向承包商提供(如果有)使用的仪器、设备、机械、施工设备和车辆等，后者只是在工程施工期间供承包商使用，工程完成经竣工验收后，都应交还给雇主，属于“雇主设备”。

“材料”系指除生产设备外构成或拟构成永久工程一部分的各类物品，包括根据合同由雇主供给的材料(甲供材料)，以及由承包商采购供应的材料(乙供材料)。

“工艺”是指在工程施工过程中承包商实施的作业和活动。其作业和活动的流程及工艺水平是保证工程实体质量的重要环节。

因为“生产设备”“材料”都是构成永久工程的一部分，必须保证质量，从生产设备和材料供应、样品提供。进场检验、制造、安装、缺陷修补、试验和调试等方面进行严格管理，FIDIC《施工合同条件》中有多条明细规定条款，为方便学习特引用FIDIC《施工合同条件》第7章部分条款如下：

7　生产设备、材料和工艺

7.1　实施方法

承包商应按以下方法进行制造、供应、安装、试验和调试，和(或)维修生产设备、生产、制造、供应和检测材料，以及工程的所有其他实施作业和活动：

(a) 按照合同规定的方法(如果有)；

(b) 按照公认的良好惯例，使用恰当、精巧和仔细的方法；(以及)

(c) 除合同另有规定外，使用适当配备的设施和无危险的材料。

7.2　样品

承包商应在工程中或为工程使用材料前，向工程师提交以下材料样品和有关资料，以取得其同意：

(a) 制造商的材料标准样品和合同规定的样品，均由承包商自费提供；(以及)

(b) 由工程师指示的、作为变更的附加样品。

每种样品均应标明其原产地和在工程中的拟定用途。

7.3　检验

雇主人员应在合同数据中规定的所有正常工作时间和所有其他合理的时间内：

(a) 有充分机会进入现场的所有部分，以及获得天然材料的所有地点；

(b) 有权在生产、加工和施工期间(在现场和其他地方)：

(i) 检查、检验、测量和试验(在规范要求中规定的范围内)所用材料、生产设备和工艺；

(ii) 检查生产设备的制造和材料的生产加工进度；(以及)

(iii) 做好记录(包括照片和/或录像)。

(c) 执行本条件和规范要求中规定的其他任务和检查。

承包商应为雇主人员进行上述活动提供一切机会,包括提供安全进入条件、设施、许可和安全装备。

每当任何材料、生产设备或工作已经准备好接受检验,在覆盖、掩蔽、包装以便储存或运输前,承包商应通知工程师。这时,雇主人员应及时进行检查、检验、测量或试验,不得无故拖延,否则工程师应立即通知承包商,雇主人员无须进行这些工作。如果工程师没有发出此类通知和/或雇主人员没有在承包商通知中规定的时间(或与承包商商定的时间)内参加此类活动,承包商可继续覆盖、掩蔽、包装以便储存或运输。

如果承包商没有按照本款的规定发出此类通知,而当工程师提出要求时,承包商应除去物件上的覆盖,并在随后恢复完好,所有风险和费用由承包商承担。

7.4 由承包商试验

本款适用于竣工后试验(如果有)以外的合同规定的所有试验。

为有效和适当地进行规定的试验,承包商应提供所需的所有仪器、协助、文件和其他资料,临时供应电力和水、装备、燃料、消耗品、工具、劳动力、材料,以及具有适当资质、经验和胜任的工作人员。所有仪器、设备和仪表应按照规范要求中规定或适用法律规定的标准进行校准。如果工程师要求,承包商应在进行试验前提交校准证书。

承包商应向工程师发出通知,说明对任何生产设备、材料和工程其他部分进行规定试验的时间和地点。该通知应在考虑试验地点的合理时间内发出,以便雇主人员参加。

根据第 13 条[变更和调整]的规定,工程师可以改变进行规定试验的位置、时间或细节,或指示承包商进行附加试验。如果这些改变的或附加的试验证明经过试验的生产设备、材料或工艺不符合合同要求,承包商应承担进行本项变更和任何延误产生的费用。

工程师应至少提前 72 小时将参加试验的意图通知承包商。如果工程师没有在承包商根据本款发出的通知中规定的时间和地点参加试验,除非工程师另有指示,承包商可自行进行试验,这些试验应被视为是在工程师在场情况下进行的。如果由于遵守这些指示或因雇主应负责的原因延误,使承包商遭受延误和/或招致增加费用,承包商应有权根据第 20.2 款[付款和/或竣工时间延长的索赔]的规定,要求获得竣工时间的延长和/或成本加利润的支付。

如果承包商对规定的试验(包括变更或附加试验)造成任何延误,且此类延误导致雇主产生费用,雇主有权根据第 20.2 款付款和/或竣工时间延长的索赔的规定,要求承包商支付这些费用。

承包商应迅速向工程师提交充分证实的试验报告。当规定的试验通过时,工程师应在承包商的试验证书上签字,或向承包商签发等效的证书。如果工程师未参加试验,其应被视为已经认可试验读数是准确的。

如果任何生产设备、材料和工程其他部分未能通过规定的试验,第7.5款[缺陷和拒收]应适用。

7.5 缺陷和拒收

如果检查、检验、测量或试验结果,发现任何生产设备、材料、承包商的设计(如果有)或工艺有缺陷,或不符合合同要求,工程师可向承包商发出通知,并说明被发现有缺陷的生产设备、材料、设计或工艺项目。承包商应迅速准备并提交必要补救工作的建议书。

工程师可审核该建议书,并可向承包商发出通知,说明拟定的工作如果实施,会在多大程度上导致生产设备、材料、承包商的设计(如果有)或工艺不符合合同规定。收到该通知后,承包商应立即向工程师提交修订的建议书。如果工程师在收到承包商的建议书(或修订的建议书)后14天内未发出此类通知,工程师应被视为已发出不反对通知。

如果承包商未能及时提交补救工作的建议书(或修订的建议书),或未能执行工程师已发出(或被视为已发出)的不反对通知中建议的补救工作,工程师可:

(a) 根据第7.6款[修补工作](a)段和/或(b)段指示承包商;(或)

(b) 向承包商发出通知并说明理由,拒收生产设备、材料、承包商的设计(如果有)或工艺,在这种情况下,第11.4款未能修补缺陷(a)段应适用。

在修补任何生产设备、材料、承包商的设计(如果有)或工艺的缺陷后,如果工程师要求对任何此类项目再次进行试验,这些试验应按照第7.4款[由承包商试验]的规定重新进行,风险和费用由承包商承担。如果此项拒收和重新试验使雇主增加了额外费用,雇主应有权按照第20.2款[付款和/或竣工时间延长的索赔]的规定,要求承包商支付这笔费用。

7.6 修补工作

除工程师先前的任何检查、检验、测量或试验,或试验证书或不反对通知外,在签发工程接收证书之前的任何时候,工程师可指示承包商进行以下工作:

(a) 修理或修补(如有必要,在现场外)或从现场移除并更换不符合合同要求的任何生产设备或材料;

(b) 修理或修补,或移除并重新实施不符合合同规定的任何其他工作;(以及)

(c) 实施因意外、不可预见的事件或其他原因引起的、工程安全迫切需要的任何修补工作。

承包商应尽快在切实可行且不迟于指示中规定的时间(如果有)内执行该指

示,或在上述(c)段规定的紧急情况下立即实施。

承包商应承担本款规定的所有修补工作的费用,上述(c)段规定的任何工作由以下原因造成的除外:

(i) 雇主或雇主人员的任何行为。如果承包商在进行此类工作中遭受延误和/或招致增加费用,承包商应有权按照第20.2款[付款和/或竣工时间延长的索赔]的规定,要求获得竣工时间的延长和/或成本加利润的支付;(或)

(ii) 例外事件,在这种情况下,第18.4款例外事件的后果应适用。

如果承包商未能遵从指示,雇主可(雇主自行决定)雇用并付款给他人从事该工作。除承包商原有权根据本款规定从该工作所得付款外,雇主应有权按照第20.2款[付款和/或竣工时间延长的索赔]的规定,要求由承包商支付因其未履行指示招致的所有费用。该权利不应损害雇主根据合同或其他规定可能享有的任何其他权利。

7.7 生产设备和材料的所有权

从下列时间的较早者起,在符合工程所在国法律的强制性要求规定的范围内,每项生产设备和材料都应无抵押权和其他阻碍地成为雇主的财产:

(a) 当上述生产设备和材料运至现场时

(b) 当根据第8.11款[雇主暂停后对生产设备和材料的付款]的规定,承包商得到按生产设备和材料价值的付款时;(或)

(c) 当根据第14.5款[拟用于工程的生产设备和材料]的规定,承包商得到生产设备和材料的确定金额的付款时。

### (五) 开工、延误和暂停

按合同要求,承包商会编制详细的工程进度计划提交给工程师,工程师审查通过后就应在施工中贯彻执行。但工程实施过程中难免会遇到一些问题或情况,可能导致不能按时开工,进度延误,甚至暂时停工。究其原因,问题或情况可能出自雇主方面,也可能出自承包商方面,而由此可能带来的损失和责任必须合理区分清楚,FIDIC《施工合同条件》第8章条款对此有较详细区分,特引用部分条款如下:

8 开工、延误和暂停

8.1 工程的开工

工程师应在不少于14天前向承包商发出开工日期的通知。除非专用条件中另有说明,否则开工日期应在承包商收到中标函后42天内。

承包商应在开工日期或开工日期后,在合理可能的情况下尽早开始工程的实施,随后应以适当速度,不拖延地进行工程。

8.2　竣工时间

承包商应在工程或分项工程(如果有)的竣工时间内,完成整个工程和每个分项工程(视情况而定),包括完成合同规定的、工程或分项工程按照第10.1款[工程和分项工程的接收]的规定接收要求的竣工所需的全部工作。

8.3　进度计划

承包商应在收到根据第8.1款[工程的开工]规定发出的通知后28天内,向工程师提交一份实施工程的初步进度计划。该进度计划应使用规范要求中规定的编程软件编制(如未规定,使用工程师可接受的编程软件)。如果进度计划不能反映实际进度,或与承包商义务不相符,承包商还应提交一份准确反映工程实际进度的修订计划。

初步进度计划和每份修订的进度计划,应按合同数据中规定的一份纸质副本、一份电子副本和附加纸质副本(如果有),提交工程师,并应包括:

(a) 工程和各分项工程(如果有)的开工日期和竣工日期;

(b) 根据合同数据规定的时间(或时间段),给予承包商现场(各部分)进入和占有权的日期。如果没有这样的规定,则为承包商要求雇主给予进入和占有现场(各部分)权的日期;

(c) 承包商计划实施工程的工作顺序,包括设计(如果有)、承包商文件的编制和提交、采购、制造、检查、运到现场、施工、安装、由(第5.2款[指定分包商]规定的)任何指定分包商承担的工作和试验各个阶段的预期时间安排;

(d) 本规范要求规定的或本条件要求的任何提交文件的审核期(e) 合同中规定或要求的各项检验和试验的顺序和时间安排;

(f) 对修订的进度计划工程师根据第7.5款缺陷和拒收的规定,发出不反对通知的修补工作(如果有),和/或第7.6款[修补工作]指示的修补工作(如果有)的顺序和时间安排;

(g) 所有活动(达到规范要求中规定的详细程度),在逻辑上衔接并显示每项活动的最早和最晚开始和结束日期、浮动时间(如果有)和关键路径;

(h) 所有当地公认的休息日和假期的日期(如果有);

(i) 生产设备和材料的所有关键交货日期;

(j) 对修订的进度计划和每项活动迄今为止的实际进度情况、此类进度的任何延误以及延误对其他活动(如果有)的影响;(以及)

(k) 一份支持报告,内容包括:

(i) 对工程实施所有主要阶段的描述;

(ii) 承包商在工程施工中拟采用的方法的一般描述;

(iii) 承包商对工程实施各主要阶段现场所需各级承包商人员和各类承包商设

备合理估计数量的详细情况;

(iv) 如果是修订的进度计划,说明与承包商以前提交的进度计划相比所做的任何重大变化;(以及)

(v) 承包商关于克服任何延误对工程进度影响的建议。

工程师应审核承包商提交的初步进度计划和每个修订的进度计划,并可向承包商发出通知,指出其中不符合合同要求或不能反映实际进度或与承包商义务不一致的部分。如果工程师没有发出此类通知:

— 在收到初步进度计划后 21 天内;(或)

— 在收到修订的进度计划后 14 天内。

工程师应被视为已发出不反对通知,初步进度计划或修订的进度计划(视情况而定)应为进度计划。

承包商应按照进度计划进行工作,并应遵守合同规定的承包商其他义务。雇主人员应有权依照进度计划安排他们的活动。

任何进度计划的内容、进度计划或任何支持报告均不得视为合同规定的通知,或免除承包商履行根据合同的规定发出通知的任何义务。

如果任何时候工程师向承包商发出通知,指出进度计划(在规定的范围内)不符合合同要求,或不能反映实际进度或与承包商的义务不一致时,承包商应在收到该通知后 14 天内,按照本款的规定向工程师提交一份修订的进度计划。

8.4 预先警示

在任何已知的或可能将要发生的未来事件或情况之前,每一方应告知另一方和工程师,工程师应告知双方以下事项:

(a) 对承包商人员的工作产生不利影响的;

(b) 竣工后对工程的性能产生不利影响的;

(c) 提高合同价格的;(和/或)

(d) 延误工程或分项工程(如果有)施工的。

工程师可要求承包商根据第 13.3.2 项建议书要求的变更的规定提交建议书,以避免或尽量减少此类事件或情况的影响。

8.5 竣工时间的延长

如果由于下列任何原因,致使第 10.1 款工程和分项工程的接收要求的竣工受到或将受到延误,承包商应有权按照第 20.2 款[付款和/或竣工时间延长的索赔]的规定获得竣工时间的延长:

(a) 变更(但不要求遵守第 20.2 款[付款和/或竣工时间延长的索赔]的规定);

(b) 根据本条件某款,有权获得竣工时间的延长的原因;

(c) 异常不利的气候条件，就本条件而言，应指雇主根据第 2.5 款[现场数据和参考事项]提供的气候数据和/或现场地理位置所在国公布的气候数据、不可预见的现场不利气候条件；

(d) 由于流行病或政府行为造成可用的人员或货物(或雇主提供的材料，如果有)的不可预见的短缺；(或)

(e) 由雇主、雇主人员或在现场的雇主的其他承包商造成或引起的任何延误、妨碍或阻碍。

如果按照第 12 条[测量和估价]的规定测量的任何工作事项的数量超过工程量清单，或其他资料表中该项工作量的估算数量 10%以上，而此类工作量的增加导致第 10.1 款[工程和分项工程的接收]中规定的竣工延误，承包商应有权按照第 20.2 款[付款和/或竣工时间延长的索赔]的规定提出延长竣工时间。根据第 20.2.5 项[索赔的商定或确定]的规定，对任何此类索赔的商定或确定，可包括工程师对其他工作事项测量数量的审核，这些测量数量明显少于(超过 10%)工程量清单或其他资料表中相应的估算数量。如果此类测量数量减少较小，工程师可考虑对进度计划的关键路径的任何有利作用。但是，所有这些考虑的净作用不应造成竣工时间净减少的结果。

工程师每次按照第 20.2 款[付款和/或竣工时间延长的索赔]的规定确定竣工时间的延长时，应对以前根据第 3.7 款[商定或确定]所做的确定进行审核，可以增加，但不得减少总的竣工时间的延长。

如果由雇主责任引起的延误和由承包商责任引起的延误同时发生，应按照特别规定中规定的规则和程序，评估承包商获得竣工时间的延长的权利(如未规定，应适当考虑所有相关情况)。

8.6　部门造成的延误

如果：

(a) 承包商已努力遵守了工程所在国依法成立的有关公共部门或私有公用事业实体制定的程序；

(b) 这些部门或实体延误或扰乱了承包商的工作；(以及)

(c) 延误或中断是不可预见的。

则上述延误或中断可视为根据第 8.5 款竣工时间的延长(b)段规定的延误或中断的原因。

8.7　工程进度

如果在任何时候：

(a) 实际工程进度过慢，未能在竣工时间内完成工程或分项工程(如果有)；(和/或)

(b) 进度已(或将)落后于根据第 8.3 款进度计划的规定制定的进度计划(或还未成为进度计划的初步进度计划)。

除由于第 8.5 款[竣工时间的延长]中列举的某项原因造成的结果外,工程师可指示承包商根据第 8.3 款进度计划的规定提交一份修订的进度计划,说明承包商为加快进度在相关竣工时间内完成工程或某分项工程(如果有),而建议采用的修订方法。

除非工程师给承包商的通知中另有说明,否则承包商应采用这些修订方法,对可能需要增加工时和/或承包商人员和/或货物的数量,承包商应自行承担风险和费用。如果这些修订方法使雇主招致额外费用,雇主应有权根据第 20.2 款[付款和/或竣工时间延长的索赔]的规定,要求承包商支付这些费用,以及误期损害赔偿费(如果有)。

第 13.3.1 项[指示变更]应适用于工程师为减少因第 8.5 款[竣工时间的延长]中所列原因造成的延误,而指示的修订方法,包括加速措施。

8.8 误期损害赔偿费

如果承包商未能遵守第 8.2 款[竣工时间]的要求,承包商应当为其违约行为根据第 20.2 款[付款和/或竣工时间延长的索赔]的规定,向雇主支付误期损害赔偿费。误期损害赔偿费应按合同数据中规定的每天应付的金额,以工程或分项工程竣工日期超过相应竣工时间的天数计算。但按本款计算的赔偿总额不得超过合同数据中规定的误期损害赔偿费的最高限额(如果有)。

除在工程竣工前根据第 15.2 款[因承包商违约的终止]的规定终止的情况外,这些误期损害赔偿费应是承包商未能遵守第 8.2 款[竣工时间]的规定,为此类违约应付的唯一损害赔偿费。这些误期损害赔偿费不应免除承包商完成工程的义务,或合同规定的或与合同有关的其可能承担的任何其他任务、义务或职责。

本款不应限制承包商在任何欺诈、重大过失、故意违约或轻率不当行为情况下,对误期损害赔偿费的责任。

8.9 雇主暂停

工程师可以随时指示承包商暂停工程某一部分或全部的施工进度,该项指示应说明暂停的日期和原因。

在暂停期间,承包商应保护、保管并保证该部分或全部工程(视情况而定)不致产生任何变质、损失或损害。

如果暂停的原因是由于承包商的责任造成的,则第 8.10 款[雇主暂停的后果]、第 8.11 款[雇主暂停后对生产设备和材料的付款]和第 8.12 款[拖长的暂停]应不适用。

8.10　雇主暂停的后果

如果承包商因执行工程师根据第8.9款[雇主暂停]的规定发出的指示，和/或因根据第8.13款[复工]的规定复工而遭受延误和/或招致增加费用，承包商应有权根据第20.2款[付款和/或竣工时间延长的索赔]的规定，要求获得竣工时间的延长和/或成本加利润的支付。

以下情况，承包商无权得到竣工时间的延长或所招致增加费用的支付：

(a) 因承包商有不合格或有缺陷(设计，如果有)的工艺、生产设备或材料而带来的后果；(和/或)

(b) 因承包商未能按照第8.9款[雇主暂停]的规定进行保护、保管或保证安全而带来的任何变质、损失或损害的后果。

8.11　雇主暂停后对生产设备和材料的付款

承包商应有权获得尚未交付现场的生产设备和/或材料(按照第8.9款[雇主暂停]指示的暂停开始的日期时)的价值的付款，如果：

(a) 生产设备的生产或生产设备和/或材料的交付被暂停达28天以上；(以及)

(i) 按照进度计划，生产设备和/或材料已按计划完成，并准备在暂停期间交付到现场；(以及)

(ii) 承包商向工程师提供合理的证据，证明生产设备和/或材料符合合同要求；(以及)

(b) 承包商已按工程师的指示，标明上述生产设备和/或材料为雇主的财产。

8.12　拖长的暂停

如果第8.9款[雇主暂停]所述的暂停已持续84天以上，承包商可以向工程师发出通知，要求工程师允许继续施工。

如果工程师在收到承包商根据本款发出的通知后28天内，未能按照第8.13款[复工]规定发出通知，承包商可以：

(a) 同意继续暂停，在这种情况下，双方可就整个暂停期限内产生的竣工时间的延长和/或成本加利润(如果承包商产生了费用)，和/或生产设备和/或材料暂停的支付达成商定一致；或双方未能根据本款(a)段规定达成商定一致；

(b) 在向工程师发出(第二次)通知后，将暂停视为受影响工程部分的删减(如同根据第13.3.1项[指示变更]的规定指示的)，并立即生效，包括免除第8.9款雇主暂停规定的保护、保管或保证安全的任何进一步义务。如果暂停影响到整个工程，承包商可根据第16.2款[由承包商终止]的规定发出终止通知。

8.13　复工

收到工程师发出的继续实施暂停工作的通知后，承包商应在切实可行的范围内尽快恢复工作。

在本通知规定的时间内(如未规定,则在承包商收到该通知后),承包商和工程师应共同对受暂停影响的工程、生产设备和材料进行检查。工程师应记录在暂停期间发生的工程、生产设备或材料中的任何变质、损失、损害或缺陷,并应将此记录提供给承包商。承包商应负责立即修复所有此类变质、损失、损害或缺陷,以便工程竣工时符合合同要求。

(六) 竣工试验、雇主的接收和接收后的缺陷

"竣工试验"是在工程或某分项工程按合同的规定在雇主接收前,依据有关质量验收规范要求进行的试验。所以竣工试验是为保证工程质量而进行的试验,如果在竣工试验中发现存在缺陷,则可及时进行修补,以达到工程验收要求,获得由工程师签发的履约证书。

"竣工试验"有别于"竣工后试验",后者是指工程或某分项工程在达到验收要求已被雇主接收后,根据某些项目的特别规定要求进行的试验。特别是一些复杂的工业项目,项目接受前的"竣工试验"往往限于时间短等条件影响尚不足以发现系统设备等可能存在的缺陷,必须在竣工后进行一定时间的运行性试验才能发现是否存在缺陷。

"竣工试验"是承包商应尽的义务,试验存在可能延误及能否通过的风险。另一方面,也存在可能由于雇主方面的不当原因导致竣工试验延误的风险。风险于甲乙双方是并存的,雇主和承包商都需尽力避免和尽量减少可能带来的损失,并通过合同条件来约束双方履行合同的行为。

此外,在"雇主接受"及"接收后的缺陷"环节中也同样可能存在甲乙双方的不当履约行为,双方都应谨慎处置。FIDIC《施工合同条件》的第9、10和11章中有相应条款规定供学习,特引用部分条款如下:

9 竣工试验

9.1 承包商的义务

承包商应在按照第4.4.2项[竣工记录](如适用)和第4.4.3项[操作和维护手](如适用)的规定提供各种文件后,按照本条和第7.4款[由承包商试验]的要求进行竣工试验。

承包商应在其计划开始进行每项竣工试验的日期前至少42天,向工程师提交一份详细的试验进度计划,说明这些试验的预期时间和资源。

工程师可审核拟定的试验进度计划,并可向承包商发出通知,说明其与合同不符的程度。在收到此通知后14天内,承包商应修改试验进度计划,以纠正此类不合格的情况。如果工程师在收到试验进度计划(或修订的试验进度计划)后14天

内没有发出此类通知，工程师应被视为已发出不反对通知。在工程师发出（或视为已发出）不反对通知之前，承包商不得开始进行竣工试验。

除试验进度计划中所示的任何日期外，承包商应提前 21 天向工程师发出通知，说明承包商将可以进行每项竣工试验的日期。承包商应在该日期后 14 天内，或在工程师指示的某日或某几日内进行，并应按照工程师已（或被视为已）发出不反对通知的承包商试验进度计划进行。

一旦承包商认为工程或某分项工程通过了竣工试验，承包商应向工程师提供一份此类试验结果的认证报告。工程师应审核此类报告，并可向承包商发出通知，说明试验结果与合同不符的程度。如果工程师在收到试验结果后 14 天内没有发出此类通知，工程师应视为已发出不反对通知。

工程师在考虑竣工试验结果时，应考虑到雇主对工程（任何部分）的任何使用对工程的性能或其他特性的影响。

9.2　延误的试验

如果承包商已按照第 9.1 款[承包商的义务]的规定发出通知，说明工程或分项工程（视情况而定）已可以进行竣工试验，并且这些试验因雇主人员或雇主负责的原因而不当地延误，第 10.3 款对竣工试验的干扰应适用。

如果承包商不当地延误了竣工试验，工程师可向承包商发出通知，要求其在接到通知后 21 天内进行竣工试验。承包商应在规定的 21 天内其能确定的某日或某几日内进行竣工试验，并应提前不少于 7 天将该日期通知工程师。

如果承包商未在规定的 21 天内进行竣工试验：

(a) 工程师向承包商发出第二次通知后，雇主人员可以继续进行试验；

(b) 承包商可参加并见证这些试验；

(c) 在试验完成后 28 天内，工程师应将试验结果的副本发送给承包商；（以及）

(d) 如果雇主因此类试验而招致增加额外费用，雇主应有权根据第 20.2 款[付款和/或竣工时间延长的索赔]的规定，要求承包商支付合理增加的费用。

无论承包商是否参加，这些竣工试验应被视为是承包商在场时进行的，试验结果应认为准确，予以认可。

9.3　重新试验

如果工程或某分项工程未能通过竣工试验，第 7.5 款[缺陷和拒收]应适用。工程师或承包商可要求按相同的条款和条件，重新进行此项未通过的试验和相关工程的竣工试验。就本条而言，此类重复试验应视为竣工试验。

9.4　未能通过竣工试验

如果工程或某分项工程未能通过根据第 9.3 款[重新试验]的规定重新进行的竣工试验，工程师应有权：

(a) 下令根据第 9.3 款[重新试验]再次重复竣工试验；

(b) 如果此项试验未通过,使雇主实质上丧失了工程的整个利益时,拒收工程,在此情况下,雇主应采取与第 11.4 款未能修补缺陷(d)段规定的相同的补救措施；

(c) 如果此项试验未通过,该分项工程不能用于合同规定的预期目的,拒收分项工程,在此情况下,雇主应采取与第 11.4 款未能修补缺陷(c)段规定的相同的补救措施(或)(d) 如果雇主要求,签发接收证书。

在采用上述(d)段办法的情况下,承包商应继续履行合同规定的所有其他义务,雇主应有权分别根据第 20.2 款付款和/或竣工时间延长的索赔的规定,要求承包商付款或按照第 11.4 款未能修补缺陷(b)段的规定,降低合同价格。该权利不应损害雇主根据本合同或其他规定可能享有的任何其他权利。

10　雇主的接收

10.1　工程和分项工程的接收

除第 9.4 款[未能通过竣工试验]、第 10.2 款[部分工程的接收]和第 10.3 款[对竣工试验的干扰]中所述情况外,在下列情况下,工程应由雇主接收：

(a) 工程已按合同规定完成,包括通过竣工试验,但以下(i)段允许的情况除外；

(b) 如适用,工程师已根据第 4.4.2 项[竣工记录]的规定,对提交的竣工记录发出(或视为已发出)不反对通知；

(c) 如适用,工程师已根据第 4.4.3 项[操作和维护手册]的规定,对操作和维护手册发出(或视为已发出)不反对通知；

(d) 如适用,承包商已按照第 4.5 款培训的规定进行了培训;(以及)

(e) 已按照本款规定签发工程接收证书,或视为已签发。

承包商可在其认为工程将竣工并做好接收准备的日期前不少于 14 天,向工程师发出申请接收证书的通知。如工程分成若干分项工程,承包商可类似地为每个分项工程申请接收证书。

如果根据第 10.2 款[部分工程的接收]的规定接收工程的任何部分,则在满足上述(a)段至(e)段(如适用)所述的条件之前,不得接收还需修复的工程或分项工程。

工程师在收到承包商的通知后 28 天内,或者：

(i) 向承包商签发接收证书,注明工程或分项工程按照合同要求竣工的日期,任何对工程或竣工时间的延长预期安全使用目的没有实质影响(如接收证书中所列)的少量扫尾工作和缺陷(直到或当扫尾工作和缺陷修补完成时)除外；(或)

(ii) 拒绝申请，向承包商发出通知并说明理由。该通知应说明在能签发接收证书前承包商需做的工作，需修补的缺陷和/或需提交的文件。承包商应在再次根据本款发出申请通知前，完成此项工作，修补此类缺陷和/或提交此类文件。

如果工程师在 28 天期限内没有签发接收证书，或拒绝承包商的申请，以及上述(a)段至(d)段所述的条件(如适用)已得到满足，在工程师收到承包商申请的通知后的 14 天内，工程或竣工时间的延长应视为已按照合同规定完成，接收证书应视为已签发。

10.2 部分工程的接收

在雇主完全自主决定情况下，工程师可签发永久工程任何部分的接收证书。除非并直到工程师已签发任何部分工程的接收证书，雇主不得使用该部分工程(规范要求规定或承包商事先同意的临时措施除外)。但是，如果雇主在签发接收证书前确实使用了任何部分工程，承包商应向工程师发出通知，明确该部分工程并描述其用途：

(a) 使用的部分应视为从开始使用的日期起已被雇主接收；

(b) 承包商应从此日起不再承担该部分的照管责任，应转由雇主负责；(以及)

(c) 工程师应立即签发该部分的接收证书。任何尚未完成的扫尾工作(包括竣工试验)和/或需修补的缺陷均应在证书中列出。

工程师签发部分工程的接收证书后，应尽早给予承包商机会采取可能必要的步骤，进行证书中列出的任何尚未完成的扫尾工作(包括竣工试验)和/或任何缺陷的修补工作。承包商应在切实可行的范围内，尽快开展这些工作。在任何情况下，均应在有关缺陷通知期限期满日期前进行。

如果承包商因雇主接收和/或使用部分工程，导致承包商增加费用，承包商应有权根据第 20.2 款[付款和/或竣工时间延长的索赔]的规定，要求获得此类成本加利润的支付。

如果工程师签发部分工程的接收证书，或如果雇主被视为已根据上述(a)段规定接收了部分工程，对上述(a)段规定日期后的任何延误期，工程剩余部分的竣工误期损害赔偿费应予减少。与此类似，包括该部分分项工程(如果有)的剩余部分的误期损害赔偿费也应减少。这些误期损害赔偿费的减少额，应按该部分工程的价值(但任何尚未完成的扫尾工作和/或需修补缺陷的价值除外)，与整个工程或分项工程(视情况而定)价值的比例计算。工程师应按照第 3.7 款[商定或确定]的规定，对这些减少额(就第 3.7.3 项[时限]而言，工程师根据本款规定收到承包商通知的日期，应为根据第 3.7.3 项规定的商定时限的开始日期)进行商定或确定。本段的规定仅适用于误期损害赔偿费的每日费率，不应影响该损害赔偿费的最高限额。

10.3 对竣工试验的干扰

如果由于雇主人员或雇主应负责的原因妨碍承包商进行竣工试验达14天以上(连续一段时间,或总时间超过14天的多段时间):

(a) 承包商应向工程师发出通知,描述此类预防措施;

(b) 雇主应被视为已在竣工试验原应完成的日期接收了工程或分项工程(视情况而定);(以及)

(c) 工程师应立即签发工程或分项工程接收证书(视情况而定)。

工程师签发接收证书后,承包商应在切实可行的范围内,尽快进行竣工试验,在任何情况下,均应在有关缺陷通知期限期满日期前进行。工程师应向承包商发出不少于14天的通知,说明承包商可在该日期后进行的每项竣工试验。此后,第9.1款[承包商的义务]应适用。

如果承包商因无法进行竣工试验而遭受延误和/或增加费用,承包商应有权根据第20.2款[付款和/或竣工时间延长的索赔]的规定,要求获得竣工时间的延长和/或成本加利润的支付。

10.4 需要复原的地面

除接收证书中另有说明外,竣工时间的延长或部分工程的接收证书,不应视为任何需要复原的场地或其他地面已经完成的证明。

11 接收后的缺陷

11.1 完成扫尾工作和修补缺陷

为了使工程、承包商文件和每个分项工程和/或部分工程在相应缺陷通知期限期满日期或其后,尽快达到合同要求(合理的损耗除外),承包商应:

(a) 在接收证书规定的时间内或工程师指示的其他合理时间内,完成在相关竣工日期时尚未完成的扫尾工作;(以及)

(b) 在工程或分项工程或部分工程(视情况而定)的缺陷通知期限期满日期前,按照雇主(或其代表)向承包商发出通知的要求,完成修补缺陷或损害所需的所有工作。

如果在相关的缺陷通知期限出现缺陷(包括工程未能通过竣工后试验,如果有)或发生损害,雇主(或其代表)应相应地向承包商发出通知。此后立即:

(i) 承包商和雇主人员应共同检查缺陷或损害;

(ii) 随后,承包商应准备并提交必要修补工作的建议书;(以及)

(iii) 第7.5款缺陷和拒收第2、第3和第4段应适用。

11.2 修补缺陷的费用

第11.1款[完成扫尾工作和修补缺陷](b)段中提出的所有工作,在下列情况下,其实施中的风险和费用应由承包商承担:

(a) 承包商负责的工程设计(如果有);

(b) 生产设备、材料或工艺不符合合同要求;

(c) 由于承包商负责的事项(根据第 4.4.2 项[竣工记录]、第 4.4.3 项[操作和维护手册]和/或第 4.5 款[培训](如适用)或其他规定)引起的不当操作或维护;(或)

(d) 承包商未能履行合同规定的任何其他义务。

如果承包商认为此类工作由其他原因引起,承包商应立即向工程师发出通知,而工程师应根据第 3.7 款商定或确定的规定,商定或确定原因(以及,就第 3.7.3 项[时]而言,该通知的日期应为第 3.7.3 项规定的商定时限的开始日期)。如果商定或确定工作是由上述以外的原因引起的,则第 13.3.1 项[指示变更]应适用,如同该工作是由工程师指示的。

11.3　缺陷通知期限的延长

雇主有权对工程或某一分项工程或某部分工程的缺陷通知期限提出延长:

(a) 如果由于第 11.2 款[修补缺陷的费用](a)段至(b)段所述的任何事项造成的某项缺陷或损害达到使工程、分项工程、部分工程或某项主要生产设备(视情况而定,并在接收以后)不能按预期目的使用的程度;(以及)

(b) 按照第 20.2 款[付款和/或竣工时间延长的索赔]的规定办理。

但是,根据合同数据中的规定,缺陷通知期限期满后的延长不得超过两年。

当生产设备和/或材料的交付和/或安装,已根据第 8.9 款[雇主暂停](承包商负责暂停的情况除外)或第 16.1 款[由承包商暂停]的规定暂停进行时,对于生产设备和/或材料构成的部分工程的缺陷通知期限原期满日期两年后发生的任何缺陷或损害,本条规定的承包商各项义务应不适用。

11.4　未能修补缺陷

如果承包商不适当地延误了根据第 11.1 款[完成收尾工作和修补缺陷]中所述的修补任何缺陷或损害,雇主(或其代表)可确定一个日期,要求在该日期或不迟于该日期修补好缺陷和损害。雇主(或其代表)应将该固定日期向承包商发出通知,该通知应允许承包商有合理的时间(适当考虑所有相关情况)修补缺陷和损害。

如果承包商未能在该通知中规定的日期修补好缺陷或损害,并且根据第 11.2 款[修补缺陷的费用]的规定,此项修补工作应由承包商承担费用,雇主可以(自行决定):

(a) 按合同要求的方式或由他人进行此项工作(包括任何重新试验),由承包商承担费用,但承包商对此项工作将不再负责任。雇主应有权按照第 20.2 款付款和/或竣工时间延长的索赔的规定,要求承包商支付由雇主修补缺陷或损害而合理发生的费用;

(b) 接受损害或有缺陷的工作,在这种情况下,雇主有权根据第 20.2 款[付款和/或竣工时间延长的索赔]的规定,要求降低合同价格。扣减额应仅限于完全满足未能完成的工作,并应以适当的金额弥补因此项疏忽给雇主造成的扣减价值;

(c) 要求工程师将因该疏忽而不能用于合同规定的预期目的的工程任何部分视为删减项目,如同此类删减是根据第 13.3.1 项[指示变更]指示的;(或)

(d) 如果缺陷或损害使雇主实质上丧失了工程的整个利益,则立即终止整个合同(第 15.2 款因承包商违约的终止不适用)。按照第 20.2 款[付款和/或竣工时间延长的索赔]的规定,雇主还应有权向承包商收回对工程的全部支出总额,加上融资费用和拆除工程、清理现场,以及将生产设备和材料退还给承包商所支付的任何费用。

雇主根据上述(c)或(d)段的规定行使酌处权,不得损害雇主根据合同或其他规定可能享有的任何其他权利。

11.5 现场外缺陷工程的修补

如果在缺陷通知期限期间,承包商认为任何生产设备的任何缺陷或损害在现场无法迅速修复,承包商应向雇主发出通知,说明理由,要求雇主同意将此类有缺陷或损害的生产设备移出现场进行修复。该通知应明确指出每项有缺陷或损害的生产设备,并应详细说明:

(a) 需要修复的缺陷或损害;

(b) 有缺陷或损害的生产设备将被送修的地点;

(c) 要使用的运输方式(以及此类运输的保险范围);

(d) 建议在现场外进行的检测和试验;

(e) 修复后的生产设备返回现场前所需的计划时间;(以及)

(f) 修复后的生产设备重新安装和重新试验的计划时间(根据第 7.4 款[由承包商试验]和/或第 9 条[竣工试验](如适用)。

承包商还应提供雇主可能合理要求的任何进一步细节。

雇主同意时(该同意不应免除本条规定的承包商的任何义务和责任),承包商可将此类有缺陷或损害的各项生产设备移出现场进行修复。作为该同意的一个条件,雇主可要求承包商按有缺陷或损害的生产设备的全部重置成本,增加履约担保的金额。

11.6 修补缺陷后进一步试验

在完成任何缺陷或损害的修补工作后 7 天内,承包商应向工程师发出通知,说明修补的工程、分项工程、部分工程和/或生产设备以及建议的重新试验(根据第 9 条 竣工试验的规定)。在收到此通知后 7 天内,工程师应向承包商发出通知,或者:

(a) 同意所建议的试验;(或)

(b) 指示进行必要的重新试验,以证明修补的工程、分项工程、部分工程和/或生产设备符合合同要求。

如果承包商未能在7天内发出此类通知,工程师可在缺陷或损害修补后14天内向承包商发出通知,指示进行必要的重新试验,以证明修补的工程、分项工程、部分工程和/或生产设备符合合同要求。

本款规定的所有重复试验,应根据适用于前述试验的条款实施,由根据第11.2款[修补缺陷的费用]的规定,对负责修补工作费用的一方承担风险和费用,而实施重复试验的情况除外。

11.7　接收后的进入权

直至签发履约证书后28天的日期,承包商应有为遵照本条要求而合理需要的工程进入权,但不符合雇主的合理担保限制的情况除外。

当承包商想在相关缺陷通知期限期间进入工程的任何部分时:

(a) 承包商应向雇主发出通知以请求进入,并说明要进入的工程部分、进入原因以及承包商的首选进入日期。该通知应在首选日期之前的合理时间内发出,并适当考虑所有相关情况,包括雇主的安全限制情况;(以及)

(b) 雇主在收到承包商的通知后7天内,应向承包商发出通知:

(i) 说明雇主同意承包商的要求;(或)

(ii) 提出合理的备选日期,并说明理由。如果雇主未能在7天内发出此通知,雇主应被视为同意承包商在通知中规定的首选日期进入。

如果由于雇主不合理地延误对承包商进入工程的许可,而使承包商招致额外费用,承包商应有权根据第20.2款付款和/或竣工时间延长的索赔的规定,要求获得任何此类成本加利润的支付。

11.8　承包商调查

如果工程师指示调查任何缺陷的原因,承包商应在工程师指示中规定的日期或与工程师商定的其他日期进行调查。

除非根据第11.2款修补缺陷的费用的规定,应由承包商承担修补费用的情况,否则承包商应有权根据第20.2款[付款和/或竣工时间延长的索]的规定,要求获得调查的成本加利润的支付。

如果承包商未能按照本款的规定进行调查,调查可以由雇主人员进行。应通知承包商进行这类调查的日期,承包商可自费参加。如果根据第11.2款[修补缺陷的费用]的规定,应由承包商承担修补缺陷的费用,雇主应有权根据第20.2款[付款和/或竣工时间延长的索赔]的规定,由承包商支付雇主合理发生的调查费用。

11.9 履约证书

直到工程师向承包商签发履约证书,注明承包商完成合同规定的各项义务的日期后,才应认为承包商的义务已经完成。

工程师应在最后一个缺陷通知期限期满日期后28天内,或在承包商有下列情况时签发(抄送雇主和争端避免/裁决委员会)履约证书:

(a) 提供所有承包商文件;(以及)

(b) 根据合同要求完成所有工程的施工和试验(包括修补任何缺陷)。

如果工程师未能在这28天的期限内签发履约证书,履约证书应被视为已根据本款的要求,在应签发日期后的28天的日期签发。

只有履约证书才应被视为构成对工程的认可。

11.10 未履行的义务

签发履约证书后,每一方仍应负责完成当时尚未履行的任何义务。为了确定这些未履行义务的性质和范围,本合同应被视为仍然有效。

但是,对于生产设备,除非法律禁止,或在任何欺诈、重大过失、故意违约或轻率不当行为情况下,承包商对生产设备缺陷通知期限期满后两年以上发生的任何缺陷和损害不承担责任。

11.11 现场清理

雇主应有权根据第20.2款[付款和/或竣工时间延长的索赔]的规定,要求承包商支付与此类有关出售、处理、恢签发履约证书后,承包商应立即:

(a) 从现场撤走任何剩余的承包商设备、多余材料、残余物、垃圾和临时工程等;

(b) 恢复在施工期间受承包商活动影响和不被永久工程占用的现场所有部分;(以及)

(c) 让现场和工程保持在规范要求规定的状态(如未规定,保持在整洁和安全的状态下)。

如果承包商未能在履约证书签发后28天内,遵守上述(a)(b)和/或(c)段的规定,雇主可(在适用法律允许的范围内)出售或另行处理任何这些剩余物品,和/或可恢复和清理现场(视需要而定),费用由承包商承担。

雇主应有权根据第20.2款[付款和/或竣工时间延长的索赔]的规定,要求承包商支付与此类有关出售、处理、恢复和/或清理现场所发生的合理费用,减去销售所得的金额(如果有)。

### (七) 测量和估价及变更和调整

通常"测量"的词义较宽泛,如工程上常说的施工测量放线、施工测量定位等,是由承包商来完成的。但FIDIC《施工合同条件》中的"测量"是指对已完成的某项工作的净工程量(或实际工程量)进行的计量性测量。合同附件工程量清单中所列的某项工作的工程量是按照设计图计算出来的,与实际完成的工程量可能存在不一致。测量的目的是为了支付工程款的准确和合理,测量工作的主导者是工程师或工程师代表,承包商是配合和见证测量。

某项工作的净工程量确定后,工程师便可依据工程量清单或其他资料表对此类工作内容规定的费率或价格进行该项工作的估价。当该项工作测量出的数量变化超过工程量清单或其他资料表中所列数量时,宜对该项工作估价采用新的费率或价格。

"变更"是指经工程师指示,要求或同意承包商对工程任何部分所做的更改。变更权属于工程师,没有工程师同意不允许作任何部分的更改。至于引起工程师作出变更的因素则可能是单一的或多样的:变更可能来自雇主、工程师的想法;也可能出于工程客观条件的变化;也可能由于工程所在国法律变化引起变更;还有可能是承包商依据价值工程原理提出的改进性建议。只要承包商的建议有益于提高工程质量、降低成本或改善项目功能,工程师可能接受承包商建议并发出同意变更的指示。

此外,变更必然会带来价格变化的调整,需要雇主及工程师与承包商的沟通协商。

FIDIC《施工合同条件》第12、13章对上述内容有明细条款规定,特引用部分条款如下:

12　测量和估价

12.1　需测量的工程

为了付款,应按照本条规定对工程进行测量和估价。

工程师要求在现场测量工程任何部分时,应提前7天向承包商发出通知,告知将测量的部分以及测量的日期和地点。除非与承包商另有商定,现场测量应在此日期进行。承包商代表应:

(a) 亲自或另派合格代表,协助工程师进行测量并努力达成测量的一致意见;(以及)

(b) 提供工程师要求的任何具体资料。

如果承包商未能或派代表在工程师通知中规定(或与承包商另有商定)的时间和地点到场,工程师(或其代表)所做的测量应被视为承包商在场的情况下进行的,并且应认为承包商已认可该测量为准确的。

除合同另有规定外,凡需根据记录进行测量的永久工程的任何部分,应在规范要求中确定,此类记录应由工程师准备。当工程师为该部分准备好记录时,其应向承包商提前 7 天发出通知,说明承包商代表应按日期和地点到场与工程师对记录进行检查和商定,如承包商未能在工程师通知中规定的时间和地点(或与承包商另有商定)或派代表到场,则应认为承包商已认可该记录为准确的。

如果对于工程的任何部分,承包商到场测量或检查测量记录(视情况而定),但工程师和承包商不能就测量达成一致,然后,承包商应向工程师发出通知,说明承包商认为现场测量或记录不准确的原因。如果承包商在现场测量或检查测量记录后 14 天内,没有向工程师发出此类通知,应视为承包商接受了测量,认为是准确的。

在收到承包商根据本款发出的通知后,除非当时此类测量已符合第 13.3.1 项[指示变更]最后一段的规定,否则工程师应:

● 根据第 3.7 款[商定或确定]的规定,继续商定或确定测量(以及);

● 就第 3.7.3 项[时限]而言,工程师收到承包商通知的日期应为第 3.7.3 项规定的商定时限的开始日期。

工程师应在商定或确定测量之前,评估用于期中付款证书的临时测量。

12.2 测量方法

测量方法应如合同数据中规定的,如未这样规定,应按照工程量清单或其他适用资料表中规定的方法。

除合同另有规定外,应测量永久工程各项内容的实际净数量,不应允许留有膨胀、收缩或浪费的数量。

12.3 工程的估价

除合同另有规定外,工程师应按照第 12.1 款[需测量的工程]和 12.2 款[测量方法]商定或确定的测量方法和适宜的费率和价格,对各项工作内容进行估价。

各项工作内容的适宜费率或价格,应为工程量清单或其他资料表对此类工作内容规定的费率或价格,如工程量清单或其他资料表中无某项内容,应取类似工作的费率或价格。

在工程量清单或其他资料表中确定的任何工作事项,但未规定费率或价格的,应视为包含在工程量清单或其他资料表中的其他费率和价格中。

在以下情况下,宜对有关工作内容采用新的费率或价格:

(a) 该项工作在工程量清单或其他资料表中没有确定,也没有在工程量清单或其他资料表中规定该项工作的费率或价格,由于工作性质不同,或在与合同中任何工作不同的条件下实施,未规定适宜的费率或价格;

(b)(i) 该项工作测量出的数量变化超过工程量清单或其他资料表中所列数量的 10%以上;

(ii) 此数量变化与该项工作在工程量清单或其他资料表中规定的费率或价格的乘积，超过中标合同金额的0.01%；

(iii) 此数量变化直接改变该项工作的单位成本超过1%；(以及)

(iv) 工程量清单或其他资料表中没有规定该项工作为“固定费率项目”“固定费用”或类似术语，指的是不因数量变化而调整的费率或价格；(和/或)

(c) 根据第13条[变更和调整]的规定指示工作，并且上述(a)或(b)段适用。

新的费率或价格应考虑(a)(b)和/或(c)段中描述的有关事项对工程量清单或其他资料表中相关费率或价格加以合理调整后得出。如果没有规定的费率或价格可供推算新的费率或价格，应根据实施该工作的合理成本，连同合同数据中规定的适用利润百分比(如未规定，则为5%)，并考虑其他相关事项后得出。

如果工程师和承包商无法就任何工作事项商定适当的费率或价格，承包商应向工程师发出通知，说明承包商不同意的原因。在收到承包商根据本款规定发出的通知后，除非当时该费率或价格已受第13.3.1项[指示变更]最后一段的约束，工程师应：

● 根据第3.7款[商定或确定]的规定，商定或确定适当的费率或价格；(以及)

● 就第3.7.3项[时限]而言，工程师收到承包商通知的日期应为第3.7.3项规定的商定期限的开始日期。

工程师应在商定或确定适宜费率或价格前，评估用于期中付款证书的临时费率或价格。

12.4　删减

当任何工作的删减构成一项变更的一部分(或全部)：

(a) 对其价值尚未达成一致；

(b) 如该工作未被删减，承包商将(或已)招致的费用，本应包含在中标合同金额的某部分款额中；

(c) 删减该工作将(或已)导致此项款额不构成合同价格的一部分；(以及)

(d) 此项费用不被视为要包括在任何替代工作的估价中。

承包商应在其根据第13.3.1项[指示变更](c)段提交的建议书中，向工程师提供相应的详细资料并附详细证明资料。

13　变更和调整

13.1　变更权

在签发工程接收证书前的任何时间，工程师可根据第13.3款[变更程序]的规定提出变更。

除第11.4款[未能修补缺陷]规定的情况外，除非双方另有商定，变更不应包括雇主或其他方将要进行的任何工作的删减。

承包商应遵守根据第 13.3.1 项[指示变更]的规定，指示每项变更，并应尽快毫不延误地执行变更，除非承包商迅速向工程师发出通知，说明(附详细证明资料)：

(a) 考虑到规范要求中所述工程的范围和性质，被变更的工作是不可预见的；

(b) 承包商难以取得变更所需的货物；(或)

(c) 这将对承包商遵守第 4.8 款[健康和安全义务]和/或第 4.18 款[环境保护]的能力产生不利影响。

工程师接到该通知后，应立即向承包商发出通知，取消、确认或更改该指示。任何经这样确认或更改的指示，应视为根据第 13.3.1 项[指示变更]的规定做出的。

每项变更可包括：

(i) 合同中包括的任何工作内容的数量的改变(但此类改变不一定构成变更)；

(ii) 任何工作内容的质量或其他特性的改变；

(iii) 任何部分工程的标高、位置和/或尺寸的改变；

(iv) 任何工作的删减，但要交他人未经双方同意实施的工作除外；

(v) 永久工程所需的任何附加工作、生产设备、材料或服务，包括任何有关的竣工试验、钻孔和其他试验和勘探工作；(或)

(vi) 实施工程的顺序或时间安排的改变。

除非并直到工程师根据第 13.3.1 项[指示变更]的规定指示了变更，承包商不得对永久工程做任何改变和/或修改。

13.2　价值工程

承包商可随时向工程师提交书面建议，该建议(承包商认为)采纳后将：

(a) 加快竣工；

(b) 降低雇主的工程施工、维护或运行的费用；

(c) 提高雇主竣工工程的效率或价值；(或)

(d) 给雇主带来其他利益的建议。

此类建议书应由承包商自费编制，并应包括第 13.3.1 项[指示变更](a)至(c)段所列的详细内容。

工程师在收到此类建议书后，应在切实可行的范围内尽快做出回应，向承包商发出通知说明其同意或其他意见。工程师的同意或其他意见应由雇主自主决定。承包商在等待答复期间不得延误任何工作。

如果工程师同意该建议书，无论是否有意见，工程师应指示变更。此后，承包商应提交工程师可能合理要求的任何进一步的资料，第 13.3.1 项[指示变更]最后一段应适应,其中应包括工程师考虑对专用条件中规定的双方利益、费用和/或延误的分担(如果有)。

如果工程师同意根据本款提交的建议书中包括部分永久工程设计的改变,则除非经双方同意:

(i) 承包商应自费设计这一部分;(以及)

(ii) 第 4.1 款[承包商的一般义务]中的(a)至(h)段应适用。

13.3　变更程序

13.3.1　指示变更

根据第 13.1 款[变更权]的规定,工程师应按照下列任一项程序提出变更:

工程师可根据第 3.5 款[工程师的指示]的规定,向承包商发出通知(说明所需的改变和记录成本的任何要求)指示变更。

承包商应继续执行变更,并应在收到工程师指示后 28 天内(或承包商建议并经工程师商定的其他期限)向工程师提交详细资料,包括:

(a) 对已执行或将要执行的各种工作的说明,包括承包商已采用或将要采用的资源和方法的详细资料;

(b) 执行进度计划和根据第 8.3 款进度计划和竣工时间的要求,承包商对进度计划做出必要修改(如果有)的建议书;(以及)

(c) 承包商根据第 12 条[测量和估价]的规定对变更进行估价的合同价格调整建议书,并附详细资料其中应包括确定任何估计数量,如果承包商对竣工时间进行任何必要的修改而产生或将产生费用,应表明承包商认为其有权获得的额外付款(如果有)。如果双方同意删减由其他人实施的任何工作,承包商建议书也可包括由于该项删减工作,使承包商遭受(或将遭受)的任何利润损失和其他损失以及损害的金额。

随后,承包商应提交工程师可能合理要求的任何进一步详细资料。

然后工程师应按照第 3.7 款[商定或确定]的规定,商定或确定:

(i) 竣工时间的延长(如果有);(和/或)

(ii) 合同价格的调整(包括根据第 12 条[测量和估价]的规定,使用不相同工作的测量数量对变更进行估价)。

以及,就 3.7.3 项[时限]而言,工程师收到承包商提交的文件(包括所要求的任何进一步资料)的日期应为根据第 3.7.3 项规定的商定时限的开始日期。承包商应有权获得此类竣工时间的延长和/或合同价格的调整,不需要遵守第 20.2 款付款和/或竣工时间延长的索赔的任何要求。

13.3.2　建议书要求的变更

工程师在发出变更指示前向承包商发出通知(说明对建议的改变),要求承包商提出一份建议书。

承包商应在切实可行的范围内尽快做出下述任一回应：

(a) 提交一份建议书，其中应包括第13.3.1项指示变更(a)至(c)段中所述的事项；(或)

(b) 参照第13.1款[变更权](a)至(c)段所述事项，说明承包商不能遵守的理由(如果情况如此)。

如果承包商提交了建议书，工程师在收到建议书后应尽快做出回应，向承包商发出通知说明其同意或其他意见。承包商在等待答复期间不得延误任何工作。

如果工程师同意该建议书，无论是否有意见，工程师应指示变更。此后，承包商应提交工程师可能合理要求的任何进一步的资料，以及第13.3.1项[指示变更]最后一段应适用。

如果工程师不同意该建议书，无论是否有意见，如果承包商因提交建议书而产生费用，承包商应有权根据第20.2款付款和/或竣工时间延长的索赔的规定，要求获得此类费用的支付。

13.4 暂列金额

每笔暂列金额只应按照工程师的指示全部或部分地使用，合同价格应相应进行调整。付给承包商的总金额只应包括工程师已指示的、与暂列金额有关的工作、供货或服务的应付款项。

对于每笔暂列金额，工程师可指示用于下列支付：

(a) 要由承包商实施的工作(包括要提供的生产设备、材料或服务)，和合同价格的调整应根据第13.3.1项[指示变更]的规定进行商定或确定；(和/或)

(b) 应包括在合同价格中的，要由承包商从指定分包商(按第5.2款[指定分包商]的定义)或其他单位购买的生产设备、材料或服务，所需的下列费用：

(i) 承包商已付(或应付)的实际金额；(以及)

(ii) 以相应资料表规定的有关百分率(如果有)计算的这些实际金额的一个百分比，作为管理费和利润的金额。如无此类百分率，应采用合同数据中的百分率。

如果工程师根据上述(a)和/或(b)段指示承包商，则该指示可包括要求承包商提交其供应商和/或分包商对所有(或部分)将要实施的工作事项或拟采购的生产设备、材料、工作或服务的报价。此后，工程师可发出通知，指示承包商接受其中一个报价(但此指示不得作为第5.2款[指定分包商]规定的指示)或撤销该指示。如果工程师在收到报价后7天内没有做出回应，承包商有权自行决定接受任何此类报价。

暂列金额的每份报表还应包括暂列金额的所有适用发票、凭证以及账单或收据等证明。

13.5 计日工作

如果合同中未包括计日工作计划表,则本款不适用。

对于一些小的或附带性的工作,工程师可指示按计日工作实施变更。这时,工作应按照计日工作计划表进行估价,并应适用下述程序。

在为此类工作订购货物前(在计日工作计划表中标价的任何货物除外),承包商应向工程师提交一份或多份承包商的供应商和/或分包商的报价单。此后,工程师可指示承包商接受其中一个报价(但此指示不得作为第 5.2 款[指定分包商]规定的指示)。如果工程师在收到报价后 7 天内没有指示承包商,承包商有权自行决定接受任何此类报价。

除计日工作计划表中规定不应支付的任何事项外,承包商应向工程师提交每日的精确报表,一式两份(和一份电子副本),报表应包括前一日工作中使用的各项资源的记录(如第 6.10 款[承包商的记录]中所述)。

如果正确并经同意,每份报表应由工程师签署并迅速退回承包商一份。如果不正确或不同意,工程师应根据第 3.7 款[商定或确定]的规定对资源进行商定或确定(就第 3.7.3 项[时限]而言,承包商完成本款规定的变更工作的日期,应为第 3.7.3 项规定的商定时限的开始日期)。

在下一份报表中,承包商应向工程师提交商定或确定的资源的估价报表,连同所有适用发票、凭证以及账单或收据,以证明计日工作中使用的任何货物(在计日工作计划表中标价的货物除外)。

除非计日工作计划表中另有规定,否则计日工作计划表中的费率和价格应视为包括税金、管理费和利润。

13.6 因法律改变的调整

根据本款的下列规定,合同价格应考虑因以下改变导致的任何费用增减进行调整:

(a) 工程所在国的法律有改变(包括实施新的法律,废除或修改现有法律);

(b) 上述(a)段所指法律的司法或政府官方解释或实施;

(c) 雇主或承包商分别根据第 1.13 款遵守法律(a)段或(b)段获得的任何许可证、准许、执照或批准;(或)

(d) 承包商根据第 1.13 款[遵守法律](b)段的规定获得的任何许可证、准许、执照或批准的要求。

在基准日期后制定和/或正式公布的法律改变,影响了承包商履行合同规定的义务。在本款中,“法律改变”是指上述(a)(b)(c)和/或(d)段所述的任何改变。

如果承包商因任何法律的改变,已遭受延误和/或已招致增加费用,承包商应有权根据第 20.2 款[付款和/或竣工时间延长的索赔]的规定,要求获得竣工时间的延长和/或此类费用的支付。

如果由于法律的任何改变而导致费用减少,雇主有权根据第 20.2 款付款和/或竣工时间延长的索赔的规定,要求降低合同价格。

如果由于法律的任何改变而需要对工程的实施进行任何调整:

(i) 承包商应立即向工程师发出通知;(或)

(ii) 工程师应立即向承包商发出通知(附详细证明材料)。

此后,工程师应根据第 13.3.1 项[指示变更]的规定指示变更,或根据第 13.3.2 项[建议书要求的变更]的规定要求提交建议书。

13.7 因成本改变的调整

如果合同中没有包括成本指数表,本款应不适用。

可付给承包商的款额,应就工程所用的劳动力、货物和其他投入的成本的涨落,按成本指数资料表计算的增减额进行调整。

在本条款或本条件的其他条款对成本的任何涨落不能完全补偿的情况下,中标合同金额应视为已包括其他成本涨落的应急费用。

在付款证书中确认的,付给承包商的其他应付款要做的调整,应按合同价格应付每种货币计算。对于根据成本或现行价格进行估价的工作,不予调整。

在获得每种现行成本指数前,工程师应使用一个临时指数,用以签发期中付款证书。当得到现行成本指数时,应据此重新计算调整。

如果承包商未能在竣工时间内完成工程,其后应利用下列任一方法调整价格:

(a) 适用于工程竣工时间期满前第 49 天的各指数或价格;(或)

(b) 现行指数或价格。

取两者中对雇主更有利的,对价格做出调整。

### (八) 合同价格和付款

合同价格始终是雇主和承包商间十分敏感的问题,在工程建设过程中可能会发生影响最终工程结算价格的多种因素,如:经工程师对承包商已完成工作测量后的估价变化;承包商提供的用于工程的生产设备和材料变化;工程变更引起的价格变化;工程预付款、期中付款和最终付款过程中的变数等。FIDIC《施工合同条件》第 14 章中对这些问题有明细条款规定,特引用该章中部分条款如下:

14 合同价格和付款

14.1 合同价格

除非专用条件中另有规定:

(a) 合同价格应为第 12.3 款[工程的估价]规定的工程价值,并可根据合同进

行调整、增加(包括承包商根据本条件的规定有权获得的成本或成本加利润)和/或扣减;

(b) 承包商应支付根据合同要求应由其支付的各项税金、关税和费用。除第13.6款[因法律改变的调整]说明的情况外,合同价格不应因任何这些费用进行调整;

(c) 工程量清单或其他资料表中可能列出的任何数量都是估计数量,不能作为实际和正确的数量:

(i) 要求承包商实施的工程的;(或)

(ii) 用于第12条[测量和估价]的;(以及)

(d) 承包商在开工日期后28天内,应向工程师提交资料表中所列每项总价(如果有)的建议分类细目。工程师编制付款证书时可以考虑此类分类细目,但不受其约束。

14.2 预付款

如果合同数据中没有规定预付款金额,本款应不适用。

在收到预付款证书后,雇主应支付一笔预付款,作为用于动员的无息贷款(以及设计,如果有)。预付款的金额和支付货币应按合同数据中的规定。

14.2.1 预付款保函

承包商应获得(由承包商承担费用)金额和货币种类与预付款一致的预付款保函,并应将其提交给雇主,并抄送一份副本给工程师。该保函应由雇主同意的国家(或其他司法管辖区)的实体,以专用条件所附的格式或雇主同意的其他格式出具(但此类同意和/或商定不得免除承包商根据本款规定的任何义务)。

在还清预付款前,承包商应确保预付款保函一直有效并可执行,但其总额可根据付款证书规定的承包商付还的金额逐渐减少。

如果预付款保函条款中规定了期满日期,而在期满日期前28天预付款尚未还清时:

(a) 承包商应将保函有效期延至预付款还清为止;

(b) 承包商应立即向雇主提交延期证据,并向工程师提交一份副本;

(c) 如果雇主在该保函到期日前7天没有收到证据,雇主有权根据保函要求支付尚未偿还的预付款。

14.2.2 预付款证书

承包商在提交预付款保函时,应包括一份预付款申请书(以报表的格式)。

工程师应在下列情况发生后14天内签发预付款证书,用于支付预付款:

(a) 雇主已收到履约保函和预付款保函,其格式和签发的实体均符合第4.2.1项[承包商的义务]和第14.2.1项[预付款保函]的规定;(以及)

(b) 工程师已收到第 14.2.1 项[预付款保函]规定的承包商的预付款申请副本。

14.2.3　预付款付还

预付款应通过付款证书中按百分比扣减方式付还。除非合同数据中规定了其他百分比:

(a) 扣减应从确认的、与预付款相同货币的期中付款(不包括预付款、扣减额和保留金的发放)累计额超过以该货币支付的中标合同金额,减去暂列金额后余额的百分之十(10%)时的期中付款证书开始;(以及)

(b) 扣减应按每次期中付款证书中金额(不包括预付款、扣减额和保留金的发放)的四分之一(25%)的摊还比率,并按预付款的货币和比例计算,直到预付款还清时为止。

如果在签发工程接收证书前,或根据第 15 条[由雇主终止]、第 16 条[由承包商暂停和终止]或第 18 条[例外事件](视情况而定)的规定终止前,预付款尚未还清,则全部余额应立即成为承包商对雇主的到期应付款。

14.3　期中付款的申请

承包商应在每个付款期结束后,按合同数据中的规定(如未规定,按每个月结束后)向工程师提交报表。每份报表应:

(a) 采用工程师可接受的格式;

(b) 按合同数据中的规定,提交一份纸质原件、一份电子副本和附加纸质副本(如果有);(以及)

(c) 根据第 4.20 款进度报告的规定,详细说明承包商认为其有权得到的款额,并附上证明文件,其中应包括足够的详细资料,以便工程师调查这些款额以及相关的进度报告。

适用时,该报表应包括下列项目,以合同价格应付的各种货币表示,并按下列顺序排列:

(i) 截至付款期结束已实施的工程和已提出的承包商文件的估算合同价值(包括各项变更,但不包括以下(ii)至(x)段所列事项):

(ii) 按照第 13.6 款因法律改变的调整和第 13.7 款因成本改变的调整的规定,由于法律改变和成本改变,应增减的任何款额;

(iii) 至雇主提取的保留金额达到合同数据中规定的保留金限额(如果有)前,用合同数据中规定的保留金百分比乘以根据本款(i)(ii)和(vi)段所述的款项总额计算的应扣减的任何保留金额;

(iv) 按照第 14.2 款[预付款]的规定,因预付款的支付和付还,应增加和/或扣减的任何款额;

(v) 按照第 14.5 款[拟用于工程的生产设备和材料]的规定，为生产设备和材料应增加和/或扣减的任何款额；

(vi) 根据合同或包括第 3.7 款[商定或确定]规定等其他理由，应付的任何其他增加和/或扣减额；

(vii) 根据第 13.4 款[暂列金额]的规定，为暂列金额增加的任何款额；

(viii) 根据第 14.9 款[保留金的发放]的规定，为发放保留金增加的任何款额；

(ix) 承包商使用雇主根据第 4.19 款[临时公用设施]的规定，提供的公共设施扣除的任何款额；(以及)

(x) 所有以前付款证书中确认的扣减额。

14.4　付款计划表

如果合同包括一份付款计划表，其中规定了合同价格的分期付款，除非该表中另有规定：

(a) 该付款计划表所述的分期付款，应视为第 14.3 款[期中付款的申请](i)段需要的估算合同价值；

(b) 第 14.5 款[拟用于工程的生产设备和材料]的规定应不适用；(以及)

(c) 如果

(i) 分期付款额不是参照工程实施达到的实际进度确定；(以及)

(ii) 工程师发现实际进度与付款计划表依据的进度不同。

工程师可按照第 3.7 款[商定或确定]的要求进行商定或确定，修改分期付款额(就第 3.7.3 项[时限]而言，工程师发现上述(ii)段所述不同的日期，应为根据第 3.7.3 项商定的时限的开始日期)，这种修改的分期付款应考虑实际进度与该分期付款计划表所依据的进度的不同程度。

如果合同未包括付款计划表，承包商应每 3 个月提交其预计应付的无约束性估算付款额。第一次估算应在开工日期后 42 天内提交。直到签发工程接收证书前，应按每 3 个月提交一次修正的估算。

14.5　拟用于工程的生产设备和材料

如果合同数据中没有列出生产设备和/或材料装运时和/或交付时的付款，本款应不适用。

根据第 14.3 款[期中付款的申请](v)段的规定，承包商应包括：

● 已装运或交付(视情况而定)到现场用于永久工程的生产设备和材料所需增加的金额；(以及)

● 当此类生产设备和材料的合同价值已根据第 14.3 款[期中付款的申请](i)段规定，作为永久工程一部分包含在内时的减少额。

如满足以下条件，工程师应根据第 3.7 款[商定或确定]的规定，商定或确定生产设备和材料的各项增加金额(就第 3.7.3 项[时限]而言,这些条件的满足日期应为根据第 3.7.3 段规定的商定的时限的开始日期);

(a) 承包商已:

(i) 保存了符合要求、可供工程师检验的(包括生产设备和材料的订单、收据、费用和使用的)记录;

(ii) 向工程师提交了证明生产设备和材料符合合同要求的证据(可能包括第 7.4 款[由承包商试验]规定的试验证书和/或第 4.9.2 项[合规验证体系]规定的合规审核文件);(以及)

(iii) 提交了购买生产设备和材料并将其装运或交付至现场的费用报表(视情况而定),并附有符合要求的证据。

以及,或:

(b) 有关生产设备和材料:

(i) 是合同数据中所列装运付费的物品;

(ii) 按照合同已运到工程所在国,在往现场的途中;

(iii) 已写入清洁装运提单或其他装运证明,此类提单或证明一并提交给工程师:

- 运费和保费的支付证据;
- 工程师合理要求的任何其他文件;(以及)
- 承包商的书面承诺书,承包商将(在提交下一份报表之前)向雇主提交由雇主同意的实体按雇主同意的格式出具、与根据本款规定应付金额和货币一致的银行保函(但此类同意不应免除承包商在本段规定的下列任何义务)。此保函可具有与第 14.2.1 项[预付款保函]中提到的格式相类似的格式,并应做到在生产设备和材料已在现场妥善储存并做好防止损失、损害或变质的保护以前,一直有效;

或

(c) 有关生产设备和材料;

(i) 是合同数据中所列运到现场时付款的物品;(以及)

(ii) 已运到现场和妥善储存,并已做好防止损失、损害或变质的保护,似乎已符合合同要求。

要商定或确定的金额,应考虑本款要求的证据和各项文件及生产设备和材料的合同价值。如果上述(b)段适用,在雇主收到上述(b)(iii)段规定的银行保函之前,工程师没有义务证明本项所述的任何付款。工程师在期中付款证书中确认的金额应等于该商定或确定金额的百分之八十(80%)。该确认金额的货币,应与第 14.3 款[期中付款的申请](i)段包括的合同价值应付的货币相同。此时,付款证书应计入适当的减少额,该减少额应与相关生产设备和材料的增加额相等,并采用同样的货币和比例。

14.6 期中付款证书的签发

在以下情况之前,不得向承包商确认或支付任何款项:

(a) 雇主已收到由实体出具的、符合第 4.2.1 项[承包商的义务]规定格式的履约担保;(以及)

(b) 承包商已根据第 4.3 款承包商代表的规定指定了承包商代表。

14.6.1 期中付款证书

工程师应在收到有关报表和证明文件后 28 天内,向雇主签发期中付款证书,并抄送承包商:

(a) 说明工程师公正地确定应付的金额;(以及)

(b) 包括根据第 3.7 款[商定或确定]或根据合同或其他规定到期应付的任何增加和/或扣减。

并附详细的证明资料(该资料应证明经确认金额与报表中相应金额之间的任何差额,并说明差额的原因)。

14.6.2 期中付款证书暂扣(金额)

在签发工程接收证书前,工程师可扣留(扣除保留金和其他应扣款项后)少于合同数据中规定的期中付款证书的最低额(如果有)。在此情况下,工程师应立即通知承包商。

虽然存在以下情况,对期中付款证书不应因任何其他原因予以扣发:

(a) 如果承包商供应的任何物品或完成的工作不符合合同要求,在完成修正和更换前,可以扣发该修正和更换所需的估计费用;

(b) 如果承包商未能按照合同要求履行任何工作、服务或义务,在该项工作或义务完成前,可以扣留该工作或义务的价值。在这种情况下,工程师应立即向承包商发出通知,说明未履行工作等的情况,并附上扣留价值的详细证明资料;(和/或)

(c) 如果工程师在报表或证明文件中发现任何重大错误或差异,期中付款证书的金额可考虑该错误或差异对报表中金额进行适当调查的妨碍或损害的程度,直到该错误或差异在随后的报表中得到改正为止。

对于每一笔如此扣留的金额,工程师应在期中付款证书的证明材料中详细说明其对该笔金额的计算,并说明扣留的原因。

14.6.3 改正或修改

工程师可在任一次付款证书中,对以前任何付款证书做出任何适当的改正或修改。付款证书不应被视为表明工程师的接受、批准、同意或对任何承包商文件或工程(任何部分)的不反对通知。

如果承包商认为期中付款证书没有包括承包商有权获得的任何金额,则应在

下一份报表中确认这些金额(本项中“确认的金额”)。工程师应在下一份付款证书中做出任何适当的改正或修改。此后,只要:

(a) 承包商对下一份付款证书中包括确认的金额不满意;(以及)

(b) 所确认的金额不涉及工程师已根据第 3.7 款[商定或确定]履行其职责的事项。

承包商可发通知将此事项提交给工程师,第 3.7 款[商定或确定]应适用(以及,就 3.7.3 项[时限]而言,工程师收到本通知的日期,应为第 3.7.3 项规定的商定时限的开始日期)。

14.7 付款

雇主应向承包商支付:

(a) 在雇主收到预付款证书后,在合同数据中规定的期限内(如未规定,应为 21 天)各预付款证书确认的金额;

(b) 各期中付款证书确认的金额根据如下:

(i) 在工程师收到按照第 14.6 款期中付款证书的签发和合同数据中规定提交报表和证明文件的期限内(如未规定,应为 56 天);(或)

(ii) 在雇主收到第 14.13 款[最终付款证书的签发]和合同数据中规定的最终付款证书的期限内(如未规定,应为 28 天);(以及)

(c) 在雇主收到合同数据中规定的最终付款证书确认的金额的期限内(如未规定,应为 56 天)。

每种货币的应付款额,应汇入合同(为此货币)规定的付款国境内的承包商指定的银行账户。

14.8 延误的付款

如果承包商没有在按照第 14.7 款[付款]规定的时间收到付款,承包商应有权就未付款额按月计算复利,收取延误期的融资费用。该延误期应视为从第 14.7 款[付款]规定的支付期限届满时算起,而不考虑[如第 14.7 款(b)段的情况]签发任何期中付款证书的日期。

除非合同数据中另有规定,上述融资费用应以 3%的年利率进行计算:

(a) 对主要借款人的平均银行短期贷款利率,以付款地点的付款货币为准;(或)

(b) 如果在该地没有这样的汇率,与付款货币所在国的汇率相同;(或)

(c) 如果在任何地方都没有这样的汇率,由付款货币所在国法律规定的适当汇率。

承包商应有权要求雇主支付这些融资费用,而无须:

(i) 承包商提供一份报表或任何正式通知(包括遵守第 20.2 款[付款和/或竣

工时间延长的索赔]规定的任何要求)或证明;(以及)

(ii) 损害任何其他权利或补偿。

14.9　保留金的发放

签发工程接收证书后:

(a) 对工程,承包商应在报表中包含保留金的前半部分;(或)

(b) 对分项工程,承包商应在报表中包含保留金前半部分的相关百分比。

在各缺陷通知期限的最末一个期满日期后,承包商应在最末到期日后立即将保留金的后半部分包含在报表中。如对某分项工程签发了(或被视为已签发)接收证书,承包商应在该分项工程的缺陷通知期限期满日期后,立即在报表中包含保留金后半部分的相关百分比。

在工程师收到任何此类报表后的下一次期中付款证书中,工程师应确认相应金额的保留金已发放。但是,在根据第14.6款期中付款证书的签发的规定,确认任何保留金的发放时,如果根据第11条[接收后的缺陷]的规定,还有任何工作需要做的,工程师应有权在该项工作完成前,暂不签发该工作估算费用的证书。

各分项工程的相关百分比应为合同数据中规定的该分项工程的百分比价值。如果合同数据中没有规定分项工程的百分比价值,则不得根据本款规定,就该分项工程发放任何一半保留金的百分比。

14.10　竣工报表

在工程竣工后84天内,承包商应按照第14.3款期中付款的申请的规定,向工程师提交竣工报表并附证明文件,列出:

(a) 截止工程竣工的日期,根据合同要求完成的所有工作的价值;

(b) 承包商认为在工程竣工之日应付的任何其他款项;(以及)

(c) 承包商认为的、在根据合同或其他规定的工程竣工日期后已到期或将要到期任何其他款项的估算款额。估算款额应单独列出(与上述(a)和(b)段相同),并应包括以下估算款额:

(i) 承包商已根据第20.2款[付款和/或竣工时间延长的索赔]的规定提交通知的索赔;

(ii) 根据第21.4款[取得争端避免/裁决委员会的决定]的规定,提交给争端避免/裁决委员会的任何事项;(以及)

(iii) 根据第21.4款[取得争端避免/裁决委员会的决定]的规定,提出不满意通知的任何事项。

然后,工程师应按照第14.6款[期中付款证书的签发]的规定,签发期中付款证书。

14.11　最终报表

承包商根据本款下列规定提交的任何报表,不得因第21.4款[取得争端避免/

裁决委员会的决定]规定的任何提交,或第 21.6 款仲裁规定的任何仲裁而延误。

14.11.1　最终报表草案

在签发履约证书后 56 天内,承包商应向工程师提交一份最终报表草案。

该报表应:

(a) 与之前根据第 14.3 款[期中付款的申请]提交的报表格式相同;

(b)按合同数据中的规定,提交一份纸质原件、一份电子副本和附加纸质副本(如果有);(以及)

(c) 附证明文件,详细说明:

(i) 根据合同完成的所有工作的价值;

(ii) 承包商认为根据合同或其他规定在签发履约证书日期到期的任何其他款额;(以及)

(iii) 承包商认为根据合同或其他规定在签发履约证书后已到期或将要到期的任何其他款项的估算款额,包括根据第 14.10 款[竣工报表](c)(i)至(iii)段所述事项估算款额。估算款额应单独列出[与上述(i)和(ii)段相同]。

除上述(iii)段的任何款额外,如果工程师不同意或无法核实最终报表草案中的任何部分,工程师应立即向承包商发出通知。然后,承包商应在本通知规定的时间内提交工程师可能合理要求的补充资料,并应按双方可能商定的意见,对该草案进行修改。

14.11.2　商定的最终报表

如果第 14.11.1 项[最终报表草案](iii)段没有规定款额,承包商应按商定的意见编制并向工程师提交最终报表(本条件中称为"最终报表")。

但是如果:

(a) 第 14.11.1 项[最终报表草案](iii)段规定有款额;(和/或)

(b) 经讨论之后,工程师和承包商很明显不能就最终报表草案中的任何款额达成商定。

则承包商应编制并向工程师提交一份报表,分别说明商定的款额、估算的款额和不同意的款额(本条件中的"部分商定的最终报表")。

14.12　结清证明

承包商在提交最终报表或部分商定的最终报表(视情况而定)时,应提交一份结清证明,确认最终报表上的总额代表了合同规定的或与合同有关的事项,应付给承包商的所有款项的全部和最终的结算总额。该结清证明可注明该总额是根据与争端避免/裁决委员会程序有关的任何争端,或根据第 21.6 款仲裁有关的正在进行仲裁的任何到期应付款项,和/或在承包商收到下列文件后生效:

(a) 全额支付最终付款证书确认的款额;(以及)

(b) 履约担保。

如果承包商未能提交结清证明，则该结清证明应被视为已提交，并在满足(a)和(b)段条件时生效。

本款规定的结清证明，不应影响任一方根据第21条[争端和仲裁]正在进行争端避免/裁决委员会程序或仲裁的任何争端方面的责任或权利。

14.13 最终付款证书的签发

工程师在收到第14.12款[结清证明]规定的最终报表或部分商定的最终报表和结清证明后28天内，应向雇主签发最终付款证书(抄送承包商)，说明：

(a) 工程师应公平地考虑最终应付款额，包括根据第3.7款[商定或确定]或根据合同或其他规定应付的任何增加和/或扣减款额；(以及)

(b) 确认雇主先前已付的所有款额以及雇主有权得到的所有款额后，确认承包商先前已付的所有款额和/或雇主根据履约担保得到的所有款额后，雇主尚需付给承包商，或承包商尚需付给雇主的余额(如果有)，视情况而定。

如果承包商未按第14.11.1项[最终报表草案]规定的时间内提交最终报表草案，工程师应要求承包商提交。此后，如承包商在28天期限内未能提交最终报表草案，工程师应按其公正确定的应付款额签发最终付款证书。

如果：

(i) 承包商根据第14.11.2项[商定的最终报表]的规定提交了部分商定的最终报表；(或)

(ii) 承包商未提交部分商定的最终报表，但如果承包商提交的最终报草案被工程师视为部分商定的最终报表。

工程师应按照第14.6款[期中付款证书的签发]的规定，签发期中付款证书。

14.14 雇主责任的中止

除了承包商在下列文件中，因合同或工程实施造成的或与之有关的任何问题或事项，明确提出款项要求以外，雇主应不再为之对承包商承担责任：

(a) 最终报表或部分商定的最终报表；(以及)

(b) 第14.10款竣工报表规定的报表(签发工程接收证书后发生的问题或事项除外)。

除非承包商在收到最终付款证书副本后56天内，根据第20.2款[付款和/或竣工时间延长的索赔]的规定，提出一笔或多笔款项的索赔，否则承包商应被视为已接受经确认的款项。除非支付最终付款证书规定的到期款额，并将履约担保金退还给承包商，雇主不应对承包商承担进一步的责任。

但是，本款不应减少雇主因其保障义务，或因其任何欺骗、重大过失、故意违约或轻率不当行为等情况引起的责任。

14.15 支付的货币

合同价格应按合同数据中规定的货币或几种货币支付。如果规定了一种以上货币,应按以下办法支付:

(a) 如果中标合同金额只是用当地货币或外币表示的:

(i) 当地货币和外币的比例或款额,以及计算付款采用的固定汇率,除双方另有商定外,应按合同数据中的规定;

(ii) 根据第13.4款[暂列金额]和第13.6款[因法律改变的调整]规定的付款和扣减,应按适用的货币和比例;(以及)

(iii) 根据第14.3款[期中付款的申请](i)至(iv)段做出的其他支付和扣减,应按上述(a)(i)段中规定的货币和比例。

(b) 当根据第13.2款[价值工程]或第13.3款[变更程序]的规定进行商定或确定调整时,应规定以每种适用货币支付的款额。为此,应参考各项工作费用的实际或预期货币比例,以及上述(a)(i)段中规定的各种货币的比例;

(c) 误期损害赔偿费的支付应按合同数据中规定的货币和比例;

(d) 承包商付给雇主的其他款项应以雇主花费该款实际用的货币,或双方可能商定的货币;

(e) 如果承包商以某种特定货币应付给雇主的任何款额,超过雇主以该货币应付给承包商的款额,雇主可从以其他货币应付给承包商的款额中收回该项差额;(以及)

(f) 如果合同数据中未规定汇率,应采用基准日期当天和工程所在国中央银行公布的汇率。

(九) 工程终止、暂停、工程照管和保障

工程建设过程中因各种不同的原因可能会导致工程终止或暂停,从合同管理的角度,必须分清终止或暂停是雇主方责任还是承包商的责任,以便确定责任方对工程终止或暂停造成非责任方的损失或损害程度以及相应的赔偿。

雇主提出要求终止工程施工,大多是因为承包商违约,履行合同规定要求太差,虽经工程师发出通知要求整改,仍然不能达到合同要求,雇主只有通过终止工程以便寻求合适的新承包商来继续完成工程。此外,也有雇主因出于己方的便利而提出终止工程,承包商往往不得已而接受终止,但承包商可以获得已完成部分工程的工程价款(成本加利润)及相关的其他损失或损害的款额。

承包商提出要求终止工程施工,则是因为雇主未履约构成了对承包商较大的损害,工程难以为继。其中大多情况是雇主严重拖欠应付的工程款,承包商难做无米之炊。

承包商有时提出要求工程暂停，可能是雇主未按工程进度及时支付工程款，或是应由雇主提供的设计文件、生产设备和材料等未能及时到场，承包商只能暂停工程以等待。

无论是雇主或承包商提出的工程终止或暂停，在通知的时限、合理的解释及证据、受损方可获得的赔偿及善后处理等事项都应按照规定进行处理。

对在建工程的照管主要是承包商的职责，承包商应自工程开工日期起至签发工程接收证书止，应承担对工程、货物和承包商文件的全部照管责任，直至工程的照管责任转移给雇主。

但对因雇主方因素(雇主负责的工程设计图纸、文件及规范要求中的错误、遗漏、过失；雇主提前不当使用或占用部分永久工程场地；施工现场外部道路通行权受阻等)导致工程照管责任缺失带来的损失或损害，承包商不承担责任。

此外，工程施工中任何行为都不应给第三方带来损害：承包商应保障雇主、雇主人员及其各自的代理人免受第三方索赔带来的损害；雇主应保障承包商、承包商人员以及他们各自的代理人免受第三方索赔带来的损害。

以下特引用 FIDIC《施工合同条件》第 15、16、17 章部分条款内容供学习：

15　由雇主终止

15.1　通知改正

如果承包商未能根据合同履行任何义务，工程师可通过向承包商发出通知，要求其在规定时间内，纠正并补救上述未履约(本条件中的“通知改正”)。

通知改正应：

(a) 说明承包商的未履约；

(b) 述明承包商具有履约义务的条款和/或合同条款；(以及)

(c) 在适当考虑未履约的性质及纠正未履约所需的工作和/或其他行动的情况下，明确承包商应纠正未履约的合理时间。

收到通知改正后，承包商应立即做出回应，向工程师发出通知，描述其将采取的纠正未履约的措施，并说明开始采取这些措施的日期，以便与通知改正中规定的时间一致。

通知改正中规定的时间并不表示竣工时间的任何延长。

15.2　因承包商违约的终止

根据本条款终止合同不应损害合同规定的或雇主享有的任何其他权利。

15.2.1　通知

雇主应有权向承包商发出通知(应说明是按照 15.2.1 项的规定发出的)，告知承包商其打算终止合同的意向(或)，如果承包商有下述(f)(g)或(h)段的情况，雇主应有权终止合同：

(a) 未能遵守：

(i) 通知改正；

(ii) 第 3.7 款[商定或确定]规定的具有约束力的商定或具有约束力的最终确定；(或)

(iii) 争端避免/裁决委员会根据 21.4 款[取得争端避免/裁决委员会的决定]规定做出的决定(无论是具有约束力的还是最终并具有约束力的)。

这种未履约构成对合同规定的承包商义务的严重违反；

(b) 放弃工程，或以其他方式明确表现出不愿继续履行合同规定的承包商义务的意向；

(c) 在无合理解释的情况下，未能按照第 8 条[开工、延误和暂停]的规定实施工程，或，如果合同数据中规定了误期损害赔偿费的最大金额，其未能遵守第 8.2 款竣工时间的规定，则可使雇主有权获得高于该最大金额的误期损害赔偿费；

(d) 在无合理解释的情况下，收到通知后的 28 天内未遵守工程师根据第 7.5 款[缺陷和拒收]发出的拒收通知，或工程师根据第 7.6 款[修补工作]发出的指示；

(e) 未能遵守第 4.2 款[履约担保]的规定；

(f) 违反第 5.1 款[分包商]的规定，将全部或部分工程分包，或未获得第 1.7 款[权益转让]规定同意的情况下转让合同；

(g) 破产或无力偿债；进入清算、管理、重组、清理或解散等程序；委托了清算人、接管人、管理人、经理或受托人；与承包商的债权人达成和解或安排；(或)根据适用法律，做出了与这些行为或事件类似，或具有类似作用的任何行为或发生的任何事件。

或，如果承包商是联营体：

(i) 这些事项中的任何一项均适用于联营体的成员；(以及)

(ii) 其他成员未按第 1.14 款[共同的和各自的责任](a)段的规定立即向雇主确认，合同规定的此类成员义务应按合同规定履行；(或)

(h) 根据合理证据，发现参与了与工程或合同有关的腐败、欺诈、串通或胁迫行为。

15.2.2 终止

除非承包商在收到通知 14 天内，对按第 15.2.1 项[通知]规定发出的通知中所述的事项进行补救，否则雇主可以向承包商再次发出通知，立即终止合同。终止日期为承包商收到该再次通知的日期。

但是，在第 15.2.1 项[通知]的(f)(g)或(h)段所述情况下，雇主可根据第 15.2.1 项的规定发出通知，立即终止合同，终止日期为承包商收到该通知的日期。

15.2.3 终止后

根据第15.2.2项[终止]规定终止合同后，承包商应：

(a) 立即遵守雇主根据本款在通知中包含的任何合理指示：

(i) 任何分包合同的转让；(以及)

(ii) 保护生命或财产或工程安全。

(b) 向工程师交付：

(i) 雇主要求的任何货物；

(ii) 所有承包商文件；(以及)

(iii) 如果是承包商根据第4.1款[承包商的一般义务]的规定设计的部分永久工程，由承包商编制或为承包商编制的所有其他设计文件；(以及)

(c) 离开现场，如果承包商没有离开现场，则雇主有权将承包商驱离现场。

15.2.4 工程竣工

根据本款终止后，雇主可以完成工程和/或安排任何其他实体完成工程。雇主和/或这些实体之后可以使用任何货物，和承包商或代表承包商编制的承包商文件(以及其他设计文件，如果有)以完成工程。

工程竣工后，雇主应再次向承包商发出通知，说明承包商设备和临时工程将在现场或现场附近交还给承包商。承包商应立即安排将其运离，风险和费用由承包商承担。但如果此时承包商还有应付雇主的款项没有付清，雇主可以出售这些物品(在适用法律允许的范围内)，以收回该款项。收益的任何余款应随后支付给承包商。

15.3 因承包商违约终止后的估价

在根据第15.2款[因承包商违约的终止]的规定终止合同后，工程师应按照第3.7款[商定或确定]的规定继续商定或确定永久工程、货物和承包商文件的价值，以及承包商按照合同实施的工作应得的任何其他款项(以及，就第3.7.3项[时限]而言，终止日期应为根据第3.7.3项商定的时限的开始日期)。

该估价应包括任何增加和/或扣减，以及应付余额(如果有)，并参照第14.13款[最终付款证书的签发]第(a)和(b)段所述的事项。

如果承包商文件、材料、生产设备及永久工程不符合合同规定，则该估价不包括其价值。

15.4 因承包商违约终止后的付款

在本款以下规定中所述的所有成本、损失和损害(如果有)确定前，雇主可暂扣按照第15.3款[因承包商违约终止后的估价]规定的商定或确定支付承包商的金额。

按照第15.2款因承包商违约的终止的规定终止合同后，雇主应有权根据第

20.2 款[付款和/或竣工时间延长的索赔]的规定要求承包商支付以下款项:

(a) 在根据第 15.3 款因承包商违约终止的估价的规定允许付给承包商的任何款额后,实施工程的额外费用,以及雇主合理发生的所有其他费用(包括第 11.11 款[现场清理]规定中所述的清理、清洗和恢复现场发生的费用);

(b) 在工程竣工过程中,雇主遭受的任何损失和损害;(以及)

(c) 还未按照第 10.1 款[工程和分项工程的接收]的规定接收工程或分项工程,以及第 15.2 款[因承包商违约的终止]规定的终止日期在工程或分项工程(视情况而定)的竣工时间相对应的日期后发生,而造成的误期损害赔偿费。该误期损害赔偿费应在上述两个日期之间按日支付。

15.5 为雇主便利的终止

雇主应有权在对其便利的任何时候,通过向承包商发出终止通知,终止合同(该通知应说明是根据第 15.5 款的规定发出的)。

根据本款发出终止通知后,雇主应立即:

(a) 无权进一步使用应交还给承包商的任何承包商文件,但承包商已收到付款或付款证书规定应付款的文件除外;

(b) 如果第 4.6 款合作适用,则无权继续使用(如果有)任何承包商设备、临时工程、进出安排和/或承包商的其他设施或服务;(以及)

(c) 安排将履约担保退还给承包商。

本款规定的终止应在承包商收到该通知或雇主退还履约担保两者中较晚的日期后第 28 天生效。除非且直到承包商收到第 15.6 款[为雇主便利终止后的估价]规定的应付款额,否则雇主不得实施工程(任何部分)或安排其他实体实施工程(任何部分)。

终止后,承包商应按照第 16.3 款终止后承包商的义务的规定继续进行。

15.6 为雇主便利终止后的估价

按照第 15.5 款[为雇主便利的终止]的规定终止后,承包商应在切实可行的情况下,尽快(按照工程师的合理要求)提交以下详细的证明资料:

(a) 已完成工作的价值,其中应包括:

(i) 第 18.5 款[自主选择终止](a)至(e)段中所述的事项;(以及)

(ii) 任何增加和/或扣减额,以及应付余额(如果有),并参照第 14.13 款[最终付款证书的签发](a)和(b)段中所述的事项;(以及)

(b) 承包商因终止合同而遭受的任何利润损失或其他损失和损害的金额。

然后,工程师应按照第 3.7 款[商定或确定]的规定,商定或确定上述(a)和(b)段中所述的事项(以及,就第 3.7.3 项的时限而言,工程师根据本款收到承包商的详细资料的日期应为按照第 3.7.3 款商定的时限的开始日期)。

工程师应按商定或确定的金额签发付款证书，而承包商无须提交报表。

15.7　为雇主便利终止后的付款

雇主应在工程师收到承包商按照第15.6款为雇主便利终止后的估价规定提交文件后112天内，向承包商支付付款证书中确认的金额。

16　由承包商暂停和终止

16.1　由承包商暂停

如果：

(a) 工程师未按照第14.6款[期中付款证书的签发]的规定确认发证；

(b) 雇主未能按照第2.4款[雇主的资金安排]的规定提供合理证据；

(c) 雇主未遵守第14.7款[付款]的规定；(或)

(d) 雇主未遵守：

(i) 具有约束力的商定，或第3.7款[商定或确定]规定的最终并具有约束力的确定；(或)

(ii) 争端避免/裁决委员会根据第21.4款[取得争端避免/裁决委员会的决定]的规定做出的决定(无论是具有约束力的还是最终并具有约束力的)。

以及此类未履约构成了对合同规定的雇主应承担义务的重大违约。

承包商可以在向雇主发出通知后不少于21天(通知应说明是根据第16.1款的规定发出的)，暂停工作(或放慢工作进度)，除非并直到雇主对此项违约进行了补救。

该行动不应影响承包商根据第14.8款[延误的付款]的规定获得融资费，以及按照第16.2款[由承包商终止]的规定提出终止的权利。

如果雇主在承包商根据第16.2款[由承包商终止]的规定发出终止通知前，按照上述通知中的说明纠正了违约行为，则承包商应在合理可行的范围内尽快恢复正常工作。

如果因按照本款暂停工作(或放慢工作进度)，使承包商遭受延误和或招致增加费用，承包商应有权根据第20.2款付款和/或竣工时间延长的索赔的规定，获得竣工时间的延长和/或此类成本加利润的支付。

16.2　由承包商终止

根据本条终止合同不应损害承包商根据合同或有关规定的任何其他权利。

16.2.1　通知

承包商应有权向雇主发出通知(应说明通知是根据第16.2.1款的规定发出的)，告知其终止合同的意向，或者在以下(g)(i)、(h)(i)或(j)段的情况下，通知终止，如果：

(a) 承包商在根据第16.1款由承包商暂停的规定，就未能遵守第2.4款[雇主

的资金安排]规定的事项发出通知后42天内,仍未收到合理的证据;

(b) 工程师未能在收到报表和证明文件后56天内签发有关付款证书;

(c) 在第14.7款[付款]规定的付款时间到期后42天内,承包商仍未收到付款证书规定的应付款额;

(d) 雇主未能遵守:

(i) 具有约束力的商定,或第3.7款商定或确定规定的最终并具有约束力的确定(或)

(ii) 争端避免/裁决委员会根据第21.4款[取得争端避免/裁决委员会的决定]的规定做出的决定(无论是具有约束力的还是最终且具有约束力的)。

以及此类未履约构成了对合同规定的雇主义务的严重违约;

(e) 雇主未履约,以及此类未履约构成了对合同规定的雇主义务的严重违约;

(f) 承包商在收到中标函后84天内,未收到第8.1款[工程的开工]规定的开工日期通知;

(g) 雇主:

(i) 未遵守第1.6款[合同协议书]的规定;(或)

(ii) 在未经第1.7款[权益转让]要求的商定的情况下,转让合同。

(h) 第8.12款[拖长的暂停](b)段所述的拖长的暂停影响了整个工程:

(i) 雇主破产或无力偿债进入清算、管理、重组、清理或解散等程序委托了清算人、接管人、管理人、经理或受托人与雇主的债权人达成和解或安排或根据适用法律,做出了与这些行为或事件类似,或具有类似作用的任何行为或发生的任何事件;(或)

(j) 根据合理的证据,发现雇主从事了与工程或合同有关的腐败、欺诈、串通或胁迫行为。

16.2.2 终止

除非雇主在收到通知14天内,对按第16.2.1项[通知]规定发出的通知中所述的事项予以改正,否则承包商可以通过向雇主再次发出通知,立即终止合同。终止日期应为雇主收到该通知的日期。

但是,在第16.2.1项[通知](g)(i)、(h)、(i)或(j)段所述情况下,承包商可根据第16.2.1项的规定发出通知,立即终止合同,终止日期应为雇主收到该通知的日期。

如果承包商在上述14天内遭受延误和/或招致增加费用,则承包商应有权根据第20.2款付款和/或竣工时间延长的索赔的规定,获得竣工时间的延长和/或此类成本加利润的支付。

16.3 终止后承包商的义务

根据第15.5款[为雇主便利的终止]、第162款[由承包商终止]或第18.5款

[自主选择终止]的规定终止合同后,承包商应立即:

(a) 停止所有进一步的工作,但工程师为保护生命或财产或工程安全可能指示的工作除外。如果承包商因执行该指示的工作而产生费用,则承包商应有权根据第20.2款[付款和/或竣工时间延长的索赔]的规定,获得此类成本加利润的支付;

(b) 将承包商已得到付款的所有承包商文件、生产设备、材料和其他工作交付给工程师;(以及)

(c) 从现场运走除安全需要以外的所有其他货物,并撤离现场。

16.4　由承包商终止后的付款

根据第16.2款[由承包商终止]的规定终止后,雇主应立即:

(a) 按照第18.5款[自主选择终止]的规定,向承包商付款;(以及)

(b) 在承包商遵守第20.2款[付款和/或竣工时间延长的索赔]规定的前提下,付给承包商因此项终止而遭受的任何利润损失,或其他损失或损害的款额。

17　工程照管和保障

17.1　工程照管的职责

除非根据本条件或其他条款终止合同,否则在遵守第17.2款[工程照管的责任]的前提下,承包商应自工程开工日期起至签发工程接收证书止,承担对工程、货物和承包商文件的全部照管责任,直至工程的照管责任转移给雇主。如果对任何分项工程或部分工程签发了(或被视为已签发)接收证书,则应将照管该分项工程或部分工程的责任转移给雇主。

如果根据本条件或其他条款终止了合同,则承包商应自终止之日起不再负责工程的照管。

同样,承包商将责任转移给雇主后,应负责照管竣工日期前尚未完成的扫尾工作,直到完成尚未完成的扫尾工作。

承包商负责照管期间,如果工程、货物或承包商文件发生任何损失或损害,除因第17.2款[工程照管的责任]所述的情况外,承包商应弥补损失或损害,风险和费用由其自行承担,使工程、货物或承包商文件(视情况而定)符合合同规定。

17.2　工程照管的责任

签发接收证书后,承包商应对其工程、货物或承包商文件造成的任何损失或损害承担责任。对于签发接收证书后发生的,以及在签发接收证书之前发生的、承包商应承担责任的事件而引起的任何损失或损害,承包商也应承担责任。

对于因以下任何事件造成的工程、货物或承包商文件的损失或损害,承包商概不承担赔偿或其他有关的责任(除非此类工程、货物或承包商文件已经在以下任何事件发生之前,被工程师根据第7.5款缺陷和拒收的规定已经拒收):

(a) 对任何通行权、光线、空气、水或其他地役权(承包商施工方法所致除外)的临时或永久干预,并且是根据合同实施工程所无法避免的结果;

(b) 雇主使用或占用永久工程的任何部分,但合同另有规定的情况除外;

(c) 雇主负责工程设计的要素或可能包含在规范要求和图纸中的过失、错误、缺陷或遗漏(以及在提交投标书之前检查现场和规范要求和图纸时,有经验的承包商在实施应有的照管时不会发现),但不是承包商按照合同规定的义务所进行的设计;

(d) 不可预见的或有经验的承包商无法合理预期,并采取充分预防措施应对的任何自然力的作用(而不是合同数据分配给承包商的);

(e) 第 18.1 款[例外事件](a)至(f)段所列的任何事件或情况;(和/或)

(f) 雇主人员或雇主的其他承包商的任何作为或不作为。

按照第 18.4 款[例外事件的后果]的规定,如果发生以上(a)至(f)段所述的任何事件,并导致工程、货物或承包商文件的损害,承包商应立即通知工程师。然后,承包商应按照工程师的指示,纠正可能造成的任何此类损失和/或损害。该指示应视为已根据第 13.3.1 项[指示变更]的规定发出。

如果工程、货物或承包商文件的损失或损害是由于以下综合原因造成的:

(i) 上述(a)至(f)段所述的任何事件;(以及)

(ii) 承包商应承担责任的原因,

以及承包商因纠正损失和/或损害而遭受延误和/或招致增加费用,承包商有权根据第 20.2 款[付款和/或竣工时间延长的索赔]的规定,获得竣工时间的延长和/或成本加利润的相应比例,前提是上述任何事件已导致此类延误和/或成本。

17.3　知识产权和工业产权

在本款中,“侵权”系指侵犯(或被指称侵犯)与工程有关的任何专利权、已登记的设计、版权、商标、商号商品名称、商业机密或其他知识产权或工业产权;“索赔”系指指控侵权的第三方索赔(或为第三方索赔进行的诉讼)。

当一方收到索赔但未能在收到后的28天内,向另一方发出关于该索赔的通知时,该方应被认为已放弃根据本款规定的任何赔偿的权利。

雇主应保障并保持承包商免受因以下情况提出的指称侵权的任何索赔(包括法律费用和支出)引起的损害,该索赔是或曾经是:

(a) 因承包商遵从规范要求和图纸和/或任何变更的要求而造成的不可避免的结果;(或)

(b) 因雇主为以下原因使用任何工程的结果:

(i) 为了合同中指明的,或根据合同可合理推断的事项以外的目的;(或)

(ii) 与非承包商提供的任何物品联合使用,除非此项使用已在基准日期前向承包商透露，或在合同中有规定。

承包商应保障并保持雇主免受由以下事项产生或与之有关的、指控侵权的任何其他索赔（包括法律费用和支出）引起的损害：

(i) 承包商实施工程；（或）

(ii) 使用承包商的设备。

如果一方有权根据本款规定获得赔偿，赔偿方可（由其承担费用）承担协商解决索赔和/或由此产生的任何诉讼或仲裁的全部责任。另一方应在赔偿方请求并承担费用的情况下，协助对索赔进行抗辩。另一方（及承包商人员或雇主人员，视情况而定）不应做出可能损害赔偿方的任何承认，除非在另一方提出要求后，赔偿方未能立即对任何谈判、诉讼或仲裁事宜承担全部责任。

17.4　由承包商保障

承包商应保障和保持使雇主、雇主人员及其各自的代理人免受以下所有第三方索赔、损害赔偿费、损失和开支（包括法律费用和开支）带来的损害：

(a) 任何人员的人身伤害、患病、疾病或死亡，不论是由于承包商的施工引起，或在其过程中，或因其原因产生的，雇主、雇主人员或他们各自的任何代理人的任何疏忽、故意行为，或违反合同造成的情况除外；（以及）

(b) 由下列情况造成的对任何财产、不动产或人员（工程除外）的损害或损失：

(i) 由于承包商实施工程引起，或在其过程中，或因其原因产生的；（以及）

(ii) 由承包商、承包商人员、他们各自的代理人，或由他们中任何人员直接或间接雇用的任何人员的疏忽、故意行为，或违反合同造成的。

如果承包商按照第4.1款[承包商的一般义务]的规定，负责设计部分永久工程，和/或合同规定的任何其他设计，则承包商还应保障和保持雇主免受承包商在履行其工程（或分项工程或部分工程或生产设备的主要部件，如果有）设计义务时的所有行为、错误或遗漏造成的伤害，竣工时，这些工程不符合第4.1款[承包商的一般义务]规定的预期目的。

17.5　由雇主保障

雇主应保障和保持使承包商、承包商人员以及他们各自的代理人免受以下所有第三方索赔、损害赔偿费、损失和开支（包括法律费用和开支）带来的损害：

(a) 由于雇主、雇主人员，或他们各自的任何代理人的任何疏忽、故意行为或违反合同造成的除工程以外的人身伤害、患病、疾病或死亡；（以及）

(b) 第17.2款[工程照管的责任]的(a)至(f)段所述情况造成的对任何财产、不动产或人员（工程除外）的损害或损失。

17.6　保障分担

按照第17.4款[由承包商保障]和/或第17.3款[知识产权和工业产权]的规

定，如果第17.2款工程照管的责任(a)至(f)段所述的任何事件可能是造成上述损害、损失或伤害的原因，则承包商对雇主的赔偿责任应按比例减少。

同样，按照第17.5款由雇主保障的规定，承包商应根据第17.1款[工程照管的职责]和/或第17.3款[知识产权和工业产权]的规定负责的任何事件可能是造成上述损害、损失或伤害的原因，则雇主对承包商的赔偿责任应按比例减少。

(十) 例外事件与保险

2017年版FIDIC《施工合同条件》中的"例外事件"在1999年版中称"不可抗力"，国内施工合同示范文本中也习惯称"不可抗力"，简要的含义是指即使是一个有经验的承包商事前也难以预料并合理防范的事件，如地震、海啸、台风、战争、恐怖活动、政变、骚乱和罢工等。

"例外事件"的出现必然会给工程施工带来意想不到的损失和损害，需由雇主和承包商视情合理共同分担。对于"例外事件"如何认定、受影响方通知的发出、影响后果的处理，以及严重至工程不得已终止的善后，在第18章合同条款中有规定。

除"例外事件"可能带来工程风险及损失外，在正常的施工过程中也可能因工程施工方案或方法不当、质量缺陷或事故、生产安全事故、设计缺陷、材料和工艺缺陷、环境条件变化影响等给工程带来不同程度损失的风险，损失甚至可能是承包商难以承受之重，进而也必然牵连到雇主遭受影响。为减少工程风险损失，国际上通行的惯例就是投保，承包商必须为工程、生产设备和材料等货物、违反职业职责的责任、人员伤害和财产损害、雇员的人身伤害、法律和当地惯例要求的其他保险等购买保险。受合同条款约束，此保险购买带有强制性，如果承包商未能按照规定的要求办理保险，则雇主可代行办理工程等保险，并支付保险费，然后从应付给承包商的工程款中扣除或作为承包商的债务。

18 例外事件

18.1 例外事件

"例外事件"系指以下事件或情况：

(i) 一方无法控制的；

(ii) 该方在签订合同前，不能对之进行合理预防的；

(iii) 发生后，该方不能合理避免或克服的；(以及)

(iv) 不能主要归责于另一方的。

如果满足上述(i)至(iv)段的条件，则例外事件可包括但不限于以下任何事件或情况：

(a) 战争、敌对行动(无论宣战与否)、入侵、外敌行为；

(b) 叛乱、恐怖主义、革命、暴动、军事政变或篡夺政权，或内战；

(c) 承包商人员和承包商及其分包商的其他雇员以外的人员的骚动、喧闹或混乱；

(d) 不仅仅涉及承包商人员和承包商及其分包商的其他雇员的罢工或停工；

(e) 遭遇战争军火、爆炸物资、电离辐射或放射性污染，但可能因承包商使用此类军火、炸药、辐射或放射性引起的除外；(或)

(f) 自然灾害，如地震、海啸、火山活动、飓风或台风。

18.2　例外事件的通知

如果一方(本条中"受影响方")因例外事件已或将无法履行根据合同规定的任何义务，则受影响方应向另一方发出该例外事件的通知，并应明确说明已或将受到阻止履行的各项义务(本条中"被阻止的义务")。

该通知应在受影响方意识到或本应意识到例外事件后 14 天内发出。然后，受影响方应自例外事件阻止履行义务之日起，免除其履行被阻止的义务。如果另一方在 14 天的期限后收到该通知，受影响方应仅在从另一方收到通知之日起，履行被阻止的义务。

此后，只要该例外事件阻止受影响方履行义务，受影响方就应被免除履行被阻止的义务。除履行被阻止的义务外，受影响方不得免除履行根据本合同规定的所有其他义务。

但是，任一方根据合同向另一方支付款项的义务不得因任何例外事件而免除。

18.3　将延误减至最小的义务

各方都应在任何时间尽所有合理的努力，使例外事件对履行合同造成的任何延误减至最小。

如果例外事件具有持续影响，则受影响方应在根据第 18.2 款例外事件的通知发出第一次通知后，每 28 天发出进一步通知，说明受影响的情况。

受影响方不再受例外事件影响时，应立即向另一方发出通知。如果其未能发出通知，则另一方可以向受影响方发出通知，阐述理由，说明另一方认为该例外事件不再阻止受影响方履行义务。

18.4　例外事件的后果

如果承包商是受影响方，且由于其根据第 18.2 款[例外事件的通知]的规定发出通知的例外事件，而遭受延误和/或招致增加费用，承包商应有权根据第 20.2 款[付款和/或竣工时间延长的索赔]的规定要求：

(a) 竣工时间的延长；和/或

(b) 如果该例外事件属于第 18.1 款[例外事件](a)至(e)段所述的类型，且该款(b)至(e)段所述例外事件发生在工程所在国，获得此类费用的支付。

18.5　自主选择终止

如果由于已根据第 18.2 款[例外事件的通知]的规定发出通知的例外事件,导致进行中的全部工程的实施连续 84 天受阻,或由于同一例外事件导致多个时段累计受阻超过 140 天,任一方可向另一方发出通知,终止合同。

在此情况下,终止日期应为另一方收到通知 7 天后的日期,承包商应按照第 16.3 款[终止后承包商的义务]的规定继续进行。

终止日期后,承包商应在切实可行的范围内,尽快提交(工程师合理要求的)有关已完成工作价值的详细证明资料,其中包括:

(a) 已完成的、合同中有价格规定的任何工作的应付款额;

(b) 为工程订购的、已交付给承包商或承包商有责任接受交付的生产设备和材料的费用。当雇主支付上述费用后,此项生产设备和材料应成为雇主的财产(风险也由其承担),承包商应将其交由雇主处理;

(c) 在承包商原预期要完成工程的情况下,合理产生的任何其他费用或债务;

(d) 将临时工程和承包商设备撤离现场,并运回承包商本国工作地点的费用(或运往任何其他目的地,但其费用不得超过);(以及)

(e) 将在终止日期时完全为工程雇用的承包商的员工送返回国的费用。

然后,工程师应按照第 3.7 款[商定或确定]的规定,商定或确定已完成工作的价值(就第 3.7.3 项[时限]而言,工程师根据本项规定收到承包商的详细资料的日期,应为根据第 3.7.3 项商定的时限的开工日期)。

工程师应根据第 14.6 款期中付款证书的签发的规定,就商定或确定的金额签发付款证书,而无须承包商提交报表。

18.6　依法解除履约

除本条的任何其他规定外,如果发生双方不能控制的任何事件(包括但不限于例外事件):

(a) 使任一方或双方完成其合同义务成为不可能的或非法的;(或)

(b) 根据合同管辖法律规定,双方有权解除进一步履行合同的义务。

如果双方不能就允许继续履行合同的合同修改案达成一致,则在任一方将此类事件通知另一方后:

(i) 在不损害任一方任何先前违反合同的权利的情况下,双方应解除进一步履约的义务;(以及)

(ii) 雇主应付给承包商的款额,应与第 18.5 款自主选择终止规定的应付款额相同,并且该款额应由工程师确认,如同合同已根据本款终止。

19　保险

19.1　一般要求

在不限制任一方的合同规定义务或责任的情况下，承包商应在保险人处按条款办理并保持其负责的所有保险项目，保险人及条款应征得雇主的同意。这些条款应与双方在中标函日期前商定的条款(如果有)一致。

此款规定的应提供的保险是雇主的最低要求，承包商可自费增加其认为必要的保险。

无论任何时候，只要雇主提出要求，承包商应投保合同要求的其应投保的保险。每一笔保费支付后，承包商应立即将每一份付款收据的复印件交给雇主(一份给工程师)，或提供保险人已收到保费的确认函。

如果承包商未能按照第 19.2 款[由承包商提供的保险]规定的要求办理保险，并使之保持有效，则在任何情况下，雇主均可办理此类保险并使之保持有效，并支付任何有必要支付的保险费，并可以随时在给承包商的任何到期应付款中扣除上述金额，或将上述金额作为承包商的债务。第 20 条[雇主和承包商的索赔]的规定应不适用本款。

如果承包商或雇主中的任一方未能遵守合同规定的保险的任何条件，未遵守方应赔偿另一方因这种不当而造成的所有直接损失和索赔(包括法律费用和开支)。

承包商还应对以下事项负责：

(a) 通知保险人工程实施的性质、范围或程序的任何改变；

(b) 履行合同期间的任何时候，根据合同规定保证保险的充分性和有效性。

任何保单中允许的可扣减额不应超过合同数据中规定的金额(如未规定，则按与雇主商定的金额)。

如果损失未能从保险人处获得补偿，且未获得补偿不是因承包商或雇主违反此条规定造成的，对于共同责任的损失，应由各方按比例分担。如果未能从保险人处获得补偿是由于此类违约行为造成的，则违约方应承担所遭受的损失。

19.2 由承包商提供的保险

承包商应提供以下保险：

19.2.1 工程

承包商应从开工日期至工程接收证书的签发日期内，以雇主和承包商的共同名义投保并保持保险：

(a) 工程和承包商文件，连同工程所含的材料和生产设备，保险金额为其全部重置价值。保险范围应扩大到由于设计缺陷或使用有缺陷的材料或工艺导致的部件故障而造成的工程任何部分的损失或损害；(以及)

(b) 此重置价值增加 15%的附加金额(或合同数据中规定的此类其他金额)，以涵盖修复损失或损害的额外费用，包括专业费用以及拆除、移除废弃物的费用。

保险范围应涵盖雇主和承包商,以防止在签发工程接收证书之前因任何原因造成的所有损失或损害。此后,对于因签发工程接收证书之前发生的任何原因造成的任何损失或损害,任何未完成的工作,以及承包商为履行第11条[接收后的缺陷]规定的承包商义务在承包商作业过程中造成的任何损失或损坏,保险应持续到签发履约证书之日。

但是,承包商为工程提供的保险范围可不包括以下任何一项:

(i) 修复有缺陷的(包括有缺陷的材料和工艺)或不符合合同规定的工程任何部分的费用,但前提是不排除修复由于上述缺陷或不合规导致工程其他任何部分的损失或损害的费用;

(ii) 间接或结果性损失或损害,包括因延误而扣减的合同价格;

(iii) 磨损、短缺和盗窃;(以及)

(iv) 例外事件引起的风险,除非合同数据中另有说明。

19.2.2 货物

承包商应以承包商和雇主的共同名义,对合同数据中规定的和/或注明金额的(如果未规定或未注明,包括交付至现场的整个重置价值)、承包商交运到现场的货物和其他物品投保。

承包商应自货物交付至现场起一直保持该保险,直至工程不再需要。

19.2.3 违反职业职责的责任

如果承包商根据第4.1款[承包商的一般义务]的规定,负责部分永久工程的设计,和/或合同规定的其他设计,并与第17条[工程照管和保障]规定的赔偿相一致,则:

(a) 承包商应对其在履行承包商的设计义务时,因任何行为、错误或遗漏而产生的责任投保并保持职业责任保险,其金额不少于合同数据中规定的金额(如未说明,按与雇主商定的金额投保);(以及)

(b) 如果合同数据中规定了职业责任保险,还应赔偿承包商因其履行工程(或生产设备的分项工程、部分工程或主要事项)合同规定的承包商的设计义务中的任何行为、错误或遗漏而产生的责任,竣工时,未能达到第4.1款[承包商的一般义务]规定的预期目的。

承包商应在合同数据规定的期限内,保持此保险。

19.2.4 人员伤害和财产损害

承包商应以雇主和承包商的共同名义,对因履行合同而产生的,以及在签发履约证书之前发生的,任何人员的死亡或伤害,或任何财产(工程除外)的损失或损害等责任投保,由例外事件导致的损失或损害除外。

保单应包括交叉责任条款,以便保险适用于作为单独被保险人的承包商和雇主。

此类保险应在承包商开始在现场进行任何工作之前投保，并直至签发履约证书为止保持有效，且保险金额不得少于合同数据中规定的金额（如未规定，则应按与雇主商定的金额计算）。

19.2.5 雇员的人身伤害

承包商有责任对其雇用的任何人员或任何其他承包商人员在实施工程过程中发生的伤害、患病、疾病或死亡而引起的索赔、损害、损失和开支（包括法律费用和开支）的责任办理并维持保险。

除该保险可不包括由雇主或雇主人员的任何行为或疏忽引起的损失和索赔的情况以外，雇主和工程师也应由该项保单得到保障。

此保险应在承包商人员参加工程实施的整个期间保持全面实施和有效。对于分包商雇用的任何人员，此类保险可以由分包商投保，但承包商应对其符合本款规定的保险负责。

19.2.6 法律和当地惯例要求的其他保险

承包商应提供工程（或工程的任何部分）所在国家的法律要求的所有其他保险，费用由承包商自行承担。

当地惯例要求的其他保险（如果有）应在合同数据中详细说明，承包商应根据给出的详细信息提供此类保险，费用由承包商承担。

### （十一）雇主和承包商的索赔

承包商、雇主（包括工程师）在履行合同自身应尽义务时，受某些因素干扰，可能会给对方利益带来一些损失，受损一方认为应从另一方得到一定的补偿，即产生索赔。所以索赔是工程合同履行过程中常会遇到的事，哪怕合同双方都有足够的诚意去履行各自应尽的合同规定的义务。

承包商的索赔可以是工程额外付款或工期的延长，比如某高楼建设，由雇主提供的地质勘探资料不准确，导致基础开挖工程量超出设计工程量达20%多，而且开挖难度增大，承包商可以要求对超挖部分增加额外付款，同时因开挖难度增大，还可以要求土石方工程单价增加及基础开挖工期的延长，当然这些要求承包商应向工程师申报后再商定。

雇主的索赔通常是在某些情况下认为承包商获得了超额利润，要求降低原定的工程价格。比如某坡地体育场工程施工中，雇主变更设计增加了三块篮球场，土方开挖及场地平整工程量增加不少，如按照原土方工程单价计算增加工程量的价款，雇主认为承包商获得了超额利润，因为土方施工机械设备就在现场，其进场运输安装等费用已在投标报价时摊入原工程量单价中，因此雇主要求降低新增篮球场土方开挖及场地平整工程单价及应支付的价款。

索赔应有理有据,并按照合同条件规定的程序操作,如索赔的通知、工程师初步响应、索赔事件发生的同期记录、提供索赔详细文件、双方商定等。

有经验的承包商非常重视对索赔的管理,它是维护和尽可能扩大本方利益的重要手段。

以下引用FIDIC《施工合同条件》第20章如下:

20 雇主和承包商的索赔

20.1 索赔

以下情况下可能会产生索赔:

(a) 如果雇主认为其有权从承包商处获得任何额外付款(或降低合同价格)和/或延长缺陷通知期限;

(b) 如果承包商认为其有权从雇主处获得任何额外付款,和/或竣工时间的延长;(或)

(c) 任一方认为自己有权获得另一方的另一种权利或责任的免除。此类其他应享权利或责任的免除可以是任何形式的(包括与工程师的任何证书、确定、指示、通知、意见或估价有关的),但以上(a)段和/或(b)段所涉及的任何应享权利除外。

对于根据上述(a)或(b)段提出的索赔,第20.2款付款和/或竣工时间延长的索赔应适用。

对于根据上述(c)段提出的索赔,如果另一方或工程师不同意所要求的应享权利或免除的责任(或,如果其在合理时间内未做出答复,则被视为不同意),不应认为已发生争端,但索赔方可以通过发出通知将索赔移交给工程师,且第3.7款[商定或确定]应适用。索赔方意识到不同意(或被视为不同意)后,应在切实可行的范围内尽快发出通知,并应包含提出索赔方的案件以及另一方或工程师的不同意(或被视为不同意)的详细信息。

20.2 付款和/或竣工时间延长的索赔

如果任一方认为其有权获得另一方的任何额外付款(或,如果是雇主降低合同价格)和/或竣工时间的延长(如果是承包商),或在本条件的任何条款下或与合同有关的其他情况下,缺陷通知期限的延长(如果是雇主),以下索赔程序应适用:

20.2.1 索赔通知

索赔方意识到或应已意识到事件或情况(本条件中的索赔通知)后的28天内,应尽快向工程师发出通知,描述该事件或情况造成的费用增加、损失、延误或缺陷通知期限的延长等。

如果索赔方在此28天内未发出索赔通知,则索赔方无权获得任何额外付款,合同价格也不得降低(如果雇主是索赔方),竣工时间(如果承包商为索赔方)或缺陷通知期限(如果雇主是索赔方)不得延长,并且应免除另一方与造成索赔的事件或情况有关的任何责任。

20.2.2　工程师的初步响应

如果工程师认为索赔方未能在第202.1项[索赔通知]规定的28天内发出索赔通知,则工程师应在收到索赔通知后14天内通知索赔方(并说明理由)。

如果工程师在14天内未能发出此类通知,索赔通知应被视为有效通知。如果另一方不同意此类视为有效的索赔通知,则应向工程师发出通知,其中应包含不同意的详细说明。此后,根据第20.2.5项索赔的商定或确定规定的索赔的商定或确定,应包括工程师对此类不同意的审核。

如果索赔方根据本款规定收到了工程师发出的通知,并且不同意该工程师,或认为在某些情况下有理由延迟提交索赔通知,索赔方应在第20.2.4项[充分详细的索赔]规定的充分详细索赔中包括有关此类不同意的详细信息,或说明延迟提交的合理理由(视情况而定)。

20.2.3　同期记录

在第20.2款中,“同期记录”系指在引起索赔的事件或情况的同时或之后立即准备或生成的记录。

索赔方应保留可能用于支持索赔所必需的同期记录。

在不承认雇主责任的情况下,工程师可以监督承包商的同期记录和/或指示承包商保留其他同期记录。承包商应准许工程师在正常工作时间内(或在承包商同意的其他时间)检验所有这些记录,并应按指示将副本提交给工程师。工程师进行的此类监督、检验或指示(如果有),并不表示接受承包商同期记录的准确性或完整性。

20.2.4　充分详细的索赔

在第20.2款中,“充分详细的索赔”系指提交的文件,包括:

(a) 对引起索赔的事件或情况的详细描述;

(b) 有关索赔的合同和/或其他法律依据的声明;

(c) 索赔方所依赖的所有同期记录;(以及)

(d) 索赔的额外付款金额的详细证明资料(或如果雇主是索赔方,则为合同价格的减少额),和/或(如果是承包商)要求的竣工时间的延长或(如果是雇主)要求的缺陷通知期限的延长。

在以下任何情况下:

(i) 索赔方意识到或将意识到引起索赔的事件或情况的84天后;(或)

(ii) 索赔方提议并经工程师商定的此类其他期限(如果有)。

索赔方均应向工程师提交充分详细的索赔。

如果在此时限内索赔方未能按照上述(b)段提交声明,索赔通知应视为已失效,不再视为有效通知,工程师应在该时限到期后14天内,向索赔方发出相应通知。

如果工程师在14天内未能发出此类通知,则索赔通知应视为有效通知。如果另一方不同意该视为有效的索赔通知,其应向工程师发出通刘,其中应包含不同意的详细说明。此后,根据第20.2.5项索赔的商定或确定的规定达成对索赔的商定或确定,应包括工程师对此类不同意的审核。

如果索赔方收到工程师根据第20.2.4项发出的通知,并且如果索赔方不同意该通知或认为在某些情况下有理由根据上述(b)段延迟提交该声明,则充分详细的索赔应包括索赔方不同意的详细信息,或延误提交的详细情况(视情况而定)。

如果引起索赔的事件或情况具有持续影响,则第20.2.6项具有持续影响的索赔应适用。

20.2.5 索赔的商定或确定

在收到第20.2.4项[充分详细的索赔]或第20.2.6项[具有持续影响的索赔]规定的临时或最终的充分详细的索赔(视情况而定)后,工程师应按照第3.7款[商定或确定]的规定进行商定或确定:

(a) 索赔方有权获得的额外付款(如果有)或降低合同价格(如果雇主是索赔方);(和/或)

(b) 根据第8.5款竣工时间的延长的规定(如果承包商是索赔方)延长(如果有)竣工时间(在到期之前或之后),或按照第11.3款[缺陷通知期限的延长]的规定(如果雇主是索赔方)延长(如果有)缺陷通知期限(到期之前)。

根据合同规定索赔方有权获得以上权利。

如果工程师已根据第20.2.2项[工程师的初步响应]和/或根据第20.2.4项[充分详细的索赔]的规定发出通知,仍应根据第20.2.5项商定或确定索赔。索赔的商定或确定应包括考虑到,索赔方不同意该通知充分详细的索赔中所包含的详细信息(如果有),是否将索赔通知视为有效通知,或延迟提交的理由(视情况而定)。可考虑的情况(但不具有约束力)可能包括:

- 接受延迟提交是否或在多大程度上会损害另一方;
- 如果是第20.2.1项[索赔通知]规定的时限,另一方事先对引起索赔的事件或情况了解到的任何证据,索赔方可将其包括在证明资料中;(和/或)
- 如果是第20.2.4项充分详细的索赔规定的时限,应提供另一方对索赔的合同和/或其他法律依据事先了解到的任何证据,索赔方可将其包括在证明资料中。

如果已收到根据第20.2.4项[充分详细的索赔]规定的充分详细索赔，或出现第20.2.6项[具有持续影响的索赔]规定的索赔情况、临时或最终的充分详细的索赔(视情况而定)，工程师应要求提供其他必要的补充说明：

(i) 其应立即向索赔方发出通知，说明补充的证明资料及要求提交的原因；

(ii) 尽管如此，其仍应在按照第3.7.3项[时限]商定的时限内，通过向索赔方发出通知，对索赔的合同或其他法律依据做出答复；

(iii) 在收到上述(i)段规定的通知后，在切实可行的范围内，索赔方应尽快提交补充的证明资料；(以及)

(iv) 工程师应按照第3.7款[商定或确定]的规定进行，同意或确定上述(a)段和/或(b)段规定的事项(以及，就第3.7.3项[时限]而言，工程师收到索赔方补充证明资料的日期应为按照第3.7.3项商定的时限的开始日期)。

20.2.6　具有持续影响的索赔

如果引起第20.2款规定的索赔的事件或情况具有持续影响，则：

(a) 根据第20.2.4项[充分详细的索赔]规定提交的充分详细的索赔，应被视为临时性的；

(b) 就第一个临时性充分详细的索赔，工程师应在按照第3.7.3项[时限]商定的时限内，向索赔方发出通知，就索赔的合同或其他法律依据做出答复；

(c) 提出第一个临时性充分详细的索赔后，索赔方应每月提出进一步的临时性充分详细的索赔，给出索赔的累计额外付款数额(或，如果雇主是索赔方，合同价格的减少)，和/或索赔时间的延长(如果承包商是索赔方)或缺陷通知期限的延长(如果雇主是索赔方)；(以及)

(d) 索赔方应在事件或情况造成的影响终止后28天内，或在索赔方提议并经工程师商定的其他期限内，提交最终充分详细的索赔。该最终充分详细的索赔应提供索赔的额外付款总额(或，如果雇主是索赔方，降低合同价格)，和/或索赔时间的延长(如果承包商是索赔方)或缺陷通知期限的延长(如果雇主是索赔方)。

20.2.7　一般要求

收到索赔通知后，根据第20.2.5项索赔的商定或确定的规定商定或确定索赔，工程师应在每份付款证书中明确已合理证实的、根据本合同相关条款应付给索赔方的任何索赔金额。

雇主只有权要求承包商支付任何款项，并根据第20.2款的规定，和/或延长缺陷通知期限，或抵消或从应付给承包商的任何金额中扣除。

第20.2款的要求是对可能适用于索赔的其他条款的补充。如果索赔方未能遵守本款或与索赔相关的任何其他条款，任何额外的付款和/或任何竣工时间的延长(如果承包商是索赔方)或缺陷通知期限的延长(如果雇主是索赔方)，应考虑未履行义务在多大程度上(如果有)阻止或妨碍了工程师对索赔的适当调查。

### (十二) 争端和仲裁

"争端"在合同管理中主要源自索赔,一方向另一方提出索赔申请遭全部或部分拒绝,但提出方仍然坚持索赔要求,问题未果而产生"争端"。从工程开工到工程竣工完成的整个工期时间内,"争端"随时可能产生,必须及时解决,如拖而未决到工程竣工后,则待处理的争端资料可能会堆积如山。

为能及时解决争端,国际工程师联合会集多个国家工程管理经验,提出在工程项目机构中设立"争端避免/裁决委员会",及时讨论并试图及时解决双方在履行合同期间可能出现的任何问题或分歧。"争端避免/裁决委员会"一般由三人组成,雇主和承包商各推出一名资深人员,然后由这二人共同推出双方认可的第三名资深人员。当工程项目内容相对简单,"争端避免/裁决委员会"也可由双方协商共同推举一名资深人员担任,此时"争端避免/裁决委员会"仅由一人组成。

"争端避免/裁决委员会"决定对双方均具有约束力,无论一方对做出的决定是否不满意,双方均应遵守。

当一方未能遵守"争端避免/裁决委员会"的决定的情况下,另一方可以将未遵守决定的事项直接提交仲裁。即将"争端"提交合同协议中约定的仲裁庭,根据国际商会仲裁规则最终解决"争端"。在 FIDIC《施工合同条件》中,仲裁是解决争端的最终裁定,不能再向法院提起诉讼,"仲裁即为终裁"。

从法律层面来看,解决争端的最后方法本还可提起诉讼,但 FIDIC 基于国际上过往经验,诉讼法庭通常是选择非雇主和非承包商的第三国法庭,从申诉、取证、审理和判决,当事人在各国间往返,诉讼打官司时间往往很长,甚至几年拖而不决,费用也高。仲裁程序效率较高,而且不公开审理,便于保密,因此 FIDIC 选择仲裁作为解决双方争端的最后手段。

引用 FIDIC《施工合同条件》第 21 章有关条款如下:

21　争端和仲裁

21.1　争端避免/裁决委员会的组成

争端应按照第 21.4 款取得争端避免/裁决委员会的决定的规定,由争端避免/裁决委员会裁决。双方应在合同数据中规定的时间内(如未规定,则为 28 天)在承包商收到中标函日期后,共同任命争端避免裁决委员会的成员。

争端避免/裁决委员会应按合同数据中的规定,由具有适当资格的一名人员("唯一成员")或三名人员("成员")组成。如果对委员会人数没有规定,且双方未另行商定,争端避免/裁决委员会应由三人组成。

唯一成员或三名成员(视情况而定)应从合同数据中列出的名单中选出,但不能够或不愿意接受争端避免/裁决委员会任命的任何人除外。

如果争端避免/裁决委员会由三名成员组成,每方均应选择一名成员供另一方同意。双方应与这些成员协商,并商定第三名成员,该成员应任命为主席。

争端避免/裁决委员会应视为在双方和争端避免/裁决委员会的唯一成员或三名成员(视情况而定)签订争端避免/裁决委员会协议书之日成立。

唯一成员或三名成员中每一名成员的报酬条款,包括争端避免/裁决委员会咨询的任何专家的报酬,应由双方在商定争端避免/裁决委员会协议书条款时共同商定。各方应负责支付该报酬的一半。

如经双方商定,可在任何时候任命一名或几名有适当资格的人员,替代争端避免/裁决委员会的任何一名或几名成员。除非双方另有商定,在某一成员拒绝履行职责,或因其死亡、疾病、无行为能力、辞职或任命期满而不能履行职责时,应任命替代争端避免/裁决委员会成员。替代成员的任命方式与本款规定的要求选择或认可被替代成员的方式一致。

任何成员的任命,可经双方商定终止,但雇主或承包商都不能单独采取行动。

除非双方另有商定,争端避免/裁决委员会(包括每名成员的任命)的任期应在以下任一情况下到期:

(a) 根据第14.12款[结算证明]的规定,结算证明应已生效或视为生效之日;(或)

(b) 争端避免/裁决委员会对所有争端做出决定后28天内,根据第21.4款[取得争端避免/裁决委员会的决定]的规定,此类结算证明已生效之前。

以较晚者为准。

但是,如果合同根据本条件的任何条款或其他条件终止,争端避免/裁决委员会(包括每位成员的任命)的任期应在以下任一情况28天后到期:

(i) 终止日期后224天内,争端避免/裁决委员会(根据第21.4款取得争端避免/裁决委员会的决定的规定)对提交的所有争端做出决定;(或)

(ii) 双方就与终止相关的所有事项(包括付款)达成最终商定的日期。

以较早者为准。

21.2　未能任命争端避免/裁决委员会成员

如下列任何情况适用,即:

(a) 如果争端避免/裁决委员会由一名唯一成员组成,则双方未能在第21.1款[争端避免/裁决委员会的组成]第一段所述日期前就该成员的任命达成一致;(或)

(b) 如果争端避免/裁决委员会由三人组成,在第21.1款[争端避免/裁决委员会的组成]第一段规定的日期之前：

(i) 任一方未能选择成员(经另一方同意)；

(ii) 任一方未能同意另一方选择的成员；(和/或)

(iii) 双方未能就争端避免/裁决委员会第三名成员(担任主席)的任命达成商定。

(c) 在唯一成员或三名成员中的一人拒绝履行职责，或因其死亡、疾病、无行为能力、辞职或任命期满而不能履行职责后42天内，双方未能就任命一位替代人员达成商定；(或)

(d) 如果在双方同意任命成员或替代人员后，由于一方拒绝或未能在另一方要求14天内与任何此类成员或替代人员(视情况而定)签署争端避免/裁决委员会协议书，则该任命不能生效。

然后，合同数据中指定的实体或官员，应根据一方或双方的要求，在与双方进行适当协商后，任命争端避免/裁决委员会的成员根据上述(d)段的规定，该成员应为商定的成员或替代成员。此任命应是最终的和决定性的。

此后，双方和如此任命的成员应被视为已签署争端避免/裁决委员会协议书并受其约束，根据该协议书：

(i) 服务的月费和日费应符合任命条款中的规定；(以及)

(ii) 管辖争端避免/裁决委员会协议书的法律应为第1.4款[法律和语言]规定的合同的适用法律。

每一方应负责支付任命实体或官员的一半报酬。如果承包商全额支付了报酬，则承包商应在报表中包括该报酬一半的数额，然后雇主应根据合同向承包商支付。如果雇主全额支付了报酬，工程师应按照第14.6.1项[期中付款证书](b)段的规定，将报酬的一半数额作为扣减额。

21.3 争端避免

如双方同意，可共同请求(以书面形式，并抄送工程师)争端避免/裁决委员会提供协助，和/或非正式讨论并试图解决双方在履行合同期间可能出现的任何问题或分歧。如果争端避免/裁决委员会意识到问题或分歧，可以邀请双方提出共同请求。

除双方另有商定，否则可以随时提出共同请求，工程师根据第3.7款[商定或确定]规定就有争议的或有分歧的事项履行其职责的期间除外。

此类非正式协助可在任何会议、现场考察或其他期间进行。但是，除非双方另有商定，否则双方应出席此类讨论。双方没有义务按照非正式会议期间提供的任何建议采取措施，争端避免/裁决委员会在今后的任何争端解决过程或决定中，不受非正式协助过程中提供的任何意见或建议的约束，无论是口头的还是书面的。

21.4　取得争端避免/裁决委员会的决定

如果双方间发生了争端，任一方可将该争端提交争端避免/裁决委员会决定(不论是否根据第21.3款[争端避免]进行了任何正式讨论)，且以下条款应适用。

21.4.1　争端提交给争端避免/裁决委员会

将争端提交给争端避免/裁决委员会(第21.4款中的"提交")应：

(a) 如果第3.7款[商定或确定]适用于争端标的，则应在根据第3.7.5项[对工程师的确定不满意]的规定发出或收到不满意通知(视情况而定)的42天内做出。如果未在42天内将争端提交给争端避免/裁决委员会，则该不满意通知应视为已期满且不再有效；

(b) 说明是根据本款发出的；

(c) 列出提交方与争端有关的案件；

(d) 采用书面形式，并向另一方和工程师提供副本；(以及)

(e) 对于三名成员的争端避免/裁决委员会，在争端避免/裁决委员会主席收到之日即视为争端避免/裁决委员会已收到。

除非法律禁止，否则根据本款将争端提交争端避免/裁决委员会应被视为中断任何适用的时效或时效期限。

21.4.2　提交后双方的义务

双方应立即向争端避免/裁决委员会提供其对争端做出决定而可能需要的所有信息、现场进入权和相应设施。

除合同已被放弃或终止外，双方应继续按照合同履行其义务。

21.4.3　争端避免/裁决委员会的决定

争端避免/裁决委员会应在以下时间内完成并做出决定：

(a) 收到提交后84天；(或)

(b) 争端避免/裁决委员会提议并经双方商定的期限。

但是，如果在该期限结束时，任何争端避免/裁决委员会成员的发票的付款到期日已过，但仍未得到支付，则争端避免/裁决委员会没有义务在此类未付发票全额支付之前做出决定。在这种情况下，争端避免/裁决委员会应在收到付款后尽快做出决定。

该决定应以书面形式提供给双方，并抄送给工程师一份，并应说明该决定是根据本款做出的。

该决定对双方均具有约束力，无论一方根据本款做出的该决定是否发出不满意通知，双方均应立即予以遵守。雇主应对工程师遵守争端避免/裁决委员会决定负责。

如果争端避免/裁决委员会的决定要求一方向另一方支付一笔款项，

(i) 除下述第(ii)段另有规定外,该笔款项应立即到期应付,无须任何证明或通知;(以及)

(ii) 在争端避免/裁决委员会有合理的理由相信,如果根据第21.6款[仲裁]的规定撤销决定,收款人将无法偿还该金额的情况下,应一方请求,争端避免/裁决委员会可以(作为决定的一部分)要求收款人就此类金额提供适当的担保(由争端避免/裁决委员会自行决定)。

争端避免/裁决委员会程序不应被视为仲裁,争端避免/裁决委员会不应担任仲裁员。

21.4.4 对争端避免/裁决委员会的决定不满意

如果任一方对争端避免/裁决委员会的决定不满意,则:

(a) 该方可以将不满意通知发给另一方,并抄送给争端避免/裁决委员会和工程师;

(b) 不满意通知应说明其为"对争端避免/裁决委员会的决定的不满意通知",并应在争端中阐明问题及不满意的原因;(以及)

(c) 不满意通知应在收到争端避免/裁决委员会的决定后28天发出。

如果争端避免/裁决委员会未能在第21.4.3项[争端避免/裁决委员会]的决定规定的期限内做出决定,则任一方均可在该期限届满后的28天内,根据以上(a)和(b)段,向另一方发出不满意通知。

除第3.7.5项[对工程师的决定不满意]最后一段、第21.7款[未能遵守争端避免/裁决委员会的决定]和第21.8款[未设立争端避免/裁决委员会]规定的情况外,任一方均应无权着手争端的仲裁,按第21.4.4项规定就该争端已发出不满意通知的情况除外。

如果争端避免/裁决委员会已就争端事项提交了其决定,而任一方在收到争端避免/裁决委员会决定28天内,未根据第21.4.4项发出不满意通知,则该决定应成为最终的,对双方均具有约束力。

如果不满意的一方仅对争端避免/裁决委员会决定的某部分不满意:

(i) 不满意通知应对该部分加以明确;

(ii) 该部分及受该部分影响或依赖该部分完整性的决定的任何其他部分,应被视为与该决定的其余部分分开;(以及)

(iii) 该决定的其余部分应成为最终决定,并对双方具有约束力,如同没有发出不满意通知。

21.5 友好解决

如果已按照第21.4款[取得争端避免/裁决委员会的决定]发出了不满意通知,双方应在仲裁开始前,设法友好解决争端。但是,除非双方另有商定,即使没有设法友好解决，也可在发出不满意通知第28天或其后开始仲裁。

21.6　仲裁

除非友好解决，并根据第3.7.5项[对工程师的决定不满意]、第21.4.4项[对争端避免/裁决委员会的决定不满意]、第21.7款[未能遵守争端避免/裁决委员会的决定]和第21.8款[未设立争端避免/裁决委员会]的规定，争端避免/裁决委员会的决定(如果有)尚未成为最终和具有约束力的任何争端，应通过国际仲裁最终解决。除非双方另有商定：

(a) 争端应根据国际商会仲裁规则最终解决；

(b) 争端应由按上述规则任命的一位或三位仲裁员负责解决；(以及)

(c) 仲裁应根据第1.4款[法律和语言]规定的主导语言进行。

仲裁员应有充分的权利公开、审查和修改与该争端有关的工程师的任何证书、确定(最终的并具有约束力的确定除外)、指示、意见或估价，以及争端避免/裁决委员会的任何决定(最终的并具有约束力的决定除外)。工程师被传为证人，并向仲裁员就任何与争端有关的事项提供证据的资格不受任何影响。

在涉及仲裁费用的任何裁决中，仲裁员可考虑一方未能根据第21.1款[争端避免/裁决委员会的组成]和/或第21.2款[未能任命争端避免/裁决委员会成员]的规定与另一方合作组建争端避免/裁决委员会的程度(如果有)。

在仲裁员面前的程序中，任一方都不应局限于先前为取得争端避免/裁决委员会的决定而向争端避免/裁决委员会提供的证据或论据，或该方根据第21.4款[取得争端避免/裁决委员会的决定]的不满意通知中提出的不满意理由。争端避免/裁决委员会的任何决定均应在仲裁中被接受为证据。

仲裁在工程竣工前或竣工后均可开始。双方、工程师和争端避免/裁决委员会的义务，不得因在工程进行中正在执行的任何仲裁而改变。

如果裁决要求一方向另一方支付一笔金额，则该金额应立即支付，无须任何进一步的证明或通知。

21.7　未能遵守争端避免/裁决委员会的决定

在一方未能遵守争端避免/裁决委员会的决定的情况下，无论是具有约束力的或最终且具有约束力的，另一方可以在不损害其可能拥有的其他权利的情况下，根据第21.6款仲裁的规定，将上述未遵守决定的事项直接提交仲裁，在此情况下，第21.4款取得争端避免/裁决委员会的决定和第21.5款友好解决的规定应不适用。仲裁庭(根据第21.6款仲裁的规定成立)应有权以简易程序或其他快速程序，通过临时措施或裁决(根据适用法律或其他法律)而命令执行该决定。

在争端避免/裁决委员会做出具有约束力但不是最终决定的情况下，该临时措施或裁决应服从于明示权益保留，即保留双方对争端的是非曲直的权利，直到通过裁决解决为止。

执行未遵守争端避免/裁决委员会决定的任何临时的或临时措施或裁决,无论其是具有约束力的还是最终且具有约束力的,也可包括损害赔偿或其他救济的命令或裁决。

21.8　未设立争端避免/裁决

如果双方之间发生与合同或工程实施有关或产生的争端,且未设立争端避免/裁决委员会(或争端避免/裁决委员会未组成),无论是由于委员会争端避免/裁决委员会的任命到期还是其他原因,则:

(a) 第 21.4 款[取得争端避免/裁决委员会的决定]和第 21.5 款[友好解决]应不适用;(以及)

(b) 任一方可根据第 21.6 款[仲裁]的规定直接将争端提交仲裁,但不影响该方可能拥有的任何其他权利。

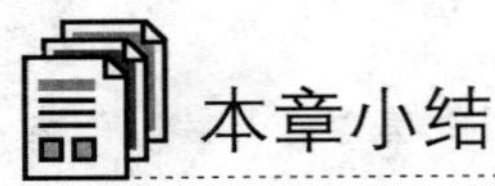

## 本章小结

本章首先介绍合同条件的概念和作用,而后介绍了国际上 ICE,AIA 和 FIDIC 的其他几种合同条件,最后介绍了其中最常用的 FIDIC《施工合同条件》的全部条款。FIDIC 合同条件是国际上比较权威的合同文本,经四次改版,10 多次修订,在条款上详尽而严密地按照工程中可能遇到的各种情况规定了双方的权利、责任和义务和处理办法,而且尽力公正地维护双方应得利益。其全部条款共同构成的严密性和完整性,使得我们无法不全面地学习全部条款,也只有这样,才能得到一个完整的合同概念。

本章第二节列出的 FIDIC《施工合同条件》的条款在后续章节学习中也会用到。

## 关键词

合同　合同条件　FIDIC 合同　ICE 合同　AIA 合同

## 复习思考题

1. 简述合同概念和作用。

2. 为什么要推行合同标准文本？

3. 试比较 FIDIC 四种合同文本在适用项目类型、承包商的工作、计价方式、质量管理、业主管理、风险分担原则等方面的异同。

4. FIDIC 合同条件为什么要分为“通用条件”和“专用条件”两个部分？

5. FIDIC 合同中为什么要规定文件优先次序？排序如何？

6. FIDIC《施工合同条件》中一般“分包”和“指定的分包”有什么不同？

7. FIDIC《施工合同条件》中，变更时的费用如何确定？

8. 何谓例外事件？通常包括哪些情况？

9. 由例外事件导致工程终止和由业主责任导致承包商有权提出终止时，承包商可得到的支付条件有何不同？

# 第七章

# 国际工程合同管理

**学习目标**

通过本章学习，你应该能够：

1. 了解合同谈判有关准备工作内容；
2. 熟悉合同谈判主要内容及谈判技巧；
3. 了解工程师在合同管理中的地位与作用；
4. 熟悉业主、工程师和承包商合同管理的各自职责及协同管理的重要作用；
5. 掌握 FIDIC 合同争端解决方法。

## 第一节　合同的谈判与签约

### 一、合同谈判的准备

国际工程招标、投标、评标后，在签发中标函前，对评分前 1—3 名左右的潜在中标人，业主一般还会就有关技术、商务问题进行技术答辩和澄清谈判，最终评出商务、技术条件均满足招标文件要求的、施工技术方案合理、价格上可以接受（一般是符合技术要求的最低标价）的投标，向该投标人发出授标意向书，并邀请其进行合同谈判，双方取得一致后，再进一步商定合同签订有关事宜。因授标签约在即，投标人要特别注意业主方提出的问题，认真澄清问题，把握谈判机会，争取中标签约。

鉴于合同谈判的重要性，承包商要认真做好合同谈判的以下各项准备工作。

（一）组建谈判小组

选择合适的人选，组建一个精明的熟悉业务的谈判小组是取得谈判成功的关键。谈判小组应由熟悉国际承包合同惯例，熟悉该项目投标文件，同时还要熟悉自己投标文件的内容的技术人员、商务人员、律师和翻译人员组成。谈判小组的成员应根据个人特长和谈判的需要做好分工。特别是小组负责人，即首席谈判代表应由熟悉工程业务，熟悉国际承包惯例、具有合同谈判经验，良好的协调能力和社交经验，具有一定的口才以及良好的心理素质的人担当。

（二）充分了解谈判对手

由于各个国家制度法规不同，价值观念不同，文化背景不同，思维方式不一，谈判的理念和采取的方法也不尽相同。事先了解这些背景情况和对方的习惯做法等，对取得较好的谈判结果是有益的。在这方面可以通过聘请的当地代理人了解有关情况，也可向我国驻工程所在国大使馆商参处了解有关情况。

（三）制定基本谈判原则

成功的谈判是双方的较量，也是双方的妥协，即所谓共胜双赢。既然是谈判就不可能事事都符合自己的期望目标，要有据理力争的信心又要有妥协的思想准备。因此，基本谈判原则应在合同关键的几个问题上制定出希望达到的上、中、下目标和底线的目标，写出谈判准备大纲，在谈判中时时把握大局，局部妥协而不失大局就是成功的谈判。

（四）认真准备谈判的资料文件

谈判中必然会涉及一些商务和技术的具体细节，承包商应准备一些书面材料，如翔实的数据、表格和图表等，以便让业主相信承包商能够按时、按质量要求圆满实施合同。如果业主方首先提出了谈判要点，承包商更应就此准备好书面材料进行答复。

（五）谈判的心理准备

除上述实质性准备外，对合同谈判还要有足够的心理准备，尤其是对于缺乏经验的谈判者。合同谈判是一个艰苦的过程，一般不会是一帆风顺的，对此一定要有充分的心理准备。为达到既定目标谈判既要有力争成功的信念，还要有足够的韧性准备。在谈判尺度上要有理、有利、有节。

一般来说业主方的谈判代表并不愿意使谈判真正陷入僵局或失败，因为谈判一旦失败，业主方也会浪费时间和金钱而造成被动。因此，承包商代表应当善于抓住签约前的最后一次谈判机会，在谈判尺度上要有理、有利、有节，采取各种方式和渠道，因势利导解决谈判中的问题和矛盾，争取对自己尽可能有利的条款，获得一个公正的合同。但目前国际工程承包市场属于买方市场，业主都处于比较有利的地位，因此承包商在谈判中也不能有过高的期望目标。

## 二、合同谈判的主要内容

尽管招标文件（包括投标须知、一般合同条件和技术说明书等）已经对合同内容的所有方面作了相当明确的规定，而且承包商业已在投标时表态愿意遵守；但是，对于大型国际工程项目，业主很少仅在这些文件的基础上就简单地与承包商签订合同。业主通常在发出中标通知后仍然给予一段时间(一般为1个月左右)，与该承包商进行正式的合同谈判。

合同谈判是业主和承包商达成合同的最后阶段，合同谈判是双方在诚意合作基础上进行的沟通和较量，但双方谈判的目的期望是不相同的：

业主的目的是：期望通过谈判进一步核实承包商在技术、施工经验、资金、人力资源、物力资源和管理方面能具有实施承包合同工作的能力；讨论投标文件中的某些细节，包括可能的变更；谋求承包商进一步的优惠条件。

承包商的目的是：进一步就招标文件中某些尚未澄清的技术、商务条款解释自己的理解及报价的基础；对项目实施中可能遇到的问题(如劳务进口、关税、支付期限、图纸审查和批准周期等)提出要求，力争将这些条款明确并写入合同(或合同补遗)中，以避免或减少今后实施中的风险；可能提出的某些有益建议，争取改善合同条件，使自己合法权益得到保护。

业主和承包商双方的目的既一致又有矛盾，而且双方都很明了，一旦签订了合同，对双方都构成事实上的法律约束。因此，双方在谈判中对涉及技术经济和商务的一些原则问题都极为慎重，互不相让，互相揣摩对方的意图，有攻有防，针锋相对。另一方面经过相当长时间的投标和评标过程，承包商和业主都花费了不少的精力和财力，到了这个阶段，通常双方又都不希望轻易地使谈判失败，都希望谈判成功，最终达成一个双方都能接受的结果而签约。因此合同谈判既是相互斗争又是相互妥协的结果。

谈判的基础是不偏离原招标文件中的商务、技术条款，以及承包商投标书中的承诺，任何改变都意味着要重新审视，变更合同条件，或有权拒绝对方的变更。因此合同谈判的内容主要是围绕合同的商务、技术有关条款进行。

从承包商角度，合同谈判的核心内容主要是价格和支付问题、工程范围和内容细节界定、质量要求及检验标准、执行的技术标准规范等。这些方面的许多细节问题在招标文件(设计图纸、合同条件)中可能不够清楚，对承包商可能包含一定的风险，因此应借合同谈判的机会澄清，争取有利的合同条款。以下内容可供参考。

#### (一) 工程内容和范围的确认

在签订合同前的谈判中，必须首先共同确认合同规定的工程内容和范围。承包商应当认真重新核实投标报价的工程项目内容与合同中表述的内容是否一致。如招标文件和设计图中的工程内容和范围在合同签订前要确认，与工程量清单中不符的地方在谈判中确认；业主提出的增减项目或工程量，或不明确的要进一步确认；业主或承包商提出的方案改进、修改要通过谈判确认；原招标文件中的“可选择项目”或“临时项目”力争在合同中进一步明确;为监理提供的现场设施应详细逐一列表确认;对单价合同中可能发生较大工程量变动的应设具体限幅,超出后,允许变动单价等。

（二）技术规范及技术要求

国际上不同国家的技术规范往往有一定差异,对于业主提出的规范,承包商应事先熟悉和核实是否可以达到该规范的要求。如果有问题,则应研究采取对应措施;或与业主协商,力争改用承包商熟悉而又不会影响质量的其他规范。在个别国家或地区,在进行比较和说明后,有时业主可能同意采用中国规范,则应将谈判结果落实在合同文件上。

技术要求是业主极为关切而承包商亦应更加注意的问题,合同谈判前承包商应认真核实招标书中规定的要求是否和报价编制过程中所采用的施工方法、质量控制条件、所采用的规范相符,如业主对某项工程内容有特殊要求或与常规施工方法有差别时,更应予以注意,要研究自己是否能做到,以及其经济性如何,是否有更好的建议提出与业主谈判。

（三）施工方案和技术措施

施工方案和技术措施也是合同谈判中业主希望和承包商讨论和落实的主要问题。对于施工项目尤其是施工程序比较复杂的项目,如水坝工程、道路工程、隧道工程和技术要求高的工业与民用建筑工程等,在承包商提交的投标文件中都应提交施工组织设计方案或技术建议书,业主和工程师在评标阶段对该方案会认真地进行评定和研究,往往在合同谈判阶段业主会对该方案与承包商进行讨论,承包商应组织工程技术人员认真进行答辩,力争通过答辩使业主和咨询工程师对你提出的方案理解和赞同,以显示公司的实力和实施该项工程的能力。

除此之外,对于大中型项目的关键技术问题尤其应予以注意,当业主提供的工程地质资料、水文资料不充分时,应在谈判中提出,以规避可能带来的风险。

（四）合同价格和支付方式

在国际工程承包中,合同价格和支付问题毫无疑问是承包合同的核心问题之一,包括：合同价格、支付货币、支付方式。

1. 合同价格条款

采用 FIDIC《施工合同条件》时,属单价合同。在确定分项单价时,与工程量的大小有很大关系。当实际工程量与清单中预计的工程量变幅较大时,可允许调整单价。因此在谈判中,应明确单价调整方法。

此外,由于工程的工期一般较长,货币贬值或通货膨胀等因素是承包商不可控的,承包商应在谈判中明确价格调整方法,采用调价公式时,应确定各项调价系数值。

2. 支付货币选择和外汇风险

国际金融市场的变化较快,各国货币兑换汇率随时在变化,给工程款支付的不同货币种类带来不同风险;合同中应明确规定工程款支付的币种,当地货币占支付款的比例;承包商应了解国际金融市场各主要币种汇率的变化趋势,对选择支付的币种的风险进行分析,有问题可在谈判中提出。

3. 工程款支付方式

承包商大多是负债经营,及时得到工程款是缓解资金周转困难的重要方法,业主则往往是奉行“早收迟付”的黄金原则。因此,承包商应在谈判中争取有利的付款条件。

工程付款包括预付款、工程进度(期中)款、最终付款、退还保留金等,通过谈判合同中应明确支付的比例、方法和时间。

(五) 工期和缺陷责任期

招标文件中有工期要求,投标时承包商也有工期承诺,签合同时应信守承诺。但应列入由于业主原因,不可抗力影响等承包商合理延长工期的条款。

此外,竣工后的缺陷责任期,应按不同的分部(或某些分项)工程在合同中明确。

## 三、谈判技巧

谈判是一种综合的艺术,需要经验和讲求技巧,审时度势,调节气氛,掌握发展局势,达到谈判的目的。下面介绍一些简单的常用谈判技巧:

(1) 反复强调自己的优势及特长使对方对自己建立信心。

(2) 在价格谈判中根据对手的态度、心理状态、自己的价位和对方的价格底牌等,采用多种方式,例如对等让步、分项谈判等,进行讨价还价,在争得对方的让步后,掌握火候,选择适当价位或适当降价而成交。

(3) 在心理上削弱对方。从一开始就坚持不让步,令对方产生畏难心理,进而达到对方放松条件目的。

(4) “最后一分钟策略”。这是国际谈判中常见的方法之一,如宣称:如果同意这一让步条件就签约,否则就终止谈判等。遇到僵持的情况也要冷静,不能随便抛出这种“要挟”,应采取回旋的办法说明理由或缓和气氛,并通过场内场外结合,动员对方相互妥协或提出折中办法等。

(5) 抓住实质性问题,诸如工作范围、价格、工期、支付条件和违约责任等等不轻易让步,但对一些次要问题和细节问题可以让步或留下尾巴。

(6) 讲究谈判礼仪。注意礼仪,讲礼貌,尊重对方,以理服人,谈吐得体,用词准确,严禁出言不逊,也是谈判中取得对方信任的必要条件。

## 四、合同签订

（一）合同谈判纪要

在双方谈判取得一致结果后，应以《合同补遗》或《合同谈判纪要》的形式，形成书面文件。这一文件将成为合同文件中极为重要的组成部分，因为它最终确认了合同签订人双方的意愿，所以它在合同解释中优先于其他文件。为此不仅承包商对它重视，业主也极为重视，它一般是由业主或其工程师起草。因《合同补遗》或《合同谈判纪要》会涉及合同的技术、经济、法律等所有方面，作为承包商主要是核实其是否忠实于合同谈判过程中双方达成的一致意见及文字的准确性。对于经过谈判更改了招标文件中合同条款的部分，应说明已就某某条款进行修正，合同实施按照"合同补遗"某某条款执行。

同时应该注意的是，国际工程承包合同大都适用项目所在国法律，对于违反所在国法律的条款，即使由合同双方达成协议并签了字，也不受该国法律保障。因此，为了确保协议的合法性，应由通晓项目所在国法律的律师核实，才可对外确认。对以外文签署的《合同补遗》或《合同谈判纪要》要有对该语言上具有足够造诣的翻译把关，并且符合工程技术要求。

（二）签订合同

业主或工程师在合同谈判结束后，应按上述内容形成一个完整的合同文本草案，并经承包商授权代表认可后正式形成文件，承包商代表应认真审核合同草案的全部内容，尤其是对修改后的新工程量和价格表以及合同补遗，要反复核实是否正确，是否符合双方谈判时达成的一致意见，对谈判中修改或对原合同修正的部分是否已经明确地表示清楚，尤其对数字要核对无误。当双方认为满意并核对无误后，由双方代表草签，至此合同谈判阶段即告结束。此时，承包商应及时准备和递交履约保函，准备正式签署承包合同。

当合同正式签字时，签字前承包商代表或其助手要对准备签字的正式文本与草签的文本再重新复核，确认无误后正式签字。

# 第二节　国际工程合同管理

## 一、合同管理主导思想

首先，合同管理是甲乙双方为履行合同责任和义务进行的管理，同时也是为维护自身合法权益而进行的管理。合同管理的核心内容始终是围绕工程项目质量、工期、费用三大目标进行，而合同管理的基本依据则是合同的专用条款、通用条款和相关文件。

其次，从系统管理思想角度来看，合同管理也是甲乙双方诚信合作的协同管理。合同管理的质量、工期、费用三大目标是双方共同努力才能实现的，各自为政互不沟通的单方管理是管不好合同的，更不是甲方对乙方的管理。因而合同管理提倡合作精神、双方建立伙伴关系，沟通、协商、互让，争取双赢。

此外，合同管理是一个全过程的管理，包括合同签订前的准备、合同谈判与签约、合同实施、合同实施后遗留问题的处理，而且前期的管理效果比后期更重要。

采用不同的合同条件文本有着不同的合同管理模式，本章主要介绍 FIDIC《施工合同条件》下的合同管理。其特点之一是业主聘用工程师负责工程监督管理，业主赋予工程师很大的权力，可以说 FIDIC《施工合同条件》是离开工程师则无法运转的合同文本。因此，工程师在合同管理中的地位与作用举足轻重，是合同管理的关键人物之一。承包商在合同履约中的绝大部分业务活动都要与工程师打交道，尊重工程师，服从工程师的指令，在国际工程承包中尤为重要。

## 二、工程师在合同管理中的地位与职责

FIDIC 合同条件中“工程师”是指少数级别较高、合同管理经验比较丰富的人组成的委员会或小组，行使合同中规定的权力。“工程师”的职员应包括具有适当资质的工程师和能承担这些任务的其他专业人员，又分工程师、工程师助理两个层次，工程师助理包括一名驻地工程师和若干工程检查人员。

FIDIC《施工合同条件》第 3.1 条(见第六章第二节)明确了工程师的任务和权力。综合《施工合同条件》全文，工程师的职责也可以概括为进行合同管理，负责进行工程的进度控制、质量控制、投资控制以及做好协调工作。具体的职责如下：

(1) 在工程合同实施过程中，按照合同要求，全面负责对工程的监督、管理和检查，协调现场各承包商之间的关系，负责对合同文件的解释和说明，调解和处理矛盾，以确保合同的圆满执行。

(2) 帮助承包商正确理解设计意图，负责有关工程图纸的解释、变更和说明，发出图纸变更命令，提供新的补充的图纸，在现场解决施工期间出现的设计问题。根据合同要求承包商进行部分永久工程的设计或要求承包商提交施工详图，对这些图纸工程师均应审核批准。处理因设计图纸供应不及时或修改引起的拖延工期及索赔等问题。

(3) 审查承包商的施工组织设计，施工方案和施工进度实施计划。审批承包商报送的各分部工程的施工方案，特殊技术措施和安全措施。必要时发出暂停施工命令和复工命令并处理由此而引起的问题。

(4) 质量控制。监督承包商认真执行合同规定的技术规范、施工要求和图纸上的规定，以确保工程质量能满足合同要求。制定各类对承包商进行施工质量检查的补充规定，或审查、修改和批准由承包商提交的质量检查要求和规定。审核检查并批准承包商的测量放样结果，及时检查工程质量，特别是基础工程和隐蔽工程。指定试验单位或批准承包商申报的试验单位，检查批准承包商的各项实验室及现场试验成果。及时签发现场或其他有关试验的验收合格证书。

(5) 严格检查材料、设备质量。批准、检查承包商的订货(包括厂家，货物样品、规格等)，指定或批准材料检验单位，检查或抽查进场材料和设备(包括配件，半成品的数量和质量)。

(6) 投资控制。负责审核承包商提交的每月完成的工程量及相应的月结算财务报表，处理价格调整中有关问题并审查签署月支付证书，及时报业主审核、支付。

(7) 进度控制。检查承包商的施工进度，监督工程各阶段或各分部工程的进度计划的实施，督促承包商按期完成工程，处理有关工期延长问题。

(8) 处理索赔问题。当承包商违约时，代表业主向承包商索赔，同时处理承包商提出的各类索赔。索赔问题均应与业主和承包商协商后，提出处理意见。如果业主或承包商中的任一方对工程师的决定不满意，可以提交争端裁决委员会(DAB)。

(9) 审查承包商的分包申请报告，并要求承包商在所订的分包合同中应包括合同条件中规定的保护业主利益的条件。但分包商的工作应由承包商进行直接的管理，对工程质量等有关重要问题验收时应得到工程师的批准。

(10) 人员考核。工程师有权考察承包商进场人员的素质，包括技术水平、工作能力、工作态度等。工程师有权随时向业主建议撤换不称职的施工项目经理和工作人员。

(11) 审核承包商有关设备、施工机械、材料等物品进、出海关的报告(承包商的设备等进出海关需要业主向海关报告，并保证只是用于工程，不会在当地出售，否则应纳税。)，并及时向业主发出要求办理海关手续的公函，督促业主及时向海关发出有关公函。

(12) 定期向业主提供工程情况报告(一般每月一次)并根据工地发生的实际情况及时向业主呈报工程变更报告，以便业主签发变更命令。

(13) 协助调解业主和承包商之间的各种矛盾。当承包商或业主违约时，按合同条款的规定，处理各类有关问题。

(14) 处理施工中的各种意外事件(如不可预见的自然灾害等)引起的问题。

(15) 工程师应记录监理日记，保存一份质量检查记录，以作为每月结算及日后查核时用。工程师并应根据积累的工程资料，整理工程档案(如监理合同有该项要求时)。

(16) 在工程快结束时，核实竣工工程量，以便进行工程的最终支付。参加竣工验收或受业主委托负责组织并参加竣工验收。

## 三、业主、工程师和承包商的协同管理

按FIDIC《施工合同条件》签约的合同,签约的双方虽是业主和承包商,但由于合同条款明确规定了业主聘用的工程师在合同实施中的特殊地位和职责,因此合同的实施管理主要是由业主、工程师和承包商三方协同管理来完成。三方在管理中总的要求、进度管理、质量管理、造价管理、工程变更管理、风险管理等合同管理核心内容上有各自不同的职责,但都是为了实现项目目标的不同职责分工,任何一方不能履行职责都将导致项目目标失控。因此合同管理强调的是参与方各自履行职责基础上的协同管理,其中工程师在协同管理中应起到协调业主和承包商的纽带作用。三方管理职责对比见表7-1。

**表7-1 业主、工程师和承包商合同管理职责**

| 序号 | 管理内容 | 业主(雇主) | 工程师 | 承包商 |
| --- | --- | --- | --- | --- |
| 1 | 管理总的要求 | 1. 合同方式与组织(选承包商,监理等)<br>2. 项目的融资和施工前期准备<br>3. 确定工程师职责权限 | 受业主聘用,按业主和承包商签订的合同中授予的职责、权限对合同实施监督管理 | 按与业主签订的合同要求,全面负责工程项目的具体实施、竣工和维修 |
| 2 | 进度管理 | 1. 主要依靠工程师监理,但对开工、暂停、复工特别是延期和工期索赔要审批<br>2. 可将较短的工期变更和索赔交由监理决定报业主备案 | 1. 按承包商开工后送交的总进度计划,季、月、周进度计划,检查督促<br>2. 视工程情况下开工令、暂停令、复工令<br>3. 对工程延期、索赔提出具体建议报业主审批 | 1. 制定具体进度计划,研究各工程部位的施工安排,工种、机械的配合调度以保证施工进度<br>2. 根据实际情况提交工期索赔报告 |
| 3 | 质量管理 | 1. 主要依靠工程师管理和检查工程质量<br>2. 定期了解检查工程质量,对重大事故进行研究处理 | 1. 审查承包商的重大施工方案及提出建议,但保证质量措施由承包商决定<br>2. 拟定或批准质量检查办法<br>3. 对每道工序、部位和设备,材料的质量,严格进行检查和检验,不合格的下令返工 | 1. 按合同约定技术规范要求,拟定具体施工方案和措施,保证工程质量<br>2. 对质量问题全面负责,对工程师检查不合格的工程部位返工,直到合格验收 |

续　表

| 序号 | 管理内容 | 业主(雇主) | 工　程　师 | 承　包　商 |
|---|---|---|---|---|
| 4 | 造价管理 | 1. 审批工程师核签后上报的工程款支付表<br>2. 与工程师讨论并批复有关索赔问题<br>3. 可将较小数额的支付或索赔交由工程师决定,报业主备案 | 1. 按照合同规定特别是工程量表的规定严把支付关,审核后报业主审批<br>2. 研究索赔内容、有关索赔计算和数额上报业主审批 | 1. 拟定具体措施,从人工、材料采购、机械使用以及内部管理等方面采取措施降低成本<br>2. 设立索赔组,及时向工程师申报索赔 |
| 5 | 工程变更管理 | 1. 加强前期设计管理,尽量减少设计变更<br>2. 慎重确定必要的变更项目以及研究变更对质量、工期、价格的影响 | 1. 审批承包商变更建议,计算出对质量、工期、价格的影响,报业主审批<br>2. 可能时,提出有益变更建议,与承包商商议,并报业主审批 | 1. 认为需要时,向工程师及业主提出工程变更建议<br>2. 执行工程师的变更命令<br>3. 抓紧确认变更时的工程价款及工期变化,防止反索赔 |
| 6 | 风险管理 | 注意研究重大风险的防范 | 替业主把好风险关,进行经常性的风险分析,研究防范措施 | 加强工程风险管理,做好非己方原因引起风险的索赔工作 |

# 第三节　国际工程承包中的争端解决

## 一、工程合同实施中的矛盾与争议

由于工程合同涉及的问题广泛复杂、履约时间长、变化大,合同双方利益不一致,出现矛盾是难免的。加之国际工程合同双方分属不同国家,社会制度、民族习惯不同,认识上难免有差异,对合同实施过程中的一些问题产生矛盾,甚至出现争议都是可以理解的,关键是要及时沟通,合理解决。施工阶段产生争议的常见原因如下:

(1) 合同条款明显失衡,不公正地将风险转移给无力承担此类风险的合同一方当事人。如业主方不能提供恶劣地质条件详尽情况,却要承包商承担工程量变化和工期保证风险。

(2) 合同各方的利益期望值相悖,将不切实际的希望寄托于那些没有足够财力去完成他们目标的当事人。如业主没有及时支付工程进度款的能力,而寄希望于承包商能大量垫资承包。

(3) 模糊不清的合同条款。如业主对某些分项质量要求过高,却没有明确技术规范和标准支持,给施工验收带来争议。

(4) 承包商的投标价过低,施工中以各种借口提出索赔,引发争议。

(5) 项目有关各方之间交流沟通太少,导致本不应产生争议的误会。

(6) 总承包商的管理、监督与协作不力,未能满足合同相应要求。

(7) 项目参与各方不愿意及时地处理变更和意外情况,导致争议或问题累积,影响扩大。

(8) 项目参与各方缺少团队精神,不能协同作战,引发争议。

(9) 项目中某些当事人之间因既往过节不能释怀,工作中抱有对立倾向,引发无端争议。

(10) 合同管理者想避免做出棘手的决定而将问题转给组织内部更高的权力机构或律师,而不是在项目本级范围内主动地去解决问题。

由以上原因引起的争议通常以具体工程问题为载体表现为:

(1) 已完工程量争议。

(2) 工程质量争议。

(3) 工期延误责任的争议。

(4) 工程付款的争议。

(5) 合同中止或终止争议。

(6) 其他争议,包括与其他工程参与方的争议。

## 二、国际工程承包中的争端解决

工程中争端要及时解决,以免给工程进展带来不利影响,暂时解决不了的争端可以先搁置争端,留待工程后期处理。解决争端的方式通常有协商解决、谈判解决、中间人调解、争端裁决委员会裁决、仲裁或诉讼等。前四种方式属非法律手段,而仲裁或诉讼属法律手段,具有强制执行法律效应。

### (一) 协商解决

合同争议双方若能本着诚信原则,弄清争端事理,区分责任,算清损失,按责承担,合理协商解决争端,这是最为圆满的结果。双方不必为此耗费更多的精力和时间,而且营造了今后良好的合作氛围。但在工程争议中,有时是事理交叉,责任难分,颇似“公”说“公”有理,“婆”说“婆”有理,清官难断家务事。此时,必须相互妥协,不能“得理不让人”,而应“有理也要让三分”,协商解决才能有所作为。

### (二) 谈判解决

对于协商未能解决的争端,或较大的争端,宜采用比协商更为正式的谈判解决方式。

首先，谈判双方要确立正确的谈判原则和态度：尊重事实，恪守合同，有理有节，互让互利。

其次，谈判双方要做好谈判的各项准备工作，包括有关文件、资料、证据、谈判的预案，妥协的预案等。

在谈判中双方要采取多种灵活的谈判方法，如多层次谈判，会内会外交替协商谈判，争取谈判成功。当谈判陷入困难境地时，可考虑请中间人进行斡旋，不要轻言放弃谈判。

（三）中间人调解

请调解人帮助处理争端，也是国际工程纠纷解决的一种方式。

中间人可以是争端双方都信赖熟悉的个人（工程技术专家、律师、估价师或权威人士），也可以是一个专门的组织（工程咨询公司、专业学会、行业协会等）。中间人调解的过程，也就是争端双方逐步趋于一致的过程。中间人通过与争端双方个别地或共同地交换意见，在全面调查研究的基础上，可以提出一个比较公正合理的解决索赔问题的意见，调解方案被双方认可后可由双方签字确认。中间人必须站在公正的立场上，处事公平合理，绝不偏袒任何一方。虽然中间人的建议对双方没有约束力，但根据施工索赔调停解决的实践，大多数的中间人调解都取得了成功。

调解规则可选用行业通用的规则或惯例。各国可能有不同的调解规则，可采用国际贸易委员会的调解规则。

对调解人的调解意见，如双方不能接受，则只有诉诸仲裁或诉讼解决。

（四）争端裁决委员会裁决

这是FIDIC《施工合同条件》1999年版中推出的“争端裁决委员会”（dispute adjudication board，简称DAB）对争端的解决方式，属于一种双方共荐组成专门委员会裁决方式。

在许多大型国际工程中，常常出现工程争端无法得到及时解决，一直积累到工程竣工，不得不组织大量人员来清理，但由于事过境迁，解决起来难度更大。“争端裁决委员会”正是针对这一问题而推出的，希望及时通过“争端裁决委员会”解决工程中出现的工程争端。

1. 争端裁决委员会的任命

争端裁决委员会（简称DAB）一般由三人组成，甲乙双方各推荐一人，报对方认可。然后，双方与这二人协商，共同商定推荐第三人，并任命此人担任争端裁决委员会主席。

在工程规模不大情况下，争端裁决委员会也可由双方共同商定推荐唯一成员出任“裁决人”。

对DAB任何成员的任命,可以经过双方相互协议终止,但雇主或承包商都不能单独采取行动。

DAB三人成员或唯一成员中每个人的报酬条件,包括DAB咨询过的任何专家的报酬在内,应在双方协商任命条件时共同商定,每方应负担上述报酬的一半。

2. 争端裁决委员会的决定

如果甲乙双方间发生了有关或起因于合同或工程实施的争端(不论任何种类),包括对工程师的任何证书、确定、指示、意见或估价的任何争端,任一方可以将该争端以书面形式,提交DAB,并将副本送另一方或工程师,委托DAB做出决定。但DAB的工作应被视为不是在进行仲裁人的工作。

双方发生争端后,应按照DAB提出的要求,立即给DAB提供所需要的所有资料、现场进入权及相应设施。

DAB应在收到此项委托后84天内,或在可能由DAB建议并经双方认可的其他期限内,提出它的决定,决定应是有理由的,并说明是根据合同条款的规定提出的。DAB做出的决定应对双方具有约束力,双方都应立即遵照实行。

如果任一方对DAB做出的决定不满意,可以在收到该决定通知后28天内,将其不满向另一方发出通知。如果DAB未能在收到此项委托后84天(或经认可的其他)期限内,提出其决定,则任一方可以在该期限期满后28天内,向另一方发出不满通知。

在上述任一情况下,表示不满的通知应说明争端的事项和不满的理由。在未发出表示不满的通知情况下,任一方都无权将争端提交仲裁。

如果DAB已就争端事项向双方提交了它的决定,而任一方在收到DAB决定28天内,均未发出表示不满的通知,则该决定应为最终的,对双方均具有约束力。

(五) 仲裁或诉讼

当以上四种方式都不能解决争端时,则只有提请仲裁或诉讼解决。

仲裁已在很多国家取得法律的地位,有专门设立的仲裁机构,可受理合同争端的裁决,仲裁结果受法律保护,具有强制执行力,属法律程序。仲裁是大部分国际工程合同所选择的争端最终解决方式,“仲裁即为终裁”。但有少数国家仲裁结果不受法律保护,没有强制执行力,此种情况下,争端的最终解决方式只能选择诉讼方式。

相对于诉讼而言,仲裁程序效率较高,费用较低。而且仲裁程序保密性好,仲裁案件审理不公开,不允许旁听,对于辩护当事人的商业信誉、秘密都是合适的。

采用仲裁方式时,要注意不同国家的仲裁规则对于争端的双方影响不同,因此要在合同中规定各自选定的仲裁庭及适用的仲裁规则。仲裁机构虽由双方各自选择，但一方提出的争议需到另一方选定的仲裁机构去审理。

诉讼是司法程序处理争端，但一般诉讼程序复杂，时间长，特别双方如选择第三国的司法机关审理时，往往一个官司打几年，费用巨大，因此一般不选择诉讼解决方式。

采用诉讼解决方式时，同样要注意不同国家的法律对于争端的双方影响不同，因此要在合同中规定选定的法庭及适用法律，有时不得不选择相对中立的第三国法庭及适用法律。

## 本章小结

本章首先介绍了承包商合同谈判有关准备工作、合同谈判主要内容、谈判中应掌握的技巧等。当前国际工程市场基本上是买方市场，谈判中承包商在总体上是处于劣势，如何争取谈判成功至关重要。随后介绍了合同管理的主导思想，业主、工程师和承包商合同管理的各自职责及协同管理的重要作用，特别要重视工程师在合同管理中的协调地位与作用。最后介绍了合同争议的常见原因，一般合同争端解决方法，FIDIC 合同推出的“争端裁决委员会”方法。

## 关键词

合同谈判　合同签约　合同管理　合同争端　争端裁决

## 复习思考题

1. 承包商在合同谈判前应做好哪些有关准备工作？
2. 工程合同谈判的基础是什么？承包商合同谈判的核心是什么？
3. 承包商在合同谈判中可以运用哪些谈判技巧？
4. 你对合同管理主导思想有何认识？
5. FIDIC 合同中工程师在合同管理中的地位与作用如何？
6. 业主、工程师、承包商在合同管理中各自的管理职责是什么？
7. 国际工程合同执行中为什么常引发争端？争端解决方法有哪几种？
8. 为什么要设立争端裁决委员会？如何设立？裁决效果如何？

# 第八章

# 国际工程索赔管理

**学习目标**

通过本章学习，你应该能够：

1. 了解国际工程索赔的特点与分类；
2. 了解业主的索赔的内容、依据；
3. 掌握国际工程索赔的内容、依据与程序；
4. 熟练掌握承包商索赔的内容、依据、程序及计算方法。

## 第一节 工程的索赔管理

### 一、索赔管理概述

索赔是业主与承包商之间由合同或与合同有关问题引起的合同中一方向另一方提出的要求或主张，包括工程款支付、工期或其他方面的补偿。

国际工程承包是一项风险事业，它包含着获利的机会，又存在竞争与挑战，关键在于从事国际承包的企业是否具有足够的经济技术实力和经营管理水平。在每一个工程项目的实施过程中，承包企业的经营管理水平集中地体现在它对工程施工合同的实际管理效果上。

合同管理贯穿于工程实施的全过程和各个方面，索赔管理是工程项目实施过程中合同管理的重要组成部分，是一项比较艰巨困难的任务。良好的索赔管理工作可以避免合同争议，使项目能够按照原定的施工计划优质、按期完成，所以说做好索赔管理工作，无论是对于承包商还是业主都是有利的。国际工程承包的实践经验表明：合同管理的水平越高，索赔的成功率愈大；认真努力地进行索赔工作，能够促进工程项目合同管理及承包企业经营管理水平的提高。

对于业主来说，良好的索赔管理工作，可以使业主以合理的投资获得所期待的工程项目，使工程项目顺利建成，避免合同争端。对承包商来说，做好索赔管理工作可以保证自己的合法利益，减轻承包工程的经济风险；同时，也促使承包商不断提高自己的合同管理水平，降低成本，提高利润。

就施工索赔这项工作而言，这是一项很复杂、很艰难的任务。因为要做好施工索赔，必须十分熟悉整个合同文件，并能够做到熟练地应用合同条款。合同实施中的问题，归根结底体现为合同双方经济利益的纠葛，要依照合同文件的明示条款和默示条款来解决。因此，索赔水平是合同管理水平的集中表现，需要进行周密的工作。

（一）索赔的特点

1. 索赔是具有法律意义的双向权利主张

索赔可以是单向的也可以是双向的，承包商可以向业主提出索赔，业主也可以向承包商提出索赔。

承包商向业主提出的索赔可以是由于业主违约，未履行合同责任，如未按合同规定及时移交场地、施工图纸，未按时支付工程款，工程师的失误等。在有些情况下，尽管业主无任何违约行为，但由于其他原因，诸如工程环境出现事先未预料的情况或变化，如恶劣的气候条件、与勘探报告不同的地质情况、国家法令的修改、物价上涨、汇率变化等原因给承包商造成损失，承包商也可以提出索赔。

业主向承包商提出的索赔一般是由于工程质量缺陷、竣工交付期限延长等引起的损失。但一般业主索赔事件较少，而且处理方法基本上都已列入合同条款中了，如履约保函、预付款支付、误期损害赔偿费等。因此最常见、最有代表性、处理比较困难的是承包商向业主的索赔，通常将它列为索赔管理的重点和主要对象。

2. 索赔必须以法律和合同为依据

索赔是合同中一方受到由于另一方的原因，包括过错或客观条件造成的损失而提出的补偿要求。索赔依据的规则，就是法律法规和合同。合同中的一方由于违反了法律法规和合同相关条件的规定，给对方造成了损失，就应该给予对方相应的补偿。

3. 索赔必须建立在违约事实和损害后果已客观存在的基础上

只有合同中的一方遭受了损失，才能向对方提出索赔，谈到索赔，损失的结果必定已经发生，没有损害的结果，就谈不上索赔，所以索赔必须建立在违约事实和损害后果已客观存在的基础上。比如，业主拖期提供施工场地影响了合同规定的开工时间、拖期提供施工图纸影响了工程的施工进展，从而影响到关键工序的施工，影响到总工期，承包商可以根据业主的拖期影响到工程进度的事实结果，向业主提出延长工期的索赔。同理，如果承包商的原因致使工程质量有缺陷、由于承包商的过错导致拖延工期，业主也可以向承包商提出索赔。所以说，无论是承包商向业主提出的索赔,还是业主向承包商提出的索赔,其前提都是违约事实和损害后果已客观存在。

4. 索赔应当采用明示的方式

要求索赔,必须提交索赔报告,索赔报告必须以书面的形式提出,而不能是口头的形式。想要索赔,受损害的一方必须指明,依据一定的法律法规或合同条件,其受到的损失应该由对方来补偿,列举所受损伤和依据的条款,所以索赔必须采用明示的方式。比如由于业主延期提供施工图纸,而造成承包商的机器设备闲置、人员窝工,承包商应在书面索赔报告中详细说明依据合同条件,业主应该提交施工图纸的时间;由于业主拖期的这段时间,影响到总工期的时间和在这段时间内,承包商的机器设备闲置数量、人员窝工数量及相应的单位设备闲置费、人员窝工工资。只有这样,承包商才有可能获得补偿。

5. 索赔的结果一般是索赔方获得付款、工期或其他形式的补偿

无论是承包商的索赔还是业主的索赔,都不外乎工期和费用两个方面,要么是工期索赔,要么是费用索赔,也可能是工期和费用的综合索赔。比如,由于货币贬值、物价上涨等原因可以索赔费用;由于工程师对材料、图纸和施工工序质量认可的拖延,并且这种拖延影响到了关键线路,则可以索赔工期;由于不可预见的自然条件、延误的施工图或工程师的指示则既可以索赔费用,又可以索赔工期。

(二) 索赔管理

无论是业主或承包商的索赔管理,都要做好索赔的如下一些基本工作:

1. 建立专门的索赔管理小组

由于索赔工作涉及合同实施的全过程,对于国际工程来说,工程量大,工期长,情况复杂,涉及的因素比较多,容易有索赔事项的存在,并且索赔工作的执行人员要有施工索赔的意识观念、专业的技术知识、合同知识等方面的综合能力,所以,挑选一定数量的合格人员成立专门的索赔管理小组对于索赔工作的顺利进行有良好的促进作用。

2. 认真研究合同条款中存在的风险,建立索赔和防止被索赔的意识

在国际工程中,索赔是正常现象,一般难以避免,所以索赔工作的进行要求索赔人员必须熟悉合同条款,熟知相关法律法规和技术规范,只有这样,才能发现合同条件中的漏洞、不足之处,及时发现合同中存在的风险,发现了风险,才能提高索赔的意识,进一步提高防止被反索赔的意识。

3. 加强文档管理,保存索赔资料和证据

索赔资料和证据的掌握对于索赔的成功具有至关重要的作用,成功的索赔,不仅要准确提出依据的相关法律法规、合同条款,在合适的时间内提交书面的索赔报告,更要有事实证据。比如,工程师的指示,施工现场的照片,施工日志,施工记录,会议纪要,工程联系单,图纸会审记录,工程变更单等等。这些资料和证据都要编

号保存，妥善保管，以便查找，便于索赔时使用。

4. 抓住索赔的机遇，及时申请索赔

索赔都必须在合理的时间内提出，有的索赔，如工程暂停、意外风险损失等，在合同条件中有时限规定，应严格遵守。还有一些索赔，如工程的修改变更、自然条件的变化等等，条款中虽未提到时限，但有的合同条款明确规定"应尽快通知业主及其现场工程师"，特别是那些需要现场调查和估计价格的索赔，只有及时通知现场工程师和业主才有可能获得确认，承包商如果总担心影响与工程师和业主的关系，有意将索赔拖到工程结束时才正式提出，极大可能是事与愿违。

按照FIDIC合同条款，书面的索赔通知书，应在索赔事项发生后的28天内，向工程师正式提出，并抄送业主；逾期报告，将遭业主和工程师的拒绝。

5. 写好索赔报告，重视索赔额的计算和证据

索赔报告要一事一报（同类型的可以合并在一起），不要将不同性质的索赔混在一起。

承包商所报送的资料，作为要求索赔的证据，一般以索赔信件的附件出现，论证所提出索赔的原因和合理性。

索赔报告要注意措辞，特别是承包商在索赔时，应客观地描述事实，避免采用抱怨或夸张的言辞，以免使工程师和业主方面产生反感，并且如果措辞不好，往往会使索赔工作复杂化。

索赔计算的目的是以具体的计价方法和计算过程说明索赔方应得的合理补偿。在款额的计算部分中，索赔方应注意采用合适的计价方法。合理的计价方法和完备的索赔证据资料是索赔顺利进行的保证。索赔款计价的主要组成部分包括：由于索赔事项引起的额外开支的人工费、材料费、设备费、工地管理费、总部管理费、投资利息、税收、利润等。每一项费用开支，都应附以相应的证据或单据。

索赔款额的写法上先写出计价结果（索赔总金额），然后分条论述各部分的计算过程。计算时切忌用笼统的计价方法和不实的开支款项，给人以漫天要价的印象。

6. 注意索赔谈判的策略和技巧

在索赔谈判中，应严格按照合同条款的规定进行争议，以理服人，不要将自己的观点强加于人；要既坚持原则，又有灵活性，并留有余地；谈判前要做好准备，对要达到的目标做到心中有数；认真听取并善于采纳对方的合理意见，在坚持原则的情况下寻求双方都可接受的妥协方案；要有耐心，不首先退出会谈，不率先宣布谈判破裂；会上谈判和会下公关活动相结合。

## 二、索赔的分类

目前，国内外关于索赔的分类方法很多。根据划分的标准、角度不同，大致可

归纳如下。

(一) 按发生索赔的原因分类

(1) 业主未能提供施工现场索赔。

(2) 施工图纸延期交付索赔。

(3) 合同文件错误索赔。

(4) 拖延支付工程款索赔。

(5) 暂停施工索赔。

(6) 不利自然条件和人为障碍索赔。

(7) 工程范围变更索赔。

(8) 加速施工索赔。

(9) 工程拖期索赔。

(10) 工期延误索赔。

(11) 缺陷修补索赔。

(12) 特殊风险索赔。

(13) 终止合同索赔。

(14) 劳务、生产资料价格变化索赔。

(15) 不可抗力引起损失的索赔。

(16) 法律法规变化索赔。

(17) 货币及汇率变化索赔。

(18) 业主违约索赔。

(二) 按索赔的依据分类

1. 合同规定的索赔

这是指承包商所提出的索赔要求在合同条款中有明确的文字依据,承包商据此提出索赔要求,取得经济补偿。这些合同条款称之为明示条款,这类索赔一般容易解决、不会产生争端,索赔的成功率比较高。

2. 非合同规定的索赔

这是指承包商所提出的索赔要求无法在合同条款中找到明确的文字依据,但可以根据某些合同条款隐含的内容,合理推断出承包商的索赔权,这些有经济补偿含义的合同条款称为默示条款或隐含条款。这种索赔是合法的,同样具有法律效力,但必须有充分的证据资料。

3. 道义索赔

这是一种罕见的属于经济索赔范畴内的索赔形式。它是指承包商不可能依据明示条款或默示条款提出索赔。如业主目睹承包商未完成某项困难的工程,承受了额外的费用损失,出于道义上的原因,可能在承包商提出索赔要求时,给予适当的经济补偿。这种索赔几乎没有任何合同依据，成功的可能性很小。但是，在国际工程承包界还是有例可循的。主要是合同双方友好合作、互相信任的结果。

（三）按索赔的目的分类

1. 工期索赔

这是指承包商由于非自身原因造成的工期延误向业主要求延长施工时间。

2. 费用索赔

这是指承包商对非自身原因造成的合同以外的经济损失或额外开支，向业主要求经济补偿。

3. 综合索赔

包括工期索赔和费用索赔，是指承包商由于非自身原因造成的工期延误向业主要求延长施工时间和造成的合同以外的经济损失或额外开支，向业主要求经济补偿。

（四）按索赔的对象分类

1. 索赔

在国际工程索赔实践中，通常是指承包商向业主提出的、为了取得经济补偿或工期延长的要求。

2. 反索赔

这是指业主向承包商提出的、由于承包商违约而导致业主经济损失的补偿要求。一般包括两个方面：其一是对承包商提出的索赔要求进行分析、评审和修正，否定其不合理的要求；其二是对承包商在履约中的其他缺陷责任，如某部分工程质量达不到施工技术规程的要求，或拖期建成工程，业主向承包商提出损失补偿要求。

（五）按索赔的当事人分类

1. 承包商与业主之间的索赔

这是普遍的索赔形式，大都是有关工程量计算、变更、工期、质量和价格方面的争议，也有关于其他违约行为、中断或终止合同的损害赔偿等，最常见是承包商向业主提出的工期索赔和费用索赔。有时，业主也向承包商提出经济补偿要求，即反索赔。

2. 承包商与分包商之间的索赔

其内容与承包商与业主之间的索赔大致相似，即按照所签订的分包合同，承包商和分包商都有向对方提出索赔的权利，以维护自己的利益，获得额外开支的经济补偿。实践中，大多数是分包商向承包商要付款和赔偿及承包商向分包商罚款或扣留支付款等。

3. 承包商与供货商之间的索赔

其内容大多是商贸方面的争议,如果供货商违反供货合同的规定,使承包商受到经济损失时,承包商有权向供货商提出索赔,反之亦然。

4. 承包商向保险公司索赔

承包商受到灾害、事故或其他损害、损失时,按保险单向其投保的保险公司索赔。

## 三、索赔的依据和程序

### (一) 索赔的依据

索赔依据是索赔的必要文件。对于每一项具体的索赔要求,都必须提出具有一定说服力的索赔依据。索赔能否成功,关键有两条:一是索赔理由是否充分;二是索赔依据是否有力。索赔方应该善于从合同文件中寻找索赔的依据,并以大量的施工现场等资料来补充。一般的索赔依据如下。

1. 合同文件

构成合同的原始文件一般包括:合同协议书、中标函、投标书合同条件(专用部分)、合同条件(通用部分)、规范、图纸,以及标价的工程量表等。

承包商提出索赔时,必须明确说明所依据的具体合同条款。

2. 施工文件及资料

施工文件及资料涉及参与项目各方的来往函件、会议记录、施工现场记录、工程师的指示等内容。

3. 前期索赔文件

前期索赔文件包括标前会议纪要、对招标文件的解释等。

4. 法律与法规

法律法规指工程项目所在国的有关工程造价的法律法规及政策指令文件。由于国际工程的合同条件是以适用工程所在国的法律法规为前提的,该国政府的法律法规和政策指令对工程索赔具有决定性的意义。

### (二) 索赔的程序

在国际工程承包实践中,索赔实质上是承包商和业主之间在分担合同风险方面重新分配责任的过程。合同实施阶段所出现的每一个索赔事项,都应按照国际工程索赔的惯例和工程项目合同条件的具体规定,抓紧协商解决。

FIDIC《施工合同条件》规定了雇主和承包商索赔的程序,见第 2.5 条“雇主的索赔”,第 20.1 条“承包商的索赔”。一般工程项目索赔工作程序如图 8-1。

1. 提出索赔要求

按照国际通用合同条件的规定,凡是由于业主或业主代表方面的原因,出现工

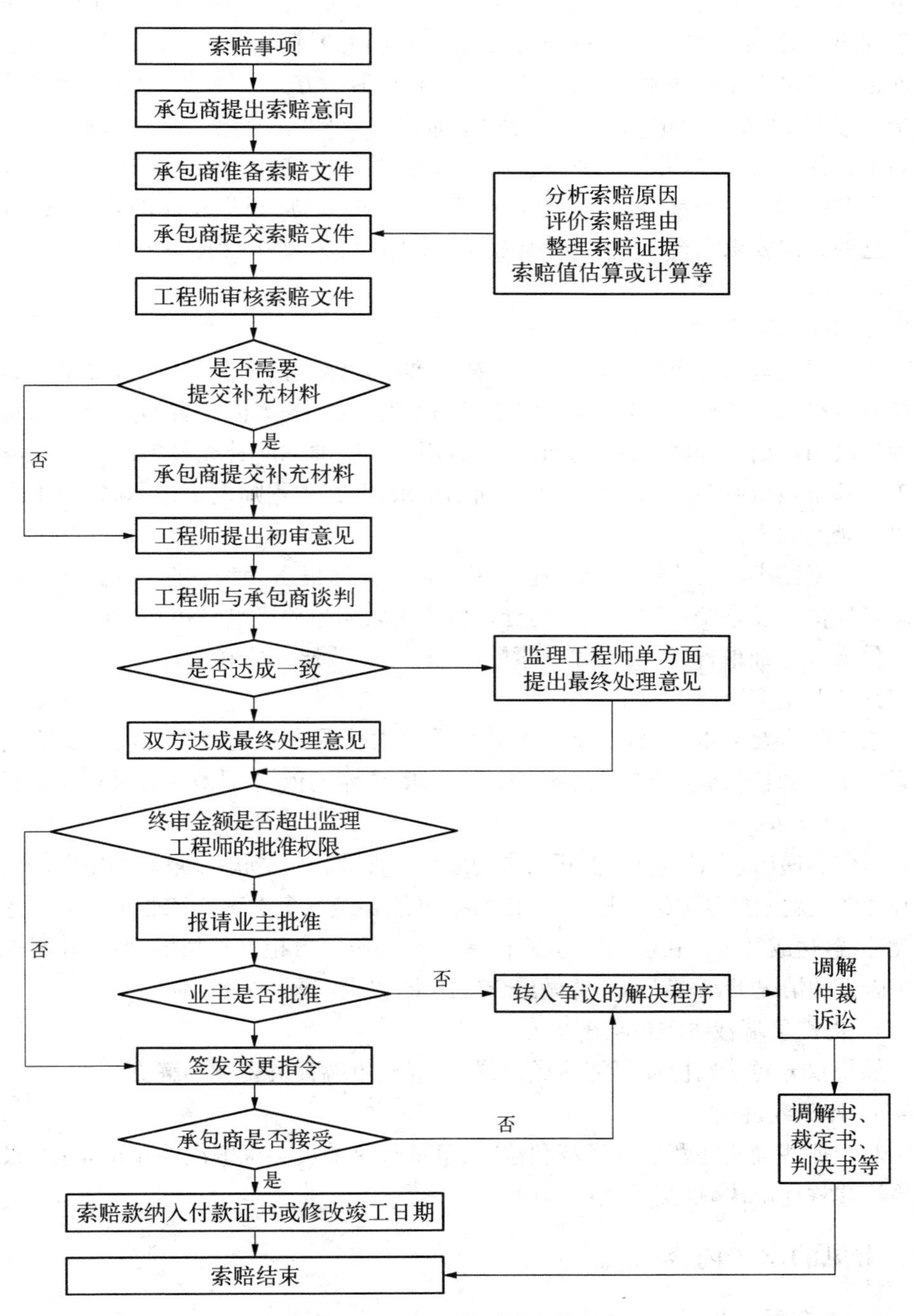


图 8-1　一般工程项目索赔程序

程范围或工程量的变化,导致工程拖期或成本增加时,承包商有权提出索赔。在索赔事项出现后,承包商一方面口头提出索赔意向,并要在规定的时间内尽快用书面信件正式发出索赔通知书,声明他的索赔权利。另一方面应继续施工,并保持同期记录。按照 FIDIC 合同条款,书面的索赔通知书,应该在索赔事项结束后的 28 天内向工程师正式提出,并抄送业主。逾期报告,将遭业主和工程师的拒绝。

索赔通知书一般都很简单,仅说明索赔事项的名称,根据相应的合同条款,提出自己的索赔要求。至于索赔金额或应延长工期的天数,以及有关的证据资料等,可稍后再报。

2. 报送索赔资料

正式提出索赔要求以后,承包商应抓紧准备索赔的证据资料,计算要求的索赔事项或应得的工期延长天数,并在索赔通知书发出的 28 天内或者经工程师同意的合理期限内报出。同时,保持同期记录,以用作索赔通知的补充材料。承包商应允许工程师审核所有与索赔事件有关的同期记录,并在工程师发出指示时,向工程师提供记录的副本。

如果索赔事项有连续性,则每隔 28 天向工程师报送一份临时详细报告,说明事态发展情况及索赔费用和工期的延长值。当索赔事项影响结束后,在 28 天内报送一份最终详细报告,说明具体的索赔总额、工期延长天数和全部索赔证据,要求工程师和业主审定。

索赔报告要一事一报,不要将不同性质的索赔混在一起。索赔报告要明确写明索赔事项、时间、地点、原因、索赔的具体要求、索赔的依据、计算论证及相关证据。

3. 会议协商解决

承包商递出索赔报告后,要积极主动地与工程师和业主联系,最好约定时间向工程师和业主就索赔事项细致地解释和会谈,可能要经过多次正式和非正式会谈才能相互谅解,达成共识。在谈判的过程中,要认真倾听对方拒绝补偿的理由,在考虑其合理因素的情况下,坚持原则,并做出合理让步,以求问题的友好解决。

4. 提交争端裁决委员会解决

如果双方经谈判协商不能达成协议,可提交争端裁决委员会解决。

5. 仲裁或诉讼

对于那些确实涉及重大经济利益,而争端裁决委员会也解决不了的争端,只能依靠法律程序解决,提交仲裁或诉讼。

## 四、常见的索赔内容

### (一) 合同文件的索赔

(1) 有关合同文件组成不严格问题引起的索赔。

（2）合同文件的有效性引起索赔。

（3）因图纸或工程量表中的错误引起索赔。

（二）工程施工的索赔

（1）地质条件变化引起索赔。

（2）工程中发现事先不明的地下构筑物、文物等引起的索赔。

（3）增减工程量的索赔。

（4）各种额外的试验和检查费用偿付。

（5）工程质量要求的变更引起的索赔。

（6）指定分包商违约或延误造成的索赔。

（7）其他有关施工的索赔。

（三）支付方面的索赔

（1）价格调整方面的索赔。

（2）货币贬值的经济失调导致的索赔。

（3）拖延支付工程款的索赔。

（四）工期和延误的索赔

（1）承包商要求工期延长的索赔。

（2）由于延误而导致的一系列相关损失的索赔。

（3）业主要求赶工的费用索赔。

（4）雇主风险和不可抗力引起损害的索赔。

（五）工程暂停、终止合同的索赔

（1）由承包商暂停的终止。

（2）由不可抗力影响，工程暂停和终止的索赔。

（六）关于综合索赔

工程完工最终结算期间，将施工期间提出但一直未能妥善解决的索赔，最终加以分类，综合整理，以综合索赔名义提出索赔。

（七）财务费用补偿索赔

这指各种原因导致承包商财务开支增大而导致贷款利息增加等财务费用。

## 五、索赔报告

索赔报告的质量和水平直接影响索赔的成败。对重大的索赔事项，有必要聘请合同专家或技术权威人士担任咨询。另外，邀请一些有背景、有影响的资深人士参加咨询活动，有助于索赔成功。承包商的索赔可以分为工期索赔和费用索赔。一般的，对大型复杂工程的索赔报告应分别编写和报送，对小型工程的索赔报告可合二为一。一个完整的索赔报告应包括以下内容。

(一) 总述部分

概括地叙述索赔事项,包括事件发生的具体时间、地点、原因、产生持续影响的时间、承包商为该索赔事项付出的努力和附加开支、承包商的具体索赔要求等。

(二) 合同的论证部分

论证部分是索赔报告的关键部分,其目的是说明自己有索赔权,是索赔能否成立的关键。它的基础是合同文件并参照所在国法律。承包商的索赔人员要善于在合同条款、技术规范、工程量表及来往函件中寻找索赔的法律依据,使索赔建立在合同、法律的基础上。合同论证按照索赔事件发生、发展、处理过程叙述,使业主清楚了解事项的始末及承包商处理索赔事项上做出的努力和付出的代价。论述时应明示引证资料的名称、编号,便于查阅。如有类似索赔成功的具体事例,可作为例证提出。

(三) 索赔款项(或工期)的计算部分

应首先列出索赔总金额和索赔总工期,然后再列出详细计算过程。引证的资料要编号和注明名称。计算时要严格遵照计算规则,切记用笼统的计价方法或列出不实的开支款项,以免给人以漫天要价的印象。索赔款的计算方法有很多,各国也不尽相同,要了解和掌握工程所在国的计算方法和规则,并参照以往成功索赔的案例及索赔规定去计算。

(四) 证据部分

引用的每个证据必须可信和有效,最重要的是证据资料要附以文字说明,或附以确认件。例如工程师的口头指示,仅有承包商自己的记录是不够的,要有工程师签字确认的记录。证据的选择也要根据索赔的内容而定。最后根据合同论证、索赔款项计算中提出问题选用的必要资料,统一编号列入索赔报告。

## 第二节　业主索赔的内容

在国际工程合同中,对双方均赋予了提出合理索赔的权利。国际上习惯把承包商向业主提出的索赔要求称为施工索赔(construction claims),把业主向承包商提出的索赔要求称为反索赔(counter claims 或 defense against claim),在工程实践中,索赔和反索赔往往是相伴的,都是以合同条款为依据。通常,承包商提出索赔时,业主也可能提出反索赔以与之抗衡。

业主索赔是指由于承包单位不履行或不完全履行约定的义务,或者由于承包单位的行为使业主受到损失时,业主向承包单位提出的索赔。

业主提出反索赔的要求比起承包商提出索赔来说要容易得多,他只需引用工程项目的合同条款，并指出承包商违约的地方，即自行扣除承包商的工程进度款，作为反索赔的补偿。当然，承包商如果对业主的此项反索赔有异议，他有权提出争议，要求工程师重新考虑或提请DAB做出决定，甚至提出仲裁或诉讼。

业主可有以下几种方法提出反索赔：以事实或证据论证对方索赔没有理由，不符合事实，以全盘否定或部分否定对方的索赔；以自己的索赔抵制对方的索赔，提出的索赔金额比对方还要大，为最终谈判的让步留有余地；承认干扰事件的存在，但指出对方不应该提出索赔，利用合同条款否定对方提出的索赔理由，指出在对方提出的这些问题上，合同规定不予补偿；承认干扰事项的存在，反驳对方计算方法错误，计算基础不合理，计算结果不成立，这样也可以维护自己的利益。

## 一、对拖延竣工期限的索赔

在工程项目的施工过程中，由于多方面原因，往往使竣工日期较原定竣工日期拖后，影响到业主对该项目的使用，给业主带来了经济损失。按照国际工程承包施工的惯例，对于因承包商原因引起的工期延误，业主有权对承包商进行索赔，即要求承包商承担“误期损害赔偿费(liquidated damages for delay)”。

业主可按工期延误的实际损失额向承包方提出索赔，一般包括以下内容。

(1) 业主盈利和收入损失。计算此项损失的最好办法是通过与索赔项目尽可能相同的某一工程项目进行比较。

(2) 增大的工程管理费用开支。如业主为工程雇佣工程师及职员、由于工程延期而发生的增大支出，以及业主提供的设备在延长期内的租金、由于承包方延误而造成安全和保险费用的增加等。

(3) 超额筹资的费用。超额筹资的费用常常是业主遭受最为严重的延误费用，业主对承包方延期引起的任何利息支付都可作为延期损失提出索赔。

(4) 使用设施机会的丧失。在任何情况下，对于如果能按合同期限启用设施而增加的收益，都可作为延期损失向承包方提出索赔。

土建工程施工合同中的误期损害赔偿费，通常都是由业主在招标文件中明确规定的。业主在确定这一赔偿费率时，一般要考虑以上诸项因素。

误期损害赔偿费的计算方法，在每个工程项目的合同文件中均有具体规定。一般按每延误一天赔偿一定的款额计算，如有的国际项目按每一天0.1%的合同价扣除。在国际工程承包实践中，一般对误期损害赔偿费的累计扣款总额都有限制，如最多不得超过该工程项目合同价的10%。

## 二、对施工质量缺陷的索赔

承包施工合同条件一般都规定，如果承包商的施工质量不符合施工技术规程的要求,或使用的设备和材料不符合合同规定,或在缺陷责任期满以前未完成应该负责修补的工程时,业主有权向承包商追究责任,要求补偿业主所受的经济损失。如果承包商在规定的期限内仍未完成缺陷修补工作,业主有权向承包商进行反索赔。

施工缺陷包括的主要内容有:

(1) 承包商建成的某一部分工程,由于工艺水平差而出现歪斜、开裂等破损现象。

(2) 承包商使用的建筑材料或设备不符合合同条款中指定的规格或质量标准,从而危及建筑物的可靠性、安全性。

(3) 承包商负责设计的部分永久工程,虽然经过了工程师的审核同意,但建成后发现有严重缺陷,影响工程的可靠性。

(4) 承包商没有完成按合同文件规定的应进行的隐含的工作等。

上述工程缺陷或未完工作,引起业主的任何损失时,业主有权向承包商提出索赔的要求。

这些缺陷修补工作,承包商应在工程师和业主规定的期限内完成,并经检查合格。在缺陷责任期届满之际,工程师在全面检查验收时发现的任何缺陷,应在14天内修好,才能向业主移交工程,从而完成缺陷责任期的责任。否则,业主不仅可以拒绝接收工程,并可向承包商提出索赔。

缺陷处理的费用,应该由承包商自己承担。如果承包商拒绝完成缺陷修补工作,或维修质量仍未达到合同规定的要求时,业主可从其工程进度款中扣除修补所需的费用。如果扣款额还不能满足修补费的需要时,业主还可从承包商提交的履约保函或保留金中扣取。

业主对工程缺陷向承包商提出反索赔要求时,其款额不仅包括修理工程缺陷所产生的直接损失,而且还可考虑该缺陷所引起的间接经济损失。

## 三、其他有关索赔

### (一) 对承包方未履行的保险费用索赔

如果承包方未能按照合同条款约定的由承包方对项目投保,并保证保险有效,业主可以投保并保证保险有效,业主所支付的必要的保险费可在应付给承包方的款项中扣回。

### (二) 对承包方超额利润的索赔

如果工程量增加很多,使承包方预期的收入增大,而工程量增加,承包方固定成本并未增加或增加很少,合同价应由双方讨论调整,业主可收回部分承包方的超额利润。

（三）对指定分包企业的付款索赔

在工程的总承包方未能提供已向指定的分包企业付款的合理证明时，业主可以直接按照工程师的证明书，将承包方未付给指定分包企业的所有款项（扣除保留金）付给该分包企业，并从应付给承包方的任何款项中如数扣回。

（四）业主合理终止合同或承包方不合理地放弃工程的索赔

如果业主合理地终止承包方的承包，或者承包方不合理地放弃工程，则业主有权从承包方手中收回由新的承包方完成全部工程所需的工程款与原合同未付部分的差额。

（五）其他

例如，承包商的建筑材料或设备不符合合同要求，而需要重复检验时的费用开支；由于安全事故，给业主人员和第三方造成人身或财产损失；承包商运送自己的施工设备和建筑材料时，损坏了沿途的公路或桥梁，公路交通部门要求修复等。

## 四、FIDIC《施工合同条件》中业主可能向承包商提出索赔的有关条款

业主向承包商索赔的依据主要是合同条款，因此业主及工程师要认真研究合同条款。现将FIDIC《施工合同条件》中可能引起业主向承包商索赔的有关条款列于表8-1。

**表8-1　业主方可向承包商索赔的有关条款**

| 序号 | 条款号 | 条　款　名　称 | 索　赔　内　容 | | |
|---|---|---|---|---|---|
| | | | 工 期 | 费 用 | 利 润 |
| 1 | 1.8 | 文件的照管和提供 | | √ | √ |
| 2 | 4.2 | 履约担保 | | √ | |
| 3 | 4.18 | 环境保护 | | √ | |
| 4 | 4.19 | 电、水和燃气 | | √ | √ |
| 5 | 4.20 | 雇主设备和免费供应的材料 | | √ | √ |
| 6 | 5.4 | 付款证据 | | √ | √ |
| 7 | 7.5 | 拒收 | | √ | |
| 8 | 7.6 | 修补工作 | | √ | √ |

续 表

| 序号 | 条款号 | 条 款 名 称 | 索 赔 内 容 | | |
|---|---|---|---|---|---|
| | | | 工 期 | 费 用 | 利 润 |
| 9 | 8.6 | 工程进度 | | √ | √ |
| 10 | 8.7 | 误期损害赔偿费 | | √ | |
| 11 | 9.3 | 重新试验 | | √ | |
| 12 | 9.4 | 未能通过重新检验 | | √ | √ |
| 13 | 11.3 | 缺陷通知期限的延长 | √ | | |
| 14 | 11.4 | 未能修补缺陷 | | √ | √ |
| 15 | 11.11 | 现场清理 | | √ | |
| 16 | 13.7 | 因法律改变的调整 | | √ | |
| 17 | 13.8 | 因成本改变的调整 | | √ | |
| 18 | 15.2 | 由雇主终止 | | √ | |
| 19 | 15.4 | 终止后的付款 | | √ | |
| 20 | 17.1 | 保障 | | √ | |
| 21 | 17.5 | 知识产权和工业产权 | | √ | |
| 22 | 18.1 | 有关保险的一般要求 | | √ | |
| 23 | 18.2 | 工程和承包商设备的保险 | | √ | |

## 第三节　承包商施工索赔内容

施工索赔，系指由于业主或其他有关方面的过失、责任或不可抗力等，使承包方在工程施工中增加了额外的费用或延误了工期，承包方根据合同条款的有关规定，以合法的程序要求业主或有关方面补偿在施工中所遭受的经济损失或工期延误。

## 一、施工索赔的内容与注意事项

（一）不利的自然条件与人为障碍引起的索赔

不利的自然条件是指施工中遇到的实际自然条件比招标文件中所描述的更为困难和恶劣，这些不利的自然条件或人为障碍增加了施工的难度，导致承包方必须花费更多时间和费用，在这种情况下，承包方可向监理工程师提出索赔要求。

1. 地质条件变化引起的索赔

这种索赔经常会引起争议。一般情况下，招标文件中的现场描述都介绍地质情况，有的还附有简单的地质钻孔资料。在有些合同条件中，往往写明承包方在投标前已确认现场的环境和性质，包括地表以下条件、水文和气候条件等，即要求承包方承认已检查和考虑了现场及周围环境，承包方不得因误解或误释这些资料而提出索赔。这等于把承担不利自然条件的风险推给了承包商。如这类不利条件通常有：

(1) 在开挖过程中挖出的岩石或砾石，其位置、高程与招标文件所述差别甚大。

(2) 招标文件钻孔资料注明系坚硬岩石的某一位置或高程上，出现的却是软岩。反过来，显示为软弱岩石的地方实际上却是坚硬岩石。

(3) 实际的破碎石或其他地下障碍物，大大超过招标文件中给出的数量。

(4) 实际遇到的地下水在位置、水量、水质等方面与招标文件中的数据相差悬殊。

(5) 地表高程与设计图纸不符，导致大量的挖填方。

(6) 需要压实的土壤含水量数值与合同资料中给出的数值差别过大，增加了碾压工作的难度或工作量。

(7) 在隧洞开挖过程中遇到强大的突水、涌砂、溶洞等地质资料未能探明的特殊情况。

但FIDIC合同条件也规定了，如果在施工期间，承包方遇到不利的自然条件或不利障碍，而这些条件与障碍又是有经验的承包商也不能预见的，则应立即通知监理工程师并抄送业主。如果监理工程师也认为这些不利自然条件或人为障碍，即使是有经验的承包方也不能预见的，则监理工程师应予证明，给予承包商工期的延长，并支付给承包商由于该情况发生而增加的额外费用。但由于对合同条件的理解带有主观性，往往会造成承包方同业主及工程师各执其词。

2. 工程中人为障碍引起的索赔

在挖方工程中，承包方发现地下构筑物或文物，只要是图纸上并未说明的，工程师应到现场检查，并与承包方共同讨论处理方案。如果这种处理方案导致工程费用增加(如原计划是机械挖土,现在不得不改为人工挖土),工期延误,承包方即可提出索赔,由于地下构筑物和文物等,确属是有经验的承包人难以合理预见的人为障碍,这种索赔通常较易成立。

(二) 工程变更引起的索赔

在工程施工过程中,由于遇到不能预见的情况、环境,或为了节约成本等,在工程师认为必要时,可以对工程或其任何部分的外形、数量做出变更。承包方均应按工程师的指令执行,但承包方有权对这些变更所引起的附加费用进行索赔。

或者工程师出于工程需要等原因,让承包商使用比原合同条件中标准更高的材料或提高工程的质量要求,承包商应要求其下达书面指令,以便引用工程变更条款要求业主进行补偿或核定新的单价。如工程师拒绝或拖延下达变更命令,承包商应及时提出论据和进行索赔的权利主张。

根据工程师的指令完成的变更工程,应以合同中规定的单价和价格确定其费用。如果合同中没有可适用于该项变更工程的单价或价格,则应由工程师和承包商共同商定适用的单价或价格。如果双方不能取得一致意见,便会引起索赔。单价确定是否合理常常是引起这类索赔争议的主要原因。

(三) 关于工期延长和延误的索赔

工期延长或延误的索赔通常包括两方面:一是承包方要求延长工期;二是承包方要求偿付由于非承包方原因导致工程延误而造成的损失。一般这两方面的索赔报告要求分别编写,因为工期和费用的索赔并不一定同时成立。例如,由于特殊恶劣气候等原因,承包方可能得不到延长工期的承诺,但是,如果承包方能提出证明其延误造成的损失,就可能有权获得这些损失的赔偿。有时两种索赔可能混在一起,既可以要求延长工期,又可以获得对其损失的赔偿。

由业主、工程师或客观原因引起的工期延长索赔的原因是承包商为了完成合同规定的工程花费了较原计划更长的时间和更大的开支,而拖期的责任不在承包商方面。

工期延长索赔的前提是拖期的原因或是由于业主、工程师的责任,或是由于客观影响,而不是承包商的责任,工期延长索赔通常在下列情况下发生:

(1) 由于业主原因:如未按规定时间向承包商提供施工现场或施工道路,干涉施工进展,大量地提出工程变更或额外工程,提前占用已完工的部分建筑物,业主拖延支付预付款或工程款,业主指定的分包商违约或延误,业主对工程质量的要求超出原合同的规定,业主提供的设计资料或工程数据延误等。

(2) 由于工程师的原因:如修改设计,不按规定时间向承包商提供施工图纸,拖延审批施工方案、计划,工程师拖延关键线路上工序的验收时间,造成承包商下道工序施工延误,图纸错误引起返工等。

(3) 由于客观原因,而且是业主和承包商无法遇见和扭转的,如政局动乱、战争和内乱、特殊恶劣的气候,不可预见的现场不利自然条件等。

由承包商原因引起的延误一般是内部计划不周、组织协调不力、指挥管理不当等原因引起的,具体如下:

① 施工组织不当,如出现窝工或停工待料现象。

② 质量不符合合同要求而造成的返工。

③ 资源配置不足,如劳动力不足,机械设备不足或不配套,技术力量薄弱,管理水平低,缺乏流动资金等造成的延误。

④ 开工延误。

⑤ 劳动生产率低。

⑥ 承包商雇佣的分包商或供应商引起的延误等。

显然上述延误难以得到业主的谅解,也不可能得到业主或工程师给予延长工期的补偿。承包商若想避免或减少工程延误的罚款及由此产生的损失,只有通过加强内部管理或增加投入,或采取加速施工的措施。

#### (四) 由于业主不正当地终止工程而引起的索赔

由于业主不正当地终止工程,承包方有权要求补偿损失,其数额是承包方在被终止工程上的人工、材料、机械设备的全部支出,以及各项管理费用、保险费、贷款利息、保函费用的支出(减去已结算的工程款),并有权要求赔偿其盈利损失。

#### (五) 各种额外的试验和检查费的索赔

工程师有权要求对承包商的材料进行多次抽样检查,或对已施工的工程进行部分拆卸或挖开检查。但是,对于并非合同技术说明中规定的试验,以及对于本来已合格的施工和材料在拆卸和挖开检查后又证明确实符合合同要求,则承包商可提出由业主偿付这些检查费用和修复费用,以及对由此引起的其他损失(工期延迟、窝工等)进行赔偿。

#### (六) 指定分包商违约或延误造成的索赔

指定分包商是指业主通过另外的招标或其他方式确定的分包商,并将这些分包商纳入主承包商的管理之下。

指定分包商的违约,主要是指指定的分包商或材料货物供应商未能按合同规定完成工程、提供服务、供应材料和货物等。依据 FIDIC 合同条件规定,承包商应对分包商的行为负全部责任,这里的分包商包括一般的分包商和指定的分包商。但在实际工程进展中,指定的分包商或材料供应商情况比较复杂,往往存在着许多问题。因为指定的分包商与业主或工程师都有直接联系,业主或工程师不可能不对指定分包商的不当行为不负任何责任,特别是由于业主或工程师把承包商接受某指定分包商作为其授予合同的前提条件之一。这样经常会产生各种各样的矛盾,付款问题、进度问题,还有工期、拖期罚款、保留金、维修缺陷责任期等方面的问题。例如指定分包商不能与主承包商的进度相协调,从而影响了总工期,使工期拖延,而对其误期损害赔偿费支付的问题,双方又容易产生分歧,导致索赔困难。

在国际工程承包中,业主方应重视承包商对分包商的合法拒绝;只要有可能,就应避免使用指定的分包商。即使不得不使用指定的分包商,也应事先与主承包商就分包合同取得一致意见,或者索性作为独立分开的合同,各自完成自己的工作。否则,矛盾将难以避免。这类索赔案例常有发生。

(七)关于支付方面的索赔

工程付款涉及价格、货币和支付方式三个方面的问题,由此引起的索赔很常见。如价格调整的索赔、货币贬值导致的索赔、拖延支付工程款的索赔等。

1. 关于价格调整方面的索赔

这是争执最多、计算较难的索赔,也最常见。大致包括商定新价、物价上涨调价、"损失"索赔计算。

属于工程量表中遗漏或工程变更,而在合同中又没有此项相同或类似工作时,一般要商定新的价格。例如,原设计中统一采用木门窗,但实际施工时,业主要把部门窗户改为塑钢窗,而在原合同中没有涉及塑钢窗的价格,这时就要双方协商一致,确定新的价格。

对于大型工程的建设,工程量大,工期长,要历时几年才能完成,所以在工程实践中要考虑价格上涨因素。FIDIC通用合同条件和国际工程承包合同中也都有因劳务价格和材料价格上涨的进行价格调整的条款。

关于"损失"索赔的计算,明显的材料损失较易计算,而窝工损失常常很难取得一致意见。承包商主张设备闲置按台班价格、人员窝工应按计日价格和窝工时间计算,而工程师则认为设备按闲置不能按台班价格,只能按日租赁价或折旧费计算,而人工可以转做其他工作,最多考虑生产效率降低,计算一部分效率损失,且只按成本费计算,不包括利润等。

所有关于价格方面的索赔,都需要由工程、物资、财务各方人员共同计算,并提出足够的单据和现场记录,否则很难成功。

2. 关于货币贬值和严重经济失调导致的索赔

国际工程承包合同中工程价款的支付一般除当地币种外还有另外一种或几种外币,同时还规定了各种货币所占比例及固定兑换率。某些合同中还可能有货币贬值补偿条款。但这种贬值只限于工程所在国政府宣布的贬值时才给予补偿。而实际上尽管当地币在市场上已明显贬值,政府却不宣布贬值,哪怕是中央银行的指导汇率发生明显贬值,也只称之为"市场浮动"。

在工程所在国经济严重失调，除物价波动外，政府采取调整工资、增加税收等强制性措施如使承包商加大了支出，承包商可引用合同中有关因法律变化条款进行索赔。

3. 拖延支付工程款的索赔

合同中一般都有支付工程款的时间限制及延付款计息的利率。承包商应据此规定，在每次中期付款申请单中将以前拖欠款及利息单独列出，促请业主支付。对于严重拖欠应付款可能导致承包商资金周转困难而影响到工程进度，应及时申明属于业主违约行为，可能产生中止合同的严重后果，并严肃提出索赔。

对于业主和工程师无理进行的罚款，除要求及时发还外，应在适当时候提出索赔利息的要求。

（八）其他有关施工的索赔

施工过程中，出现的问题各种各样，难以全部概括，可根据实际情况进行索赔。常见的比如由工程师分批提供施工详图的延误；或由承包商提供施工详图交工程师审批后方能施工，但工程师审批拖延所造成的延误已影响到网络计划的关键节点，承包商可进行工期索赔、延误导致的窝工损失以及后来工程师下令追赶进度的"赶工费"等索赔。

如果合同中无明文规定，而工程师对承包商的施工顺序、施工方法进行不合理的干预，并正式下达命令要求承包商执行，承包商可就这种干预引起的费用增加进行索赔。因为按照国际惯例，承包商有权采取可以满足合同进度和质量要求的最为经济的施工顺序和施工方法，如果工程师不是建议而是以命令的方式干预施工，他理应承担由此增加的费用损失。

## 二、施工索赔的主要依据

索赔的主要依据是合同文件及工程项目资料，资料不完整，监理工程师难以正确处理索赔。一般情况下，承包方为便于向业主进行索赔，都保存有一套完整的工程项目资料。

（一）构成合同的原始文件

构成合同的原始文件一般包括：招标文件、投标书、中标函、合同协议书及附件、合同条件、工程图纸、技术规范、工程地质和水文资料以及标价的工程量表等。

招标文件是承包商投标报价的依据，是工程项目合同文件的基础。招标文件中包括通用条件、专用条件、施工技术规范、工程量表、工程范围说明、现场水文地质资料等文本，都是工程成本的基础资料。它们不仅是承包商参加投标竞争和编标作价的依据，也是施工索赔时计算附加成本的依据。

投标书是投标报价文件。它是承包商依据招标文件并进行工地现场勘查后投标报价的成果资料。在中标及签订合同协议书以后,就成为正式合同的组成部分,也是施工索赔的基本依据。

合同协议书是合同双方正式进入合同关系的标志,在签订合同协议书之前,合同双方对于中标价格、施工计划、合同条件等问题的讨论纪要文件,也是该工程项目合同文件的重要组成部分。在这些会议纪要中,如果对招标文件中的某个合同条款做了修改或解释,则这个纪要就是将来索赔计价的依据。

(二) 来往函件

合同实施期间,参与项目各方会有大量往来函件,涉及的内容多、范围广。但最多的还是工程技术问题,这些函件都具有合同文件同等的效力,是承包商与业主进行费用结算和向业主提出索赔所依据的基础资料。如工程师(或业主)的工程变更指令,加速施工指令,施工单价变更通知,对承包商问题的书面回答等。这些信函(包括传真等资料)可能繁杂零碎,但应仔细分类存档,以备急需。

工程师在施工过程中会根据具体情况随时发布一些口头指示,承包商必须执行工程师的指示,同时也有权获得执行该指示而发生的额外费用。但应切记在合同规定的时间内,承包商必须要求工程师以书面形式确认其口头指示。否则,将视为承包商自动放弃索赔权利。工程师的书面指示是索赔的有力证据。

(三) 会议记录

从招标到建成移交的整个期间,参与项目各方会定期或不定期地召开会议,讨论解决合同实施中的有关问题。所以这些会议的记录,都是很重要的文件。施工和索赔中的许多重大问题,都是通过会议反复协商讨论后决定的。如标前会议纪要,施工协调会议纪要,施工技术讨论会议纪要,索赔会谈纪要等。工程师在每次会议后,应向各方送发会议纪要。会议纪要的内容涉及很多敏感性问题,各方均需核签。

(四) 施工现场记录

承包商的施工管理水平的一个重要标志,即其是否建立了一套完整的现场记录制度,并持之以恒地贯彻到底,施工现场记录主要包括施工日志、施工质量检查验收记录、施工设备使用记录、建筑材料进场和使用记录、施工进度记录、现场水文气象记录、现场人员记录、工时记录等。其中,施工质量检查记录要有工程师或工程师授权的相应人员签字。

(五) 工程照片

在合同的实施过程中,一般工程月报或进度款表都附有工程照片,以表达工程实际进度,在索赔工作中,用工程照片说明实际情况往往最直接,也最有说服力。一些表示工程进度的照片,隐蔽工程的照片,由于业主责任造成工程返工的照片,材料和设备开箱验收的照片等对于索赔工作具有非常重要的价值。

（六）工程财务记录

工程财务记录在施工索赔中非常重要，尤其是索赔按实际发生的费用计算时更是如此。

包括施工进度款支付申请单、工人劳动计时卡、工人或雇用人员工资单、材料设备和配件等采购单、付款收据、收款收据、标书中财务部分的章节、工地的施工预算、工地开支报告、会议日报表、会计总账、批准的财务报告、会计来往信件及文件、通用货币汇率变化表。

（七）现场气象记录

水文地质气象条件对土建工程施工的影响甚大，它经常引起工程施工的中断或工效降低，有时甚至造成在建工程的破损。许多工程拖延索赔均与气象条件有关。施工现场应记录的气象资料，如每月降水量、风力、气温、河水位、河水流量、洪水位、洪水流量、施工基坑地下水状况等。特别是遇到恶劣的气候条件，除做好施工现场记录外，承包商还应向业主提供政府气象部门对恶劣气候的证明文件，如果遇到地震、海啸、飓风等特殊自然灾害，更应注意随时记录。

（八）市场信息资料

大中型土建工程，工期一般较长，对物价变动等市场信息应系统地搜集整理。这些信息资料，不仅对工程款的调价是必不可少的，对索赔亦同样重要。如工程所在国官方的物价指数，工资指数，中央银行的外汇比价、汇率及国际工程市场劳务、施工材料价格的变化资料。

（九）法律、法规及政策法令文件

这里所说的法律、法规及政策法令一般指该工程所在国的法律法规政策法令。国际工程的合同实施按工程所在国的法律规定行事，是比较合理的，如货币汇兑限制指令，外汇兑换率的决定；调整工资的决定；税收变更指令；工作日及节假日、每日工作小时数；设备和材料的进出口、税收等，都宜按照工程所在国的规定办事。但是，适用法律并不排除采用第三国的法律，尤其是工程所在国的法律不完善或尚无某种立法时。在当前国际市场上，合同纠纷的仲裁，往往到第三国的国家或国际性的仲裁机构去实施，比如法国巴黎的国际商会，联合国的国际贸易法委员会等，至于完成工程量的测量方法，则一般按照英国皇家特许测量师协会编写的《工程量标准测定法》办理，除非合同条款中另有规定。由于国际工程的合同条件是以适应工程所在国的法律为前提的，该国政府的这些法令对工程结算和索赔具有决定性的意义，应该引起承包商的高度重视。

上述几条是施工索赔的主要依据，由于国际工程面临的情况比较复杂，在工程实践中，还会涉及许多别的方面的资料，所以，根据索赔内容，还要准备上述资料范围以外的证据并妥善保管，为索赔的成功奠定基础。

## 三、FIDIC《施工合同条件》中承包商可能索赔的有关条款

FIDIC《施工合同条件》中可能引起承包商向业主索赔的有关条款见表 8-2。

**表 8-2　承包商可向业主索赔的有关条款**

| 序号 | 条款号 | 条款名称 | 索赔内容 | | | 序号 | 条款号 | 条款名称 | 索赔内容 | | |
|---|---|---|---|---|---|---|---|---|---|---|---|
| | | | 工期 | 费用 | 利润 | | | | 工期 | 费用 | 利润 |
| 1 | 1.3 | 通信交流 | √ | √ | √ | 19 | 7.3 | 检验 | √ | √ | √ |
| 2 | 1.5 | 文件优先次序 | √ | √ | √ | 20 | 7.4 | 试验 | √ | √ | √ |
| 3 | 1.8 | 文件的照管和提供 | √ | √ | √ | 21 | 8.1 | 工程的开工 | √ | √ | |
| 4 | 1.9 | 延误的图纸或指示 | √ | √ | √ | 22 | 8.3 | 进度计划 | √ | √ | √ |
| 5 | 1.13 | 遵守法律 | √ | √ | √ | 23 | 8.4 | 竣工时间的延长 | √ | | |
| 6 | 2.1 | 现场进入权 | √ | √ | √ | 24 | 8.5 | 当局造成的延误 | √ | | |
| 7 | 2.3 | 雇主人员 | √ | √ | | 25 | 8.9 | 暂停的后果 | √ | √ | |
| 8 | 3.2 | 由工程师托付 | √ | √ | √ | 26 | 8.11 | 拖长的暂停 | √ | √ | |
| 9 | 3.3 | 工程师的指示 | √ | √ | √ | 27 | 8.12 | 复工 | √ | √ | |
| 10 | 4.2 | 履约担保 | | √ | | 28 | 9.2 | 延误的实验 | √ | √ | √ |
| 11 | 4.6 | 合作 | √ | √ | √ | 29 | 10.2 | 部分工程的接收 | | √ | √ |
| 12 | 4.7 | 放线 | √ | √ | √ | 30 | 10.3 | 对竣工实验的干扰 | √ | √ | √ |
| 13 | 4.1 | 现场数据 | √ | √ | √ | 31 | 11.2 | 修补缺陷的费用 | | √ | √ |
| 14 | 4.12 | 不可预见的物质条件 | √ | √ | | 32 | 11.6 | 进一步试验 | | √ | √ |
| 15 | 4.2 | 雇主设备和免费供应的材料 | √ | √ | √ | 33 | 11.8 | 承包商调查 | | √ | √ |
| 16 | 4.24 | 化石 | √ | √ | | 34 | 12.1 | 需测量的工程 | | √ | √ |
| 17 | 5.2 | 反对指定 | √ | √ | | 35 | 12.3 | 估价 | | √ | √ |
| 18 | 7.2 | 样品 | √ | √ | √ | 36 | 12.4 | 删减 | | √ | |

续　表

| 序号 | 条款号 | 条款名称 | 索赔内容 | | | 序号 | 条款号 | 条款名称 | 索赔内容 | | |
|---|---|---|---|---|---|---|---|---|---|---|---|
| | | | 工期 | 费用 | 利润 | | | | 工期 | 费用 | 利润 |
| 37 | 13.1<br>13.3 | 变更权<br>变更程序 | √ | √ | √ | 47 | 16.2<br>16.4 | 由承包商终止<br>终止时的付款 | | √ | |
| 38 | 13.2 | 价值工程 | | √ | | 48 | 17.1 | 保障 | | √ | |
| 39 | 13.5 | 暂列金额 | | √ | √ | 49 | 17.3<br>17.4 | 雇主的风险<br>雇主风险的后果 | √ | √ | √ |
| 40 | 13.6 | 计日工作 | | √ | √ | | | | | | |
| 41 | 13.7 | 因法律改变的调整 | | √ | √ | 50 | 17.5 | 知识产权和<br>工业产权 | | √ | √ |
| 42 | 13.8 | 因成本改变的调整 | | √ | √ | 51 | 18.1 | 有关保险的<br>一般要求 | | √ | |
| 43 | 14.8 | 延误的付款 | | √ | √ | | | | | | |
| 44 | 14.1 | 竣工报表 | | √ | √ | 52 | 19.4 | 不可抗力的后果 | √ | √ | |
| 45 | 15.5 | 雇主终止的权利 | | √ | √ | 53 | 19.6 | 自主选择终止、<br>付款和解除 | | √ | |
| 46 | 16.1 | 承包商暂停<br>工作的权利 | √ | √ | √ | 54 | 19.7 | 根据法律解除履约 | | √ | |

# 第四节　国际工程索赔案例分析

## 一、工期索赔案例——××公司萨达特城第二区工程工期索赔案例

[索赔背景]

××公司同埃及建设部新城发展总局于1986年11月11日签订了萨达特城第二区工程施工合同。合同金额约为3 993.3万埃镑，合同工期24个月，建筑面积约为27万$m^2$，分六个小区，其中包括不同类型的住宅3 024套（有经济类住宅、中等住宅及别墅）和公共设施（社区机关事务楼、学校、娱乐中心及清真寺等）。

在合同实施过程中，由于业主的原因（拖欠工程进度款、工程变更、不合理扣款）、政府部门的原因（对政府控制的钢筋、水泥、木材和玻璃等建材在××公司交

款后,不能按时交货)以及停水、停电和其他意外风险等原因,造成工期严重拖延,在合同规定的工期结束时工程完成还不到一半。

在工程施工前期,承包商未及时提出工期索赔,对合同工期进行合理调整,在后期,业主已开始根据合同的规定,对承包商进行工期罚款,同时威胁要终止合同,并根据当地《招标拍卖法》的规定,对剩余工程重新招标。针对这种情况,××公司对该工程合同及其履行情况进行了仔细的研究和分析,发现工程的延误除了自身的部分原因外,主要是业主的原因和双方不可控制因素的发生造成的。因此××公司根据在合同履行过程中非××公司的原因引起的工期延误向业主提出了工期索赔。

**[索赔过程]**

由于非××公司的原因引起的工程延误要求延长工期的报告

建设部部长阁下:

××公司承包的萨达特城第二区工程,由于非××公司方面的原因,使该工程严重拖期,建设部新城发展总局已开始在工程进度款中扣工期罚款,这是不合理的。现将非中国××公司的原因引起工期延误的有关方面向阁下陈述如下,望阁下指示有关方面研究。

(一) 合同开工日期的确定

合同第2条第5款规定,承包商从收到预付款开始计算准备期(准备期3个月)。支付该工程的预付款是分四次支付的,时间分别为1987年3月26日、1987年6月26日、1987年10月28日和1988年9月4日。××公司认为应该从最后一次预付款支付时间1988年9月4日开始计算准备期,根据合同规定,准备期为3个月,开工日期应为1988年12月5日。因此,合同工期应为1988年12月5日至1990年12月5日。

(二) 业主拖欠工程进度款

根据合同第4条规定,每月工程进度款在工程师审批签字后15天内由业主支付。但实际上,业主常常拖欠工程进度款,一般拖欠1—2个月,有的甚至超过半年,严重影响了××公司资金周转,使工期延误。表8-3是第1—30号工程进度款账单支付情况。

**表8-3 第1—30号工程进度款账单支付情况**

| 账单号 | 结算时间 | 工程师签字时间 | 支付工程款时间 | 拖欠天数 |
| --- | --- | --- | --- | --- |
| 1 | 1987年8月 | 1987-10-24 | 1987-11-2 | 23 |
| 2 | 1987年9月 | 1987-10-17 | 1987-11-30 | 29 |
| …… | …… | …… | …… | …… |

续　表

| 账单号 | 结算时间 | 工程师签字时间 | 支付工程款时间 | 拖欠天数 |
|---|---|---|---|---|
| 20 | 1989 年 12 月 | 1990-1-18 | 1990-2-13 | 11 |
| 30 | 1990 年 1 月 | 1990-3-5 | 1990-4-2 | 13 |

（三）政府控制的建材在××公司付款后交货延误

合同第 3 条第 5 款规定，对钢筋、水泥、木材和玻璃四大建筑材料，业主供应指标若在政府供应部门规定的期限内，××公司付款而提货延误，则工期顺延。在合同执行过程中，××公司交款后，政府供应部门对这些建材的供货有不同程度的拖延，特别是钢筋延误更为严重，影响了正常施工。根据当地政府供应部门规定，承包商交款后在 30 天内由供应部供货。现统计实际施工中钢筋付款及供货情况见表 8-4。

**表 8-4　实际施工中钢筋付款及供货情况**

| 序号 | 订货规格 | 订货数量(t) | 付款时间 | 提货单号 | 到货时间 | 延误天数 |
|---|---|---|---|---|---|---|
| 1 | $\phi6$<br>$\phi8$ | 40<br>60 | 1987-12-30 | 5142 | 1988-7-21<br>1988-2-14(28.5T)<br>1988-2-16(31.5T) | 174<br>16<br>18 |
| 2 | $\phi8$ | 60 | 1988-1-31 | 5242 | 1988-6-19(30T)<br>1988-6-21(30T) | 110<br>112 |
| 3 | $\phi10$ | 70 | 1988-1-31 | 5141 | 1988-4-8(55T)<br>1988-6-9(15T) | 38<br>100 |
| …… | …… | …… | …… | …… | …… | …… |
| 57 | $\phi16$ | 46 | 1989-11-30 | 3049 | 未到 | |
| 58 | $\phi22$ | 50 | 1989-11-30 | 124180 | 1989-12-10(24T)<br>1989-12-12(26T) | |

注：时间均为 19××年。

（四）业主要求的工程变更

在合同执行过程中，业主和工程师经常要求对工程进行变更，而变更时对变更的具体方案又迟迟决定不了，造成××公司对该部分工程无法施工，同时也影响其他有关部位的施工，使工期延误。现统计在具体施工过程中业主对工程的主要变更项目情况：

1. “H”型住宅基础墙体修改

(1) 1988年9月28日,业主来函提出“H”型住宅墙体施工为:

基础墙:外墙为15 cm厚水泥实心砖,内墙为10 cm厚水泥实心砖,上部墙体均为10 cm厚水泥空心砖墙。

(2) 1988年9月29日,××公司致函业主,指出基础墙设计不合理,满足不了荷载要求,建议将基础墙改为:外墙为25 cm厚水泥空心砖填充墙、内墙为12 cm厚水泥空心砖填充墙。

(3) 1989年1月30日,业主来函将基础墙改为外墙为25 cm厚水泥空心砖填充墙,内墙为12 cm水泥空心砖填充墙,并在柱、转角等部位增设$\phi$16拉接钢筋。

1988年9月28日—1989年1月30日,延误工期124天。

2. 屋面出口处门的修改

(1) 1988年6月7日,业主来函:所有屋面出口处的门不要施工。

(2) 1990年2月9日,业主来函:所有装修工程必须按图纸、装修一览表进行施工,也就是说不能取消原屋面出门处的门。1988年6月7日—1990年2月9日,影响工期612天。

3. 15型、16型、17型住宅26个单元变更

(1) 1988年8月21日,业主来函要求将15型、16型住宅26个单元的底层由住宅改为通道。

(2) 1990年3月31日,业主又来函将15型、16型、17型住宅26个单元的底层由通道改为住宅。1988年8月21日—1990年3月31日,影响工期588天。

(五) 地基处理

在基础挖土时,出现劣质土,不能满足地基承载力要求,业主要求将此问题提交当地地质咨询公司处理。1987年4月10日,挖土完毕;1987年7月14日,地质咨询公司提出正式处理报告,提出将所有的劣质土挖掉,加深挖土1 m,用干净的沙子代替。1987年4月10日—1987年7月14日,影响工期95天。

(六) 政府供应部门供应的材料不符合质量要求

1989年6月17日,工程师发现工地钢筋不符合质量要求,指令××公司禁止使用这批钢筋并立即将其运出现场,造成返工,停工待料,直到1989年9月1日运进一批新钢筋,工程才得以复工。1989年6月17日—1989年9月1日,影响工期76天。

(七) 恶劣气候及意外风险的影响

在施工过程中,由于恶劣的气候条件的影响,出现大风大雨和沙尘暴,××公司无法施工,影响工期,现场停水、停电也影响××公司正常施工。此外1987

年出现的警察骚乱事件也影响了工程正常施工。表 8-5 是这些情况的具体统计。

**表 8-5　恶劣气候及意外风险影响工期延误天数统计**

| 时　　间 | 原　　因 | 延误天数 |
|---|---|---|
| 1987-10-28—1987-11-6 | 警察骚乱 | 9 |
| 1987-12-5—1987-12-7 | 大　雨 | 3 |
| 1988-1-5—1988-1-6 | 沙尘暴 | 2 |
| 1988-2-10 | 大　雨 | 1 |
| 1988-6-9 | 停　电 | 1 |
| 1988-11-20—1988-11-21 | 大风大雨 | 2 |
| 1989-11-7 | 沙尘暴 | 1 |
| 1990-2-5—1990-2-6 | 大　雨 | 2 |
| 1990-3-5 | 停　水 | 1 |
| 合　　计 | | 22 |

对以上各种影响工期的因素进行累计、叠加，具体施工过程中影响工期的各种因素统计，××公司要求延长工期 487 天，即从预计完工日期 1990 年 12 月 5 日延期至 1992 年 4 月 5 日。

望部长阁下，指派有关人员对上述内容尽快研究，解决工期延误问题。

××公司

1990 年 4 月 5 日

在研究了××公司的工期索赔报告后，业主同意将完工日期延长至 1991 年 6 月 30 日。

[索赔评析]

业主同意将完工日期延长至 1991 年 6 月 30 日，虽然没有达到承包商提出的延长至 1992 年 4 月 5 日的要求，但避免了工期罚款。

从这里，可以看到，承包商应及时对非承包商原因引起的工期延误提出工期索赔，才能扭转被动局面，避免工期罚款。只要承包商依据充分，证据充足、详尽，是能够进行成功的工期索赔的。在施工中，影响工期的业主原因不仅仅是上面这些，如业主检查检验延误,材料和设备样品认可延误也时有发生,但是由于合同中没有明确的规定,给承包商的工期索赔带来了难度。承包商为了尽快解决工期延长问题,在该索赔报告中没有提出。

## 二、费用索赔案例——某工程项目砖墙变更索赔

[索赔背景]

承包商同埃及政府签订了某小区建设承包合同。签约后,当地政府为了防止水土流失,保护耕地,颁布了禁止使用红砖的法令。业主及工程师发出指令,要求将所有的红砖墙改为水泥空心砖墙或水泥空心砖填充墙。但在合同标书中,砖墙项目除"H"型住宅有10 cm厚的水泥空心砖墙外,其余均为红砖墙。工程师在付款时,只是按工程师确定的临时单价支付变更后的砖墙工程款,但由于临时单价过低(如:25 cm水泥空砖填充墙临时单价为60 LE/m$^3$(LE为埃镑)),远远低于实际成本,严重影响承包商资金周转,于是承包商以业主下令变更为由,要求重新确定变更后各种类型砖墙的最终价格。

[索赔过程]

承包商于1987年7月10日致函业主,"根据贵方1987年3月25日234号来函,要求将工程的红砖墙均改为水泥空心砖墙,现提供这些项目的价格:

25 cm厚水泥空心砖填充墙:90.25 LE/m$^3$……,希望业主及其工程师指派有关人员尽快研究上述价格。"

业主先是拖延价格讨论,后又只同意对变更的砖墙在"H"型住宅10 cm水泥空心砖墙价格的基础上补差。

承包商认为,根据合同规定,如果工程变更或修改后,如与标书中的项目不同,则合同双方应组成价格委员会共同协商确定这些变更项目的价格。合同中无25 cm等水泥空心砖墙的价格,应重新定价。由于原标书申报价过低,这样可避免在原标书价格基础上调整造成变更项目的单价过低。

双方组成价格委员会后,经过多轮谈判协商后,确定25 cm水泥空心砖填充墙的价格,同意了表8-6单价分析:

表8-6 5 cm水泥空心砖填充墙单价分析 单位:m$^3$

|  |  |
| --- | --- |
| 水泥空心砖46.95块×0.49 LE/块×1.25(损耗)=23.899 LE | |
| 砂浆(0.128+0.395)m$^3$×27.43×1.17(损耗)=16.785 LE | |
| 拉接钢筋 | 0.93 LE |

续 表

| | |
|---|---|
| 水电费 | 1.30 LE |
| 工具用具费 | 0.65 LE |
| 机械费 | 4.10 LE |
| 人工费 | 21.50 LE |
| 小 计 | 69.164 LE |
| 30%管理费及利润 | 20.749 LE |
| 合 计 | 89.913 LE |

其他四种砖墙的价格分析,这里从略。

最后,对于所有变更砖墙,业主根据实际完成工程量,补偿承包商五种类型砖墙最终单价与临时单价的差价约 137 万埃镑。

[索赔评析]

对于工程施工中出现的新增项目和变更项目,业主或工程师往往采用按临时单价支付的方式,但工程师确定的临时单价通常过低,影响承包商资金周转。此外,如果最终单价在施工后期确定,会由于工程记录不全、业主资金短缺,或业主对新增项目和变更项目的成本估计不足,而给定价带来困难。因此承包商应在这些项目施工之前或施工过程中尽早同业主协商,确定其最终单价。

## 三、综合索赔案例——××公司承建的某国建设部多项工程工期延误的费用综合索赔

[索赔背景]

××公司先后承建了埃及建设部的十月六日城 1 000 套住宅、十月六日城 3 000 套住宅、萨达特城Ⅰ4 000 套住宅、萨达特城Ⅱ2 000 套住宅、萨达特城第二区工程、玛丽娜旅游村等六项工程。由于非承包商的原因,工期均有不同程度的延误,给××公司带来了巨大的额外损失。××公司以前的索赔,只是一些变更单项的索赔,而对工程延误引起的费用索赔,却很少进行,特别是对同一个业主的多项工程的索赔更缺乏经验。因此,××公司聘请了英国高级律师参与此项索赔工作。

截止到 1992 年元月,××公司承建的埃及建设部项目除十月六日城 3 000 套

住宅工程中的990套住宅和萨达特城第二区工程外，其余工程均已完工。由于××公司在萨达特城第二区工程中产生了亏损，要减少亏损，必须减少合同额，但是又没有充分的合同依据。于是，××公司通过全面布局，综合考虑，利用同一业主(埃及建设部)的其他工程延误的费用索赔作为突破口，以要求赔偿额外损失来达到减少萨达特城第二区工程合同工作量的目标。

[索赔过程]

承包商向业主提出的工程延期的费用索赔报告如下：

(一) 引言

××公司在十月六日城成功地完成了最早的1 000套经济住宅工程，并在此基础上又承建了十月六日城3 000套住宅工程、萨达特城Ⅰ4 000套住宅工程、萨达特城Ⅱ2 000套住宅工程。另外，承建了萨达特城第二区工程，在阿拉曼地区承建了玛丽娜旅游村工程。在这些合同实施过程中，由于非××公司的过失，工期严重拖延，使××公司遭受了重大损失。业主已经同意××公司延长工期，但对延期后实施这些工程所蒙受的损失至今没有任何补偿。××公司现提交关于工期延误费用索赔的报告，并不是想得到利润的补偿，而只是想得到实际施工中因工期延误而发生的额外支出。本索赔报告均以埃镑(LE)为计算单位，所发生的美元部分费用，按1美元=3.33埃镑兑换率计算。本索赔报告在计算利息时，按当地银行贷款平均年利率18%计算。

(二) 工期延误一览表

表8-7 工期延误一览表

| 工程名称 | 合同完工日期 | 延期后的完工日期 | 延期天数 |
|---|---|---|---|
| 十月六日城<br>3 000套住宅工程 | 1991-1-22 | 1993-4-4 | 802 |
| 萨达特城Ⅰ<br>4 000套住宅工程 | 1989-7-7 | 1990-7-7<br>1991-6-15<br>1991-12-2 | 426<br>709<br>879 |
| 萨达特城Ⅱ<br>2 000套住宅工程 | 1990-2-16 | 1991-3-20<br>1991-10-13 | 397<br>618 |
| 萨达特城<br>第二区工程 | 1989-9-21 | 1991-6-30<br>1992-10-13 | 647<br>1 118 |
| 玛丽娜旅游村工程 | 1990-2-15 | 1990-6-30<br>1991-4-30 | 135<br>439 |

（三）索赔概述

截至1992年元月，××公司因工期延误而产生的费用损失总额为3 439.658 9万埃镑，其费用构成见表8-8。

**表8-8　工期延误而产生的费用损失表**

| 费　用　项　目 | 金额(LE/万) | 费　用　项　目 | 金额(LE/万) |
|---|---|---|---|
| 1. 人员来往机票费 | 273.823 0 | 7. 行政管理费增加 | 938.228 4 |
| 2. 保函延期费 | 309.939 7 | 8. 材料费上涨 | 427.041 8 |
| 3. 劳动证、居住证办理延期费 | 19.348 3 | 9. 埃镑贬值 | 224.915 8 |
| 4. 拖欠工程款利息 | 293.115 9 | 10. 机械设备折旧 | 227.894 1 |
| 5. 防火、防盗保险费 | 30.094 4 | 总　　计 | 3 439.658 9 |
| 6. 人工费上涨 | 674.657 5 | | |

（四）索赔内容及计算

1. 人员来往机票费

由于施工日期延误，××公司为完成剩余工程，必须从其国内招来新的人员，人员的来往票，增加了额外的开支，其费用计算如表8-9所示。

**表8-9　人员来往机票费**

| 工　程　名　称 | 新来人数 | 每人来往机票费 | 人员来往票费(LE/万) |
|---|---|---|---|
| ① | ② | ③ | ④=②×③ |
| 十月六日城3 000套住宅工程 | 70 | 单程机票费为4 015 LE，来往费用为4 015×2=8 030 LE | 36.210 0 |
| 萨达特城Ⅰ4 000套住宅工程 | 74 | | 59.422 0 |
| 萨达特城Ⅱ2 000套住宅工程 | 31 | | 24.893 0 |
| 萨达特城第二区工程 | 122 | | 97.966 0 |
| 玛丽娜旅游村工程 | 44 | | 35.332 0 |
| 合　　计 | 341 | | 273.823 0 |

2. 保函延期费用

由于工期延误，××公司为工程出具的履约保函必须相应延期，用于工程施工的进口机械设备保函同样也须延期，其产生的额外费用有：

(1) 履约保函保证金利息损失。××公司要求银行出具履约保函,××银行要求××公司提供保函额度的25%的无息抵押金。工期延长,抵押金无息期限延长,使××公司受到额外的利息损失,履约保函金额为工程合同额的5%。

(2) 履约保函和机械保函的延期费损失。工期延长,履约保函和机械保函有效期必须相应延长。按当地有关规定,保函有效期为1年,每年必须延期一次。延期保函在银行、海关等部门要发生一系列延期手续费。

(3) 机械保函延期所上交关税的费用损失。在每次机械保函延期时,海关规定必须上交海关税,金额为机械设备保函金额的20%。这样,使××公司发生额外支出。

十月六日城3 000套住宅:

合同金额2 028.633 5万LE,履约保函金额2 028.633 5×5%=101.436万LE;

机械设备保函金额为46.838 8万LE,详见表8-10。

**表8-10 机械设备保函金额**

| 序号 | 保函号 | 保函金额 | 序号 | 保函号 | 保函金额 |
|---|---|---|---|---|---|
| 1 | 86-63 | 4 750 USD | 4 | 880192 | 81 500 LE |
| 2 | 13224 | 67 100 USD | 5 | 90-45 | 23 668 LE |
| 3 | 86-73 | 37 225 USD | | | 468 388 LE<br>(1 USD=3.33 LE) |

损失费用计算:

(1) 履约保函保证金利息:

$$1\ 014\ 316\times25\%\times18\%\times(802\div365)=10.028\ 2\text{万(LE)}$$

(工程延期802天,年利率为18%)

(2) 履约保函和机械设备保函延期费用:

从1991年1月到1991年12月,实际发生保函延期费用为

$$5\ 668\ \text{LE}+14\ 380\ \text{USD}=53\ 553(\text{LE})$$

(原报告详细列出每次保函延期的日期、账号和费用,这里从略)

预计到1993年4月还将发生10.710 9万LE。

工期延误后共发生保函延期费16.066 2万LE。

(3) 机械设备上保函延期时上交的关税损失:

工程延期802天,机械设备每年延期一次,共需延期三次。

上交的海关税：468 388×20%×3=28.100 3 万(LE)

因此，由于保函延期发生的损失费用为

$$10.0282+16.0662+28.1033=54.1987 \text{ 万(LE)}$$

（原报告今照此计算其他项目的保函延期费用，详细计算从略。）

此项保函延期费用索赔总计为 309.939 7 万 LE。

3. 劳动证、居住证办理延期费用

由于工期延误，××公司根据当地规定必须为新来人员办理劳动证、居住证，同时每年须延期一次。新来人员人数与第一项费用中的人数相同。

费用标准为：

劳动证：新办费用为 209 LE/每人，延期费用为 106 LE/每人；

居住证：新办费用为 42 LE/每人，延期费用为 42 LE/每人。

十月六日城 3 000 套住宅工程：

工程延期 802 天，劳动证及居住证需新办一次，延期两次，其费用为

$$70\times[209+(106\times2)+(42\times3)]=38290(\text{LE})$$

（原报告中照此计算其他工程的该项费用，这里从略。）

此项索赔费用总计为 19.348 3 万 LE。

4. 拖欠工程款利息

由于工程延期，工程保留金也要相应地推迟支付，给××公司带来损失。另外，在合同执行过程中，业主经常拖欠工程进度款的支付，给××公司资金周转带来困难，不得不从银行贷款完成工程，引起了额外的支出。

(1) 保留金推迟支付的利息计算。

(2) 合同期内的保留金利息，按合同完工期结束时实际完成工程金额 5%的保留金额，时间按工期延长天数计算。

(3) 延期后保留金利息，按剩余工程金额的 5%的保留金金额，时间按工期延长天数的一半计算。

合同完工期结束时的实际完成工程金额是根据工程结算账单统计得来的，延期后剩余工程金额是根据合同完工期结束时剩余工程的盘点数得来的。

(4) 拖欠工程进度款利息计算。按业主认可的工程进度款额及拖欠的实际天数计算。一般情况，业主应在结算日期后 1 个月内支付工程进度款，凡超出 1 个月均计算拖欠利息。详细计算从略，这是只统计出各工程最后拖欠进度款的利息。

十月六日城 3 000 套住宅工程合同工期结束时已完工程金额为 1 733.081 0 万 LE，剩余工程金额为 422.217 6 万 LE。

(1) 保留金推迟支付利息：

合同完工期内保留金利息：

$$1\,733.081\,0 \times 5\% \times 18\% \times (802 \div 365) = 34.272\,3\ 万(LE)$$

延期后保留金利息：

$$422.217\,6 \times 5\% \times 18\% \times (802 \div 2 \div 365) = 4.171\,7\ 万(LE)$$

保留金推迟支付利息合计 3.447 0 万 LE。

(2) 拖欠工程进度款利息：

统计各次工程进度款结算账单，业主拖欠工程进度款的利息为 31.967 0 万 LE。

因此，该工程拖欠工程款利息共计 70.414 0 万 LE。

(原报告中照此计算其他工程的利息损失，这里从略。)

此项索赔费用总计为 293.115 9 万 LE。

5. 防火、防盗保险费增加

合同规定，××公司每年必须对工程进行防火、防盗保险。工期延长，防火、防盗保险次数增加，给××公司造成额外费用。

十月六日城 3 000 套住宅工程：

延期后已经发生的保险费用如表 8-11 所示。

**表 8-11 延期后防火、防盗保险费增加**

| 保险名称 | 保险期限 | 保险金额(LE) |
|---|---|---|
| 防火保险 | 1990-11-13—1991-11-13 | 17 834 |
| 防火保险 | 1991-11-13—1992-11-13 | 5 414 |
| 防盗保险 | | |
| 合计 | | 23 248 |

预计该工程结束还要支出保险费 5 000 LE。

因此，该工程防火、防盗保险费增加为 28 248 LE。

(原报告照此计算其他工程增加的防火、防盗经费，这里从略。)

此项索赔费用总计为 30.094 4 万 LE。

6. 人工费上涨

由于通货膨胀，生活费用上涨，当地政府规定每年给公职人员增加 15%的基本工资。生活费用的上涨也导致包括建筑业在内的人工工资增长。因此，××公司也需要为其人员增加工资。

人工费的增加按合同工期结束时剩余工程所需人工工日计算，剩余工程每年按比例完成，每天人工工资平均 12 LE，计算见表 8-12。

表 8-12　人工费上涨

| 工程名称 | 剩余工程量(LE) | 所需工日数 | 人工单价 | 人工费上涨(LE) |
|---|---|---|---|---|
| 栏　　次 | ① | ② | ③ | ④ |
| 十月六日城 3 000 套住宅工程 | 422.217 9 万 | 13.413 8 万 | 12 | ②×③×[(50%×15%)+(30%×32.25%)+(20%+52.09%)]=44.415 2 万 |
| 其他工程计算 | | | | 从略 |
| 合　　计 | | | | 674.657 5 万 LE |

注：延期 802 天，第一年完成剩余工程量的 50%，第二年完成 30%，第三年完成 20%。
第一年人工费上涨率 15%，第二年人工费上涨率为 $(1+15\%)^2-1=32.25\%$，第三年人工费上涨率为 $(1+15\%)^3-1=52.09\%$。

此项索赔费用总计为 674.657 5 万 LE。

7. 行政管理费的增加

工程工期延长，造成××公司的现场、工程所在国经理部和总公司的管理费增加，使完成工程增加了额外费用。

承包商分析了合同总价中各项费用所占的比例见表 8-13。

表 8-13　合同总价中各项费用所占的比例

| 费　用　项　目 | 总价的百分比(%) | 说　　　明 |
|---|---|---|
| 人　工　费 | 25 | 现场及经理部管理费中 1%用于最初工程准备及工程结束时的遣散费用，不受延期影响 |
| 材　料　费 | 52 | |
| 机械设备费 | 4 | |
| 现场及经理部管理费 | 6 | |
| 总公司管理费 | 3 | |
| 利　　润 | 10 | |
| 合　　计 | 100 | |

从表 8-13 分析中，可以看出，只有占总价的 5%现场及经理部管理费和占总价 3%的总公司管理费受延期的影响，工程项目的行政管理费增加按合同额的 8%

(5%+3%)乘以延长的天数占合同工期天数的百分比计算,如表 8-14 所示。

**表 8-14 行政管理费的增加**

| 工程名称 | 合同额(LE/万) | 合同工期(天) | 延长天数 | 管理费占合同额的百分比 | 行政管理费增加(LE/万) |
|---|---|---|---|---|---|
| | ① | ② | ③ | ④ | ①×②×③×④ |
| 十月六日城 3 000 套住宅工程 | 2 028.633 5 | 1 095(3 年) | 802 | 8% | 118.865 0 |
| 萨达特城Ⅰ 4 000 套住宅工程 | 2 838.734 5 | 1 095(3 年) | 879 | | 182.301 2 |
| 萨达特城Ⅱ 2 000 套住宅工程 | 1 218.532 5 | 1 095(3 年) | 618 | | 55.017 6 |
| 萨达特城第二区工程 | 3 992.723 7 | 703(2 年) | 1 118 | | 489.190 7 |
| 玛丽娜旅游村工程 | 2 412.239 8 | 912(30 个月) | 9 439 | | 92.853 9 |
| 合 计 | | | | | 938.228 4 |

8. 材料费上涨

合同规定,业主只对工程中所用的钢材、水泥、门窗木材及玻璃等四大建材补偿其价格上涨的价差,对其他材料不予补偿价差。但是,由于工期延长,市场其他建材价格也不断上涨,给承包商完成工程造成了额外的损失。

通过对十月六日城 3 000 套住宅的一栋 B 型住宅(合同规定的基本住宅形式)的所有材料价格的分析得出:

1986 年所有材料费占合同总价 52%;除四大建筑材料外的其他材料费占所有材料费的 47.48%,其他材料价格每年平均上涨 18.6%(计算这里从略)。

各项目的剩余工程量及每年完成工程的比例参见 6. 人工费上涨索赔。

除四大建材之外的材料费上涨,十月六日城 3 000 套住宅工程:

$$422.2176\times 52\%\times 47.48\%\times[(50\%\times 18.6\%)+(30\%\times 40.66\%)+(20\%\times 66.82\%)]$$

$$=36.3415\text{ 万(LE)}$$

注:$40.66\%=[(1+18.6\%)^2-1]\times 100\%$;

$66.82\% = [(1+18.6\%)^3 - 1] \times 100\%$。

（原报告中照此计算其他工程的除四大建材以外材料费的上涨，这里从略。）

此项索赔费用总计为427.0418万LE。

9. 埃镑贬值引起的损失

因埃镑不断贬值，工期延长后，使××公司完成工程增加额外的费用。

按承包商与业主最早签订的十月六日城1000套住宅工程合同规定，支付美元部分占合同总价的20%，各项工程项目的剩余工程量同前。

对于十月六日城3000套住宅工程：

1991年1月22日，合同工期结束时，1USD=2.917 LE，1993年4月4日，工程完成时，预计1USD=3.33 LE。因埃镑贬值引起的损失：

$$42.2176 \times 20\% \times (3.33 - 2.917) \div 2.917 = 11.9558 \text{ 万(LE)}$$

（原报告中照此计算出其他工程因埃镑贬值引起的损失，这里从略。）

此项索赔费用总计为244.9158万LE。

10. 机械设备折旧额外增加的费用

因工期延长，承包商的机械设备不断折旧，增加了额外的费用。机械设备的折旧以5年为标准，年折旧率为20%。机械设备费用占合同总价的4%（如前所述）。十月六日城3000套住宅工程机械设备折旧费为

$$2028.6335 \times 4\% \times 20\% \times (802 \div 365) = 35.6395 \text{ 万(LE)}$$

（原报告中照此计算其他工程机械设备折旧费，这里从略。）

此项索赔费用总计为227.8941万LE。

承包商在向业主提交了该索赔报告后，同业主进行了艰难的索赔谈判。开始，业主拒绝对工期延误给予费用补偿，原因是业主认为这在该国没有先例。承包商据理力争，并聘请一位英国高级律师参与该项索赔。在最后一次有该国国务委员会法律部主任参加的索赔谈判中，该法律事务部主任才同意赔偿因非承包商原因引起的工期延误而产生的费用损失，但赔偿不按承包商提交的索赔报告中的金额赔偿，而是按合同工期结束以后每个月的剩余工程量的0.6%赔偿，另外，再减少萨达特城第二区工程的部分工程量。

**[索赔评析]**

（1）由于合同中并未规定承包商提出索赔的时限，因此，承包商可以在工程结束后再提出综合索赔，而不至于使其索赔的权利受到限制。

（2）虽然合同中规定了对除四大建材外的其他材料的价格上涨不予补偿价差，但承包商也可在工程延期后向业主提出由于物价上涨引起的额外损失费用。

(3) 当承包商对当地的索赔不熟悉时,可借助于律师提供的法律服务,避免失误和盲目性,增加索赔谈判的力量和严肃性,给对方以无论采取何种方式也要解决索赔的印象。

(4) 承包商可以在工程施工中及时提出单项索赔,也可在工程结束后提出综合索赔。

对于同一个业主的多个工程项目,在开展索赔时,还可统筹考虑,全面安排,相互配合,提出多工程的综合索赔,以增加谈判的力量和灵活性,提高承包商的索赔管理水平。例如:通过其他工程项目的费用索赔,达到萨达特城第二区工程合同额的减少,从而减少承包商在该工程上由于报价过低和自身管理原因造成的亏损。因此,索赔补偿也不一定是直接的费用补偿,从而增加了解决费用索赔的灵活性。

(5) 通过对各工程合同工期结束后每个月剩余工程量的0.6%计算,可得该项赔偿总额约523万LE,另外,通过减少萨达特城第二区工程合同工程量700万LE(由于该工程严重亏损,投入资金为合同额的3—5倍之间),按投入资金是合同额4倍计算,可减少亏损2 100万LE,承包商的实际索赔总额为2 623万LE,基本上达到承包商的目的。

## 四、工程师对承包商索赔处理案例

(一) 背景资料

国内某建设工程系外资贷款项目,业主与承包商按照FIDIC《施工合同条件》签订了施工合同。施工合同专用条件规定:钢材、木材、水泥由业主供货到现场仓库,其他材料由承包商自行采购。

当工程施工至第五层框架柱钢筋绑扎时,因业主提供的钢筋未到,使该项作业从10月3日至10月16日停工(该项作业的总时差为零)。

10月7日至10月9日因停水、停电使第三层的砌砖停工(该项作业的总时差为4天)。

10月14日至10月17日因砂浆搅拌机发生故障使第一层抹灰延迟开工(该项作业的总时差为4天)。

为此,承包商于10月20日向工程师提交了一份索赔意向通知,并于10月25日送交了一份工期、费用索赔计算书和索赔依据的详细材料。计算书的主要内容有:

1. 工期索赔

(1) 框架柱扎筋10月3日至10月16日停工,计14天。

(2) 砌砖10月7日至10月9日停工,计3天。

(3) 抹灰10月14日至10月17日停工,计4天。

总计要求顺延工期21天。

2. 费用索赔

(1) 窝工机械设备费:

一台塔吊:14×234=3 276(元)(塔吊台班费:234元/台班)

一台混凝土搅拌机:14×55=770(元)(混凝土搅拌机台班费:55元/台班)

一台砂浆搅拌机:(3+4)×24=168(元)(砂浆搅拌机台班费:24元/台班)

小计4 214元;

(2) 窝工人工费:

扎筋:35(人)×20.15×14=9 873.50(元)(人工费:20.15元/工日)

砌砖:30(人)×20.15×3=1 813.50(元)

抹灰:35(人)×20.15×4=2 821(元)

小计14 508元;

(3) 保函费延期补偿:(15 000 000×10%×6‰/365)×21=517.81(元)

(工程总价:1 500万元,担保额以工程总价10%计,保函手续年费率6‰)

(4) 管理费增加:(4 214+14 508+517.81)×15%=2 885.97(元)(管理费率:15%)

(5) 利润损失:(4 214+14 508+517.81+2 885.97)×5%=1 106.29(元)(利润率:5%)

费用索赔合计23 232.07元。

(二) 工程师对承包商索赔的处理

工程师对承包商索赔的要求进行了认真分析和计算,并作如下答复。

(1) 承包商提出的工期索赔,要求顺延工期21天不合理:

框架柱扎筋停工14天批准顺延,因为是业主原因造成的,且该作业位于关键线路上;

砌砖停工3天不批准,虽是业主原因造成的,但该作业延误时间未超过总时差;

抹灰停工4天不批准,因为是承包商自身原因造成的;

因此,同意工期顺延14天。

(2) 承包商索赔的费用计算不正确。窝工机械设备费索赔不能按台班单价计算,只能考虑机械设备闲置损失;人工窝工费只能考虑合理安排工人从事其他作业后的降效损失。另外,管理费、利润损失索赔要求不合理,延误的工作仍将完成并获得工程款,管理费、利润也会包含其中,因此不予补偿。

经工程师与承包商协商一致,窝工机械设备费索赔按台班单价的65%计,窝工人工费索赔按每工日10元计。工程师计算如下:

(1) 窝工机械设备费:

塔吊:3 276×65%=2 129.40(元)

混凝土搅拌机:770×65%=500.50(元)

砂浆搅拌机:3×24×65%=46.80(元)(砂浆搅拌机因故障停机4天由承包商自担,不补偿)

小计2 676.70元。

(2) 窝工人工费:

扎筋:35(人)×10×14=4 900(元)

砌砖:30(人)×10×3=900(元)

抹灰窝工不予补偿,因为是承包商责任,

小计5 800元。

(3) 保函费延期补偿:

$$(1\,500\times10\%\times6‰/365)\times14=350(元)$$

以上费用合计8 826.70元。

工程师同意索赔费用8 826.70元。

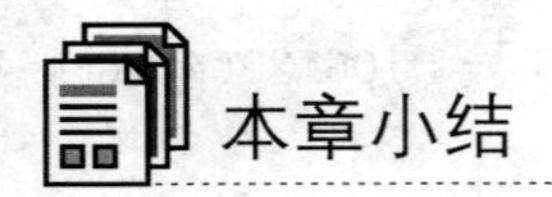

## 本章小结

本章在介绍了国际工程索赔的特点、分类、内容及依据的基础上,讲述了业主和承包商的索赔,重点讲述了国际工程中承包商索赔的内容、依据及计算方法,给出了三个国际工程中承包商索赔的案例,详细列出计算过程及一些技巧,让读者通过本章的学习,能够掌握国际工程索赔特别是承包商索赔的内容、依据及计算方法。

## 关键词

索赔　索赔管理　索赔内容　索赔依据　索赔程序　业主索赔　承包商索赔

## 复习思考题

1. 国际工程索赔有哪些特点?

2. 索赔管理包括哪些工作?
3. 国际工程索赔的分类方法有哪些?
4. 什么是反索赔? 业主反索赔包括哪些内容?
5. 国际工程中承包商索赔的主要依据是什么?
6. 国际工程中承包商施工索赔内容包括哪些?

# 第九章

# 国际工程承包中<br>资金筹集与管理

**学习目标**

通过对本章的学习，你应该能够：

1. 了解国际工程中资金筹集的重要性及其运动规律；
2. 熟悉国际金融市场中的各个融资渠道及具体方式；
3. 了解外汇的相关概念及分类；
4. 熟悉外汇的风险及其管理措施，并掌握在国际工程承包中如何合理利用外汇。

## 第一节　资金筹集重要性及资金需求量

### 一、工程承包筹集资金重要性

当前国际工程市场垫资承包已是一个普遍问题，所以如何筹资历来都是承包商最关注的问题。目前，任何一个国际工程承包单位，如果能在国际建筑承包市场上取得成功，不仅要取决于自身的技术能力、管理经验、人员水平及其在同类工程所取得的成绩和信誉，还要看他筹集资金的能力和使用资金的本领。在一些大型的国际工程进行招标时，往往把承包商的资金状况和融资能力作为投标资格预审的重要条件之一。因此，资金问题在当前的国际工程承包市场就显得更为重要和突出了。

目前国际工程市场，由于世界经济发展不景气和发展中国家的债务危机，使工程付款条件日益苛刻。如：工程支付预付款由过去15%—20%减少到5%—10%，甚至没有；承包商在没有工程预付款的情况下只有依靠自己融资，如果拿不到国际财团的贷款,就不得不带资承包。另外,世界债务危机也导致了国际金融机构、银行对贷款的控制越来越严,筹资难度越来越大。

## 二、承包中资金运动过程

工程承包的资金运动,大体要经历图 9-1 所示的过程。

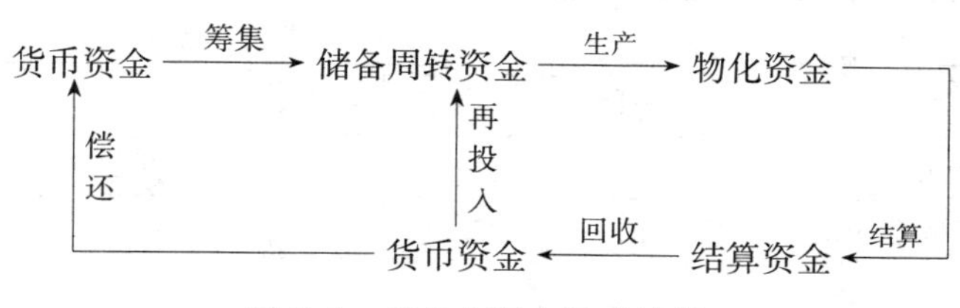


图 9-1 承包中资金运动过程

(1) 筹集过程:就是将多方努力筹集的资金汇集到承包商账户银行或工程所在国的银行,以备使用。

(2) 生产过程:是指使用存在银行内的资金进行材料设备的采购及支付工资和管理费用等,使工程得以顺利实施。

(3) 结算过程:已完成的工程向业主进行进度款中期结算及竣工验收结算,业主结算为付款单。

(4) 回收过程:将已结算的资金收回为货币的过程。这个阶段,结算资金又转化成为货币资金。

(5) 偿还阶段:在这一阶段,承包商将获得的货币资金,一部分用于偿还借贷资金,另一部分转化为储备资金,等候再次投入使用。

## 三、资金流动计划

为筹集项目所需的资金,必须要知道在具体的阶段的资金需求量,也就是说在什么时间要投入多少资金到项目中去。编制资金流动计划成为解决这一问题的较好办法,一般的资金流动计划可以通过表格或者图线的形式来表达。对于大型工程项目来说,一般以季度为单位计算资金需求量;对于中小型工程项目来说,一般以月为单位来计算资金的需求量。

在编制资金流动计划时,先编制资金的投入计划,再编制资金回收计划,然后将两者综合,即是资金流动计划。在同一时间刻度上资金投入量大于资金回收量的差额就是需要筹集的资金数量。

### (一) 资金投入计划

资金投入计划,是按照工程进度计划,工程预算成本及施工组织中关于设备、材料和劳动力的投入时间要求来编制的。按照投入资金的分类,大致可分为:前期费用、临时工程费用、人员费用、工具机具设备费、材料费、永久性设备及安装费和其他费用。

将以上各项费用列表,然后计算出每月或每季度的总费用支出,即是资金投入计划表,见表 9-1。表中时间一栏可以列为月份或者季度,视具体工程实际情况而定。

**表 9-1 资金投入计划表**

| 序号 | 费　用 | 时　间 | | | | | |
|---|---|---|---|---|---|---|---|
| | | Ⅰ | Ⅱ | Ⅲ | … | Ⅹ | 小计 |
| 1 | 前期费用 | | | | | | |
| 2 | 临时工程费用 | | | | | | |
| 3 | 人员费用 | | | | | | |
| 4 | 工程机具设备费 | | | | | | |
| 5 | 材料费 | | | | | | |
| 6 | 永久性设备及安装费 | | | | | | |
| 7 | 其他费用 | | | | | | |
| 合　计 | | | | | | | |

(二) 资金回收计划

根据进度计划,结合合同价格、付款条件来编制资金结算回收计划。其时间单位应当与资金投入计划中的时间单位一致。资金的回收包括:业主预付款、材料设备预付款、中期工程付款、最后结算付款、保留金退还等。将以上收入列表,可得到资金回收计划表,见表 9-2。

**表 9-2 资金回收计划表**

| 序号 | 费　用 | 时　间 | | | | | |
|---|---|---|---|---|---|---|---|
| | | Ⅰ | Ⅱ | Ⅲ | … | Ⅹ | 小计 |
| 1 | 业主预付款 | | | | | | |
| 2 | 材料设备预付款 | | | | | | |
| 3 | 中期工程付款 | | | | | | |
| 4 | 最后结算付款 | | | | | | |
| 5 | 保留金退还 | | | | | | |
| 合　计 | | | | | | | |

(三) 资金流动计划表

将上述的资金投入和回收计划表综合,就是资金流动计划表,见表 9-3。

表 9-3 资金流动计划表

| 序号 | 费用 | 时间 | | | | | |
|---|---|---|---|---|---|---|---|
| | | Ⅰ | Ⅱ | Ⅲ | … | Ⅸ | Ⅹ |
| 1 | 资金投入(表 9-1 中合计) | | | | | | |
| 2 | 资金投入累计 | | | | | | |
| 3 | 资金回收(表 9-2 中的合计) | | | | | | |
| 4 | 资金回收累计 | | | | | | |
| 5 | 回收—投入的差额(3-1) | | | | | | |
| 6 | 差额累计 | | | | | | |

将表 9-3 中的资金投入累计、资金回收累计两栏作图表示，即为资金流动计划图，如图 9-2。如果工程早期投入的资金较多，其资金流动计划图可见图 9-3。

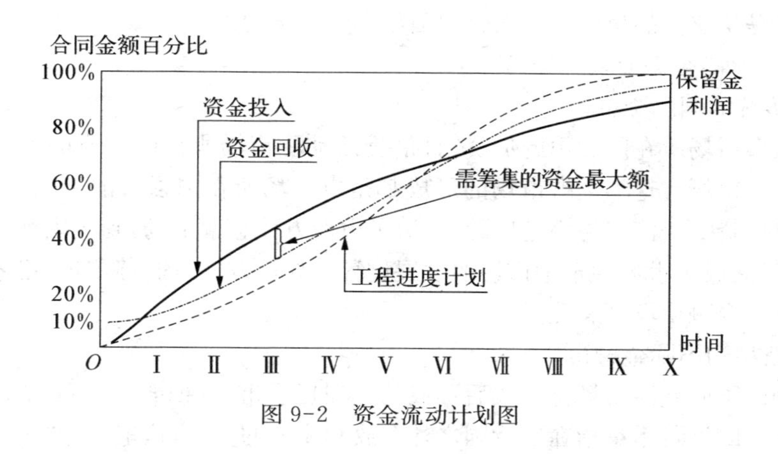


图 9-2 资金流动计划图

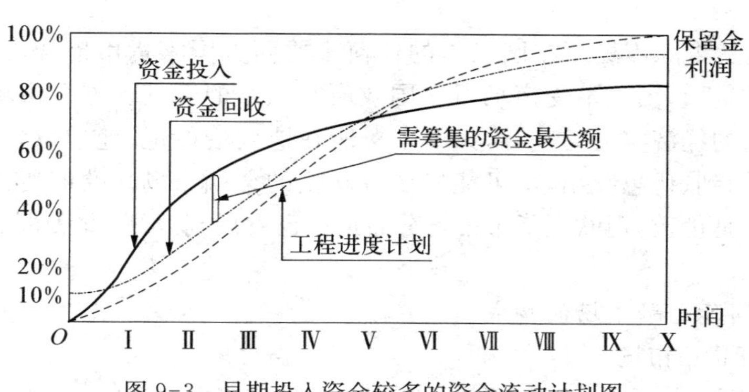


图 9-3 早期投入资金较多的资金流动计划图

# 第二节 国际工程融资

## 一、国际金融市场概述

(一) 国际金融市场的概念

国际金融市场的概念,有着广义和狭义之分。广义上所讲述的国际金融市场是指进行各种国际金融活动的场所,包括货币市场、资本市场、外汇市场和黄金市场。这几类国际金融市场是相互联系的,如,国际资金的借贷离不开外汇的买卖,外汇买卖又会引起货币市场上资金的借贷。

狭义的国际金融市场是指国际经营借贷的资本市场,即进行国际借贷活动的场所,又称国际资金市场。

本章是从狭义的角度出发来介绍国际金融市场的。

(二) 国际金融市场的类型

1. 传统的国际金融市场

指从事市场所在国货币的借贷,且借贷活动受市场所在国政府的政策与法令管辖的金融市场。这类金融市场的形成都是以市场所在国强大的工商业、对外贸易和对外信贷等经济实力为基础的,经历了由地方性金融市场,到全国性的金融市场,最后发展成为世界性金融市场的发展过程。如伦敦、纽约、苏黎世、巴黎、东京、法兰克福等金融市场都属此类。

2. 新型的国际金融市场

新型的国际金融市场是二战后形成的欧洲货币市场(Euro-currency market),这里所指的欧洲货币是指在发行国之外存放和流通的货币,这里的"欧洲"是指"境外"的意思。

它是指从事除市场所在国以外的任何主要西方国家货币借贷,由于其借贷的是"境外"货币,因此不受市场所在国政府与法令的管辖。这个市场的形成可以不以国家的经济实力为基础,只要市场所在地政治稳定、地理位置优越、通信发达、服务周到、优惠突出,就可能发展成新型的金融市场。欧洲货币市场最大的活动中心是伦敦,现欧洲货币市场分布地区已发展到亚洲、北美洲和拉丁美洲等地。

(三) 国际金融市场的构成

1. 国际货币市场

国际货币市场是指经营期限为1年以内的借贷资本的市场。按借贷方式不同又可分为：

（1）银行短期信贷市场。主要包括银行对外国工商企业的信贷和银行同业间拆放市场(inter-bank market)。前者主要解决的是企业临时性、季节性短期流动资金的需要问题，而后者主要解决的是银行间平衡一定时间内的资金头寸(capital position)，协调资金余缺的需要问题。

在货币市场中，银行同业间拆放市场处于主要地位。伦敦银行同业拆放市场是典型的拆放市场，参与方有英国的商业银行、票据交换银行、海外银行等。伦敦银行同业拆放利率已经成为制定国际贷款利率的基础，即在这个利率的基础上再加半厘到一厘多的附加利率作为计算的基础。伦敦银行同业拆放利率有两个价，一个是贷款利率(offered rate)，一个是存款利率(bid rate)，两者相差一般0.25到0.5个百分点，如看到的报价如是14%—14.50%，即是指存款利率为14%，贷款利率是14.50%。

（2）贴现市场(discount market)。贴现市场是经营贴现业务的短期资金市场，即银行购买未到期的票据，扣除自贴现日起到票据到期日止的利息的业务。贴现利率一般要高于银行的贷款利率。在贴现市场中，参与方包含了贴现行、商业票据行、商业银行及作为"最后贷款者"的中央银行，交易的对象包括政府短期债券、商业承兑的汇票、银行承兑汇票和其他商业票据。

（3）短期票据市场(short security market)。指进行短期信用票据交易的市场。在此市场上进行交易的短期票据有国库券(treasury bills)、商业票据(commercial paper)、银行承兑汇票(bank acceptance bills)、定期存单(certificate of deposit)等。在短期票据市场中，商业票据是跨国公司经常采用的一种短期融资方式。

2. 国际资本市场

指经营期在1年以上的借贷资本市场。按借款方式不同，又可以分为银行中长期贷款市场和证券市场。

（1）银行中长期贷款市场。主要满足外国企业固定资本投资的需要。

（2）证券市场。是指以证券为经营和交易对象的市场，它通过证券的发行与交易来完成国际资本的借贷。按照交易对象来划分，可以分为国际股票市场和国际债务市场；按照交易的方式来划分，可以分为证券发行市场和证券交易市场。

国际债券是指一国政府或者机构在国际金融市场上发行的债券。若国际债券的标值货币是市场所在国货币则称为外国债券(foreign bonds)；若债券标值货币为市场所在国以外的货币，则称为欧洲债券(Euro-bonds)。如我国在美国发行的美元债券、在英国发行的英镑债券和在日本发行的日元债券分别被称为扬基债券(Yankee bonds)、猛犬债券(bull-dog bonds)和武士债券(samurai bonds)。

## 二、国际商业银行中长期信贷

(一) 国际上商业银行中长期贷款的特点

中长期贷款指的是期限在1年以上的贷款。在第二次世界大战前习惯将期限为1—5年的贷款称为中期贷款;5年以上的称为长期贷款。二战后一般不再严格划分中期和长期的界限,指期限为1年以上、10年左右的贷款。当前欧洲货币市场对工商企业的贷款最长为6—7年,对政府机构的贷款最长为12年。

国际商业银行的中长期贷款一般有以下四个特点。

(1) 要签订贷款协议:中长期贷款,由于其贷款时间长、贷款金额大,所以一般需签订书面的贷款协议。而短期贷款一般只要通过电话等联系方式就可以明确利率水平和归还期限等。

(2) 联合贷款:又叫银团贷款(consortium loan)、辛迪加贷款(syndicate loan)。由于中长期贷款金额都比较大,一家银行可能无力提供,所以就由数家或者几十家银行联合提供。这样也可以分散每家银行的风险。

(3) 政府担保:中长期贷款一般要有一定的物质担保。但如果没有物质担保,一般可以由政府有关部门对贷款协议的履行与贷款的偿还进行担保。

(4) 采用浮动利率:由于中长期贷款的期限较长,若采取固定利率,对借贷双方都不利。所以一般会采取浮动利率,在贷款期内允许借贷双方视市场利率的实际情况进行调整,一般每半年或3个月调整一次利率。

(二) 中长期贷款的利息及费用负担

1. 利率

一般按银行同业拆放利率计息,这是商业银行间优惠放款利率。

国际上常用的是伦敦商业银行优惠放款利率(LIBOR)。在香港贷款用香港同业拆放利率(HIBOR)等。

2. 附加利率

由于同业拆放利率是短期利率,所以中长期贷款在此基础上还要增加一个附加利率。附加利率的一般做法是随着贷款的期限的延长,附加利率也逐步提高。

3. 管理费

类似于手续费。根据贷款金额按相应的费率来收取,一般为0.25%—0.5%。

4. 代理费

在银团贷款中借款人对代理行或牵头银行支付的相关费用。因为代理行或者牵头银行与借款人及参加贷款的银行进行日常联系所发生的费用支出，均应包括在代理费内。

5. 杂费

在贷款协议签订前发生的一切费用称为杂费。如：贷款银行与借款人联系的费用及律师费等。

6. 承诺费

贷款协议签订后在承诺期内对未提用的贷款余额所支付的费用。一般按一定费率执行，费率为每年 0.25%—0.5%。其具体计算公式如下：

$$\text{承诺费}=\frac{\text{未使用贷款数}\times\text{未使用的实际天数}\times\text{承诺费年率}}{360(365)}$$

（三）贷款期限

贷款期限指连借带还的期限。一般由宽限期与偿还期组成。宽限期内不用还本金，只按期支付已取贷款利息。而偿还期内本金、利息一起偿还。一般来说，宽限期越长对贷款人越有利，这样贷款人就有充分的回旋余地，可以充分利用资金来经营生产，等待获利后再偿还。

（四）贷款本金的偿还方式

1. 到期一次偿还

这种方式适用于贷款金额相对不大，期限比较短的中期贷款。

2. 分次等额偿还

这种方式是指宽限期内，借款人无须还贷，但每半年要支付一次利息，宽限期满后开始还本，以半年为计算周期，等额还本付息。它一般适用于贷款金额大、期限较长的贷款。

3. 逐年分次等额偿还

这种方式与第二种方式的区别是无宽限期，从第一年开始就需要等额还本付息。

对于借款人来说，以第一种方式最为有利。第二种方式对借款人还可以接受，因为实际贷款期限虽然比名义贷款期限短，但有几年宽限期，在宽限期内可不还本，负担相对缓和。而第三种方式则不利，因为贷款实际期限只是名义期限的一半，且要从第一年就开始还款，对于借款人来说还款压力太大。

（五）贷款协议中的提前偿还条款

一般来说，借款人向国外银行获得中长期贷款时，贷款所用货币的汇率、利率不变且借款人又需要长期资金的情况下，贷款期限越长，对借款人越有利。

为了使借款人能在有利的时机能够主动提前还款，并且无须向贷款银行支付额外的费用,因此借款人在与贷款银行签订贷款协议时,应当争取将提前还款的条款列入协议之内。在下列几种情况下,提前偿还贷款对借款人比较有利:

(1) 贷款所用货币汇率有继续上涨趋势。这是由于如果按原定期限归还贷款,将承担由于汇率上涨造成的损失。在借款人自身外汇较多或另有筹措资金途径时,可以选择提前还款,以减少汇率波动带来的损失。

(2) 在借款采用浮动利率的条件下,利率上升并有继续上升的趋势或利率一次上升幅度太大。此时,如借款人仍按原计划还款,就会承担较重的利息。在借款人自身外汇较充足或能筹措到较低利息的新贷款时,可以选择提前还款以减轻利息负担。

(3) 贷款利率虽为固定利率,但国际金融市场整体利率下降时,借款人可以筹措到更低利率的新贷款,提前偿还原来利率较高的旧贷款,来减少利息的支出。

(六) 贷款货币的选择

由于国际上各种货币间的汇率是经常变化的,涨落难料,因此要审慎选择贷款的币种。应遵循以下原则:

(1) 借款的货币与使用方相衔接。

(2) 借款的货币与项目产品的主要销售市场相衔接。

(3) 借款最好选择软货币(具有汇率下浮趋势的货币),但一般利率较高。

(4) 如硬币(具有上浮趋势汇率)上浮的幅度小于硬币和软币的利率差时,可借硬币。反之,可以借软币。

## 三、出口信贷

### (一) 出口信贷概念

出口信贷(export credit)是一种国际信贷方式,是出口国家为鼓励本国商品出口,加强国际竞争力,以给予利息补贴并提供信贷担保的办法,鼓励本国银行对本国的出口商或外国出口商提供利率较低的贷款。实行出口信贷可以解决本国出口企业的资金周转困难,或者满足国外进口企业对本国出口企业支付货款需要的一种融资方式。出口信贷是争夺国际市场,扩大货物销售的一种手段。

### (二) 出口信贷的特点

(1) 出口信贷属于对外贸易中的中长期信贷。

(2) 出口信贷所采用的利率,一般低于市场利率,其中的利率的差额部分由国家补贴。

(3) 有国家信贷保险机构担保。由于信贷偿还期限长、金额大,发放贷款的银行就承担了很大的风险,为了减轻出口国家银行的顾虑,发达国家一般设有国家信贷保险机构，对发放的中长期贷款给予担保。

（4）由国家管理分配信贷资金。国家专门成立专门的机构，制定相关政策来管理和分配国际信贷资金，特别是国际中长期信贷资金。

（三）出口信贷类型

1. 卖方信贷（supplier's credit）

在大型机械设备与成套设备贸易中，为了便于出口商以赊销或延期付款方式出口设备，出口商所在地的银行向出口商的信贷就是卖方信贷。

发放卖方信贷的做法如下：

（1）出口商与进口商签订延期付款的协议，作为出口信贷的条件。

（2）出口商为融通资金，向其所在地银行商签借贷协议。

（3）进口商按延期付款协议中的规定，先支付10%—15%的定金，在出口商分批交货验收和保证期满时，再分期支付10%—15%的货款。其余货款在全部交货后按照协议分期偿还，并支付延期付款期间的利息。

（4）出口商按出口信贷协议的规定，偿还银行贷款、利息及附加费用。

其程序如图9-4。

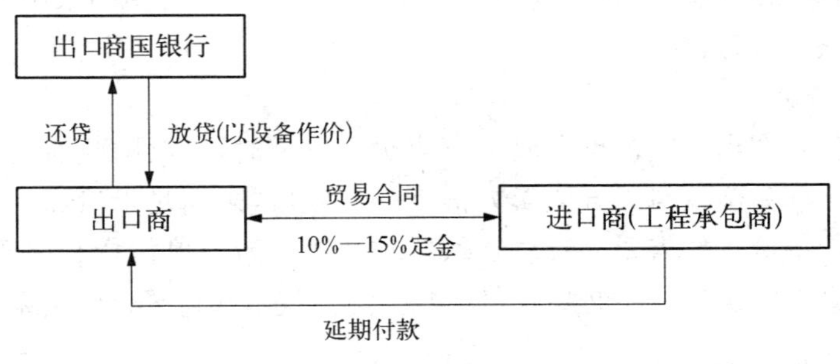


图9-4　卖方信贷程序示意

2. 买方信贷（buyer's credit）

在大型机械设备与成套设备贸易中，由出口商所在地银行贷款给进口商或者进口商的银行，给予融资便利，来促进本国设备的出口，这种贷款就叫作买方信贷。

发放买方信贷的做法如下：

（1）进、出口商商签贸易合同。此合同是买方信贷的基础。签约后，进口商先支付货款的10%—15%的现汇定金。

（2）合同签订后定金支付前，进口商与出口商所在地银行签订贷款协议。

（3）进口商用其借得的资金，以现汇条件支付货款。

（4）进口商对出口商所在地银行的贷款，按贷款协议的规定分期偿还。

其程序如图 9-5。

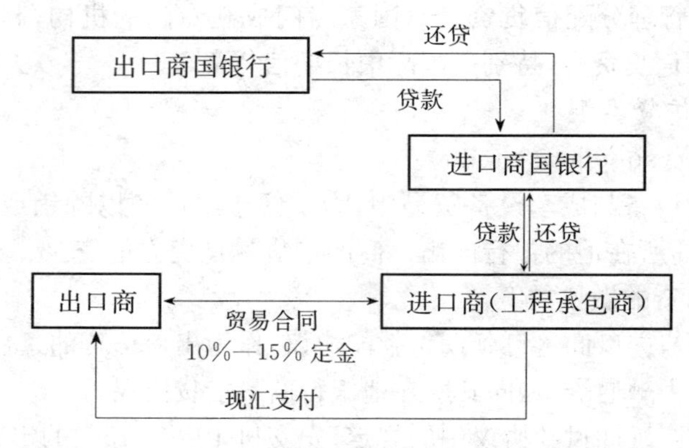


图 9-5 买方信贷程序示意

3. 福费廷(Forfeiting)

福费廷业务是指在延期付款的大型设备贸易中,出口商把进口商承兑的、期限在半年以上到 5—6 年的远期汇票,无追索权的售予出口商所在地的银行和大金融公司,以提前取得现款的一种融资方式。双方在签合同时要明确采用此方式,并由进口商往来银行进行担保。

4. 混合贷款

混合贷款是在出口国银行发放买方或卖方信贷时,出口国政府还提供一笔政府贷款或给予部分赠款与买方或卖方信贷一起发放,来满足出口商或进口商支付当地费用与设备价款的需要。政府贷款的利率比一般出口信贷利率要低,这就更有利于本国设备的出口,并加强与借款国的经济、技术和财政合作关系。

## 四、政府贷款

### (一) 政府贷款概念

政府贷款是指一国政府利用财政或国库资金向另一国提供的优惠性贷款。

政府贷款是以国家政府的名义提供和接受而形成的。贷款国政府使用国家财政预算收入或者国库的资金,通过列入国家财政预算支出计划,向借款国政府提供贷款。因此,政府贷款人一般由各国的中央政府经过完备的合法手续批准后予以实施。政府贷款通常是建立在两国政府间良好的政治经济关系基础之上的。

### (二) 政府贷款的特点

首先,政府贷款是以政府名义提供的双边贷款,因此,需要各自国家相关权力机构通过,完成法定批准手续。

其次,政府贷款一般是在双方政治、经济、外交等关系良好的基础上进行,它要为各自的政治、经济目的服务。

再次，政府贷款属于中长期的无息或低息贷款，有援助的性质。

最后，政府贷款要受到贷款国自身经济实力的制约，一般来说，规模不会很大。

（三）政府贷款条件

（1）贷款的标的。政府贷款的标的应该是货币金额，且通常用贷款国的货币来表示，有时也以第三国货币表示。货币金额的实际使用与支付的标的，可以用不同形式表示，如：可自由兑换货币，明确贷款货币名称和金额；建设项目的名称、生产经营规模及所需资金总额等。

（2）政府贷款可以是无息的；也可以计息，但利率一般较低（1%—3%之间），且同时政府贷款赠予部分应高于25%—35%。

（3）在政府贷款中，有时规定借款方支付一定百分比的管理费给贷款方，管理费一般不超过贷款总额1%。大多数国家不收管理费。

（4）政府贷款的期限。政府贷款除无息或低息等优惠外，一般期限也较长。政府贷款属中长期贷款，一般为10—50年。贷款的期限均应在贷款协议中明确规定：

① 用款期（又称提款期），即贷款的支付期限，一般为1—5年。

② 宽限期（又称恩惠期），即贷款使用后只付息不还本的期限，一般为5—10年。

③ 偿还期，即还款的期限，一般规定从某年开始在10—30年内，每年两次偿还本金及利息。

（5）政府贷款都带有一定的政治、外交、经济、文化目的。因此，政府贷款很少使用现汇，对于商品贷款或与项目结合的贷款，多规定采购限制条件，如：多以借款国的货物、设备、技术、劳务折合货币量提供，或必须采购贷款国的货物、设备、技术、劳务等。

（四）政府贷款种类

政府贷款按不同标准可以分为六类：按照是否计息可以分为无息贷款和计息贷款；按照贷款使用支付的标的不同可以分为现汇贷款、商品贷款和与项目结合的贷款；按照政府贷款与出口信贷相结合则有政府混合贷款。

## 五、国际金融组织贷款

（一）世界银行贷款

1. 世界银行贷款宗旨

世界银行成立于1945年12月，它是世界银行集团的主体。凡参加世界银行的国家必须首先是国际货币基金的会员国。根据国际复兴开发银行（世界银行）协定第一条规定,世界银行的宗旨是:对用于生产目的的投资予以便利,以协助会员国的复兴和开发;鼓励不发达国家生产和资源的开发;促进私人对外投资;用鼓励国际投资以开发会员国生产资源的方法,促进国际贸易的长期平衡发展,并维持国际收支平衡。

2. 贷款条件

世界银行的主要业务是以实收资本、公积金和准备金,或以从其他会员国金融市场上筹措的资金,自行或与其他金融机构一起发放贷款;同时也承做对私人投资、贷款给予保证的业务。其贷款条件是:

(1) 主要限于会员国。如贷款对象是非会员国时,要有会员国政府、央行和世界银行的机构担保,保证贷款本金的偿还和利息及其他费用的支付。

(2) 申请国确定不能以合理条件从其他方面取得贷款时,世界银行才会介入。

(3) 申请贷款必须用于确定的工程项目,有助于生产发展与经济增长。

(4) 贷款只能专款专用,并在工程的全过程接受监督,其间世界银行有权暂停贷款。

(5) 贷款年限一般为数年,最长可达 30 年。世界银行从 1976 年 7 月起实行贷款浮动利率,并对已订立借款协议但未提取部分,按年收取一定的承诺费。

(6) 世界银行可使用不同币种对外发放贷款。一般是本地货币和外币各占一定比例,分别支付本地物资购买及本地劳务费,以及购买进口物资和支付外籍劳务的费用。

3. 世行贷款种类

(1) 项目贷款与非项目贷款。这是世界银行传统的贷款项目,属于一般性贷款。项目贷款现在是世界银行最主要的贷款,是指世界银行对会员国工农业生产、交通、通信、市政和文教卫生等具体项目提供的贷款总称。非项目贷款是世界银行为支持会员国现有的生产性设施进口物资、设备所需外汇所提供的贷款,或为支持会员国实现一定的计划所提供的贷款的总称。

(2) 技术协助贷款。首先是指在许多贷款项目中用于可行性研究、管理或计划的咨询,及专门培训方面的资金贷款;其次还包括独立的技术援助贷款,即为完全从事技术援助的项目所提供的资金贷款。

(3) 联合贷款。是指世界银行和其他贷款者一起共同为借款国的项目融资,以有助于缓和世界银行资金有限和发展中会员国不断增长的资金需求之间的矛盾。

4. 世行贷款程序

(1) 提出计划、确定项目。会员国申请贷款首先要提出计划,经世行贷款部门初步审查后,派人实地考察,经研究核实后确定最重要和最优先的项目。

(2) 专家审查。在项目确定后,专家组从技术、管理、配套计划、资产拨付方案、财务计划、经济核算多方面审查。只有专家组确定计划可行,经济效益显著时,申请国才能与世行进行贷款谈判。

(3) 审议通过,签订贷款契约。谈判结束,世行行长提出报告并经执董会批准,正式签订贷款协议。

(4) 工程招标,按进度发放贷款,监督确保资金合理使用(贷款发放完后1年提交审计报告)。

### (二) 国际开发协会(International Development Association,IDA)贷款

IDA是世界银行集团的附属机构,主要是向低收入发展中国家提供优惠长期贷款。其宗旨是对欠发达国家提供比世界银行条件宽、期限长、负担较轻,并可用当地货币偿还的贷款,来促进借款国经济的发展和人民生活水平的提高。

协会的贷款只提供给低收入发展中国家。贷款期限50年,不计息。第一个10年不还本,第二个10年每年还本1%,其余30年每年还本3%。偿还贷款时,可以全部或部分使用本国货币偿还,贷款只收0.75%手续费。

### (三) 国际金融公司(International Finance Corporation,IFC)贷款

IFC也是世界银行集团的一个附属机构,主要是向欠发达地区生产性私人企业提供无须政府担保的贷款与投资。其宗旨在于通过上述的贷款和投资,鼓励国际私人资本流向发展中国家,支持借款国本地资金市场的发展,推动私人企业的成长和成员国经济的发展。

国际金融公司的贷款只提供给发展中国家的私营中小型生产企业,且无须会员国政府担保。贷款额每笔不超200万—400万美元,特殊情况也不能超2 000万美元。期限一般为7—15年,偿还时需以原借入币种偿还,利率视情况而定,但一般高于世界银行贷款的利率。

### (四) 亚洲开发银行(Asian Development Bank,AsDB)贷款

AsDB是面向亚太地区的区域性政府间的金融开发机构,1966年成立,总部设在菲律宾首都马尼拉。日本、美国、中国是三个最大出资者,分别占总股本的15.0%,14.8%,7.1%。

亚行根据1990年人均国民生产总值将成员分为A、B、C三类,人均生产总值851美元及以下的为A类,高于851美元的又分B类和C类。按贷款条件来分,亚洲开发银行的贷款可分为硬贷款、软贷款和赠款。其优惠的软贷款只提供给A类会员国。在贷款的额度上A类可贷项目投资的80%,B类60%,C类40%。

硬贷款的利率采用浮动利率,每半年调整一次,期限为10—30年;软贷款不收利息,只收取1%的手续费,期限为40年(含10年宽限期);赠款用于技术援助,资金由特别基金提供,但金额有限制。

## 六、项目融资

(一) 项目融资概念

项目融资是指利用各种资金来源为项目筹集建设资金。这种方式的显著特点是融资不仅依靠项目发起人的信用保障或资产价值,贷款银行还要依靠项目本身的资产和未来的现金流量来考虑偿款的保证。因此,贷款方非常重视项目本身的可靠性。

一般来说,采用项目融资的都是大型项目,这些项目涉及的技术、工艺都比较复杂,如果没有技术保证,贷款方一般不愿轻易介入。

项目融资的资金来源比较广泛,常见的有 11 种渠道:① 银行信贷; ② 租赁公司; ③ 投资机构,包括保险公司、养老基金管理机构; ④ 个人; ⑤ 商业性投资管理公司; ⑥ 外国投资者; ⑦ 客户;⑧ 供应商; ⑨ 政府机构; ⑩ 出口信贷机构; ⑪ 银行透支。

(二) 项目融资的常见形式

1. 产品支付(production payment)

产品支付是针对还款方式来说的,是指借贷方在项目投产后,直接用项目的产品来还本付息。在贷款得到偿还前,贷款方拥有一部分或全部的产品,借款人清偿债务时把贷款看作是这些产品的销售收入折现后的净值。

2. 远期购买(forward purchase)

采用这种方式时,贷款方可成立一个专设公司,可以购买事先约定的一定数量的产品,抵冲贷款,也可以直接接收这些产品的销售收入还贷。

3. 融资租赁(finance lease)

融资租赁是由租赁公司购买承租人选定的设备,并将其出租给承租人,在租赁期内,承租人向租赁公司支付租金的一种资金融通方式,见图 9-6。租赁期满后,承租人向租赁公司支付一定的产权转让费后租赁物归其所有。

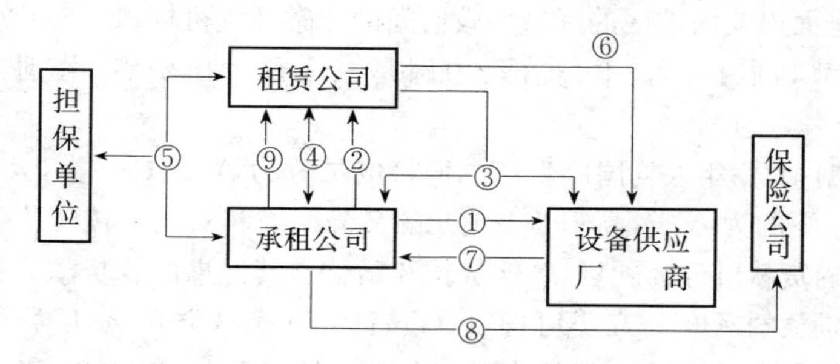


① 选择租赁设备; ② 申请租赁; ③ 技术、商务谈判,签订购货合同; ④ 订立合同; ⑤ 担保函; ⑥ 交付设备款项; ⑦ 发货及售后服务; ⑧ 投保; ⑨ 支付租金

图 9-6 融资租赁业务程序示意

4. 建设—运营—移交(build-operate-transfer,BOT)

BOT是政府把公用事业项目的开发、经营权交给私营企业或机构,经营到规定年限后移交给政府。运用BOT方式承建的工程一般都是大型资本、技术密集型项目,主要集中在市政、道路、交通、电力、通信和环保等方面。

随着项目融资的不断发展,BOT又不断演化为许多新的模式,如:BOO(build-operate-own)、BOOT(build-operate-own-transfer)、BLT(build-lease-transfer)、BTO(build-transfer-operate)等。

BOT作为项目融资的新模式,其主要特点有:项目所在国政府积极支持和参与项目的融资;BOT项目的规模大、成本高,经营周期长;投资难度大,谈判过程复杂;协作性要求高;投资方的投资有强烈的利润动机。

5. 资产收益证券化融资(asset-backed securitization,ABS)

ABS是以项目资产可以带来的预期收益为保证,通过提高信用等级的计划在国际资本市场发行债券来募集资金的项目融资方式。这种方式与其他方式不同的一个显著特点就是通过证券市场发行债券来募集资金。

ABS的运作过程如下:

(1) 组建一个特别专门目标公司SPC(special purpose corporation),其要能够获得权威性资信评级机构的较高资信登记。能否成功地组建SPC,是ABS能否成功运作的基本条件和关键因素。

(2) SPC寻找可进行资产证券化融资的对象。原则上只要依附在项目上的资产在未来一定时期内能带来现金收入的,都可以进行ABS融资。

(3) 以合同、协议等方式将原始权益人所拥有资产的未来现金收入的权利转让给SPC,目的在于将原始权益人自身的风险与项目资产未来现金收入的风险切断。

(4) SPC在资本市场发行债券募集资金,将募集到的资金用于项目建设。

(5) SPC通过资产的现金流入量来偿还债券的本金和利息。

## 第三节　国际工程承包筹资渠道

### 一、汇集自有资金与利用业主付款

#### (一) 汇集自有资金

承包商的自有资金包括现金和其他速动资产,以及近期可收回的应收款等。

通常来说,企业的现金存款不是很多,但是如果存于银行用作透支贷款、保函、信用证等的补偿余额的冻结资金解冻后,也属于现金。速动资产包括各种应收的银行票据、股票的债务及其他可脱手的各种存货等。应收款包括已完合同的应收工程款、近期可完工的工程付款等。

(二) 充分利用业主付款

1. 工程预付款

工程预付款一般是合同价的10%—15%,不计利息,一般在合同签约后,承包商提交了履约保函、预付款保函之后56天内支付。

2. 材料及永久设备付款

根据合同约定,承包人可以凭材料发票和永久设备发票,申请要求业主按一定比例支付货款。

3. 争取初期准备工作费用项目单列

在工程早期增加收入,对缓和资金矛盾也十分重要。其办法是争取到业主的同意,将明显属于初期的独立费用,按单独的子项列入工程价格单内,可在初期得到付款。

4. 投标报价时尽量考虑早收款

在投标时,可将“应摊销费用”多摊入早收款中去,使这些项目单价提高,有利于尽快回收工程款。这就是在投标报价时常用的不平衡报价法。

## 二、多种渠道贷款

(一) 银行贷款

承包商要发展壮大,离不开银行的支持。利用信贷资金经营,就是“借钱赚钱”。常用的方式有以下几种。

(1) 短期透支贷款

这种方式一般适用于每月按完成的工程量付款的项目。如果工程所在国的货币是软货币,而且支付货币是当地货币,利用当地银行透支贷款当地货币,可以减少承包企业的货币贬值风险。

(2) 存款抵押贷款,承包商用硬通货存款作抵押,借贷当地货币

抵押款与借款的比例,称之为抵押存款限额。对于资信条件好的企业,银行才会给予较低的抵押存款限额。

可借款额=抵押存款/抵押存款限额

例如银行抵押存款限额为20%,当存入100万美元硬通货,即可贷到相当于100÷20%=500万美元的当地货币的贷款。

(3) 利用工程师签发的支付证明作抵押向银行作1—2个月短期贷款。

(4) 利用业主付款保函作抵押，向银行进行中短期贷款。这种办法适用于用硬货币支付的延期付款项目。

(二) 利用材料、设备出口国的出口信贷

许多发达国家鼓励本国材料设备出口，设有出口信贷资金，通过国家银行办理。按照申请贷款方不同又分为买方信贷和卖方信贷。

(三) 银团联合贷款

由于许多大型工程需要的资金较多，承包商往往需要带资承包。因此，承包商同关系良好的银行联合，承揽大型工程，以缓解承包商资金不足，同时银行也可从工程收益中获利。

(四) 借助有经济实力的外国公司合作承包

这种形式下首先可以将资金压力和风险进行分散和转移，同时还可以充分发挥每一个联合体内的成员的优势，各自获利。

(五) 其他方式

上市股票集资、发行债券等。这种渠道只有在承包企业业绩良好且在国际建筑市场上有一定的声誉时，才可以采用；或者该企业是已经上市的企业也可以通过此方式进行融资。

## 三、筹资渠道的选择

(一) 合理选择筹资渠道

资金筹集究竟采用哪个渠道，承包商应当充分考虑各种影响因素。影响筹资渠道选择的因素：

(1) 工程项目规模：许多银行对小规模的项目贷款不是很有兴趣，因此，这种小项目只好利用自有资金，或向与承包商有较好关系的银行借贷。

(2) 付款条件：由于承包商能否偿还借贷资金取决于他是否能及时从业主那里收回工程款，因此不同的付款条件可能会影响到针对贷款担保的要求。

(3) 资金占用时间：对承包商来说，资金占用时间和资金成本关系较大；而对于贷款人来说，资金占用时间和风险有着直接的关系。

(4) 货币和汇率变动趋势：一般来说，在软通货地方或外汇管制严格的国家的当地银行不愿贷出硬货币；外国银行对承包商申请硬通货贷款时也将严格审查承包商硬货币的收入来源，或者要有相关的担保。

(5) 利率高低及其走势：银行会将利率风险转嫁给借款人。如中长期贷款，银行一般会采用浮动利率。

(二) 确定筹款渠道应注意的问题

(1) 除非是回收资金较快且利润丰厚的项目，一般很少有承包商愿意直接投入大量的自有资金。对于自有资金中的现金、存款或者速动资金，通常应保留一定的后备款，以处理偶发事件。

(2) 应避免各种情况下汇率变化带来的损失。如工程付款若是软通货者，应争取借贷同种软通货，避免汇率变化带来损失。

(3) 对于大型工程来说，如果是较长时间的延期付款，就是要求承包商充当贷款人垫付资金。这时最好的办法是让业主出具还款保函，而承包商则利用该保函作抵押贷款。在银行贷款给承包商时，通常会要求承包商也出具履约保函，以保证银行自己的利益。

(三) 妥善商讨贷款条件

1. 借款人

承包商通常有两种处理方式：一是承包商以其本国的总公司为借款人，然后将借款用在工程项目上，这种情况的还款责任人是总公司；二是承包商以工程所在国注册的分公司为借款人，这样还款责任人是分公司。由于分公司的实力比较弱，所以银行一般不愿采用第二种方式，如果采用，则一般需要总公司为该项贷款提供担保。

2. 贷款人

指提供贷款的银行或有权发放贷款的机构。如果是金额很大的贷款，一般会由一家银行牵头，组织一些银行组成银团贷款，这家牵头的银行称之为牵头银行或首席银行。一般牵头银行要收取一定的管理费用。

3. 贷款用途

银行要求承包商应明示贷款的用途。因为用途不同，银行的监督和管理方式也有所不同，可能还会影响利率高低和银行要求的担保条件。

4. 贷款金额及币种

一般来说，还款(包括本金和利息)和贷款应使用同一种货币。若还款时采用其他货币，则银行将要求是一种国际上可兑换的货币，并说明应按还款时该银行的挂牌汇率折算。

5. 贷款期限

指从贷款支取日期到全部还清贷款及利息的总期限，包括用款期、宽限期和偿还期。

6. 利率

双方可以商定采用固定利率或浮动利率。通常说短期贷款可采用固定利率，中长期贷款一般银行要求采用浮动利率。

7. 付息方式

可以按月、季度或半年付息。如果采用的是浮动利率，则每次付息后下期的利率可按本次付息当日的贷款利率再加一固定附加利率计算。

8. 还款方式

宽限期结束时开始还本。可以由双方商定具体的还款计划，如分期按季度、半年或一年还本付息一次。

9. 担保条件

可以作为还款担保的有：承包商国内银行出具的担保保函、可以被接受的抵押品、可转让有价证券、业主出具的付款保证或银行保函等。

10. 各种手续费用

银行贷款除了利息之外，还有各种手续费用。如：管理费、法律费用、代理费、杂费、承诺费等。

11. 提前还款的规定

应规定借款人有权提前还款，但是有些银行会对提前还款处以一定的罚金。这是因为提前还款打乱了银行的用款计划，可能导致银行因此受到损失。

12. 银行监督检查的权利

贷款银行有权要求借款人按时向银行报送财务报表，还有权检查贷款的用途、工程进展及工程收款等情况。银行监督检查的权利具体有多大，借贷双方应认真协商并写入合同。

13. 其他重要条款

除以上的基本问题外，借贷双方还应商讨下列问题：

(1) 其他费用及补偿。如当贷款银行或贷款担保银行所在地的法律和政策发生变化时，引起成本的增加时，借款人是否要进行补偿。

(2) 违约责任和补救的措施。如当借款人不能按时还本付息时，是否给借款人一定的宽限期，然后才停止贷款和追索本息直到申请清算。

(3) 适用法律。贷款的适用法律可以是借款人所在国的法律、贷款银行所在国法律、市场所在国法律或国际公法。

(4) 贷款协议生效条件。如是否涉及借贷双方的主管部门审批后才能生效等。

## 四、借贷手续

### (一) 准备有关文件

贷款协议文件一般由银行准备，可在借贷双方商谈的基础上对原银行的贷款协议范本进行相应的修改，在此过程中一般借贷双方都有法律顾问或律师参加。

承包商借款时还要准备相关的文件，包括公司情况，公司财务情况，拟用贷款项目的合同文本，资金流量计划，贷款使用计划表及还款计划表，承包商上报授权证书、文本等。

(二) 各方审批手续

借款人在与银行有关部门商讨相关贷款协议后,银行会出具一份贷款承诺信给借款人,以便借款人向自己的主管单位报告和审批。但是由于一般银行也会有专门的委员会负责审批贷款,在承诺信上通常会有“此信不构成正式承诺,有待贷款委员会审批”的话语。

(三) 签订正式贷款协议

借款双方的法定代表人签订正式的贷款合同,并经公证部门进行公证。如果协议中有规定的批准生效条款,还需要在双方审批后交换审批确认文件,合同才能正式生效。

## 第四节 国际工程承包中外汇管理

### 一、外汇的概念

外汇基本含义是外币资产的概念,即外汇指:外国货币(钞票、铸币);外币有价证券(公债、国库券、公司债券、股票、息票);外币支付凭证(票据、银行存款凭证、邮政储蓄凭证);特别提款权与欧洲货币单位;其他外汇资金。

在国际上,外汇(foreign exchange)又是国际汇兑的简称,意指不同外币资产间的兑换,用以清偿国际债权债务的结算活动。

外汇根据是否可自由兑换有自由外汇和记账外汇之分。自由外汇是指无须货币发行国批准,随时可以动用和自由兑换的货币,或者可以向第三者办理支付的外汇。自由外汇的一个显著特征就是可以自由兑换。目前世界上有50多种货币是可以自由兑换的货币。记账外汇,又称协定外汇或清算外汇,只能根据两国政府间的清算协定在双方银行开立专门账户记载使用。

在外汇市场上,基于对某种货币汇价走势的预测,外汇有硬币和软币之分。硬币是指在外汇市场上趋于升值的货币;软币则是指趋于贬值的货币。因此,在进出口贸易计价结算货币的选择和外币借贷币种的选择上都要注意外币升贬值的趋势。

### 二、外汇汇率和外汇贸易

(一) 外汇汇率及标价方法

外汇汇率指的是把一个国家的货币折算成另一个国家货币的比率、比价。

如：汇率＄1＝RMB￥7.5200中，7.5200便是把美元折算成人民币的比率。这里美元被称为标准货币，人民币被称为标价货币。这种以外国货币为标准的折算方法又称为直接标价法。世界上绝大多数国家采用的是直接标价法。

若标注汇率RMB￥1＝＄0.1330，是用本国货币为标准货币，外币为标价货币，这种方法称间接标价法。美国和英国采用的是间接标价法。

（二）外汇汇率的分类

（1）按外汇交易支付工具划分：电汇汇率；信汇汇率；票汇汇率。前两者分别指银行卖出外汇后用电信、航邮通知国外存款行付款时所采用的外汇价格。由于电汇汇率的外汇交收时间最快，一般银行不能占用顾客的资金，所以电汇汇率最高，在银行外汇交易中的买卖价就是电汇汇率，其也是其他汇率的基础。信汇汇率由于交收时间长，银行在一定时间可以占用顾客资金，所以汇率比电汇汇率要低。而票汇汇率是指在兑换各种外汇汇票、支票和其他票据时所用的汇率。

（2）从银行买卖外汇角度，可以分为买入汇率和卖出汇率。商业银行的机构买进外币时采用的汇率是买入汇率（也称买入价），卖出外币时采用的汇率是卖出汇率（也称卖出价）。两者相差1‰—5‰。

（3）按照外汇买卖交割的时间的不同分为即期汇率和远期汇率。即期汇率是成交后两个营业日之内进行交割所用的汇率。远期汇率是指成交后两个营业日之后某个约定的时间交割所用的汇率。远期汇率的报价方法有两种：一种是直接报远期外汇的实际汇率；另一种是报远期差价法。

（4）按汇率获得方法的不同，分为基本汇率和套算汇率。一个国家通常只是选择和本国关系密切的或国际上流通量大的币种制定出相应的汇率，称为基本汇率。其他的币种只能根据基本汇率套算，称为套算汇率。

（三）影响外汇汇率变动的因素

汇率是两种货币之间的价值比，因此汇率变动的基本特点是以两种货币之间的价值之比为基础，随货币的供求关系而变动。因此，影响汇率的因素很多，主要归纳如下：

1. 国际收支是否平衡

国际收支是在一定时期内一个国家的居民和其他国家的居民之间经济交易的系统记录。包括进出口贸易、劳务输出入、长短期资本流动转移等。国际收支不平衡是汇率变动的直接影响因素。

2. 通货膨胀

通货膨胀是指一国的一般物价水平普遍性、持续性的上涨。当发生通货膨胀时，货币购买力下降，其汇率趋于下跌。

3. 经济增长率的国际差别

经济增长率与汇率的关系如下：一是当一国经济增长率高于别国，但它的出口水平不变时，由于进口的商品和劳务随国民收入的增加而增加，外汇的需求也相应增加，故该国的汇率下降，外汇汇率上升；二是一国经济增长的同时出口也增长，或者经济增长是由于出口推动的时候，该国出口的增长可能超过国民收入的增长引起的进口的增加，使该国的货币汇率上升，外汇汇率下降。

4. 相对利率的高低

一般来说，一国利率上升，将提高该国金融资产对外国金融资产投资者的吸引力，引起资本内流，本币的汇率上升；反之，本币汇率下降。

5. 中央银行干预

中央银行为将汇率稳定在某一区间而在外汇市场买卖外汇时，引起外汇市场上外汇供求双方的力量对比发生变化，从而引起汇率的短期波动。

6. 心理预期及政治、新闻舆论因素

外汇市场参与者的心理预期往往受一国经济增长状况、国际收支状况、财政金融政策及国际政治军事形势和其他不可预计的事件的影响。

(四) 外汇交易

指在外汇市场进行的买卖外汇的活动。外汇交易主要是由对外贸易和投资需要使用不同的货币来结算和支付引起的，包括以下几种。

(1) 即期外汇买卖：是指外汇买卖双方成交后，在两个营业日内进行交割的外汇交易方式。

(2) 远期外汇买卖：是指外汇买卖双方成交后先签合同，规定买卖的数额、汇率和将来交割的时间，在约定的到期日再按原约定的汇率实行卖方付汇业务。

(3) 外币期货交易：是指在期货交易所里买卖期货合约的交易。

(4) 外币期权交易：是指远期外汇的卖方或者买方与对方签订出售或购买外汇合约，并支付相应的期权保险费后，在约定的有效期内按约定的协议价格履行约定。

(5) 掉期交易：是指买进或卖出即期外汇的同时，来卖出或买进远期外汇，在短期资本投资活动中，将一种货币兑换成另一种货币，以避免汇率波动风险的行为。

## 三、外汇风险管理与外汇管制

(一) 外汇风险的概念及类型

外汇风险是指由于汇率难以预料的变化给涉及外汇的经济活动可能带来的损

失。一般有三种类型：

（1）交易风险。指运用外币进行计价收付的经济交易中蒙受损失的可能性，是流量风险。其影响是一次性的。

（2）折算风险。又称会计风险。指在对资产负债表进行会计处理时，将功能货币转让成记账货币时，因汇率变动而呈现账面损失的可能，这是存量风险。其影响和交易风险一样，也是一次性的。

（3）经济风险。指意料之外的汇率变动影响企业生产成本、价格、销量，继而引起企业未来一定期间收益或现金流量减少的潜在损失。其影响与前两者不同，是长期性的。

（二）外汇风险中交易风险的管理

1. 交易风险产生的几种情形

（1）在进出口贸易中，若汇率在外币收付时较合同签订时有所涨跌，涨则进口商需要付出更多货币，跌则出口商在本币收入上有所损失。

（2）资本输出（输入）中，如果外汇汇率在外币债券债务清偿时较债券债务关系形成时有所升降，则债权人（债务人）的收入（支出）就会下降或上升。

（3）外汇银行在中介性外汇买卖中持有外汇头寸的多头和空头，也会因汇率变动而可能蒙受损失。

2. 交易风险管理办法

（1）选择货币法。正确判断汇率变动趋势，承包商在将来有外币收入的工程合同中争取以硬币作为合同货币，而在将来有外币支出的材料、设备等购货合同中应争取以软币作为合同货币。但各种货币的硬与软不是绝对的，汇率风险总是存在的，因而可以采用多种货币组合的方法，如采用 4 种货币计价，两种硬币，两种软币，各占一定的比例，这样汇率风险可涨跌相互抵消，避免单一货币计价，汇率突变带来的大损失。

（2）外汇保值条款法。如合同计价用硬币，支付用软币，支付时以现行牌价支付，可保证收入不减少。或计价与支付都用软币，但签合同时明确该软币与另一硬币的比价，支付时，原货价按这一比价的变动幅度进行调整。

（3）远期外汇交易法。如承包商购买设备，支付交割在半年后，支付币种已明确，若判断该币种半年后可能升值，为此可在外汇市场预购与支付额相等该币种半年后交割的远期外汇，届时用于支付设备款。购买远期外汇虽然比现行兑换要多花一些钱，但减少了总体损失。

（三）外汇管制

外汇管制是指一个国家为了维持国际收支平衡和汇价水平的稳定，对外汇买卖和国际结算等实行管制。管制的范围包括贸易、非贸易、资本输出、输入、汇率、外汇市场、银行存款账户等方面。

外汇管制可以稳定汇率,以保护本国贸易的发展,有利于稳定本国的物价,同时也可防止资本外逃。

实行外汇管制的方法有两种:直接管制和间接管制。直接管制是指由政府公布汇率,用行政手段规定各项外汇的收支,按公布汇率结算;间接管制是指一国利用外汇资金在市场上进行干预,以此来稳定汇率。

## 四、外汇资金的合理利用

(一) 资金投入工程方式的选择

(1) 工程所在国的币值稳定或硬通货可以流通时,若筹集到的是硬通货,可直接存入当地银行供用;收回的工程款也是硬货币,可直接归还贷款,这样可以避免汇率变化引起的风险。

(2) 工程所在地是发展中的国家,外汇受到管制,最好使用当地货币,可用硬通货存入银行,借贷当地货币。另外还要妥善地安排用款进度计划,并应在贷款协议中写明,银行收取承诺费应当为按计划提款的部分为基数,而不是包括未提取部分的全部贷款,这样才能既节省利息开支,又不会被罚缴承诺费。

(二) 节约流动资金

1. 将流动资金压到最低限度

有经验的承包商总是想法设法将周转资金压缩到最低限度,以提高资金的利用率。由于工程的初期,一方面承包商会垫资,另一方面也要投入大量的人力、物力和财力,所以这一阶段承包商会支出大量的周转资金。因此有经验的承包商会把这一阶段的周转资金降到最低限度。

如:当承包商在承包一较大的工程项目后,可以在当地再承包一个小一点的工程项目。只要管理得当,这个小的工程项目可以不必再准备流动资金,而依靠大工程资金周转过程中的调节管理来养活小工程。这样可以提高资金的利用率,更充分地发挥资金的效益。

2. 节约流动资金,及时结算回收资金

(1) 节约流动资金的方法有:

① 短期延付或分期支付材料、设备款。

② 零收整付材料款。

③ 有选择地租赁设备。

④ 材料的一次订货、分批供应和多次付款。

⑤ 对供货商采用扣保留金方法。

⑥ 分期支付银行保函手续费和保险费。

⑦ 向分包商转移资金压力。

⑧ 争取将初期准备工程单列项目。

(2) 及时结算回收资金。工程结算包括中期付款结算和最终结算。这两种结算都要在时间上抓紧和计算准确无误，严格按照合同的规定办事。在国际工程承包市场上，业主有意拖延付款的现象相当普遍，因此在结算和催款两个环节都应该抓紧。

(三) 资金回收中货币转换

1. 将结算资金及时转化为货币资金

将结算资金及时转化为货币资金，有利于归还贷款和再投入、再生产。由于承包工程的周期较长，所以受国际金融市场汇率变动的风险也比较大，防范措施一般有：

(1) 投标报价时通常以当地货币计价，其中要有一定比例的外汇。

(2) 尽可能地使收汇与借款为同一货币，这样就会减少风险。

2. 及时处置当地货币

如果工程所在国当地货币贬值剧烈，而且外汇管制比较严格的话，而我方报价时要求的外汇比例又不高，这时可以考虑用当地货币购买当地含税的设备。或者也可以与当地银行搞好关系，采用变通方法，向其他需要当地货币的企业调剂成外汇。

## 本章小结

本章首先介绍了国际工程承包中资金筹集的重要性和资金的需求量，通过资金流动计划来对资金的需求量进行管理。

本章还介绍了国际工程融资的主要渠道及其具体方式，以便国际工程投资方和承包商可以根据项目的特点选择不同的融资渠道，从而达到取得最佳经济效益的目的。

国际融资与外汇管理紧密相连，为了做好相应的管理工作，国际工程管理人员也必须熟悉外汇的相关知识，本章对此也有相关介绍。

## 关键词

国际工程承包　融资方式　筹资渠道　外汇管理

## 复习思考题

1. 简述国际工程承包筹集资金的重要性。
2. 简述国际金融市场的概念。
3. 简述国际工程承包中可以采用的融资方式及其含义。
4. 什么是外汇？外汇的标价方式有哪几种?
5. 国际银行中长期借款的费用负担有哪些?
6. 什么是外汇管制?

# 第十章

# 国际工程货物采购

**学习目标**

通过本章学习,你应该能够:

1. 了解国际工程货物采购的定义和主要特点、项目建设各阶段的采购工作任务、国际贸易政策与关税措施以及国际市场价格;

2. 编制物资供应计划和理解材料认可制度;

3. 熟悉与国际贸易术语和与贸易结算有关的国际贸易惯例,并选择最佳的货物采购方式;

4. 掌握物资采购询价的程序和技巧,对工程物资进行妥善的现场管理。

## 第一节　国际工程货物采购概述

由于国际工程的物资和其他设备物资在工程合同总价中占有极大的比重,而且物资设备涉及面很广,延续时间长,变化因素多,风险比较大,管理不当会对工程的进度、质量和经济效益有很大的影响。因此,做好材料物资供应和管理工作,是国际工程承包取得成功的重要环节之一。广义的物资概念涵盖了项目实施过程中所需要的所有物化对象,如工程材料、工程设备、预制构件、施工机具设备及其零配件以及生活办公用各种物资等。同国内工程相比,国际工程中的物资供应和管理工作有许多不同之处,其工作程序和方法也有差别。

### 一、国际工程货物采购主要特点

#### (一) 技术性强,材料质量要求严格

在国际工程承包的招标文件中,对适用于该项目的材料和设备等都有详细的

要求。因国别、项目性质及咨询公司的设计概念等因素的不同,材料和设备所采用的标准也相应地有所差异。国际工程中常用的标准、规范就有很多,包括英国标准(BS)、德国标准(DIN)、美国标准(AISI 和 ASTM)和日本标准(JIS)等,虽然这些标准对材料、设备的规定比较近似,但是挑剔的工程师可能会因某一种材料的化学成分或物理性能与标准稍有差异而拒绝使用。为了避免这种事件的发生,所以物资采购人员和工程技术人员必须有广泛的技术知识,对合同中规定适用的规范和标准有相当程度的了解,懂得各种材料的技术性能要求,选择符合招标文件中技术规范的货源,满足工程需要,并使业主和工程师满意。

(二) 程序复杂

国际工程的物资供应程序和手续复杂,涉及面广。主要程序如图 10-1 所示。

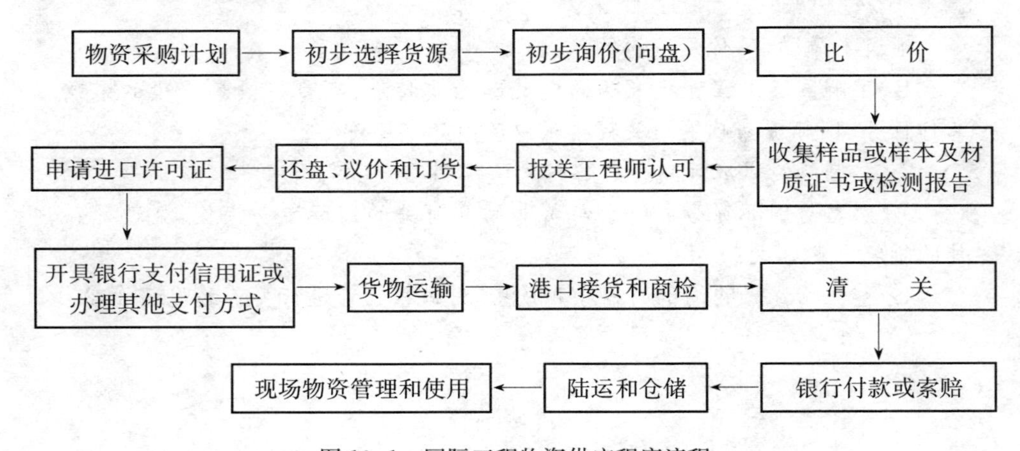


图 10-1 国际工程物资供应程序流程

如果是免税项目,在清关程序中要办税收银行保函或缴付押金,材料使用完毕后要核报并收回银行保函或押金;如果是施工机具设备的临时进口,则要办理临时进口税收的银行保函或缴纳押金,工程结束设备运离出境后收回保函和押金。

所有以上程序和手续不仅需要项目业主和工程师的支持和帮助,还涉及众多的政府机关,如商业部门、海关、税务部门、各种私人商业机构以及其他有关组织和团体等。各个环节都可能涉及实施时的竞争和择优、申报和审批,需要承包商做大量的公关工作,其中的关卡重叠、手续烦琐,稍有失误,就可能导致供货延误,遭受损失。

(三) 货源广泛

国际工程中物资供应的来源渠道主要有:国际采购和当地采购,因此物资供应渠道是十分广阔的。同类产品可以由许多国家和多家工厂生产以及不同的供应商或代销商供应,不同品牌和规格产品的质量和价格差异很大,因此,物资采购人员可以充分利用竞争择优选择供应商。某些大宗材料或者价格昂贵的设备还可以采取招标方式进行采购。物资采购人员不仅要熟悉货源的渠道，还要善于谈判，精通国际商务，懂得利用各种竞争手段，才能从广泛的货源中采购到质优价廉并且符合合同的技术标准的材料和设备。

（四）价格浮动

在国际工程物资采购中，物资的价格不仅与其型号、规格和质量有关，还因订货数量、交货方式、付款条件以及服务要求等内容的不同而变化；同时，还受国际市场需求、币值汇率变化等影响；甚至运输方式及其费用、税收和保险等也都不固定。但是，物资采购价格的高低又是决定承包项目盈亏的关键，降低工程中的物资成本，除了货品本身的价格选择以外，还要综合考虑一系列与成本有关的其他问题。承包商应密切关注国际经济和金融形势以及物资供应市场的变化趋势，结合工程进度计划选择合适的进货时间和批量，尽量减少市场价格浮动对工程效益的负面影响。

（五）资信不稳，潜在风险因素多

国际工程物资采购还会遇到因供应商、运输商、代理服务商等资信不稳而产生的风险。他们的资金、信誉、经营方式和作风各不相同，有的资本雄厚、重信誉，遵守商业道德，但也有些厂商唯利是图，用拖、赖、诈、骗等手段对付客户。所以在下正式订单或签订采购合同前，承包商物资采购人员应对材料、设备供应商进行充分的资金、信誉调查，善于识破奸商的欺诈手段，并且注意购货合同的严谨性，防止出现漏洞，同时附加各种制约条款。

## 二、项目建设各阶段采购工作任务

项目建设的采购工作任务可以分为项目前期、项目实施和项目善后三个阶段。

（一）项目前期阶段

项目前期阶段是指签订工程承包合同之前的投标报价阶段。物资供应部门的主要任务是配合项目部进行投标。搞清楚招标文件中有关材料、设备的品种、规格、数量和技术标准；初步确定将来的主要货源，并调查市场价格；对于大宗材料和特殊材料设备进行初步询价；为投标人员提供较为可靠和合理的价格，以供投标报价参考。

（二）项目实施阶段

项目实施阶段指签订工程承包合同之后的履约阶段。此阶段的主要任务是配合工程进度计划及时进行物资采购并供货到现场，保证施工需要，使工程不因材料设备供应不及时而造成窝工损失；还应当保证所供应的材料设备符合招标文件的要求，保证质量要求，其价格应在原投标的价格控制范围之内。

(三) 项目善后阶段

项目善后阶段是指工程竣工和验收后的物资善后处理阶段。此阶段的主要任务是配合工程部门有序地撤离现场,包括清点全部剩余物资,特别是含税进口的物资,一般不能就地处理,必须按海关规定处理;组织临时进口的机具设备经维修后再转移出境并收回银行保函,或者在补缴关税后在当地拍卖;协同工程和财务部门结算与供应商和分包商的材料设备应收应付款项,处理各项有关材料设备的索赔工作。

## 三、物资供应计划和材料认可制度

(一) 物资供应计划编制

工程项目的物资供应涉及多方面的内容,如货品种类、数量、需要的时间和供应进度、价格、资金准备、仓储管理、现场使用和资金回收等等,应当制定一个详细具体的计划安排。物资供应计划的编制步骤和应当注意的问题主要包括以下一些内容。

1. 确定供货范围和种类

一般建筑工程所需材料设备的费用约占工程合同总价的60%以上,大致可以分为以下种类。

(1) 工程用料。指构成永久工程部分的各种建材,包括土建、水电设施及一切其他专业工程的用料,如水泥、各类钢材、沙、石等。

(2) 临时工程用料。包括营地的活动房屋或固定房屋的材料、临时水电设施、临时道路工程以及临时生产加工设施的用料。

(3) 施工用料。包括一切周转使用的模板、脚手架、工具、安全防护网等,以及消耗性的用料,如焊条、炸药、电石、氧气、钉子、铁丝等。

(4) 工程机械。包括各类土方机械、打桩机械、混凝土搅拌机械、起重机械以及维修备件等。

(5) 构成永久工程部分的机电设备。包括一般建筑工程中常见的电梯、自动扶梯、备用电机、空气调节设备及水泵等。

(6) 其他辅助生活、办公设施和试验设备等。包括办公家具、器具和测量仪器等。

在上面工程项目所需投入的物资种类中,应当进一步划分业主、承包商和分包商各自的供应范围,明确哪些由承包商自己采购供应,哪些由业主自行供给,哪些拟交给分包商供应。在属于承包商供应的物资中,再进一步初步确定哪些由国内或其他工地调运,哪些由本工程采购,哪些在当地租赁,这样就最后确定了工程物资供应部门负责组织货源的范围。

2. 正确计算材料、机具、设备需求量

在确定了需要什么种类的物资以后，接下来需要解决的问题就是计算所需物资的数量和需要供货的进度安排。在材料、机具和设备需求量计算中应注意以下原则。

(1) 物资需求量应根据工程量和图纸、技术规范等，主要由工程技术部门计算和汇总。尽管在投标阶段已经进行了计算和统计，但比较粗略，所以在开工前后必须重新核算，务必做到尽量准确和详尽，避免出现遗漏，特别是必须从国外进口的物资，否则会严重影响工程进度。

(2) 工程材料的用量计算，主要是考虑到工程的正常需用量(理论计算值)、正常损耗(边角余料等)和非正常损耗(包括运输和装卸的浪费和损失、施工中的返工浪费等)。工程材料的用量计算与消耗定额的关系很大，要恰当考虑材料的消耗定额。通常的做法是在消耗定额的基础上适当考虑一定的备用量。

(3) 合理考虑施工用料的周转。许多施工用料可以多次周转使用，其周转次数与该项材料的用途有密切关系，如模板、脚手架。要根据工程的特点和当地习惯及材料价格，综合考虑需要的周转材料数量、周转次数以及周转材料的成本来合理选择周转材料及其数量。

(4) 施工机具设备需求量，应当根据工程的内容和特点，结合施工方案和施工组织设计进行计算。施工机具是从其他工地调遣还是购买或租赁和分包，需要综合计算技术可行性和成本经济性，然后选择最佳的供应方案。

3. 制定物资的需求计划

根据施工组织设计和工程进度计划确定材料设备的需要时间。计算的步骤是首先将材料设备分配到进度计划的每道工序中，然后以时间为单位，将各道工序所需的材料、设备按种类汇总即可得到各种物资的需求进度计划。

对于供货时间应当充分考虑物资的询价、比价、报批及认可、采购、订货、运输和试验及认可的周期，尤其是必须从国外进口的材料设备还包括办理进口许可及清关等手续的时间，所需交货时间更长。

4. 制定材料设备的分类供应计划表

在确定了项目所需物资的种类、数量和时间后，即可制订各类材料物资供应计划，包括各类物资的供应进度总表和月度或季度供应进度表。以后随着工程进度及设计变更情况，及时编制补充供应计划表，并同时修改物资计划用量和供应计划进度表。

### (二) 材料审查认可制度

1. 材料样品送审认可的一般规定

国际工程承包合同通常都有材料设备的事先审查认可条款，如 FIDIC《施工合同条件》第7.2条有现场工程师对工程中使用的材料和设备进行检查的规定,而在技术规范中也对材料设备的品质等级以及审查认可的程序给出了具体的规定,包括:

(1) 承包商提供的材料和设备均符合合同中规定的相应品级和标准,符合工程师的指示要求。

(2) 要求承包商对于材料和设备,在其用于工程之前,提交相关厂商的检验报告和样品,供工程师审查和检验。

(3) 提交样品的费用以及合同中规定或指明的检验费用都应由承包商承担。如果工程师认为有必要进行合同中未作规定的额外试验,而试验结果表明材料、设备及其操作工艺是合格的,该部分试验费用承包商可以得到补偿,如试验结果表明不合格,试验费用由承包商自己承担。

(4) 工程师应当对承包商提交的材质报告或样品及时进行检验和审查,并将检验结果尽快通知承包商。

(5) 工程师有权在工程实施过程中对实际使用的材料设备进行抽检,并可随时指示承包商将不符合合同规定的材料和设备从现场运走,用合格适用的材料和设备替代,而由此发生的一切费用均由承包商自己承担。

从以上规定可以看出,工程师在对国际工程中所使用的材料设备有很大的权力。承包商在工程材料和设备采购前应当先取得工程师对样品的检验和审查,避免盲目地定购大量不符合合同规定而被工程师不予认可的材料设备。

2. 样品的选择

样品的选择要符合合同文件的技术规范要求。一般来讲,承包商当然希望采用价格低廉的材料,而工程师为了保护业主的利益则要求采用标准较高的优质材料。有些承包商甚至会先购买一些低档材料、设备样品去送审,如果侥幸获得认可则可大大降低成本;如果被工程师拒绝认可,则另换质量稍高的材料、设备再送审。这种方法表面上看可能节省材料费用,但是由于反复多次送审拖延时间太长,影响工程进度,甚至引起工程师的反感并采取更严厉的审查制度,最终承包商还是得不偿失。因此,承包商在选择样品时,应该是在符合合同规定的质量标准范围中选择价格比较便宜的。此时,如果工程师拒绝认可,承包商可以据理力争,并申明对超过合同技术规范要求的材料、设备,应由业主支付补偿费用。

在样品的选择中,除了要考虑产品的质量和价格之外,还应注意货源的可靠性。有的供应商虽然能提供合格的样品,但在订货数量较大时,他可能无法大量供货,这将造成今后实际供货时因货源不足而影响工程进度。

3. 样品的试验

(1) 对于检查外观的材料设备,由于审美观念的不同,价格差异也很大,最容易引起争议，最好是在同一价格水平中选择多种供审查批准。

(2) 对于需要进行化学或物理性能试验的材料，最好是承包商要求供应商同时提交样品和样品的化学及物理性能试验单，交工程师进行审查。如果审查结果不合格，承包商也可以将更换的责任转移给供应商。

(3) 由于工程师有权在工程实施过程中对实际使用的材料设备进行抽检，以防止在大批供货时采取以劣充优的作弊行为。因此，承包商在大批订货时应注意监督和检查供应商的实际交货质量。

(4) 检测试验的可靠性十分重要。承包商应同业主或工程师事先商定双方共同认可的当地权威试验单位，而不是由任何一方指定的检测单位进行试验。因为不同的试验机构由于试验设备的精确性、操作条件和试验人员的水平不同，对同一批产品也会得出不同的质量结果，特别是那些进行化学成分分析和强度试验的产品。

4. 材料送审认可的程序

首先，承包商应根据合同规定和技术规范的要求与工程师共同拟定一份送审物资材料品种表，把必须提交样品并送检的材料品种和只需提供认可的材质检测报告或性能报告并说明其质量保证的品种各自列表。

其次，承包商应根据物资供应进度计划表，按先后顺序将所需材料设备送审，并及时向供应商索取样品、样本、技术说明书、材质检测报告等资料。特别是对于重要物资，应尽量提前送审，避免各种意外事件而不能按时取得认可。

在送审样品或样本时，应当附有专门编号的致函，写明所送样品的名称、品种、规格型号、产地和供应商名称等情况外，还应说明材料的使用时间，要求工程师尽快批复，以免耽误订货和工程施工。如果工程师未能按规定时间检验批复，则应不断正式致函催问。所有有关材料样品或样本送审认可的往来信函必须保存好，以备将来可能的工期延展索赔之用。

## 四、国际市场价格及其影响因素

通过调查国际市场价，掌握其变化趋势与规律，是国际工程物资采购准备工作的重要内容之一，因此，了解国际市场价格的种类和影响因素是物资采购成功的重要条件。

### (一) 国际市场价格的种类

国际市场价格是指在一定条件下，在世界市场上形成的市场价格，即某种商品在世界市场上实际销售所依据的价格。商品的国际市场价格按其形成条件、特征可以分为：

1. “自由市场”价格

“自由市场”价格是指国际不受市场垄断力量或国家垄断力量干预的条件下，

独立经营的买方和卖方进行交易的价格,它是仅由供求关系形成的价格。

2. 世界"封闭市场"价格

这种价格是指国际市场上买卖双方在一定约束条件下形成的价格。它一般不受国际市场上供求关系规律的影响,买卖双方中的某一方具有市场垄断力量,影响了价值规律作用。主要包括:

(1) 跨国公司内部转移价格。

(2) 垄断价格。

(3) 区域性经济贸易集团内部价格。

其中,垄断价格是指在国际市场上有关买方或卖方垄断存在的条件下,垄断组织利用其经济力量和市场控制力量决定的价格。在国际工程物资采购中,由于垄断并不意味着寡头垄断,无论是买方垄断价格,还是卖方垄断价格都存在着竞争,因而垄断价格存在一个客观的界限。

(二) 影响国际市场价格变动的主要因素

商品的国际市场价格是由国际市场上的供求关系决定的。这种供货方与购货方之间的供求关系主要包括三方面:供货方之间的竞销,购货方之间的竞买,供货方与购货方之间的竞争。这种竞争关系通过对供给与需求的影响而影响国际市场价格。凡是影响供求关系的各种因素都对国际市场价格产生影响。影响国际市场价格变动的主要因素有。

1. 商品的生产成本

国际市场生产价格是国际商品的生产成本和各国的平均利润之和。因此,国际市场价格随着各国商品生产成本的上升而上升,国际市场价格随着各国商品生产成本的下降而下降。

2. 垄断

垄断组织通过垄断力量最大限度地获取高额利润,采取各种方法和措施控制世界市场价格,包括直接控制国际市场价格和通过影响供求关系间接影响国际市场价格两方面。

3. 经济周期性波动

任何国家或地区的经济增长都存在不同程度的波动。当经济增长速度放缓、停滞或出现危机时,生产增长下降,大批存货积压,有效需求不足,大批商品找不到销路,所以商品的价格趋于下降;反之,在危机过后,经济增长加快,生产逐渐上升,生产投资增加,各种商品的需求增加,因此商品的价格也逐渐上升。当经济增长迅速时,投资与有效需求扩大,则商品价格上升程度会进一步提高。

4. 各国的政治、经贸政策

对国际市场价格影响较大的政府政策主要有:价格或收入支持、进出口补贴、进出口管制、财政金融、投资、关税、外汇和税收等。

如果某国采取封闭的经济贸易政策,其国内市场与国际市场相隔离,国内市场价格的形成、传导机制不受国际市场供求关系变化的影响。而当某国实行进出口管制、出口补贴、外汇管制政策时,必然会使国际市场上受限商品的价格上升或下降。

5. 规模经济效益

在许多产业发展中,存在着规模报酬递增的现象。也就是说,随着生产产量从小逐渐增加到最佳生产规模过程中,商品的生产成本逐渐降低,商品价格随之下降。当达到最佳生产规模时,商品的生产成本最低。但是一旦超过最佳生产规模,则由于固定资产投资、企业管理成本等各方面的影响,商品的生产成本会进一步上升,商品价格随着上涨。因此,规模报酬递增产业中规模经济与规模不经济会影响国际市场上该商品的价格。规模经济对各国政府、跨国公司及其他中小企业的影响越来越大。

6. 贸易条件

国际市场中,商品交换中的各种销售因素会影响商品的价格。这些因素包括:各种贸易支付方式、各种贸易术语的使用、装运与保险、成交数量、广告营销和售前与售后服务。

7. 其他偶发性条件

除以上因素外,国际市场价格还受一些偶发性事件的影响。如自然灾害、政治动乱、战争及投机等因素会影响商品供求关系的平衡,从而影响国际市场价格。

## 五、国际贸易政策与关税措施

显而易见,一个国家的国际贸易政策对国际工程承包活动,尤其是物资采购有着重要的影响。各国的进出口关税和非关税措施直接影响物资采购的顺利进行,进而影响工程的造价。

### (一) 国际贸易政策

一个国家的国际贸易政策主要受本国政治、经济、社会和对外政策等因素的影响,是整个经济政策中对外政策的一部分,体现了该国的经济、政治利益。各个国家的对外贸易政策基本上有自由贸易政策、保护贸易政策和管理贸易政策三种类型。

1. 自由贸易政策

国家取消进出口贸易的限制和障碍,取消进出口的各种特权和优惠,使商品在国内外市场上公平竞争。

2. 保护贸易政策

国家采取各种限制进口措施,以保护本国商品在国内市场上免受国外商品和服务的竞争;同时对本国出口商给予优惠和津贴,鼓励商品和服务出口。

3. 管理贸易政策

国家对内制定一系列贸易政策、法规,促进对外经贸健康有序地发展;对外通过签订双边、多边贸易协定,协调与其他国家的经贸关系,促进本国对外贸易发展。

近年来在经济和政策调整过程中,发达国家的国际贸易政策形成了一些新特点,主要有以下几点。

(1) 保护贸易措施由非定型化转为制度化,将以往只针对某些商品实施的临时性的限制措施制度化,这些措施相互关联,彼此配合,具有综合性、系列化的特点。

(2) 管理贸易的法律由单行化转为整体化,通过对外贸易政策法制化,与其他方面的国内法律相配合,使得贸易保护主义具有法律依据。

(3) 积极奖励出口,这是各发达国家对外贸易政策的核心。

(二) 关税种类

一般来说,国际市场中关税主要可分为进口税、出口税、进口附加税和差价税等几种。

1. 进口税

进口税是进口国在外国商品输入时,对本国进口商征收的正常关税。正常进口税分为最惠国税和普通税两种。对于与该国签订了最惠国待遇原则的国家或地区所进口的商品可以采用最惠国税;而对于没有与该国签订最惠国贸易协定的国家或地区所进口的商品要采用普通税。最惠国税率比普通税率低。在第二次世界大战后,大多数国家都加入关税与贸易总协定,相互提供最惠国待遇,享受最惠国税。因此,正常进口税一般指最惠国税。

2. 出口税

出口税是出口国海关在本国商品输往国外时,对出口商品征收的一种关税。除少数发展中国家为保护本国生产和市场供应,或为增加财政收入征收出口税外,一般都不征收出口税,鼓励出口。

3. 进口附加税

进口附加税是指进口国对进口商品,除按照公布的税率征收正常进口税外,再加征的进口税,进口附加税是限制商品进口的一种临时措施,是应付贸易逆差的临时措施。进口附加税主要有反补贴税和反倾销税。反补贴税是对直接或间接接受任何奖金或补贴的外国商品进口所征收的附加税;反倾销税是对实行商品低价倾销的进口商所征收的附加税。

4. 差价税

差价税是当某种产品国内外都有生产,但是国内产品高于国外进口商品价格时，按国内价格与进口商品价格间的差额征收关税，以保护本国生产和市场。

（三）关税征收方法

关税的征收方法主要有两种，为从量税和从价税。在这两种主要征收方法的基础上，又产生了混合税和选择税。

1. 从量税

这是指按商品的重量、数量和长度等计量单位征收的关税。

2. 从价税

这是指按进口商品的价格为基数征收的关税。其税率表现为商品价格的百分率。因此，确定进口商的完税价格是征收从价税的一个重要而复杂的问题。完税价格是指经海关审定作为计征关税的货物价格，是计算税额的重要基础。目前各国都规定以正常价格作为完税价格。正常价格是指在正常贸易过程中处于充分竞争条件下商品的成本价格。当进口商品发票中载明的价格与正常价格相一致，则以发票价格为完税价格；当发票价格低于正常价格，则根据海关估定价格作为完税价格。

3. 混合税

这是对某种进口商品采用从量税和从价税同时征收的方法。混合税的征收分两种形式：一种是以从量税为主加征从价税；另一种是以从价税为主加征从量税。

4. 选择税

这是对某种进口商品同时规定从价税和从量税两种税率，征税时选择两者税额较多者征收。

（四）关税征收的依据

关税征收的依据是各国政府根据本国实际情况通过立法程序制定和公布的海关税则，体现了国家的对外贸易政策。海关税则的关税税率表中一般包括：税则号、商品名称、计征单位和税率等内容。

海关税则分为单式税则和复式税则两种。单式税则又称一栏税则，指一个税目下只有一个税率，适用于来自任何国家的商品。复式税则又称多栏税则，指一个税目下订有两个或多个不同的税率，主要目的在于实行差别待遇和歧视待遇。

(1)《海关合作理事会税则目录》是国际上使用最广泛的商品分类目录之一，缩写为 CCCN。海关合作理事会于 1950 年 12 月 15 日在比利时首都布鲁塞尔成立。其税则目录于 1959 年生效，1965 年、1972 年及 1978 年经过了三次系统的修订。《海关合作理事会税则目录》在 1974 年前称为布鲁塞尔税则目录（Brussel tariff nomenclature）缩写为 BTN。《海关合作理事会税则目录》是多年来各国一直沿用的税则目录，其划分原则是以商品为主，并结合加工制度。全部商品共 21 类、99 章、1 097 项税目号。第 1—24 章为农产品，第 25—99 章为工业品。税目号以 4

位数字表示,中间用圆点隔开。前两位数字表示所属章次号,后两位数字表示该税目在此章内的顺序。根据税则分类的规定,税则目录中的类、章、目这三级的税则号排列及编制不得改动。对于目的编排享有一定的机动权,从而保证该税则目录使用的一致性和应用范围。

(2)《国际贸易货物名称和编码协调制度》(简称《协调制度》),是 1983 年 6 月海关合作理事会(现名世界海关组织)主持制定的一部供海关、统计、进出口管理及与国际贸易有关各方共同使用的商品分类编码体系。《协调制度》涵盖了《海关合作理事会税则目录》和联合国的《国际贸易标准分类》两大分类编码体系,是系统的、多用途的国际贸易商品分类体系,是这两大分类编码体系的最新发展,是国际贸易不断发展,客观上要求将商品描述和分类在全球范围内统一的产物,是海关合作理事会及各国专家经过 10 多年研究的结果。协调制度采用六位数编码,把全部国际贸易商品分为 21 类,96 章,1 241 个税目,5 019 个子目,章以下再分为目和子目。商品编码第一、二位数码代表“章”,第三、四位数码代表“目”,第五、六位数码代表“子目”。编码的税目和子目是按商品的原料来源,结合加工程度和用途以及工业部门来划分和编排的。

# 第二节 国际贸易惯例

## 一、国际贸易惯例概述

国际贸易惯例是指在长期的国际贸易业务中反复实践并经国际组织或权威机构加以编纂和解释的习惯做法。由于国际贸易活动程序繁杂,在长期的贸易实践中,在交货方式、结算、运输、保险及合同等方面形成了某些习惯做法,但由于国别差异,必然导致这些习惯做法上的不同,这些不同显然不利于国际贸易的健康发展。为解决这一问题,一些国际组织经过长期努力,在这些习惯做法的基础上,制定出解释国际贸易交货条件、货款交付等方面的规则,并在国际上广泛采用,因而形成一般的国际贸易惯例。因此,习惯做法并不等同于国际贸易惯例,只有经过国际组织加以编纂和解释的习惯做法才形成国际贸易惯例。

国际贸易惯例并不是法律,而是国际贸易交往中为人们信守的一种约定俗成的规则,没有强制性。国际贸易惯例不是法律的组成部分,但可以补充法律的空缺,使当事人的利益达到相对平衡。

国际贸易活动中,各方当事人通过订立合同来确定其权利和义务。国际贸易惯例与合同条款之间可存在解释与被解释,补充与被补充的关系。国际贸易惯例可以明示或暗示约束合同当事人，解释或补充合同条款的不足。若惯例采用并写进了合同条款，就有强制性，一旦有争议发生，法院和仲裁机构也要维护合同的有效性；同时合同条款也可以明确地排除国际贸易惯例的适用，即买卖双方有权在合同中订立与某项惯例不符的条款，只要合同有效成立，双方均要遵照合同的规定履行。

运用国际贸易惯例应遵循以下原则：

(1) 采用国际贸易惯例不得违背法院或仲裁机构所在国的社会公众利益。在适用某项国际贸易惯例时，所适用的惯例不应与同争议案同时适用的某国法律的具体规定相矛盾。

(2) 国际贸易惯例的规则不能与内容明确无误的合同条款相冲突。但是，如果根据法律规定合同条款无效，则仍可适用有关的国际贸易惯例。

(3) 对于同一争议案，如果同时有几个不同的惯例并存，则应考虑适用与具体交易有最密切联系的国际贸易惯例。

目前，国际贸易惯例主要有以下几种：

(1) 与国际贸易术语有关的惯例。

(2) 与国际贸易结算有关的惯例。

(3) 与国际贸易货物运输有关的惯例。

## 二、与国际贸易术语有关的国际贸易惯例

国际商贸交往中，对一些贸易术语各国会有一些不同的解释，引起不必要的纠纷和浪费时间、精力。《国际贸易术语解释通则》(以下简称《通则》)是由国际商会制定的，专门用于解释贸易术语的惯例，在国际贸易惯例中占有很重要的地位。但随着国际贸易的发展，就出现了新的问题，为了使它的内容更符合大多数从事国际贸易的商业人员的习惯，从 1936 年国际商会制定《国际贸易术语解释通则》以后，先后于 1953、1967、1976、1980、1990、2000 年 6 次进行了部分修改和补充，日趋完善。

《1990 通则》是国际商会根据 80 年代科学技术、运输方式等方面的发展变化，在《1980 通则》的基础上修订产生的，并于 1990 年 7 月 1 日起实施。

《1990 通则》术语按不同类型划分为四个组合：第一组“E 组”(EXW)，第二组“F 组”(FCA、FAS、FOB)，第三组“C 组”(C&F、CIF、CPT、CIP)，第四组“D 组”(DAF、DES、DEQ、DDU 和 DDP)，共 13 种贸易术语。

E 组：启运术语，卖方在自己的处所将货物提供给买方。

F 组：主运费未付术语，卖方必须将货物交给由买方指定的承运人。

C 组：主运费已付术语，卖方必须订立运输合同，但不负担由于装运和发运后

发生的事件所引起的货物灭失或损坏的风险或额外费用。

D组：到达术语，卖方必须负担将货物运至目的地国家所需的一切费用和风险。

其中EXW、FCA、CPT、CIP、DAF、DDU和DDP 7种术语可适用于包括国际多式联运在内的各种运输方式，其余6种术语只能适用于海上运输和内河运输。

随着电子资料交换的日益频繁运用，产生了再一次修订的必要，这就是《1990通则》修订的主要原因。另一方面，运输技术不断地革新，尤其是集装箱联合运输多式联运和"近海"海运中使用公路车辆和铁路货车的滚装装卸运输，也是修订的另一个主要原因。因此考虑到以上原因，国际商会制定了《2000通则》。

《2000通则》对《1990通则》的分组并未做修改，仍为"E"、"F"、"C"、"D" 4组，13种贸易术语，只是对各个术语中的具体义务规定进行了一些修改，使这13种术语更简单、明了，以适应当前国际货物贸易的实际需要。

目前使用最多的是装运港交货和适用多种运输方式的货交承运人等6种。在国际工程承包经营活动中，物资采购中采用的交货条件，大部分按照《通则》的解释进行。下面按"E"、"F"、"C"、"D" 4组交货状态详细介绍一下这13种贸易术语。

(一) 属于"E"组的交货方式

本组中仅有一种即"工厂交货(…… 指定地点)"[ex works(... named place)]，简称为EXW，又称出厂价。"工厂交货"是指出卖人在出卖人的场所或其他指定地(即工厂、工场、仓库等)将尚未经出口清关且未装载于任何提货车辆的货物置于买受人支配时，完成交付。采用EXW交货方式，出卖人承担最小的义务，而买受人应当承担自出卖人处提取货物所产生的一切费用和风险。出卖人只需提供商业发票或相等的电子单证，如合同有要求，才提供证明所交货物与合同规定相符的证件，卖方无义务提供货物出境所需的出口许可证或其他官方证件。然而，如果当事人希望由出卖人负责货物启运时的装载义务，并承担由此产生的风险和一切费用，当事人应当在买卖合同中以明确词句明确此意思。如果买受人不能直接或间接地办理出口手续，则不应使用本术语。在此种情况下，如果出卖人同意自行承担费用和风险装载货物，应使用F组的FCA术语。

出卖人必须在约定的交付日期和期间内，或在没有约定交付时间时，在交付该类货物的通常时间，在指定的交付地将尚未装载于任何提货车辆的货物，置于买受人的支配之下。如果在指定交付地有几个可供选择的地点，且未约定具体交付地点，出卖人可选择指定交付地中最适合其目的的具体地点交付货物。

(二) 属于"F"组的交货方式

(1) 货交承运人(…… 指定地点)[free carrier(... named place)]，简称为FCA。"货交承运人"是指出卖人在指定地将已经出口清关的货物，交付给买受人指定的承运人，为完成交付。应当注意的是，对交付地点的选择会影响到在该地装载和卸载货物的义务。如果交付是在出卖人的场所进行，出卖人应当负责装载货物。如果交付是在任何其他地方进行，则出卖人不负责卸载货物。这种交货的计价只包括货物本身的出厂价格（包括包装）、出口结关手续费用和出口关税及交给承运人之前的运费和装卸费用。

"承运人"是指在运输合同中，承担履行或办理履行铁路、公路、航空、海洋、内河运输或多式联运义务的人。如果买受人指定非承运人的其他人接收货物，则自货物交付给该人之时起，视为出卖人已经履行了交付货物的义务。

（2）船边交货（……指定装运港）[free alongside ship（... named port of shipment）]，简称为FAS。"船边交货"是指出卖人在指定装运港将货物置于船边时完成交付。这意味着买受人必须自该时刻起，承担一切费用以及货物灭失或损坏的一切风险。该交货方式要求出卖人办理货物出口清关。这点与《国际贸易术语解释通则》先前版本的规定恰恰相反，先前的版本要求买受人办理出口清关。然而，如果当事人希望由买受人办理货物的出口清关，则应该在买卖合同中以明确的词句明确该意思。

FAS术语只适用于海运或内河运输。这种交货的计价包括货物本身的出厂价格（包括包装）和将货物运到买方的装运船边的一切费用，如果在出口地需要办理这些海关手续，出卖人必须自行承担风险和费用，取得出口许可证或其他官方核准文件，并办理货物出口所需的一切海关手续。

（3）装运港船上交货（……指定装运港）[free on board（... named port of shipment）]，简称为FOB，又称"离岸价"。"装运港船上交货"是指出卖人在指定装运港于货物越过船舷时完成交付。这意味着买受人应当自该交付点起，承担一切费用和货物灭失或损坏的一切风险。FOB术语要求出卖人办理货物出口清关和装运上船费用。

FOB术语只能用于海运或内河运输。如果当事人不打算将货物越过船舷作为完成交付，应使用FCA术语。这种交货的计价包括货物本身的出厂价格（包括包装）和将货物在指定装运港直到越过买受人的装运船舷为止的一切费用，如果该地需要办理海关手续，出卖人必须自行承担风险和费用取得任何出口许可证或其他官方核准文件，并办理货物出口所需的一切海关手续。

（三）属于"C"组的交货方式

所有编为"C"组的交货方式都属于"装运合同"，即出卖人负责把货物运到约定的地点或目的港，支付了运费甚至还包括运输保险费，但出卖人只承担货物交给承运人照管前的风险。

（1）成本加运费（……指定目的港）[cost and freight（... named port of

destination)],简称为 C&F 或 CFR,即成本加运费价。"成本加运费"是指出卖人在装运港于货物越过船舷时完成交付。出卖人必须支付货物运至指定目的港所需的运费,但是货物交付后灭失或损坏的风险,以及因货物交付后发生的事件所引起的任何额外费用,自交付起由出卖人转移至买受人承担。C&F 术语要求出卖人办理货物出口清关手续。C&F 这种交货方式的计价包括除上述 FOB 方式的一切费用外,还包括装舱和将货物运到指定目的港的运费。

C&F 术语只能用于海运和内河运输,如果当事人不打算将货物越过船舷作为完成交付,应使用 CPT 术语。

(2) 成本、保险费加运费(……指定目的港)[cost, insurance and freight(... named port of destination)],简称为 CIF,又称"到岸价"。"成本、保险费加运费"是指出卖人在装运港于货物越过船舷时完成交付。出卖人必须支付货物运至指定目的港所需的费用和运费,但是货物交付后货物灭失或损坏的风险,以及因货物交付后发生的事件所引起的任何额外费用自交付时起由出卖人转移至买受人承担。然而,CIF 术语中,出卖人还应当为承担货物在运输中灭失或损坏风险的买受人办理海上保险。

因此,出卖人应当订立保险合同并支付保险费。买受人应注意到,按 CIF 术语,出卖人只需按最低责任范围的保险险别办理保险。假如买受人需获得更大责任范围的保险险别的保障,买受人可以与出卖人达成明示的协议,或者自行办理额外保险。

CIF 术语要求出卖人办理货物的出口清关手续。

CIF 术语只适用于海运和内河运输。如果当事人不打算在装运港货物越过船舷时完成交付,宜使用 CIP 术语。

(3) 运费付至(……指定目的地)[carriage paid to (... named place of destination)],简称为 CPT。"运费付至"是指出卖人将货物交付给由他指定的承运人,此外还必须支付将货物运到指定目的地所必需的运费。这意味着由买受人承担货物如此交付后所发生的一切风险和任何其他费用。CPT 术语要求出卖人办理出口清关手续。本术语可适用于包括多式联运在内的各种运输方式。

"承运人"是指在运输合同中,负责履行或办理履行铁路、公路、海洋、航空、内河运输或多式联运义务的任何人。如果需要使用后续承运人将货物运至指定目的地,风险自货物交付给第一承运人时转移。

(4) 运费及保险费付至(……指定目的地)[carriage and insurance paid to (... named place of destination)],简称为 CIP。"运费及保险费付至"是指出卖人将货物交付给其指定的承运人,但出卖人必须另行支付货物运至指定目的地的运费。这意味着买受人必须承担货物如此交付后的一切风险和任何额外费用。但在

CIP 术语下，出卖人还必须就货物在运输途中灭失或损坏的买受人的风险办理保险。因而，出卖人应当订立保险合同并支付保险费。买受人应注意到，按照 CIP 术语，出卖人只需按最低责任范围的保险险别办理保险。如果买受人希望得到更大责任范围的保险险别的保障，买受人应当或者与出卖人达成明示的协议，或者自行办理额外保险。

（四）属于"D"组的交货方式

所有编为"D"组的交货方式都属于"到货合同"，即出受方负责把货物运到约定的地点或目的地，出受方承担货物到达目的地前的全部风险和费用。

（1）边境交货（……指定地）[delivered at frontier (... named place)]，简称为 DAF。"边境交货"是指出卖人将货物运至边境指定的具体地点，办妥货物出口清关手续但不办理货物进口手续，于毗邻国家海关边境，将已运达的运输工具上尚未卸下的货物置于买受人支配之下，完成交付。"边境"一词可用于任何边境，包括出口国边境。因而，采用本术语时始终指明指定的具体地点以准确地定义边境是至关重要的。但是，如果当事人希望由出卖人负责由运达的运输工具上卸载货物，并且承担卸载的风险和费用，应当在买卖合同中以明确的词句表达此意思。

这种方式通常适用于公路或铁路运输或其他运输方式。当货物在陆地边境交付，DAF 术语可适用于各种运输方式。如果在目的港或船上交货或码头上交付货物，则应当使用 DES 或 DEQ 术语。DAF 交货方式下的价格包括货物本身的出厂价格（包括包装）、运到边境指定地点的运输、保险、出口手续和关税等。至于货物卸在交货指定地点之后的各种进关手续、关税和以后运输保险和其他费用均不在买卖合同的计价之内。

（2）目的港船上交货（……指定目的港）[delivered ex ship(... named port of destination)]，简称为 DES。"目的港船上交货"是指出卖人将货物运至指定目的港，但不办理货物进口清关手续，在船上将货物置于买受人支配时，完成交付。出卖人应承担货物运至目的港卸货前的一切风险和费用。如果当事人希望由出卖人承担卸货费用和卸货期间的风险，应使用 DEQ 术语。

DES 术语只适用于在目的港的船上交付货物的海运或内河运输或多式联运。该交货方式下的价格包括货物本身的出厂价格（包括包装）、直到交货前的一切费用，包括出口手续和出口关税、运费及其保险费等，但不包括进口结关的手续和关税等。交货时，出卖人必须支付对货物的核查（如检查品质、丈量、过磅、计数）费用。出卖人必须自行承担费用提供为交付货物所需的包装（除非在特定贸易中，合同规定的货物通常无须包装）。包装上应适当地予以标记。

（3）目的港码头交货（……指定目的港）[delivered ex quay(... named port of destination)]，简称为 DEQ。"目的港码头交货"是指出卖人在指定目的港的码头，将未经进口清关的货物置于买受人支配之下时,完成交付。出卖人必须承担货物运至指定目的港的一切风险和费用,并承担码头卸货责任。DEQ 术语要求买受人办理货物进口的清关手续,以及支付进口时的一切海关手续费、关税、税捐和其他费用。

如果当事人希望将支付所有或部分货物办理进口清关的费用包含在出卖人的义务之中,则应在买卖合同中以明确的词句表明此意思。

DEQ 术语仅适用于货物经海运或内河水运或多式联运在目的港码头交付货物的运输方式。如果当事人希望在出卖人的义务中,包含由出卖人承担将货物自码头运至目的港内或港外的另一个地方(仓库、总站、货运站等)的风险和费用的义务,应使用 DDU 或 DDP 术语。

(4) 未完税交货(……指定目的地)[delivered duty unpaid(... named place of destination)],简称为 DDU。“未完税交货”是指出卖人在指定目的地将货物交付给买受人,出卖人无须负责进口清关,不负责任何运输方式下的卸货义务。出卖人必须承担货物运至指定目的地的费用和风险,但不包括承担支付在目的地办理海关进口的任何“税费”(包括办理海关清关手续的责任和风险、支付清关费用、海关关税、税捐和其他费用)的义务。如果目的地需要办理这些手续并支付这些款项,买受人必须承担这些“税费”,以及承担因其未及时办理货物进口清关手续而引起的一切费用和风险。但是,如果当事人希望由出卖人办理海关手续,并承担由此引起的费用和风险以及货物进口应支付的其他费用,则应在买卖合同中以明确的词句明确此意思。

(5) 完税后交货(……指定目的地)[delivered duty paid(... named place of destination)],简称为 DDP。“完税后交货”是指出卖人在指定的目的地,将货物交付给买受人,并负责办理货物进口清关,但不负责任何运输方式下的卸货义务。出卖人必须承担货物运至该处的一切风险和费用,包括支付目的地进口的任何“税费”,包括负责办理清关手续的责任和风险、支付清关手续费、海关关税、税捐和其他费用。如果出卖人不能直接或间接取得进口许可证的,不应使用本术语。

如果当事人希望出卖人承担的义务中,排除出卖人在货物进口时需支付某些费用的义务,则应在买卖合同中以明确的词句表明此意思。如果当事人希望买受人承担进口的所有风险和费用,应使用 DDU 术语。

在以上国际贸易术语中,DDP 方式出卖人承担了最大的义务,而 EXW 方式出卖人承担的义务最小。

## 三、与国际贸易结算有关的惯例

在国际工程物资采购中,常用的国际结算方式是信用证和保函。与国际贸易结算有关的惯例主要有国际商会的《跟单信用证统一惯例》和《见索即付保函统一规则》。

（一）信用证

信用证(letter of credit)是开证行根据开证申请人(买方)的请求和指示向受益人(卖方)开立的在一定金额和一定期限内凭规定的单据承诺付款的凭证。其运作程序见图 10-2。

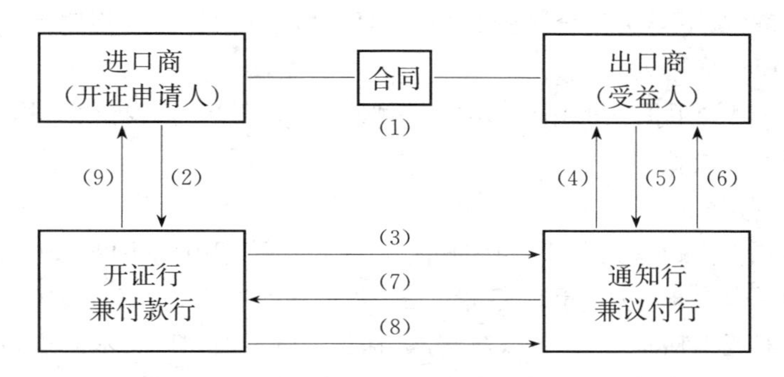


图 10-2　信用证方式下支付程序

图 10-2 中表示的运作程序说明如下：

(1) 进口商与出口商在买卖合同中规定，货款通过信用证方式支付。

(2) 进口商交纳押金或提供担保，向开证行申请开出信用证。

(3) 开证行根据开证人申请内容向出口商(受益人)开出信用证，并寄交出口方所在地通知行。

(4) 通知行核对印鉴(或密押)无误后将信用证通知受益人。

(5) 受益人审证无误后，按信用证规定装运货物，取得各项单据，开立汇票，在信用证有效期内向议付行交单议付。

(6) 议付行审查单证相符后，按照汇票金额扣除利息和手续费，将货款垫付给出口商。

(7) 议付行将汇票和单据寄交付款行(开证行)。

(8) 开证行(付款行)审单无误后向议付行付款。

(9) 开证行(付款行)通知进口商付款赎单，开证人校单无误后付款。

国际商会的《跟单信用证统一惯例》对信用证各当事人的权利、责任、义务以及有关条款和术语做了统一的解释，经过四次修改后，于 1990 年 4 月 1 日重新修订，即国际商会第 500 号出版物，是各国买卖双方信用证支付时遵守的惯例。

信用证的特点主要有以下三点。

(1) 以银行信用代替了商业信用，开证行负第一付款责任。即开证行在信用证条款中保证只要受益人履行了信用证规定的义务,银行保证付款,而且,开证行的付款与开证人的付款相独立,只要受益人提交了符合信用证规定的合格单据,即使开证人破产倒闭,银行也必须履行付款义务。

(2) 信用证是独立于合同的另一种契约,开证行只受信用证约束,不管买卖合同如何。国际贸易活动中,信用证通常都是以买卖合同为基础开立。作为受益人,也有权要求信用证内容与买卖合同规定相符。但是银行在处理信用证业务时,只依据信用证条款,不受买卖合同的影响。当信用证条款与合同规定矛盾时,银行只依据信用证规定内容处理。

(3) 银行只管单据和信用证,不管货物好坏,只要受益人提供合格单据、凭证,开证行保证支付货款。

(二) 银行保函

近年来,银行保函(又称银行保证书)在国际上使用范围不断扩大,内容也逐渐复杂化。国际商会于1978年制定了《合约保证书统一规则》,1982年又制定了《开立合约保证书范本格式》,1992年在《合约保证书统一规则》的基础上,经修订发布了《见索即付保函统一规则》。该规则规定了保函当事人条件,开立保证书的依据,付款条件及保函失效日期和失效事件等事宜,供各有关当事人参照执行。

银行保函是由银行开立的承担经济赔偿责任的一种担保凭证,大多是属于见索即付的保函。

按用途分有:投标保函、履约保函和还款保函三种。其当事人主要有申请人、受益人和保证人,此外还有转递行、保兑行和转开行。保函的开立方式有直开、转开、转递、保兑等,可根据各国法律规定和习惯做法及有关合同的规定而定。按照《见索即付保函统一规则》规定,保函内容应清楚、准确,应避免列入过多细节。保函应该详细列明主要当事人的名称和地址,尤其是地址,因为保函要受到开立保函的机构所在地的法律约束。保函的开立应以合同内容为依据,但与信用证相同,保证人的付款责任也是独立的,不受合同约束。

每份保函都必须明确规定一个确定的担保金额和金额递减条款,即担保金额可随担保人为满足索赔金额的支付而相应减少,最大担保金额全部支付完毕或减完之后,该保函也就失效了。

担保人在收到索赔书和保函中规定的其他证明文件后,认为这些文件与担保书条款表面相符时,支付保函中规定的金额。当然,担保人应该有合理时间谨慎审核这些证明文件的符合程度,否则,担保人可以拒绝受理。保函条件下的任何付款要求及其文件均应作成书面文件,并说明主要债务人违约的具体情况;此外保证书还应规定失效日期或失效事件。如果保函书中既规定了失效日期又规定了失效事件,提交索赔书应在失效日期或失效事件之前交给担保人。

# 第三节　国际工程物资采购询价

国际工程物资采购过程中，物资要经过进口商、批发商、零售商、代理商、出口商等诸多当事人；材料设备的生产制造厂家众多，其质量和性能规格也参差不齐；交货状态和付款方式也各有差异，所以，物资的价格很难用简单的方法来决定。通常要通过多方正式询价、对比和议价才能作出决策。在询价过程中，首先要清楚国际工程中的物资计价方式，其次要熟悉询价的步骤、方法和技巧。

## 一、物资采购计价方式和常用的成交价格方式

（一）不同交货状态下计价

货物的实际支付价格同交货状态、付款方式、买受方、出卖方承担的责任风险有关。

在国际工程贸易中，买卖双方可以按照国际商会制定的《国际贸易术语解释通则(2000)》("INCOTERMS 2000")，选择相应的贸易术语来约定买卖双方的责任和风险，并表明了物资的价格构成。这些做法已经成为国际贸易中的惯例。国际贸易计价常有"E"、"F"、"C"、"D" 4 组交货状态计价方式，如图 10-3 所示。

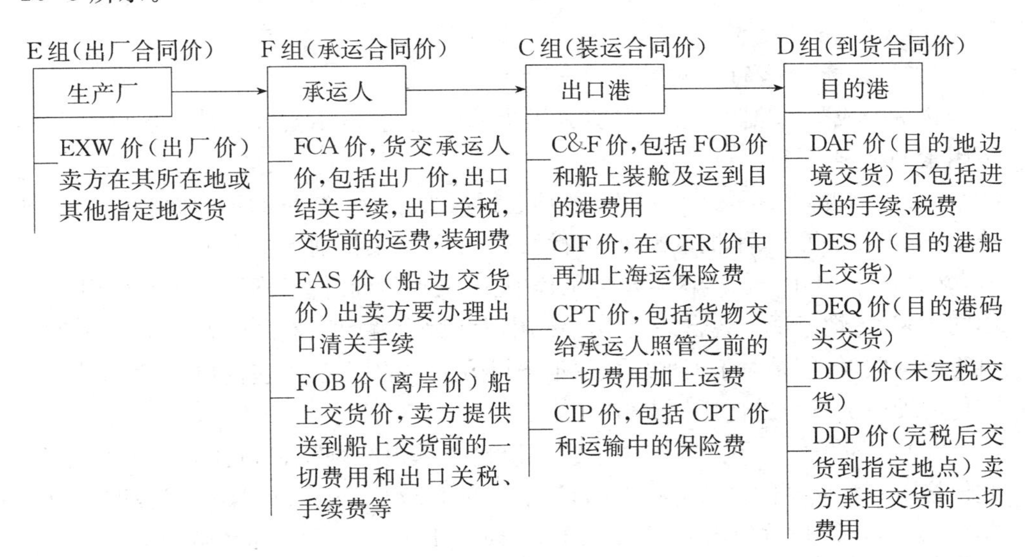


图 10-3　国际贸易计价方式

(二) 国际工程贸易物资采购常用的成交价格方式

在国际工程承包中,承包商在进行物资采购时,最常用的成交价格方式如下。

(1) 当出卖方属于当地的厂商或供应商时,可以采用"工厂交货"(EXW)方式;如果承包商不愿意自己组织运输或不具备运输车辆时,则可以采用货交承运人(CPT)的交货方式。

(2) 在进行国际物资采购,而且可以采用海运或内河运输方式时,通常可以采用"船上交货(指定装运港)"(FOB)方式,也称为"离岸价"。由于FOB交货状态下买受方需自己办理租船运输和海运保险等事项,给承包商带来很多麻烦,因此承包商较多采用"成本加运费(指定目的港)"(C&F)方式或者采用"成本、保险费加运费(指定目的港)(CIF)方式"。

(3) 当出卖方是第三国,但该出卖方在工程所在国有其代理人或经销办事机构时,承包商往往愿意将一切手续,包括进口清关、纳税、内陆运输等都交给出卖方办理,此时常常采用"完税后交货(指定目的地)"(DDP)方式。这种方式尤其适合物资需通过多式联运,甚至通过其他国家过境运输时,可以使得承包商的承担的风险最小。

(4) 在以上常用的按交货状态确定成交价格中,还有一些常见的带附加条件的变异方式,如:船上交货加理舱(FOB stowed,FOB S),船上交货加平舱(FOB Trimmed, FOB T),船上交货加理舱和平舱(FOB stowed and trimmed, FOB ST),装运港班轮交货(FOB liner terms,FOB LT)。在成本加运费(CFR)及成本、保险费加运费(CIF)方式中,可以要求出卖方在运费中不考虑卸货和费用(CFR free out,CFR FO)方式,等等。

(三) 成交价格的影响因素

物资的成交价格除了受交货方式因素的影响之外,出卖方的计价还可能受以下因素的影响。

(1) 一次购货数量。供应商一般均会根据买方购货数量的不同而制定不同的价格,分为:零售价、小批量销售价、批发价、出厂价及特别优惠价等。

(2) 支付货币。由于国际承包工程中业主、承包商、供货商以及生产厂商属于不同国家,习惯于适用各自的货币。采用何种货币就产生了由何方承担汇率变化风险的问题,特别是对于迟期付款中汇率风险更大的情况,承包商应尽量适用业主支付的硬通货货币进行货款支付。

(3) 支付条件。不同的支付条件下出卖方承担的风险和利息也有所不同,因此价格也就相应不同。如即期支付信用证(letter of credit at sight)、迟期(60天、90天或180天)付款信用证(deferred payment L/C at 60,90 or 180 day's sight)、付款交单(delivery against payment, D/P)、承兑交货(documents against

acceptance,D/A)以及卖方提供出口信贷(export credit)等。

## 二、询价

在国际工程中,对材料和设备的价格要进行多次的调查和询价,争取把物资的价格控制在最低,获取最大的经济利润。在投标报价阶段,承包商进行询价的目的并不是为了立即达成物资的购销交易,只是通过调查各种物资的市场价格,使自己的投标报价符合实际,更具有竞争力,因此,这一阶段的询价属于市场价格的调查性质。承包商价格调查的途径主要有:查阅当地的商情杂志和报刊、向当地的建筑工程公司调查、向当地材料制造厂商直接询价和向国外的材料设备制造厂商或其当地代理商直接询价等。这阶段的价格调查只属于询问报价,可以采取口头的或书面的,而且此时的询价和报价对需求方和供应方都没有任何的法律约束力。

(一) 物资采购过程中的询价程序

询价是正式启动物资采购的第一步,进行充分的询价、比价是保证采购到质优价廉的物资的前提条件。实际采购中的询价程序如图 10-4 所示。

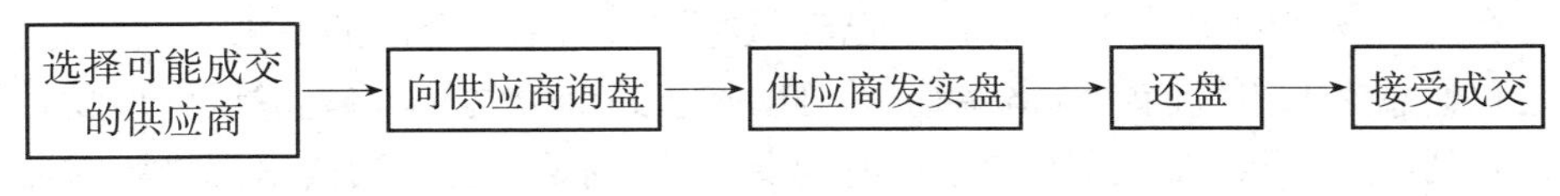


图 10-4　采购询价程序图

1. 根据"竞争择优"的原则,初步选择可能成交的供应商,列出名单

全面考虑物资的价格、质量因素和供应商的商业信誉及该供应商与承包商的合作时间,或者从公司总部提供的合格供应商数据库中选取。最初的选择不一定找过多的厂商询价,一般对于同类材料设备等物资,选择三到五家有实际供货能力的供应商就可以了。

2. 向潜在的供应商询盘(enquiry of offer)

这是对供应商销售货物的交易价格和交易条件的询问。为了使供应商了解所需材料设备的情况,承包商应告知所需物资的品名、规格、数量和技术性能要求等。这种询盘可以要求供应商做一般报价,也可以要求作正式的发盘或发实盘。

3. 供应商的发盘(selling offer)

通常是应承包商的要求而作出的销售货物的交易条件。发盘有多种,如虚盘和实盘。虚盘是指所给出一般性报价,价格注明为"参考价"或"指示性价格"等。这种发盘对于供应商也无法律上的约束力。实盘是指内容完整、语言明确,包括货物的品名、品质、数量、包装、价格、交货和支付等主要交易条件,为正式的要约。供应商为了保护自己的权益,通常还在其发盘中写明该项发盘的有效期,在此有效期间内承包商一旦接受,即构成合同成立的法律责任,供应商不得反悔或更改其重要条件。

4. 还盘(counter offer)、拒绝(rejection)和接受(acceptance)

承包商对于发盘条件不完全同意而提出变更的表示,即是还盘,也可称为还价。如果供应商对还盘的某些更改不同意,还可以再还盘。有时双方可能要经过多次还盘和再还盘进行还价讨价,才能达成一致,形成合同。如果承包商不同意发盘的主要条件,可以直接予以"拒绝",一旦拒绝,即表示发盘的效力已告终止。如果承包商完全同意供应商的发盘内容和交易条件,则可予以"接受"。构成法律上有效的"接受"应当具备以下条件:

(1) 应当是原询盘人作出的决定。

(2)"接受"应当以一定的行为表示,如用书面通知对方。

(3) 这项通知应当在发盘规定的有效期内送达给发盘人。

(4)"接受"的内容必须与发盘完全相符。

(二) 询价方法和技巧

1. 做好充分的询价准备工作

在采购物资的实施阶段的询价,已经是签订采购销售合同的一项具体步骤,而不是普通意义的市场商情价格调查。因此,在正式询价之前,首先应该根据物资供应计划列出采购物资的范围、数量和时间要求,特别是对物资的技术规格要求需向专家进一步核实,以免出现错误而导致损失;其次,应对供应商进行必要和适当的调查,择优选择有实力、讲信誉的供应商进行询价;最后还应拟定自己的成交条件,设计自己可以接受的价格范围、交货方式和支付办法,便于得到供应商的发盘后迅速作出还盘反应。

2. 选择最恰当的询价方法

国际工程物资采购中,除了前面介绍的最常见的由承包商询盘—供应商发盘—承包商还盘的询价方法之外,还有以下询价方法:

(1) 由承包商作出"买方发盘"(buying offer),也称为"递盘"(bid),要求供应商还盘。这种方式适用于承包商与多家供应商已经协商谈判过的购货意向,了解供应商的基本价格和交易条件,对市场行情有准确把握,然后抛出自己的交易条件向几家供应商"递盘",甚至"递实盘",规定还盘和接受的有效期,迫使愿意成交的供应商作出抉择。

(2) 采购招标(procurement tender)。这种方式适用于大宗物资以及重要的或昂贵的大型机具设备的采购。承包商或其采购部门根据项目的要求详细列出采购物资的品名、规格、数量、技术性能要求、交货方式、交货时间、支付货币和支付条件,以及品质保证、检验、罚则、索赔和争议解决等合同条款作为招标文件,选择公开招标或有针对性的邀请招标方式,通过竞争择优签订购货合同。

（3）直接约见或访问有供货能力的供应商询价和讨论交货条件，协商签订供货合同。这种方式对应急的当地物资的采购极为合适。

3. 询价中应注意的问题

（1）对于国际工程中的大宗物资，为了避免物价上涨，承包商应将该物资需求量汇总作为询价中的拟购数量。这样既可以避免物价上涨而增加材料、设备成本，也可以因购货数量大从供应商那里获得优惠的价格。等供应商提出附有交货条件的发盘之后，再在还盘或协商中提出分批交货和分批支付货款或采用“循环信用证”的办法结算货款，以避免由于一次支付全部货款而占用巨额资金。

（2）承包商在向多家供应商询价时，应当相互保密，以避免供应商相互串通，哄抬价格；承包商也可适当分别暗示各供应商，他将会面临其他供应商的竞争，应当以其优质、低价和良好的售后服务为原则作出发盘。

（3）多采用常见的“销售发盘”，即承包商询盘—供应商发盘—承包商还盘的方式询价，使自己处于还盘的有利地位；但也要注意反复的讨价还价耽误时间，影响工程进度，实际操作中应灵活使用各种询价方式，对不同的供应商分别采取“销售发盘”和“购买发盘”方式询价。

（4）承包商应根据项目的管理职责的分工，由公司总部、地区办事处和项目管理组对其物资管理范围内的材料设备分别进行询价，发挥各自优势。

（5）对于有实力的供应商，如果它们在工程所在地有办事机构或者代理销售商，可以采用“目的港码头交货”（DEQ）交货方式，甚至“完税后交货”（DDP）交货方式，这样可以更省时、省事和节省费用。

## 第四节　国际工程物资购销合同

在国际贸易中，有些国家和地区的法律制定规定，合同可以是口头形式也可以是书面形式的。为了保险起见，国际工程中的物资采购、销售合同应当采取书面形式，常见的书面合同又有不同的表现形式，包括合同、确认书、协议书、备忘录和订单等。

### 一、国际工程物资购销合同的基本内容

#### （一）货物的名称、品质、数量

在合同中规定合同标的物的名称关系到买卖双方在贸易中的权利和义务，是合同的主要交易条件，也是交易赖以完成的物质基础和前提条件。合同中的品名条款应做到内容完备，实事求是，使用国际上通行的名称，并符合有关国家海关税

则和进出口限制的有关规定等。对于翻译成英文的名称要正确无误,符合英文的使用背景,符合专业术语的习惯用法。

关于货物品质要求,包括性能规格、设计规格、化学性能和物理特征三方面,其表述方法各异,有的仅写明国际标准代号即可,有些较为复杂的设备、材料则须用专门的附件详细说明其技术性能要求和检测标准。

合同条款中同时还要约定货物的数量,准确使用计量单位。现行的计量单位有很多种,签约时应明确规定采用哪种度量衡制度,以免发生不同度量衡制度之间折算造成的纠纷。

(二) 货物的交货与运输

货物的交货条件包括交货时间、批次、装运港、目的港、交货计划、大件货物或特殊货物的发货要求、装运通知等内容。我们可以按照《国际贸易惯例术语解释通则》相应的采购方式决定交货条件,并在合同中明确列明。

国际贸易中的物资运输也是物资供应过程中的关键环节,如何快捷、经济、安全地将物资运输到工程现场是物资运输工作的基本任务。国际贸易中有多种运输方式,主要包括海洋运输、内河运输、铁路运输、公路运输、航空运输、管道运输及联合运输等。对于国外进口的大宗物资,一般均采用海洋运输的方式。当地物资运输常采用公路运输为主,也可以选择铁路或内河运输,选择最适当的运输方式需经过调查研究,综合考虑时间、成本和安全等各方面的因素。

(三) 货物运输保险

国际贸易活动中,物资往往要经过长距离的运输。物资在运往施工现场的过程中,常常因自然灾害或意外事故导致物资损坏或灭失。当事人为了使物资在运输过程中遭受损失或灭失时能及时得到经济补偿,所以当事人在销售合同中规定保险条款。在办理货物运输保险时,当事人应根据物资的性质、包装、运输方式、运输路线以及自然气候等条件全面考虑,选择经济合理的保险险别。货物运输保险按运输方式的不同,可分为海上运输保险、陆上运输保险、航空运输保险及邮包运输保险等。我们下面介绍下常用的海上运输保险。

海上运输保险的险别主要有三种:平安险、水渍险和一切险。

1. 平安险

平安险的责任范围主要包括:一是被保险物资在海上,包括陆上运输过程中,因恶劣气候、雷电、海啸、地震、洪水等自然灾害和包括船舶搁浅、触礁、沉没、互撞、与流冰或其他物件碰撞以及失火、爆炸等原因造成的意外事故所造成的货物全部损失;二是在运输工具已发生意外事故的情况下,货物又遭到自然灾害的影响所造成的部分损失;三是在装卸转船时一件或数件货物落入海中造成的全部或部分损失;四是因共同海损引起的牺牲、分摊以及救助费用。共同海损是指在海上运输中，船舶和货物遇到共同危险，船方为了维护船舶和货物的共同安全，而有意和合理地作出某些特殊牺牲或支出特殊费用；五是运输工具遭到海难后，由于卸货、存仓以及运送货物等所引起的损失和产生的额外费用；六是被保险人在保险事故发生时采取防止或减少损失的措施所引起的费用，但不超过该批被救货物的保险金额。

2. 水渍险

水渍险的承保范围除了包括平安险的内容之外，还包括单独海损所造成的部分损失。单独海损是指被保险货物由于保险事故所造成的但又不属于共同海损的一部分损失。显而易见，水渍险的承保范围大于平安险。

3. 一切险

一切险的承保范围除了包括水渍险的内容之外，还包括由于外来原因所造成的货物的全部或部分损失，即不论损失程度如何都可以得到补偿。因此，一切险也是基本险别中承保范围最广的险别。

除了以上三种基本险别之外，投保人还可以根据情况有针对性地增加一项或几项附加险。附加险的承保范围是除自然灾害和意外事故之外的各种外来原因所造成的货物的损失。

附加险包括一般附加险和特殊附加险。一般附加险包括偷窃提货不着险、淡水雨淋险、短量险、混染玷污险、渗漏险、受潮受热险、包装破裂险等。特殊附加险包括战争险、罢工险、交货不到险、进口关税险、舱面险和拒收险。一般来说，附加险不能作为一种单独的项目投保，只需在投保基础上根据需要投保。如果投保人选择了一切险，就不需要加保一般附加险，但可根据需要加保特殊附加险。

（四）国际货物购货合同的价格条款和价格调整条款

国际货物销售合同中的价格条款是整个合同的核心内容，对其他条款有重大影响。影响合同价格的主要因素包括货物的质量、数量、交货地点和交货条件、支付条件和支付货币以及国际市场的价格趋势等等。在确定合同价格之前，应进行调查研究，争取按有利的价格签订合同。

价格条款的内容应该包括物资的单价和总价两项基本内容，并特别要注明何种交货状态。单价通常由单位价格、计量单位、计价货币、贸易术语四个部分组成。一般来说，如果选择国外供应商供货，则可以按 CIF 术语、CIP 术语、FOB 术语或 FCA 术语签订合同，如果是买受方所在国厂商供应物资，则可以按 EXW 术语签订合同。

合同中的定价方法分为固定价格和非固定价格两种，国际工程中货物采购合同主要以固定价格方式为主，即在签订合同之后，合同价格不允许调整。如果所采购的物资、设备交付时间长，超过 1 年，则可考虑非固定价格方式，使用调整价格，即在合同中规定价格调整公式来避免在合同执行期间因物价变动成本增加而给买卖双方带来的损失。

(五) 货物单据条款

在国际工程货物采购、销售合同中,出卖方除了要按合同规定提供相应的物资以外,出卖方还应提供与物资有关的单据和必要的凭证,这在FOB、C&F和CIF术语条件下尤为重要。在国际工程物资采购中,信用证方式是大部分物资采购采用的结算方式,因此单据的作用就更加重要。只有受益人提交的单据与信用证严格相符,银行才会付款。在签订合同时,双方当事人应对单据的种类和具体的内容达成协议,明确双方的责任和义务,对于那些出卖方无法提供或不应提供的单据,出卖方应事先向买受方声明,避免合同执行过程中由此而使自己处于被动地位。

合同中的单据条款一般规定出卖方应提交单据的名称、份数和每一单据的具体内容。物资采购中出卖方经常需要出具的单据有发票、运输单据、保险单、装箱单、质量证明书、原产地证明书以及汇票等。

(六) 国际物资购货合同货款的支付

国际工程物资采购合同中,买受方的义务就是必须按照合同的规定支付货款。为了保证向出卖方付款并确保出卖方履行合同义务,国际工程物资销售合同一般都采用信用证方式进行支付或由出卖方提供银行担保。

货款的支付方式不同,则信用、付款时间、付款地点也随之不同。货款的收付主要包括支付工具、支付时间、地点和方式。如果采用分期支付,应规定分期办法和每期支付的条件。

(七) 检验条款

国际贸易中的商品检验是指对出卖方交付或拟交付的合同物资的品质、数量、包装进行检验和鉴定。对某些商品,还包括根据国家法令的要求进行的卫生检验和动植物病虫害检疫。

检验条款中应当规定物资、设备在装运前的检验要求,以及到达目的地的检验要求,并明确两种检验结果出现差异的处理方法。检验条款的内容主要包括检验时间与地点、检验依据与检验方法。

(八) 保证、索赔条款

1. 保证条款

国际工程物资采购合同中保证条款的基本原则是出卖方应保证其所提供的物资应该是质量优良,设计、材料和工艺均无缺陷,符合合同规定的技术规范和性能,并能满足正常、安全运行的要求,否则,买受方有权提出索赔。出卖方的保证期为物资检验后,即检验证书签发后12个月。在此期间由于出卖方责任导致更换、修理而使买受方停止生产或使用时，保证期相应地延长，而且对于新更换或修复的物资，它们的保证期为投入使用后 12 个月。

出卖方应保证物资的全部技术指标和保证值都能达到合同规定的要求。如果检验中由于出卖方的原因发现有一项或多项技术指标和保证值不能达到要求，则出卖方应向买受方支付罚款，罚款金额按合同规定计算，一般为合同金额的若干百分比。除了质量保证外，出卖方还应该保证按合同规定时间交货，否则，出卖方也应向买受方支付迟交罚款。

2. 索赔

在国际工程物资采购中，经常出现买卖双方间的索赔问题。常见的出卖方违约情况有以下几种：

(1) 出卖方未能按合同规定的时间交货。

(2) 在开箱检验中，由于出卖方的责任，物资的数量、重量、质量、规格和性能不符合合同要求。

(3) 在物资、设备安装调试过程中，发现出卖方提供的物资有缺陷，或由于出卖方的原因(如设计错误、提供错误的技术资料、技术人员指导失误)导致物资的安装调试不能按合同规定进行。

(4) 由于出卖方责任，物资、设备未能通过考核。

(5) 由于出卖方原因，物资、设备不能完全达到合同规定的技术指标和保证值，但不影响物资、设备的正常安全使用，能够验收使用。

(6) 在合同保证期内发现属于出卖方责任的物资、设备的缺陷和损坏。

此外，合同中的索赔对象还包括承运人以及运输保险中在保险范围内的风险所导致的货损、货差的索赔。合同中的索赔内容和对象很多，因此，应在合同中明确规定索赔依据、索赔期限、索赔偿付办法和时间等内容。索赔依据包括法律依据、事实依据和符合法律规定的出证机构。索赔期限可以是法定索赔期限，也可以是合同中规定的约定索赔期限。

(九) 不可抗力条款

不可抗力条款主要包括：免责规定，不可抗力事故范围，不可抗力事故的通知和证明，受不可抗力影响的当事人延迟履行合同的最长期限。

不可抗力事故的范围一般有两种规定方法：一是列明不可抗力事故，如战争、火灾、水灾、风灾和地震等；二是除明确列明某些不可抗力事故外，还加上合同双方同意的其他不可抗力事故。当不可抗力事故发生后，遭受不可抗力事故影响的一方应尽快将所发生的不可抗力事故情况以电报或电传方式通知另一方，并在 14 天内向另一方提交有关当局出具的书面证明文件，供另一方确认。同理，在不可抗力事故终止或清除后，遭受事故影响的一方也应尽快以电报或电传方式通知另一方，并以航空挂号函方式予以确认。

合同双方应当注意的是,合同中订立不可抗力条款是一般的商业惯例。对自然灾害事故,各国的认识比较一致,但对社会异常事故,则在解释上经常发生分歧。因此,合同双方应慎重对待不可抗力条款,特别是对一些含义不清或没有确定标准的概念,不应作为不可抗力对待。对于一些属于政治性事件,可由买卖双方根据具体情况另行协商解决。

(十) 争议解决条款

对于合同争议,首先应选择双方协商的办法解决,不能解决问题时才采取仲裁等方法处理,合同中应规定仲裁地点、仲裁机构及适用的仲裁规则。

(十一) 其他条款

如可规定适用于本合同的法律、合同的生效时间(如双方签字即生效或经过公证后生效等等)等问题。

### 二、购货合同的签订与实施

首先,根据物资供应计划和样品审查认可情况,以及询价结果,全面考虑并及时签订购货合同是承包商物资采购工作的重要环节,一般是商务合同部门同物资采购部门协同进行。国际工程中物资采购环节对项目的成功具有举足轻重的影响,项目经理部应该对物资采购人员建立严格审批和充分授权制度,根据物资种类、批量大小、货款多少及物资的重要性分别授权,充分发挥采购人员的工作积极性,也可以保证采购工作的成功。

其次,承包商应该根据物资的不同特点选择合理的合同方式签订。大宗物资应该同时选择几家供应商签订合同,避免一家供应商在出现违约或不可抗力事故时无法按合同规定供货而使工程受损。零星物资同样也不能掉以轻心,应该制定详细准确的物资供应计划,特别是需从国外定购的零星物资,更要提前采购。

在合同执行过程中,承包商也要积极履行自己的义务和责任,为进口物资办理相应的进口许可证、办理外汇支付的信用证等工作。

## 第五节 工程物资的现场管理

物资的现场管理是材料、设备真正使用到工程主体中的最后一个环节,需要物资供应部门从业务归口角度指导监督,协助工地经理对物资进行严格管理,提高物资的使用效率。工程物资的现场管理主要包括仓库管理、回收和善后处理、供应损失的索赔、向业主进行材料费索赔等内容。

## 一、物资的仓库管理

（1）物资验收。物资运达仓库，按照装箱单验收货物，检查有无损坏，品质型号是否相符；如果合同规定可以申请材料设备预付款，物资到场后，应通知工程师派代表对材料和设备进行联合验收。

（2）建立分类仓库。物资入库应首先填写入库单，表明物资的目录编号、名称、规格、数量、单价和金额等，并录入电脑数据库。建立分类仓库，分别保管不同性质和类别的材料，特别是危险品和易燃易爆物资必须分库专管。不合格的材料设备应当另行存放，不能按正式入库处理，属于暂存性质。

（3）坚持物资出入库登记制度。同入库一样，坚持物资的出库登记制度。任何物资出入库都必须登记名称、规格、数量、用途、出入库日期、签发的出入库单号码等，并录入电脑数据库。材料的存放点均实行挂牌管理，防止混料、发错料等。

（4）坚持科学的领料发放及信息反馈制度。物资领料单应符合当月物资需用计划，超出需用计划的部分，应有主管工程师的批准。建立物料使用的信息反馈制度，有利于按定额配料和减少浪费，提高材料的使用效率和降低废弃量，降低工程成本。

（5）编制并按时更新物料月度或季度库存状况表，对物料的使用情况进行实时动态跟踪和管理。

（6）健全全面制度化管理体系，以保证项目物资的正常供应，实现工程项目物资库存的粗放式管理向集约型管理的过渡。除以上管理制度外，制定相应的其他科学管理制度，如根据物资对项目的重要性、数量及价值将物资分类、露天堆放材料管理制度、机具设备维修和备件使用管理制度、各类人员守则和岗位责任制等。

## 二、物资的回收和善后处理

（1）由于设计和工程变更或采购过量造成物资积压要及时处置。处置方法主要有：适时出售或转移到其他工程项目自行消化；同原供应商协商退货和予以折价退货；与其他承包商相互调剂更换其他本工程需要的物资。

（2）免进口税的项目用的物资，应及时办理材料消耗表，以便办理申请退回免税物资银行保函。

（3）回收工地废弃材料和物资外包装材料。对一项大型工程项目而言将是一笔可观的收入，并保持施工现场的清洁。

（4）属于临时进口的机具设备，在工程竣工后应运出境外，并索回临时进口设备的税收保函；或者补缴进口关税并经有关部门批准后在当地出售或用于其他非免税工程。

## 三、物资供应损失的索赔

1. 向供应商的索赔

索赔是处理违约的一种常见的重要补救措施，也是货物购销合同规定的受损方的权利。损害赔偿通常以金额计算，损害金额的计算要依循合同的法律或国际管理以及合同中的具体约定，如被许多国家都采用的《联合国国际货物销售合同公约》。向供应商的索赔主要包括违约罚金，预期利润的索赔，利息损失的索赔，赔款差价损失索赔等。

(1) 违约罚金。有些法律制度允许在签订合同时双方约定延期交货应当按拖延的时间长短赔偿一项预定的损害金额，它通常是按合同价的若干百分比支付。但也有些法律制度只承认损害赔偿，而不承认违约金，如《联合国国际货物销售合同公约》中就没有关于违约金的规定。因此在索赔中应当注意各种法律制度对违约金索赔的不同规定。

(2) 预期利润的索赔。预期利润是一种间接性质的损失，是指在正常履约的情况下本来可以获得的利益，但由于一方违约而丧失了。由于实际业务中，某些预期利润损失含有很多不确定因素，难于计算，如果将预期利润列入过高时，容易遭到“它是不能预见的”和“有失公平的”等理由而被拒绝。因此，在进行预期利润索赔计算中，应当掌握公平合理的原则，否则可能适得其反。

(3) 利息损失的索赔。由于一方违约而造成的实际损失，可以计取相应的利息损失。利率可以由争议双方约定或由法院、仲裁庭根据实际情况裁定。

(4) 赔偿差价损失索赔。常用于货物购销合同争议的处理。从买受方的角度来说，如果出卖方没有交货，那么买受方可以在宣告合同无效的同时，按此时的合同规定交货地的时价与合同价的差额要求出卖方补偿；如果买受方因收到出卖方货物有严重缺陷而拒收，并宣告合同无效，此时买受方可以按接收货物时的交货地的时价与合同价的差额要求出卖方补偿。而且买受方由于和出卖方签订合同而已发生的各项实际损失仍然可以索赔，上述差额补偿不记入其内。

承包商向供应商提出索赔应注意几点：一是索赔必须在合同约定的索赔有效期内提出；二是索赔要实事求是，既不可有意扩大损失，也不因畏怯而缩小损失。

2. 向保险公司或承运人索赔

当物资在运输过程中发生损失、灭失或缺损等情况时，并且出卖方提供的是经承运人签署的清点提单，那么，这种损失承包商只能向保险公司或承运人索赔。索赔的重要环节是承包商从承运人处取得物资时必须当面清点，如发现短缺、损坏等情况，应请承运人在交货清单中予以注明并签字，这是连同保险单一并交给保险公司进行索赔的重要证据。

此外，承包商应熟悉国际贸易术语，明确自己和出卖方的责任和义务，避免错过索赔时间。如在“成本、保险费加运费（指定目的港）”（CIF）交货方式下，承包商要自己承担向保险公司或船公司索赔的责任，而不是出卖方的责任，最多出卖方予以协助。

## 四、向业主进行材料费索赔

在国际工程中发生以下情况时，承包商可以向业主进行材料费索赔：

（1）工程合同中有调价条款，实际过程中又发生价差时，则应准备和提供各阶段因材料设备涨价而造成的材料设备费用的增加金额和计算依据，并提供涨价后购进的材料设备的购货发票和其他凭证。

（2）业主对原设计进行变更导致原采购材料不能使用时，则应当要求业主予以补偿，并提供这种补偿要求的计算和凭证依据。

（3）材料样品送审时，被要求采用超过合同规定标准的材料物资，则应当按新的标准要求业主补偿差价，包括相应的物资采购和管理费的增加额。

（4）工程数量的增加或变更，导致物资费用的增加，则应当要求业主将其增加的物资费用列入总施工费用中一起进行索赔。

（5）由于业主或工程师的原因以及不可抗力的影响而使材料设备供应延误，并影响了工程进度时，则承包商可提交证据材料，向业主提出工期顺延的索赔要求。

## 本章小结

本章按照采购工作的时间顺序对国际工程货物采购的整个过程进行了阐述和分析。首先，介绍了国际工程货物采购的定义和主要特点，项目建设各阶段的采购工作内容，国际贸易政策与关税措施和国际市场价格等知识，重点阐述了物资供应计划和材料认可制度；其次，重点探讨了国际贸易惯例，包括与国际贸易术语有关的国际贸易惯例和与贸易结算有关的惯例两方面内容；在此基础上，接着探讨了国际工程物资询价的程序、方法和技巧、应注意的问题；最后，全面、细致地介绍了国际工程物资购销合同的基本内容、签订、实施，并对国际工程物资的现场管理也进行了阐述和分析。

## 关键词

工程物资　货物采购　国际贸易惯例　询价　购销合同　现场物资管理

## 复习思考题

1. 选择正确答案(下列各题中只有一个答案是正确的)。

(1) 在物资采购中,当卖方是第三国,而且可以采用海运或内河运输方式时,通常采用的交货方式是(　　)。

(A) EXW　　(B) C&F 或 CIF　　(C) DDP　　(D) FOB

(2) 作为物资的购买方,承包商可以向供应商提出的索赔是(　　)。

(A) 工期索赔　　(B) 材料费用索赔

(C) 违约罚金　　(D) 设计变更索赔

2. 对应国际工程物资采购工作的主要特点,国际工程物资采购应采取哪些对应的措施?

3. 国际贸易惯例的定义是什么,它的法律性质是什么?

4. 比较国际工程中常用的购销货物交货方式 FOB、C&F、CIF 中的价格内涵和买卖双方承担的风险。

5. 国际工程投标阶段的物资询价和工程实施阶段的物资采购询价在程序、方式和各方责任等方面有哪些不同之处?

6. 在国际工程中,承包商可以向物资供应商提出哪些索赔?

# 第十一章

# 国际工程风险与保险

**学习目标**

通过本章学习，你应该能够：

1. 了解风险概念及工程风险防范的一般方法；
2. 掌握承包商合同风险分析核查方法；
3. 熟悉国际工程保险概念、险种、投保及理赔方法。

## 第一节　国际工程风险管理

工程项目周期长、规模大、涉及范围广、风险因素数量多且种类繁杂，致使项目在建设周期内面临的风险多种多样，而且大量风险因素之间的内在关系错综复杂、各风险因素之间并与外界因素交叉影响又使风险显示出多层次性，风险所致损失规模也越来越大，这些都促使工程管理人员从理论上和实践上重视对工程项目的风险管理。

### 一、风险概念

风险从理论上是指损失发生的不确定性（或称可能性），它是不利事件发生的概率及其后果的函数：

$$R = f\ (P, C)$$

式中：$R$ 为风险；$P$ 为不利事件发生的概率；$C$ 为不利事件的后果。

在工程中，风险是指人们对未来的决策及所实施行为因客观条件不确定性而可能引起达不到预定目标的后果。风险只是一种潜在的可能出现的危险，将来可能发生，也可能不发生，但不能不防。它包含以下含义和特点：

(1) 风险存在于随机状态中,状态完全确定时的事则不能称作风险。

(2) 风险是针对未来可能的危险、损失等不利后果而言的。

(3) 风险是相对的,它依赖于决策目标,没有目标要求谈不上风险。同一方案,期望目标不同风险也不相同,期望越高,风险越大。

(4) 风险是不以人的意志为转移的客观存在,所以对风险的度量,不应涉及决策人的主观效用和时间偏好。

(5) 风险的概率及损失主要取决于两个要素,未来环境客观条件状态和行动方案。客观条件的变化通常是风险概率转化的要因,而风险防范的行动方案的好坏则是风险真实发生后损失大小的成因。

## 二、工程项目风险管理

工程项目风险管理是指在项目建设特定环境下,在完成预定目标的过程中,项目管理者系统地对风险进行全方位和全过程的管理。管理的目的并不是消灭风险(也不可能消灭风险),而是有效地控制风险和减少风险的损失。

项目全过程的风险管理,包括从项目的立项到项目结束,都必须进行风险的识别和预测、过程控制以及风险评价,实行有效控制。全方位风险管理是对可能发生的各种风险,通过风险管理组织措施对风险实行全面的控制。

工程项目风险管理过程常分为风险识别、风险评估、风险应对和风险控制四个环节。具体内容见图 11-1。

### (一) 风险识别

项目风险的识别就是对风险因素、风险源和风险发生传递的具体路径进行分析、定性估计和经验判断。

风险因素识别可借助类似项目的经验与资料结合项目具体情况进行分析识别。风险因素识别的结果应列出项目具体风险清单。

在风险清单的基础上进一步对风险源进行分析,即风险来自何处。不同的风险因素有不同的风险源,可以分为自然的原因和人为的原因。

自然的原因有地震及地震引起的海啸、滑坡、山崩、泥石流、洪水等水文地质灾害;台风、龙卷风和飓风、暴风雪、严寒、酷热等气象灾害。

人为的原因,不包括故意行为,有工程所在国政治变化因素、法律法规变化因素;设计的错误;施工管理、施工操作的错误等。

工程建设周期长,情况复杂,给风险传递的路径识别带来了很大的难度。在寻找风险源时,应该将整个工程项目分成若干个子系统,对每个子系统进行分析寻找,并确定风险发生传递的具体路径,为下一步研究风险防范应对措施提供参考依据。

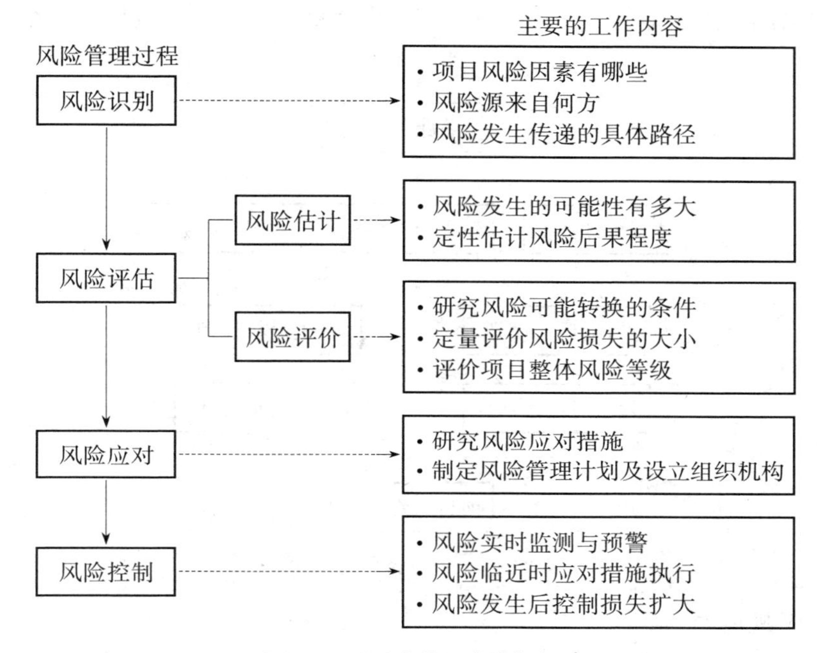


图 11-1　风险管理内容框架

（二）风险评估

风险评估有定性评估和定量评估法。

定性风险评估通常是根据经验和判断能力进行评估，所采用的方法有风险初步分析法、系统风险问答法、安全检查法等。通过定性评估以预测风险发生的可能性和风险后果严重程度。

风险的存在，并不表示一定发生事故。在风险评估时，很重要的一步就是要找出由风险事故发生的转化条件，或称为触发条件；这个转化条件或触发条件将使风险（潜在的、可能的危险）转变成实际的事故（实际的财产损失和人员伤亡等）。

例如，在施工现场的一个用于焊接的氧气瓶，它可能会发生爆炸，所以是一个风险源。但是，一个原本是合格产品的氧气瓶，只有当下述情况出现或同时出现才会发生爆炸：

（1）氧气瓶的壁厚由于腐蚀而减薄到一定的程度，使氧气瓶的承压能力不足；

（2）氧气瓶受到高温、撞击或强烈振动等导致氧气瓶内的压力过大。

以上就是使风险转变为事故的转化条件或触发条件。施工过程非常复杂，各个风险的转化条件或触发条件都各不相同，在对转化条件或触发条件进行分析时，需要从建筑工程的工艺过程、作用机理等方面加以考虑。

定量风险评估主要是分析评估风险损失，需要一定量的统计资料和具体的计算,还要借助风险评估的一些数学方法。工程项目风险评价的流程可以用图 11-2 来表示。

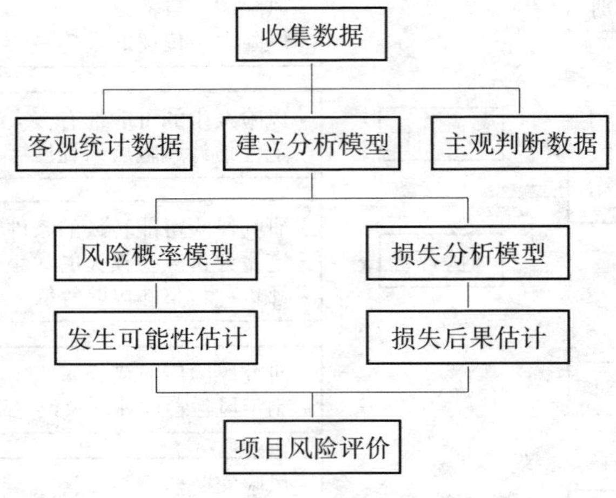


图 11-2 风险评价流程

（三）风险应对

风险应对是在风险评估的基础上,研究风险防范应对措施,制定风险管理计划及设立一定的风险管理组织机构。

经过风险评估后,可能会有两种情况：一是项目的风险超过了能够接受的水平;二是项目的风险水平在能够接受的范围内。针对两种不同的风险,可以相应采取不同的项目风险应对措施。一般项目风险的应对方法如图 11-3 所示。

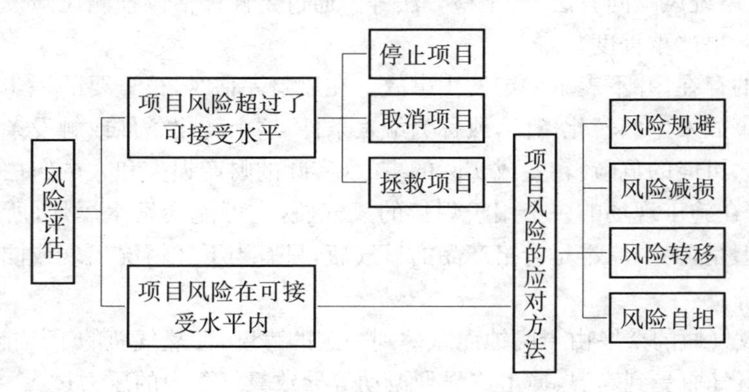


图 11-3 项目风险的应对方法

对于第一种情况来说,如果项目风险超过可接受水平过多,无论采取任何措施都无能为力,那么就应该停止甚至取消项目;如果项目风险稍微超过可接受水平,则应该采取措施避免或减弱风险带来的损失。

对于第二种情况，虽然项目风险在可接受范围内，也应该采取措施把项目风险造成的损失控制在最小范围内。常用的应对策略有风险回避、风险减损、风险转移和风险自担四种。

1. 风险回避

这是根据项目风险评价情况，在可能时尽量回避风险，包括对工程施工中风险很大的方案，尽可能回避不用，或尽量用风险小的方案代替。风险回避表面上看是消极的措施，但从风险的可靠防范上不失为一种积极措施。

2. 风险减损

这是指事前要预防或减少风险发生的概率，同时要考虑到风险无法回避时，要运用可能的手段力求减少风险损失的程度。例如，对于工程中的生产安全风险，往往是很难完全避免的，但我们通过安全教育、严格执行操作规程和提供各种安全设施，可有助于减少事故发生概率，并且一旦发生也能减轻损失。

3. 风险转移

这是指面对某些风险，可以借助若干技术和经济手段，转移一定的风险，避免大的损失。风险转移并不是嫁祸于人，而是一种风险共担，利益机遇共享的机制，借助他人或社会共同的力量救助风险损失者的方式。

风险转移最常见的方式就是保险，向保险公司定期支付一定的保险费，一旦发生损失，可从保险公司获得一定的补偿。如三峡工程建设，分期分项地向保险公司进行投保，以转移一定的风险。

除此之外，风险转移还可以采用联合他人共担风险的办法转移。如对工程投标的风险，可以采取联合体投标，或主、分包共同投标，如未能中标，风险损失按约定的比例分担。如投标成功，则中标后的利益也是共享的。

在工程建设中，有不少风险是可以控制的，对这些可以控制的风险，只要消除相应的风险源或风险转换条件，就可能减少这些风险，避免相应事故的发生。但是，还有些风险是人类无法避免、无法消除的，如自然界的地震、台风等。通常，把这些风险称为不可抗力。对于由不可抗拒的力量引起的风险事件，可以根据风险的特点，采取各种措施以减少直接的损失。

在研究工程风险具体防范措施时，首先要认真研究在各条风险发生传递的路径上，有哪些风险转换条件或触发条件是能有效进行控制并且防范成本是较低的，然后重点针对这些转换条件或触发条件制定风险应对措施，尽力避免风险事件的发生。对于不可抗力类风险事件，则要重点研究减少风险损失的防范措施。

风险应对措施，包括工程的措施和非工程的措施，都需要投入一定的费用，称为风险预防费。一般来说，风险预防费投入得越多，风险发生的概率越小。但是，它们之间并不呈线性的关系，风险预防费投入多少为宜，应该通过损益分析来确定。通常,对损失极小的风险可以不采取控制措施,而对会造成巨大人员伤亡和财产损失的风险,则应该采取强有力的措施,投入充足的风险预防费。

4. 风险自担

这是明知有风险,但采用某种风险应对方法,其费用大于自行承担风险所需费用,所以还是自担有利。这一般是风险发生的概率较小,风险损失不大,即使发生依靠自己的财力也可以处理的风险。风险意识强的管理者,一般会建立风险损失后备金,提高自行承担风险的财务能力。

(四) 风险的控制

在风险管理的识别、评估、应对和控制四个环节中,可以说前三项是运筹帷幄,纸上谈兵,而风险控制则是必须在实施中见成效的重要工作。尤其对于国际工程项目,投入大、工期长、风险因素多且易受项目内外环境的影响,更应建立一套适合项目的风险控制体系。

在项目实施期,控制风险就是管理者要按照制定的风险管理计划,加强风险实时监测与预警;在风险临近时强有力地执行应对措施;在风险发生后努力控制损失扩大。

风险控制过程应该是一个实时的、连续的体系,控制流程如图 11-4 所示。

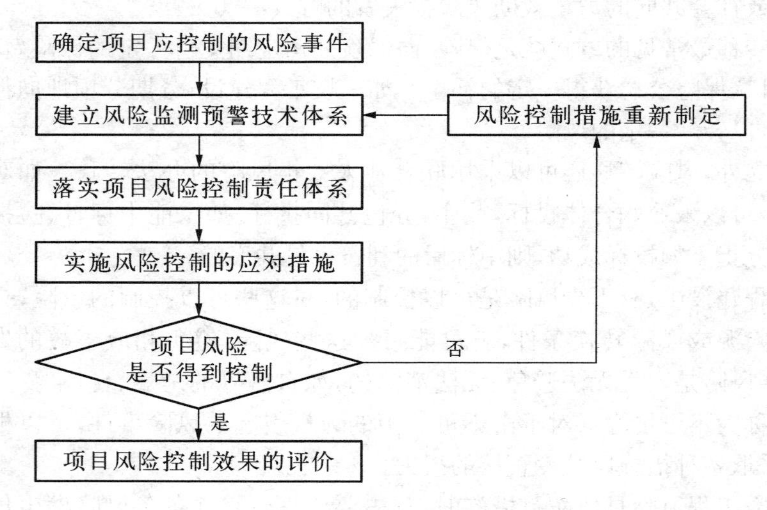


图 11-4 项目风险控制的流程

在控制流程图中建立有效的风险监测预警技术体系是重要前提,凡事预则立,不预则废。一般来说,由工程系统自身原因引起的任何风险来临之前总会有些或明或隐的先兆,关键是构建的监测与预警系统是否科学完善,是否有技术能力捕捉到风险来临的先兆;或风险管理者是否有明察秋毫的经验和科学思维判断能力。对由地震、台风、洪水等不可抗力引起的风险,虽也会有一定的先兆,但这已超出工程预警技术能力。因此,风险管理者应主动与地震、气象、防洪等部门保持信息沟通,尽早获取有关信息,做好风险发生后损失控制工作。对于工程所在国政乱、战争,法律法规变化,经济调控等原因引起的风险,风险管理者应加强与当地代理人、我国驻外使馆及有关机构等联系,以求提前获得信息,尽早采取风险控制措施。

风险是遍存于万事万物之中的,但“祸兮福之所倚,福兮祸之所伏”,风险与机遇也往往是并存的。作为工程项目管理人员,对工程中风险的辨识、评估、防范的高度重视,是工程取得成功的前提。

# 第二节　承包商合同风险核查

## 一、FIDIC《施工合同条件》条款中承包商风险识别

在国际上通用的 FIDIC 几种合同文本中,《施工合同条件》是采用最多的文本,本节以 FIDIC《施工合同条件》为例,对承包商的合同风险进行分析。

《施工合同条件》规定了在合同执行过程中,合同双方的权利、义务和职责,在遇到各类问题时双方应遵守的原则、应采取的措施以及双方风险的分担。但承包商是工程实施中风险防范的主要承担者,因此,承包商认真分析《施工合同条件》的条款,识别条款中包含的各类风险因素至关重要。

对 FIDIC《施工合同条件》的条款进行逐条辨识,将涉及风险条款归类,列于表 11-1。

**表 11-1　《施工合同条件》下承包商风险因素表**

| 风险类别 | 风险因素 | 对应合同条款编号(参见本书第六章第二节) |
|---|---|---|
| 政治风险 | 法律、法规约束 | 1.4,4.18,6.2,6.4,7.7,13.7,14.3,19.7 |
| | 因法律的改变 | 13.7 |
| 自然风险 | 不可预见物质条件、自然灾害等不可抗力 | 4.12,7.6,19.1,19.2,19.3,19.4,19.5,19.6 |
| 经济风险 | 支付及成本 | 4.13,4.16,4.19,7.3,7.8,9.4,11.2,12.3,12.4,14.2,14.3,14.4,14.6,14.11,14.14,15.2,15.4,16.4,18.2 |
| | 汇率、税收 | 13.4,14.1,14.15 |
| | 估价 | 12.3 |

续 表

| 风险类别 | 风险因素 | 对应合同条款编号(参见本书第六章第二节) |
| --- | --- | --- |
| 合同风险 | 合同价格,合同履行、变更、终止、索赔 | 4.11,4.12,11.9,11.10,13.1—13.8,14.1,14.2,14.9,15.2,17.1,17.2,17.6/20.1 |
| 技术风险 | 材料、设备质量 | 7.3,7.4,7.5,7.6 |
| | 工程质量 | 9.2,9.3,9.4,11.1,11.2,11.4,11.5,11.6 |
| | 进度计划、延误 | 8.1,8.2,8.3,8.4,8.7,8.8,8.9,9.2 |
| | 现场、道路 | 4.10,4.13,4.15,4.16,11.11 |
| 管理风险 | 管理制度 | 4.9,4.17,6.1,6.4,6.6,6.7,6.11 |
| | 健康、安全 | 6.7,4.8,4.22,11.7,16.3 |
| | 保险 | 18.1,18.2,18.3,18.4 |
| | 环保 | 4.18 |
| | 员工 | 6.1,6.2,6.4,6.5,6.6,6.8,6.9 |

分析以上风险因素表,可以看出承包商的风险涵盖了合同的很多部分条款。但每个项目具体情况不同,上述条款不一定全包括,即使包括的条款也会因项目不同而风险不同。

## 二、制定风险核查表

为了便于操作,应进一步将涉及风险的条款按不同因素细分,制作风险核查表,表中左边是一般通用情况,右边则是本项目情况,可逐条对照分析,填出本项目具体存在的风险因素。见表 11-2 至表 11-7。

**表 11-2 《施工合同条件》项目承包商的政治风险核查表**

| 风　险　因　素 | 本项目情况 |
| --- | --- |
| **法律法规约束**<br>1. 工程所在国法定的对于建筑施工环境方面的标准过高<br>2. 工程所在国的工程技术标准过高<br>3. 工程所在国工资标准规定及所要遵守的劳动法条件过高<br>4. 承包商不熟悉工程所在国法律和法规 | |

续 表

| 风 险 因 素 | 本项目情况 |
| --- | --- |
| **获准的不确定性** | |
| 1. 工程所在国的法律和法规发生变化 | |
| 2. 工程所在国政局不稳定 | |
| 3. 因工程所在国政局原因无法预见的物品短缺 | |

**表 11-3 《施工合同条件》项目承包商的自然风险核查表**

| 风 险 因 素 | 本项目情况 |
| --- | --- |
| 1. 恶劣的气候条件 | |
| 2. 不利的地质条件 | |
| 3. 不利的水文条件 | |
| 4. 工程所在国流行病 | |
| 5. 其他的不可抗力 | |

**表 11-4 《施工合同条件》项目承包商的管理风险核查表**

| 风 险 因 素 | 本项目情况 |
| --- | --- |
| **管理制度** | |
| 1. 承包商建立的质量保证体系不足以满足项目的需要 | |
| 2. 承包商施工现场管理混乱 | |
| 3. 对分包商的管理不当 | |
| 4. 因项目给公众造成不便而使业主遭到投诉 | |
| **安全制度** | |
| 1. 承包商没有在现场配备医务人员及急救设施,不能及时处理现场人员的健康安全问题 | |
| 2. 经常出现质量或安全事故 | |
| **职业责任** | |
| 1. 工程管理、施工、设计、采购人员职业责任感差 | |

表 11-5 《施工合同条件》项目承包商的经济风险核查表

| 风　险　因　素 | 本项目情况 |
| --- | --- |
| **支付和成本风险** | |
| 1. 业主要求的项目技术难度大可能增加成本 | |
| 2. 业主不具备足够的付款能力 | |
| 3. 货物运输不当引起的损害赔偿及造成的索赔 | |
| 4. 进入项目现场的道路不满足施工要求或使用费过高 | |
| 5. 工程所在国的水、电、燃气供应不足或费用过高 | |
| 6. 当地员工技术水平差或工作效率低 | |
| 7. 项目所在地的土地(矿区)使用费高 | |
| 8. 工程所在国材料供应不足、费用贵 | |
| 9. 业主预付款比例低,承包商垫资过多 | |
| 10. 物价上涨或通货膨胀幅度过大 | |
| **利率与汇率风险** | |
| 1. 利率上涨 | |
| 2. 汇率浮动对承包商不利 | |
| **税收和保险** | |
| 1. 工程所在国税收项目多、费用高 | |
| 2. 工程所在国规定本国境内的工程必须向本国保险公司投保,而该国的保险公司保险费用过高 | |
| 3. 所在国保险公司承保能力有限 | |

表 11-6 《施工合同条件》项目承包商的合同风险核查表

| 风　险　因　素 | 本项目情况 |
| --- | --- |
| 1. 合同条款中的错误、遗漏和不一致 | |
| 2. 合同技术标准之间存在差异和矛盾 | |
| 3. 合同价款调整方法(如延期开工的补偿、工程变更费用补偿等)对承包商不利 | |
| 4. 承包商对意外事件及不可预见的困难考虑不充分 | |
| 5. 业主对合同提出变更 | |
| 6. 分包商不能履行分包合同 | |
| 7. 合同没有明确划分业主和承包商各自承担的税收项目 | |

表 11-7　《施工合同条件》项目承包商的技术风险核查表

| 风　险　因　素 | 本项目情况 |
| --- | --- |
| **技术管理**<br>1. 承包商没有完整保持可以索赔的同期记录<br>2. 承包商发出索赔通知或索赔报告的时间超过期限<br>3. 承包商不具备某项技术实力 | |
| **技术评估**<br>1. 承包商难以核实业主提供的现场地质、水文条件及环境方面的资料<br>2. 业主提供的原始设计数据错漏<br>3. 对进入现场道路、桥梁满足大型设备运输要求估计不足 | |
| **采购**<br>1. 生产设备有缺陷或损害<br>2. 设备、材料、工艺不符合合同要求<br>3. 无法采购符合合同要求的设备或材料 | |
| **施工**<br>1. 施工方案不当或不符合业主要求<br>2. 业主变更试验方案或要求进行附加试验<br>3. 承包商对于竣工试验经验不足，没有具备资质的操作人员<br>4. 竣工试验程序复杂难度高，要进行重复的竣工实验<br>5. 重新试验导致业主费用增加<br>6. 施工人员生产效率低<br>7. 施工机械生产效率低 | |
| **环保、维护与保障**<br>1. 工程废渣、废气、废水排放超过业主要求或法定标准<br>2. 承包商没有照管好雇主设备和免费供应的材料<br>3. 工程暂停期间造成材料、设备和工程损失 | |
| **人员健康和安全**<br>1. 承包商安全措施不当导致人员伤亡<br>2. 承包商没有给人员办妥保险造成损失 | |

需要说明的是,表 11-2 至表 11-7 识别的是《施工合同条件》条款中可能导致承包商直接或间接损失的风险因素。显然,风险的管理不能仅仅依靠对合同条件的辨识,风险是随机的,合同条件难以预料到所有可能发生的风险。对于每个具体的项目,除了根据风险核查表辨识风险因素以外,风险管理者还必须保持对工程实施情况变化的高度敏感,识别可能引起风险的先兆,并加以防范之。

# 第三节 国际工程保险

## 一、工程保险的概念

### (一) 保险的含义

保险是防范风险方法中转移风险的一种方法,它是通过向保险公司投保的方式,集合具有同类风险的众多单位或个人,以合理计算分担金的形式,实现对少数成员遭受风险所致经济损失的补偿行为。

在国际工程承包合同中都要求强制对工程、设备、人身安全等进行保险。在 FIDIC 合同中第 18 条即为保险相关条款。

### (二) 保险的分类

(1) 按保险标的性质可分为:人身保险、财产保险、责任保险、信用保险和保证保险等。

(2) 按保险经营实施的方式可分为:强制保险和自愿保险。

(3) 按照经营风险责任可分为:原保险、再保险和共同保险等多种形态。

### (三) 保险经营运用的原则

(1) 可保利益原则。指投保人对投保标的物具有一定的经济利益、经济权益或责任关系。主要是防止某些人把与自己毫无关系的人或物投保,从中获利。

(2) 最大诚信原则。指合同当事人应保守合同订立的认定与承诺。

(3) 损害赔偿原则。被保险方遭受保险责任事故损害,其补偿以恢复责任事故以前的状态为准,不能使被保险方因保险补偿而获利。

(4) 代位赔偿原则。被保险标的发生责任事故损害起因于第三者行为,保险人赔偿后可在赔偿额度内向第三者追索。

(5) 近因原则。近因是指酿成某种结果的直接、有效、起决定性作用的原因。近因造成的保险标的的损害后果可得到赔偿。

## 二、保险合同

保险合同是双方当事人为实现保险经济保障的目的，明确双方权利与义务，建立、变更与解除这种权利与义务关系的协议。

（一）保险合同的干系人

这指与保险合同发生直接、间接与辅助关系的人。包括：

（1）保险人。又称承保人，即经营保险业务的人。

（2）投保人。又称要保人，并负有缴付保险费义务的人。

（3）被保险人。指以其财产、生命、身体或责任等作为保险标的的人。

（4）受益人。又叫保险金受领人，即享有保险赔偿与保险请求权的人。

（5）保险代理人。指代保险人从事保险业务而向被代理的保险人收取佣金的人。

（6）保险经纪人。为买卖双方介绍以获取佣金的中间人，俗称"掮客"，是保险购买方的代理人。

（二）保险合同的主要内容

一般应包括：

（1）订约的目的。

（2）保险的项目。这是指保险合同核心部分，一般包括：保险的标的、保险金额、保险期限、保险费率及保险费等。

（3）责任项目。规定保险人给付保险金与保险赔偿的具体事项，包括保险责任、除外责任、附加责任、赔偿给付方式、免赔等。

（4）条件项目。指为获得保险赔付所必须满足的条件。

## 三、国际工程承包保险的主要险别

（一）建筑工程一切险

该险种是对施工期间工程本身、施工机具与工具设备所遭受的损失予以赔偿，并对因施工对第三者造成的物资损害或人员伤亡承担赔偿责任的一种工程保险。

1. 保险金额及保险费率

建筑工程一切险的保险金额即为建成工程的总价值。施工机具、设备、施工临时设施等一般按重置价格定；附带的安装工程项目保险金额一般不超过整个项目保险金额的20%。建筑工程一切险没有固定的费率表，视工程具体性质、风险程度、自然地质条件、工期长短等具体确定。其保险费率通常由五个分项费率组成：

（1）业主及承包商的物料及工程项目、安装工程项目、场地清理费、工地内现存的建筑物、业主或承包人在工地的其他财产等为一个总的费率，规定整个工期一次性费率。

(2) 施工设施和机具为独立的年度费率,如投保期不足1年按短期费率计算保费。

(3) 第三者责任保险费率,按整个工期一次性费率计。

(4) 保证性费率,按整个工期一次性费率计。

(5) 各种附加保障增收费率或保费,也按整个工期一次性费率计。

2. 除外责任

按国际惯例,通常有以下几种:

(1) 由军事行动、战争、罢工、骚乱、民众运动或当局命令停工造成的损失。

(2) 因被保险人的严重失职或蓄意破坏而造成的损失。

(3) 因原子核裂变而造成的损失。

(4) 由于合同罚款及其他非实质性损失。

(5) 由施工设施和机具本身原因造成的损失;但因这些损失而导致的建筑事故则不属除外情况。

(6) 因设计错误而造成的损失。

(7) 因纠正或修复工程差错(如使用劣质材料的差错)而增加的开支。

3. 工程保险的免赔额

这指保险公司要求投保人自负的一定责任,由被保险人承担的损失额。项目工程本身的免赔额为保险金额的0.5%—2%;施工设施和机具为5%;第三者责任险中财产损失免赔额为每次事故赔偿额的1%—2%,但人身伤害没有免赔额。

4. 办理建筑工程一切险的主要步骤

(1) 投保人提交相关文件,包括:工程承包合同;承包金额明细表;工程设计文件;工程进度表;工程地质报告;工地略图。

(2) 保险公司承保人在了解上述材料基础上,向投保人及设计人员了解核实有关情况,并作现场查勘,重点核实:土地位置及环境状况;安装项目及设备情况;工地内现有建筑物或其他财产的位置、状况等;储存物资的库场状况、位置、方式等;工地的安全保卫措施,防水、防火、防盗等。

承保人和投保人进一步明确以下承保内容:工程项目及其总金额;物资损失部分的免赔额及特种风险赔偿限额;是否投保安装项目及其名称、价值和试车日期;是否投保施工设施和机具及其种类、使用时间、重置价值等。

(二) 安装工程一切险

安装工程保险属于技术险种,目的在于为各种机器的安装及钢结构工程的实施提供尽可能全面的专门保险,其适用于各种工厂用的机器、设备,如储油罐、起重机、吊车以及包含各种机械设备因素的各种工程。

（三）机动车辆险

机动车包括私人用汽车和商用汽车，不管哪种车，都必须投保车身险和第三者责任险，属于强制性保险范围。

（四）十年责任险

十年责任险是基于建筑工程使用寿命期长，而承包公司流动性又强这一特点设立的。承包商完成工程后离开工程所在国，对由其承建的建筑物的主体部分自最后验收日起十年内出现的因建筑物缺陷或隐患而造成的损失，由受理十年责任险的保险公司来履行赔偿义务。

十年责任险的投保人为承包商，因此工程报价应包含这笔费用。

（五）国际货物运输险

国际工程材料、设备运输量大，而且相当一部分是境外采购，运输风险较大，一般都应投保该险种。

## 四、工程保险投保应注意的问题

（一）选择合适的保险公司投保

国际工程保险如何选择保险公司，首先要看工程所在国法规是否规定要在所在国保险公司投保，然后再作选择。选择时应注意以下一些问题。

1. 注意保险公司的赔偿资金能力

几乎所有国家为了保障被保险人的利益，对保险公司的承保范围和能力都有所限制，应当根据工程的规模大小选择与其承保能力相适应的保险公司。特别是大型项目，一旦发生事故损失而向保险公司索赔，其金额往往是很大的，如果这家公司的注册资本和付讫资本很小，可能无力支付赔款，有的甚至宣布破产以逃避自己的责任。因此，应当审查保险公司的资金支付能力。

2. 调查保险公司的资信

可通过当地代理人了解保险公司的资信，如其执业资质、过去承保工程理赔情况、对工程类保险业务管理能力等。

3. 当工程业主所在国家没有投保限制性规定时，承包商可争取在国内投保，不仅可以使外汇保险金不至于外流而且便于处理事故赔偿

有些国家限制十分严格的，可争取该国保险公司与中国人民保险公司联合承保，或由中国人民保险公司进行分保。还有一种是以所在国家的一家保险公司名义承保，而实际全部由中国人民保险公司承保，当地保险公司充当中国人民保险公司的前方代理，仅收取一定的佣金。

(二) 严肃认真对待保险手续

1. 如实填报保险公司的调查报表

在办理保险手续时,保险公司为确定保险风险大小,要求承保人填报工程情况。这是一件严肃认真的事情,决不能为了争取降低保险费率而隐瞒情况。例如调查表中有一栏为“工程中是否使用爆炸方法”“工地是否贮存易燃化学物品”等等,应当如实填报,否则一旦发生这类事故,保险公司将全部或部分推卸其赔偿责任。

2. 认真审定保险条款

一般保险公司出具的保险单都附有保险条款,其中规定了保险范围、除外责任、保险期、保险金额、免赔额、赔偿限额、保险费、被保险人义务、索赔、赔款、争议和仲裁,等等。这些条款相当于保险公司与承包商之间的契约,双方都要签字认可才正式生效。在条款方面的任何争议必须在签约之前讨论清楚,并逐条修改或补充,取得共同一致的意见。

## 五、保险理赔

在保险合同约定的范围内,保险事故发生后,投保方有请求保险方给付保险金的权利,保险方应承担受理索赔申请、给付保险金的义务,这一权利和义务的实现过程,叫保险赔偿处理,简称理赔。及时、迅速、合理的保险理赔是保险保障的兑现,体现了保险业的信誉与保障能力,对促进社会生产顺利进行与人民生活安定起了很大作用。

保险理赔的程序大致如下。

(一) 投保方索赔申请程序与要求

在保险合同约定的时间及其他条件范围内,保险标的发生保险事故,投保方应提出索赔申请,这是保险人受理赔案的首要条件。

1. 投保人履行风险发生通知义务

投保人、被保险人与受益人在得知保险标的发生保险事故后,应及时通知保险人。及时通知的含义因各国保险法与合同条款约定而异,有的限定了通知时限,如风险发生 5 日内、1 个月内等,也有不限定通知时限而采取知悉风险发生后立即通知的方式。通知的方式可采取书面、口头、电话或电报通知等。有的合同条款还规定,若投保方未在通知时限内及时通知保险人,可视为其放弃索赔权利,保险人可免于承担处理赔案及给付保险金。

2. 避免损失扩大

损失发生后,投保方应积极抢险救灾,控制灾情的扩展,将损失限制在最小的范围内,这也是提出索赔权利应满足的保证条件。

3. 保护损失现场

一般规定保险事故发生后,除避免损失扩大的救灾抢险行为外,投保方对于现场情形,在未经保险人勘定之前,不得变动。保护现场的规定目的在于保险人估损的客观性,此外也防止投保方隐瞒实情或对未损失部分私下处理,使保险人处于不利地位。

4. 提供索赔文件及证物

投保方在提出索赔申请的同时,应向保险人提供必要的索赔文件与证明,如有效的保险合同,索赔者与标的的利害关系文件证明、标的损失证明、被保险人死亡证明等等。

5. 在索赔时效内申请

投保方提出索赔申请有时限限定,即索赔时效的规定。关于索赔时效的规定有自损失之日计算的,也有自索赔者知悉风险发生之日计算的(应提供其未知悉证明),索赔有效期因各国法律规定不同,大致为1—2年。超过法定有效时间的,投保方则丧失索赔权利。

6. 不得放弃对第三者的索赔权

当损失是因第三者行为引起的,该第三者依法应负赔偿责任时,投保方不得放弃该索赔权,并在保险理赔实现后将此索赔权完整转移给保险人,积极配合保险人共同向第三者索赔。

(二) 保险方受理理赔案的程序

当保险事故发生、投保方迅速通知保险人或其代理人并提出索赔要求时,保险方将进行一连串的处理赔案的工作。

1. 审核索赔单证

保险人受理投保方提出索赔申请的第一件事,是对投保方递交的索赔单证进行审查、核实,以确定是否承担保险责任。如:保险单是否有效?保险期限是否届满?请求赔偿的人是否具备求偿权利?保险事故发生的地点是否在承保的范围之内,等等。

2. 调查保险理赔案事实

在确定保险人可能承担责任后,保险人应立即赶赴现场,调查了解并核实与理赔相关的事实。如:已毁损标的是否即为承保标的?损害是否是因保险事故引起的?损害发生的时间、地点是否确在约定承保范围之内?有无他保情况?标的价值多少等。

3. 认定求偿权利

除索赔者与被损标的之间必须具备保险利益是求偿权利成立的要件外,还须查核投保方是否履行了风险增加、风险发生、标的使用性质变更等告知的义务?事故发生后投保方是否采取了积极救助措施?被保险人是否保护了现场?是否在索赔时效内行使索赔权？涉及第三者行为致使标的损害时，是否放弃了向第三者的求偿权等等，这些问题足以使索赔者丧失索赔权利。

4. 确定损害情况

导致标的损害的近因是否是保险责任事故？致使标的损害是否确属承保损害？是全损还是部分损害？伤残的程度如何等。

5. 给付赔偿与保险金

考虑保单类别、保险分摊、施救费用、计赔方式等计算赔偿金后，再行给付。

6. 赔偿后事宜

在支付赔款后，还要完成以下几项工作：对第三者追偿的实现；委付及标的所有权代位的处理；对保险合同减少保额或终止手续的办理。

## 本章小结

本章首先介绍了一般风险概念，工程风险防范的风险识别、风险评估、风险应对和风险监控的方法。随后着重介绍了承包商合同风险分析核查方法，列举了FIDIC《施工合同条件》承包商可能包含风险的条款。最后对国际工程保险概念、保险的险种、FIDIC合同对投保的要求，以及遇险后申请理赔应注意的问题。

## 关键词

工程风险　风险识别　风险评估　风险应对　风险监控　工程保险

## 复习思考题

1. 何谓工程风险？有何特点？
2. 项目全过程的风险管理包括哪些主要环节？各环节应做好哪些工作？
3. 风险评估有何方法？有什么作用？
4. 应对风险进行管理的手段有哪些？
5. 何谓建筑工程一切险？投保人是谁？保险险额是如何确定的？
6. 投保方在遭受投保事项损失后索赔申请程序与要求如何？
7. 保险人理赔的一般程序是怎样的？

# 参考文献


[1] 汤礼智:《国际工程承包总论》,中国建筑工业出版社 1997 年版。

[2] 何伯森:《国际工程承包》,中国建筑工业出版社 2000 年版。

[3] 何伯森:《国际工程承包》(第二版),中国建筑工业出版社 2007 年版。

[4] 郝跃生:《国际工程管理》,北京交通大学出版社 2003 年版。

[5] 赵修卫、张清:《国际工程承包管理》,武汉大学出版社 2005 年版。

[6] 李洁:《建筑工程承包商的投标策略》,中国物价出版社 2000 年版。

[7] 夏志宏:《国际工程承包风险与规避》,中国建筑工业出版社 2004 年版。

[8] 雷胜强:《国际工程风险管理与保险》(第二版),中国建筑工业出版社 2002 年版。

[9] 梁鉴:《国际工程施工索赔》,中国建筑工业出版社 2002 年版。

[10] 中国工程咨询协会编译:《设计采购施工(EPC)/交钥匙工程合同条件》,机械工业出版社 2002 年版。

[11] 国际咨询工程师联合会:《施工合同条件》,唐萍、张瑞杰等译,机械工业出版社 2021 年版。

[12] 中国工程咨询协会编译:《生产设备和设计-施工合同条件》,机械工业出版社 2002 年版。

[13] 张水波、何伯森:《FIDIC 新版合同条件导读与解析》,中国建筑工业出版社 2003 年版。

[14] 黄华明:《风险与保险》,中国法制出版社 2002 年版。

[15]《中国工程项目管理知识体系》编委会:《中国工程项目管理知识体系》,中国建筑工业出版社 2003 年版。

[16] 陈晶莹、邓旭:《〈2000 年国际贸易术语解释通则〉释解与应用》,对外经济贸易大学出版社 2000 年版。

[17] 陈松:《建设工程索赔》,重庆大学出版社 1995 年版。

[18] 陈仕中:《美国建筑市场与招投标管理》,《建设监理》,1996 年第 4 期。

[19] 陈勇强、朱星宇、石慧、谢爽:《〈施工合同条件〉新旧版本比较分析》,《国际经济合作》,2018 年第 4 期。

[20] FIDIC(国际咨询工程师联合会): Conditions of Contract for Construction (second edition), 2017.

# 部分复习思考题参考答案

## 第一章　绪　　论

**1. 何谓工程发承包？现代工程发承包有什么特点？**

答：工程发承包是指建设市场工程项目建设活动交易和实施的方式之一。工程发包是指建设业主以合约方式将待建项目委托给承包方承建；工程承包是指承包方以合约方式获得工程承建任务。

在生产力不发达时期，专业分工协作有限，工程建设多采用非承包的自营建设方式。当社会经济和生产力发展到一定水平，工程项目愈来愈复杂，科技含量愈来愈高，涉及范围大，因素多，项目建设呈现以下特点：

(1) 规模越来越大，技术越来越复杂，专业分工越来越细，涉及专业越来越多；

(2) 生产活动中涉及的管理、金融、保险、咨询等业务增多；

(3) 工程承包活动竞争越来越激烈，规范化、法律化制约越来越多。

**2. 国际工程承包本质特征是什么？**

答：国际工程承包本质特征主要体现在：

(1) 综合性的输出。包括资本输出、技术输出、材料和设备输出、劳务输出等。承包方通过承接国际工程以带动本国的技术出口、材料和设备出口、劳务输出等是各国开展国际工程承包的宗旨之一，并制定有出口退税政策，鼓励本国承包商更多承接国际工程，以推动本国的材料和设备出口贸易发展。

(2) 国际资源优化配置。经济全球化的发展使得国际工程项目的实施打破了地域限制，工程所需资本、材料、设备、技术、劳务可以在国际经济大循环中进行资源优化配置。国际工程承包成为促进国际资源互补，谋求共同发展的载体。

**3. 国际工程承包市场分布如何？中国工程承包商在国际市场占有方面有何特点？**

答：全球建设市场按照国际惯例通常划分为九大建设市场，九大建设市场的份额不一，参见图1—2，以欧洲亚太地区为大，反映了这些地区经济发展的繁荣稳定。

中国工程承包商在国际市场占有情况特点表现为：

(1) 中国承包工程企业国际营业额占总营业额比重偏低，从2018年全球承包商前10强企业统计数据看，7家中国企业中最高的中国交通建设股份有限公司占比为27.3%，3家国外企业都比中国企业高，西班牙ACS集团占比高达86.1%，充分说明中国建设企业走出国门承包海外工程的国际化水平仍有待提高。

(2) 根据ENR公布的全球承包商250强营业收入，中国企业的业务领域主要集中在交通运输、房屋建筑和电力行业，分别占进入250强中国企业营业收入的40.0%、39.3%和7.4%，上述三大行业领域中国企业营业收入占中国企业总营业收入的86.7%。

**4. 纵观国际工程承包市场的近期发展,工程承包市场有何特点?**

答:纵观国际工程承包市场的近期发展,我们可以发现如下特点:

(1) 承包和发包方式多样化;

(2) 承包商融资能力成为国际工程竞争中的重要因素;

(3) 发达国家垄断工程承包市场的优势明显;

(4) 国际承包商收购并购活动频繁。

**5. 试论述中国应如何开拓发展国际工程承包市场。**

答:可围绕以下几点,结合教材内容和查阅有关资料展开论述:

(1) 应加大对国际承包工程公司的金融支持力度;

(2) 深化对外工程承包企业管理体制改革;

(3) 转变对外承包企业经营模式,提高国际竞争力;

(4) 加快培养高级国际工程管理人才。

**6. 国际工程管理人才应具备什么样的基本素质?**

答:国际工程管理人才应通过学习和实际锻炼具备以下基本素质:

(1) 复合型知识结构,包括掌握专业领域知识,熟悉国际经济、金融、商贸、管理及法律知识,了解国外设计要求、技术规范、试验标准,熟悉工程市场的国际惯例等;

(2) 熟练的外语运用能力,专业的外文信函、合同阅读和书写能力;

(3) 具有创业开拓精神素质,战略决策能力,把握市场机遇的敏感性、公关沟通技巧等。

## 第二章　国际工程项目管理模式

**1. 工程建设项目干系人由哪些人组成?其中对项目运作起主导作用的是哪些人?其他干系人与哪些主导干系人有关系?**

答:工程建设项目干系人指参与国际工程项目建设的利益相关方,包括项目建设的业主、业主代表、承包商、建筑师/工程师、分包商、供应商、造价工程师、劳务供应商、项目融资方等。对项目运作起主导作用的是业主和承包商,其他干系人都是要通过业主或承包商才能与项目发生关系,否则与项目无关。如与业主相关的干系人有:项目融资方、业主代表,建筑师/工程师,造价工程师,供应商(如果业主供应部分材料或设备),指定分包商。与承包商相关的干系人有:分包商、供应商、劳务供应商、造价工程师(如果承包商聘请)。

**2. 本章介绍的12种建设项目管理模式中,哪些与项目融资密切相关?哪些是与常规项目建设管理相关的模式?两者关系如何?**

答:在以上12种项目管理模式中,后3种BOT,PEI,PPP主要是与项目建设融资密切相关的模式,因此更多是与业主项目管理有关。前9种主要是与常规项目建设管理相关的模式,与业主和承包商项目管理均密切有关。前9种仍然是后3种模式在项目建设实施管理中可选模式。

**3. 业主发包工程有哪几种典型的合同模式?与不同支付合同类型如何结合使用?**

答:业主发包工程的典型合同模式有三种:项目总发包/交钥匙工程合同模式,项目总发包/少合同模式和项目生产设备、设计、施工分别发包/多合同模式。

国际工程发包合同模式选定后,在合同条款中还需按工程具体情况选择工程款支付方式,按工程款支付方式可分:总价合同、单价合同、成本补偿合同。

当采用项目总发包/交钥匙工程合同模式时,常使用总价合同中的固定总价合同,一般不能调价。

当采用项目总发包/少合同模式时,常使用总价合同中的可调价总价合同。

当采用项目生产设备、设计、施工分别发包/多合同模式时,施工常使用估计工程量单价合同,完工后按工程师验收的工程量计价,或工程规模不大时也使用可调价总价合同;生产设备采购常使用总价合同;设计发包常使用总价合同。

**4. 试分析施工项目部组织结构采用团队式或矩阵式的适用条件。**

答:团队式或矩阵式组织结构都是施工项目部可采用的组织结构形式。相比较而言,团队式结构是项目经理全权负责,成功与否很大程度上取决于项目经理,但项目经理的精力总是有限的,因此一般用于工程规模不太大,相对简单的工程。此外,当项目的施工场地离公司总部很远时,或项目的实施具有安全保密要求时,组织团队式较为合适。

在矩阵式结构中,项目总经理是最高权力者,负责整个项目目标的实现。项目成员分成两大部分:一是项目部的各职能部门,分别负责整个项目的各项专业业务的指导、协调、监督;二是负责各单项工程施工的项目部,各单项的项目经理负责相应单项工程的完成。因此,矩阵式组织结构一般用于大型工程。如在小型工程中采用矩阵式结构,会显得机构过大,职能部门多,办事效率不高。

**5. 项目管理九大领域知识是如何为实现项目目标服务的?**

答:项目管理九大领域知识从整体上都是为实现项目目标服务的,不能忽略任一方面,但各个知识领域功能是不一样的。

项目的时间管理、费用管理、质量管理是项目管理期望实现的三大目标管理,其他六个领域知识都是为实现项目三大目标提供支持服务的。

项目范围管理是为具体界定三大目标的范围服务的,项目范围管理要界定项目所有需要完成的工作,控制项目应该包括和不应包括的内容,明确其职责分配,并加强项目范围的变更控制,以顺利完成项目所需要的所有工作。

项目人力资源管理、项目采购管理是为实现项目目标提供建设所需人力、材料、设备等具体的支持。

项目沟通管理是为实现项目目标提供信息服务的,包括确保及时、正确地产生、收集、发布、储存和最终处理项目信息,它是项目目标和其他支持系统及管理者、操作者之间的关键纽带,是项目取得成功所必不可少的。

项目综合管理是为保证项目三大目标和其他支持系统各要素间相互协调所需要的整体管理,它是站在整个项目最高层次,审视各子项目目标、支持系统、实施方案间的非协同因素,作出平衡,并通过制定项目整体计划进行控制,以保证项目三大目标实现。

项目风险管理是为实现项目目标控制的可靠性提供服务,通过对项目风险进行识别、分析和应对,把实现项目目标风险的负面影响降低到最小。

# 第三章 国际工程招标程序与资格预审

**1. 国际工程招标方式有哪几种？其适用条件是什么？**

答：国际工程招标方式有：

（1）公开招标，主要适用于政府机构及公共事业部门的采购，有别于私人采购。

（2）限制性招标，包括邀请招标、排他性招标、保留性招标，主要适用于专业技术性强的工程或对投标人有某些范围或条件的限制的工程招标。

（3）其他招标方式，包括议标、两阶段招标、双信封投标。议标主要适用于私营性质项目招标，或工期紧，或保密性军事工程等。两阶段招标主要适用于事先难以准备好完整的技术规范的工程。双信封投标主要适用于技术工艺可能有选择方案时的工程。

**2. 美国的招标采购管理主要有哪些制度和手段？**

答：美国的招标采购管理制度和手段主要有以下五个方面。

（1）公开招标制度规范化。要求招标公告、标书、招标文件及条款格式应统一规范化；招标的步骤和程序，管理和操作实行规范化管理。

（2）招标采购作业标准化。详细制定了招标采购操作规程，要求招标采购人员严格按照每一程序逐项完成。

（3）供应商评审制度。强调供应商资料种类和归档的方法，按照国家标准局的规定，提出对本国企业、国外企业审查的标准、项目和方法，审查后及时整理编目并提出分析报告或列出合格供应商名单。

（4）招标采购审计监察制度。包括采购审计和管理审计。

（5）采购交货追查制度。包括：检查合同的签订；检查交货情况，督促其按时、按质、按量完成交货义务；交货完成后，整理资料归档，以便今后对物资和项目使用情况跟踪调查。

**3. FIDIC 招标程序中“确定项目策略”包含什么内容？有何作用？**

答：“确定项目策略”是项目开始时的重大决策，包括确定采购方式、招标方式和项目实施的时间表。

确定采购方式首先要确定采用何种项目管理模式，然后才能确定采购方式和招标方式。如采用传统的设计-招标-施工（DBB）管理模式，则采购方式要分别进行设计招标和施工招标。如采用设计-建造总包管理模式，则采购方式是一次性进行全部的设计和施工总承包招标。

采购方式和招标方式确定后，便可安排整个项目的时间进度表，包括项目确定、招标、设计、施工、验收等工作的里程碑日期。

因此“确定项目策略”是涉及项目整体运作方式和项目进展计划安排决策的首要环节。

**4. 为什么要对投标人进行资格预审？**

答：对投标人进行资格预审是公开招标的一个重要环节，只有资格预审合格的投标人才准许参加投标。通过资格预审可以达到下列目的：

（1）预先审查淘汰不符合要求的投标人，减少评标工作量，降低评标费用，同时也使不符合要求的投标人免去参加徒劳无获的投标竞争之苦，并节约购买招标文件、现场考察和投标的费用。

（2）通过了解投标人的财务状况、技术力量以及类似本工程的施工经验，降低将合同授予不合格的投标人的风险,为业主选择优秀的承包商打下良好的基础。

## 第四章　国际工程采购招标与评标

**1. 世行“工程采购标准招标文件”包括哪些部分内容?**

答:世行“工程采购标准招标文件”共包括以下13部分内容:投标邀请书,投标人须知,招标资料,合同通用条件,合同专用条件,技术规范,投标书、投标书附录和投标保函格式,工程量表,协议书格式、履约保证和保函格式,图纸,说明性注解,资格后审,争端解决程序。还附有“世行资助的采购中提供货物,土建和服务的合格性”的说明。

**2. 招标文件中“投标人须知”包括哪些部分内容?**

答:投标人须知是业主为投标人如何投标所编制的指导性文件。包括以下六个部分内容:总则,招标文件,投标文件的编制,投标文件的递交,开标与评标,合同授予。

**3. 何谓招标文件的澄清?**

答:招标文件的澄清是指业主对投标人在收到招标文件后经仔细阅读后,就发现的招标文件中遗漏、错误、词义模糊等情况向业主提出质询,业主应给予解释和澄清。业主一般通过召开标前会议澄清投标人对招标文件的疑问。解答问题后还应将书面答复所有质询的问题的附本交给所有已购买招标文件的投标人。

**4. 何谓投标文件的检查与响应性的确定?**

答:在详细评标前,业主要检查各投标文件是否做到如下几点:被适当签署,提供了符合要求的投标保证金,对招标文件的要求作出了实质性的响应,提交了业主要求提供的、确定其响应性的澄清材料和(或)证明文件。

业主会拒绝没有对招标文件作出实质性响应的投标书。

**5. 业主在对投标文件进行评价与比较时,如何对投标价格进行调整,以确定每份投标文件的评标价格?**

答:对符合招标文件要求的投标文件进行评价与比较时,业主应对投标价格进行以下调整,以确定每份投标文件的评标价格:

(1) 修正投标人须知第29条中提及的错误;

(2) 在工程量汇总表中扣除暂定金额,但应包括具有竞争性标价的计日工;

(3) 将以上两项金额按第30条的规定换算为单一货币;

(4) 对具有满意的技术和(或)财务效果的其他可量化、可接受的变更、偏离或其他选择报价,其投标价应进行适当的调整;

(5) 若招标资料表中允许并规定了调价方法,应对投标人报的不同工期进行调价;

(6) 如果本合同与其他合同被同时招标,投标人为授予一个以上合同而提供的折扣应计入评标价。

若最低评标价的投标文件出现明显的不平衡报价,业主可要求投标人对工程量表的任何或所有细目提供详细的价格分析,并视分析的结果考虑采取保护措施。

**6. 世界银行贷款项目采购指南中对“国内投标人优惠”有何规定?**

答:世界银行的贷款项目规定,贷款国的投标人在符合下列所有条件时,在与其他投标人按投标报价排列顺序时，可享受7.5%的优惠。

(1) 在工程所在国注册。

(2) 工程所在国公民拥有大部分所有权。

(3) 分包给国外公司的工程量不大于合同总价(不包括暂定金额)的50%。

(4) 满足招标资料表中规定的其他标准。

对于工程所在国承包商与国外承包商组成的联营体，在具备以下条件时，也可获得优惠：

(1) 国内的一个或几个合伙人分别满足上述优惠条件；

(2) 国内合伙人能证明他(们)在联营体中的收入不少于50%；

(3) 国内合伙人按所提方案，至少应完成除暂定金额外的合同价格50%的工程量，并且这50%不应包括国内合伙人拟进口的任何材料或设备；

(4) 满足招标资料表中规定的其他标准。

评标时，将投标人分为享受优惠和不享受优惠两类，在不享受优惠的投标人报价上加上7.5%，再统一排队、比较。

**7. 国际工程采购招标的评标主要包括哪些内容?**

答：工程项目采购的评标内容主要包括行政性评审、技术评审、商务评审及综合评审。

(1) 行政性评审。是对投标文件合格性的形式审查，主要审查投标人合格性、有效性、文件完整性、报价计算的正确性、与招标文件的响应性。目的是淘汰那些基本不合格的投标，以免浪费时间和精力对其进行技术评审和商务评审。

(2) 技术评审。目的是确认备选的中标人完成本工程的技术能力，包括：技术资料的完备性；施工方案的可行性；施工进度计划的保障性；施工质量的保证性；工程材料和机器设备供应的技术性能符合设计技术要求；分包商的技术能力和施工经验；审查投标文件中有何保留意见或按招标文件规定提交的建议方案。

(3) 商务评审。目的是从成本、财务和经济分析等方面评审投标报价的正确性、合理性、经济效益和风险等，估量授标给不同投标人产生不同的后果。

(4) 综合评审。目的是从投标报价、技术、商务、法律、施工管理等各方面对每份投标文件进行全面比较分析评价。有时候在报价单上费用最低的投标，在经过诸方面综合比较后，并不一定是经济效益最高的投标。

## 第五章 国际工程投标与报价

**1. 国际工程承包中为什么考虑聘请代理人? 有何作用?**

答：承包商到国外承包工程，往往不熟悉国外的经营和工作环境，不熟悉国外的社会、法律、经济、商务习惯和金融惯例，不了解当地的传统习惯和社会人事关系，因此承包商为了得到项目往往需要寻找合适的当地代理人，协助自己进入市场开展业务获得项目，并且在项目的实施过程中协助自己在有关方面进行必要的斡旋和协调。

代理人可以在以下几个方面发挥作用：

(1) 提供项目信息、介绍项目；

(2) 提供当地税收、法律、关税、进出口政策、劳务来源和价格等情况资料；

(3) 提供业务咨询建议,如介绍和解释社会局势、投标形势,介绍当地的技术人员、分包商情况等;

(4) 提供当地服务。如协助承包商的人员办理出入境手续、长期居住手续和工作许可证等;推荐当地分包商,物资清关代理;推荐设备物资或建筑材料的供货商或介绍供应渠道;招聘技术人员和劳务等。

**2. 国际工程承包中承包商为什么选择合作伙伴? 如何选择合作伙伴?**

答:承包商要选择合作伙伴主要是可以优势互补,增强实力,更好完成工程,降低成本。如投标前选择合作伙伴共同参加投标,可以提高中标机会。合作伙伴可以是主、分包关系,也可以是联营体关系。

分包商的选择条件包括:具备足够的财力、设备、管理和技术实力;具备投标项目的施工经验;有足够的人力资源;并且分包报价合理。

"联营体"是一个国家或几个国家的承包商组成一个优势互补的临时合伙的组织去参加投标。联营体各方均是独立法人,如果不中标则解散。

联营体合作伙伴的选择条件包括:可以弥补技术力量的不足;可以加大融资能力。

借助外国合作伙伴的名牌、经验、技术力量或资金优势提高中标机会;有可能成为与你"同舟共济"信得过的伙伴。

**3. 何谓投标决策? 影响投标决策的因素有哪些?**

答:投标决策包括二重内涵,首先是指参加投标与否决策,其次是如确定参加投标后,以什么样的方案和工程报价参加投标。如果第一步决策确定不参加投标,则无第二步决策。

影响投标决策的因素是多方面的,包括:

(1) 工程方面的因素。包括工程性质、规模、复杂程度、自然情况、现场交通、水电、材料供应、工期要求等。这方面主要分析工程的复杂程度等可能带来的投标风险。

(2) 投标人自身的因素。包括施工能力、工程设备、同类工程经验、垫资能力、对今后发展的影响等。这方面主要分析投标人的工程胜任能力可能带来的投标风险。

(3) 业主方面的因素。包括信誉、资金来源、支付能力、是否要求垫资、合同的条件、所在国政治经济形势、货币稳定性、海关规定等。这方面主要分析业主因素对投标人如果中标承包工程,在实施中可能带来的风险。

(4) 竞争对手方面的因素。包括竞争对手数量、竞标实力、竞标决心、竞标策略等。这方面主要分析竞争对手可能的投标报价,竞标中是否会志在必得,压价以求等。

以上因素是既相互独立又相互关联的,投标决策前必须认真分析利弊。

**4. 国际工程投标为什么要组织投标班子? 有什么要求?**

答:投标成功与否不仅对承包商公司的生存责任重大,而且是一项综合要求很高的工作,涉及技术、经济、法律、合同、管理、翻译等多种人才,因此要认真挑选参加的人员,组成投标班子。投标班子应该由具备以下基本条件的多方面人员组成:

(1) 熟悉有关外文招标文件,对投标、合同谈判和合同签约有丰富的经验;

(2) 对工程所在国经济、合同方面的法律和法规比较了解;

(3) 有丰富的工程施工经验的工程师,还要请具有设计经验的设计工程师参加,他们对招标文件的设计图纸具有审查能力，能提出改进方案或备选方案；

(4) 熟悉国际工程物资采购的特点、程序和方法的技术人员；

(5) 精通国际工程报价方法和技巧的经济师或会计师；

(6) 具有工程初步知识的外语翻译和精通工程技术而又懂外语的技术人员。

**5. 国际工程投标报价的程序包含哪些主要环节?**

答：国际工程投标报价的程序包含的主要环节有：

(1) 现场考察。根据对招标文件研究和投标报价的需要，制定考察提纲，有针对性的调查。考察后应提供实事求是和包含比较准确可靠数据的考察报告，以供投标报价使用。

(2) 研究招标文件。投标人应认真细致地阅读及研究招标文件，并通过各项调查研究和标前会议等弄清楚招标文件的要求和报价内容，以便一步制定施工方案、进度计划等。

(3) 核算工程量。国际工程招标文件中一般附有工程量清单表，投标人应根据图纸仔细核算工程量，当发现相差较大时，投标人不能改动工程量，报价时仍按原工程量计算，但可在投标时附上说明。

(4) 制定施工规划。招标文件中要求投标人在报价的同时要附上其施工规划。施工规划内容一般包括施工技术方案、施工进度计划、施工机械设备和劳动力计划安排以及临建设施规划。

(5) 填写各分项工程综合单价。在投标报价中，要按照招标文件工程量清单表(或叫报价单)中的格式填写各分项工程综合单价。

(6) 汇总计算标价。根据分项工程综合单价和工程量清单汇总总价后，再考虑招标文件要求列入的暂定金额可得计算标价。然后从投标策略和投标报价技巧考虑，进行投标报价策略的费用增减调整，最终得到投标报价。

(7) 编制投标文件。在确定投标报价后，承包商应按招标文件的要求正确编制正式工程投标报价单，写好投标致函和整理装订投标书，办理银行开具的投标保函，按规定对投标文件进行分装和密封，按规定的日期和时间，在检查投标文件的完整性后一次报送递交。

**6. 国际工程投标报价的费用主要由哪些部分构成?**

答：国际工程投标报价的费用主要由工程直接费、工程分摊费和暂定金额三大部分构成。

直接费是指在工程施工中直接用于工程实体上的人工、材料、设备和施工机械使用费等费用的总和。

工程分摊费用的概念是工程项目实施所必需的，但在工程量清单中没有单列项的项目费用，需要将其作为待摊费用分摊到工程量清单的各个报价分项中去。分摊费主要由初期费(又称开办费)、施工现场管理费和其他待摊费组成。

暂定金额又叫备用金，是业主在招标文件中明确规定了数额的一笔金额，准备用于将来工程上可能发生的一些意外开支。按规定承包商应将暂定金额列入投标报价中，但暂定金仅能根据工程师的指令使用。暂定金可能部分甚至全部动用，也可能完全不用。

**7. 何谓投标报价的技巧? 通常有哪些方法?**

答：投标报价的技巧是指运用一定的策略使招标人可以接受承包商的报价，承包人中标后又能获得更多的利润。常用的方法有：

(1) 不平衡报价。所谓不平衡报价，就是在不影响投标总报价的前提下，将能早期得到结算付款的某些分部分项工程的单价定得比正常水平高一些,某些后期施工的分部分项工程的单价定得比正常水平低一些;或估计施工中程工量可能会增加的分项,单价提高;工程量可能会减少的分项单价降低等。

(2) 补充方案报价法。投标人如果发现招标文件、工程说明书或合同条款不够明确,或条款不很公正,技术规范要求过于苛刻时,为争取达到修改工程说明书或合同的目的而采用的一种报价方法。承包商可先按原工程说明书和合同条件报价,以响应招标文件规定。然后再提出补充方案,表明如果工程说明书或合同条件可作某些改变时,将以另一个较低的报价投标。这样可使报价降低,吸引招标人。

(3) 突然降价法。这是一种迷惑竞争对手的手段。投标报价是一项需要保密性的商业竞争,竞争对手之间可能会随时互相探听对方的报价情况。在整个报价过程中,投标人可先按一般情况进行报价,待到投标截止时间前一刻,再递交一封投标致函,声明在原报价基础上下降某个百分率。这种突然降价,往往使竞争对手措手不及。

(4) 先亏后盈法。承包商如想占领某一市场或急于在某一地区打开局面,以取得后续市场。可采用较大幅度降低投标价格的手段,甚至不惜亏本投标,只求中标。采用这种方法的承包人,必须要有十分雄厚的经济实力和技术实力,一炮打响,才能取得后续市场优势。

## 第六章　国际工程合同条件

**1. 简述合同概念和作用。**

答:合同是指具有平等民事主体资格的当事人,为了达到一定目的,经过自愿、平等、协商一致而设立、变更、终止民事权利义务关系。

合同条件规定了协议双方的权利、职责和义务,制定合同条件时,尽可能对实施中的所有可能出现的情况及处理办法都做出具体规定,作为工程项目实施中双方共同遵守的“法”。合同在经济活动中起着维护市场正常秩序的重大作用。

**2. 为什么要推行合同标准文本?**

答:工程合同是建设市场业主和承包商为工程承建事宜双方协商一致达成的协议。协议中的合同条件则是双方责、权、利的具体体现。若合同条件都由协议双方亲自制定则对谁都不是轻松的事,难免缺款少项和当事人意思表达不准确、不真实,带来日后扯皮和合同纠纷。为了提高合同签订的质量,减少甲乙双方签订合同的工作量,使经济合同规范化,推广使用合同文本标准格式十分必要。

**3. 试比较FIDIC四种合同文本在适用项目类型、承包商的工作、计价方式、质量管理、业主管理、风险分担原则等方面的异同。**

答:FIDIC四种合同文本的异同见教材第六章表6-1。

**4. FIDIC合同条件为什么要分为“通用条件”和“专用条件”两个部分?**

答:通用条件对一般土木工程,如工业和民用房屋建筑、公路、桥梁、水利、港口、铁路工程等大都能适用的条款,而且这是一般工程合同条款中量最大的部分,将这部分条款标准化可节省大量编制合同文本工作量。但每项工程都会有其特殊性,专用条件则是针对一个具体的工程项目,考虑到国家和地区的法律法规的不同、项目的特点和业主对合同实施的不同要求,而对通用条件进行的具体化、修改和补充。FIDIC 编制的各类合同条件的专用条件中，业主与他聘用的工程师有权决定编制自己认为合理的措辞来对通用条件进行修改和补充。在合同中凡合同条件第二部分专用条件和第一部分通用条件不同之处均以第二部分专用条件为准，第二部分专用条件的条款号与第一部分相同，这样合同条件第一部分和第二部分共同构成一个完整的合同条件。

**5. FIDIC 合同中为什么要规定文件优先次序？排序如何？**

答：构成本合同的文件应该是互作说明的，并且不应相互解释不一，但构成本合同的文件较多，产生时间不同，难免会出现差异。为了解释的目的，必须规定文件的优先次序。优先次序如下：

(1) 合同协议书；

(2) 中标函；

(3) 投标函；

(4) 专用条件；

(5) 本通用条件；

(6) 规范；

(7) 图纸；

(8) 资料表和构成合同组成部分的其他文件。

(9) 联营体承诺书(如果有)

如文件中发现有歧义或不一致，工程师应发出必要的澄清或指示。

**6. FIDIC《施工合同条件》中一般“分包商”和“指定的分包商”有什么不同？**

答：FIDIC《施工合同条件》中“分包商”，系指为完成部分工程，在合同中指名为分包商，或其后被任命为分包商的任何人员，以及这些人员各自财产所有权的合法继承人。

“指定的分包商”系指：(1) 合同中提出的指定的分包商；(2) 工程师指示承包商雇用的分包商。

**7. FIDIC《施工合同条件》中，变更时的费用如何确定？**

答：变更时的费用确定，应为合同对此类工作内容规定的费率或价格，如合同中无某项内容，应取类似工作的费率或价格。但在以下情况下，宜对有关工作内容采用新的费率或价格：

(1) 工作同时满足：

① 该项工作测出的数量变化超过工程量表或其他资料表中所列数量的 10%以上；

② 此数量变化与该项工作上述规定的费率的乘积，超过中标合同金额的 0.01%；

③ 此数量变化直接改变该项工作的单位成本超过 1%；

④ 合同中没有规定该项工作为“固定费率项目”。

(2) 或：

① 根据第 13 条[变更和调整]的规定指示的工作；

② 合同中没有规定该项工作的费率或价格；

③ 由于工作性质不同，或在与合同中任何工作不同的条件下实施，未规定适宜的费率或价格。

新的费率或价格应考虑(1)和(或)(2)项中描述的有关事项对合同中相关费率或价格加以合理调整后得出。如果没有相关的费率或价格可供推算新的费率或价格，应根据实施该工作的合理成本和合理利润,并考虑其他相关事项后得出。

**8. 何谓不可抗力?通常包括哪些情况?**

答:“不可抗力”系指同时满足下述(1)至(4)项的条件某种异常事件或情况:

(1) 一方无法控制的;

(2) 该方在签订合同前,不能对之进行合理准备的;

(3) 发生后,该方不能合理避免或克服的;

(4) 不能主要归因于他方的。

只要满足上述(1)至(4)项的条件,不可抗力可以包括但不限于下列各种异常事件或情况:

① 战争、敌对行动(不论宣战与否)、入侵、外敌行为;

② 叛乱、恐怖主义、暴动、军事政变或篡夺政权,或内战;

③ 承包商人员和承包商及其分包商的其他雇员以外的人员的骚动、喧闹、混乱、罢工或停工;

④ 战争军火、爆炸物资、电离辐射或放射性污染,但可能因承包商使用此类军火、炸药、辐射或放射性引起的除外;

⑤ 自然灾害,如地震、飓风、台风或火山活动。

**9. 由不可抗力导致工程终止和由业主责任导致承包商有权提出终止时,承包商可得到的支付条件有何不同?**

答:(1) 由不可抗力导致工程终止,依据合同第19.6款承包商可得到的支付条件:

1) 已完成的、合同中有价格规定的任何工作的应付金额;

2) 为工程订购的、已交付给承包商或承包商有责任接受交付的生产设备和材料的费用:当雇主支付上述费用后,此项生产设备和材料应成为雇主的财产(风险也由其承担),承包商应将其交由雇主处置;

3) 在承包商原预期要完成工程的情况下,合理导致的任何其他费用或债务;

4) 将临时工程和承包商设备撤离现场,并运回承包商本国工作地点的费用(或运往任何其他目的地,但其费用不得超过前者);

5) 将终止日期时的完全为工程雇用的承包商的员工遣返回国的费用。

(2) 由业主责任导致承包商有权提出终止时,承包商可得到的支付条件是:

1) 将履约担保退还承包商;

2) 按照第19.6款的规定,向承包商付款;

3) 付给承包商因此项终止而蒙受的任何利润损失、其他损失或损害的款额。

由以上二种情况比较可知:由不可抗力导致工程终止,可得到合同第19.6款所定的1)—5)的支付;而由业主责任导致承包商有权提出终止时,可得到的支付是除第19.6款所定的1)—5)的支付外,还可得到“因此项终止而蒙受的任何利润损失、其他损失或损害的款额”,即可就利润损失等要求支付,而不可抗力导致工程终止是不能就利润损失等要求支付。

## 第七章 国际工程合同管理

**1. 承包商在合同谈判前应做好哪些有关准备工作?**

答:承包商在合同谈判前要认真做好合同谈判的以下各项准备工作:

(1) 组建谈判小组。谈判小组应由熟悉国际承包合同惯例，熟悉该项目投标文件，同时还要熟悉自己投标文件的内容的技术人员、商务人员、律师和翻译人员组成。

(2) 充分了解谈判对手。由于各个国家制度法规不同，价值观念不同，文化背景不同，思维方式不一，谈判的理念和采取的方法也不尽相同。事先了解这些背景情况和对方的习惯做法等，对取得较好的谈判结果是有益的。

(3) 制定基本谈判的原则。基本谈判原则应在合同关键的几个问题上制定成希望达到的上、中、下目标和"底线"的目标，写出谈判准备大纲，在谈判中时时把握大局，局部妥协而不失大局就是成功的谈判。

(4) 认真准备谈判的资料文件。谈判中必然会涉及一些商务和技术的具体细节，承包商应准备一些书面材料，如翔实的数据、表格和图表等，以便让业主相信承包商能够按时、按质量要求圆满实施合同。

(5) 谈判的心理准备。除上述实质性准备外，对合同谈判还要有足够的心理准备，尤其是对于缺乏经验的谈判者。合同谈判是一个艰苦的过程，一般不会是一帆风顺的，对此一定要有充分的心理准备。

**2. 工程合同谈判的基础是什么？承包商合同谈判的核心是什么？**

答：工程合同谈判的基础是不偏离原招标文件中的商务、技术条款，以及承包商投标书中的承诺，任何改变都意味着要重新审视，变更合同条件，或有权拒绝对方的变更。因此合同谈判的内容主要是围绕合同的商务、技术有关条款进行。

从承包商角度，合同谈判的核心内容主要是价格和支付问题、工程范围和内容细节界定、质量要求及检验标准、执行的技术标准规范等。这些方面的许多细节问题在招标文件(设计图纸、合同条件)中可能不够清楚，对承包商可能包含一定的风险，因此应借合同谈判的机会澄清，争取有利的合同条款。

**3. 承包商在合同谈判中可以运用哪些谈判技巧？**

答：谈判是一种综合的艺术，需要经验和讲求技巧，审时度势，调节气氛，掌握发展局势，达到谈判的目的。常用的谈判技巧有：

(1) 反复强调自己的优势及特长使对方对自己建立信心。

(2) 在价格谈判中根据对手的态度，心理状态，自己的价位和对方的价格底牌等，采用多种方式，例如对等让步、分项谈判等，进行讨价还价，在争得对方的让步后，掌握火候，选择适当价位或适当降价而成交。

(3) 在心理上削弱对方。从一开始就坚持不让步，令对方产生畏难心理，进而达到对方放松条件目的。

(4) "最后一分钟策略"。这是国际谈判中常见的方法之一，如宣称：如果同意这一让步条件就签约，否则就终止谈判等。遇到僵持的情况也要冷静，不能随便抛出这种"要挟"，应采取回旋的办法说明理由或缓和气氛，并通过场内场外结合，动员对方相互妥协或提出折中办法等。

(5) 抓住实质性问题，诸如工作范围、价格、工期、支付条件和违约责任等等不轻易让步，但对一些次要问题和细节问题可以让步或留下尾巴。

(6) 讲究谈判礼仪。注意礼仪，讲礼貌，尊重对方，以理服人，谈吐得体，用词准确，严禁出言不逊,也是谈判中取得对方信任的必要条件。

**4. 你对合同管理主导思想有何认识?**

答:首先,合同管理是甲乙双方为履行合同责任和义务进行的管理,同时也是为维护自身合法权益而进行的管理。合同管理的核心内容始终是围绕工程项目质量、工期、费用三大目标进行,而合同管理的基本依据则是合同的专用条款、通用条款和相关文件。

其次,从系统管理思想角度来看,合同管理也是甲乙双方诚信合作的协同管理。合同管理的质量、工期、费用三大目标是双方共同努力才能实现的,各自为政互不沟通的单方管理是管不好合同的,更不是甲方对乙方的管理。因而合同管理提倡合作精神、双方建立伙伴关系,沟通、协商、互让,争取双赢。

此外,合同管理是一个全过程的管理,包括合同签订前的准备、合同谈判与签约、合同实施、合同实施后遗留问题的处理,而且前期的管理效果比后期更重要。

**5. FIDIC合同中工程师在合同管理中的地位与作用如何?**

答:FIDIC合同条件中"工程师"是指少数级别较高、合同管理经验比较丰富的人组成的委员会或小组,行使合同中规定的权力。工程师的职责可以概括为进行合同管理,负责进行工程的进度控制、质量控制、投资控制以及做好协调工作。在FIDIC《施工合同条件》中,工程师具有很大的权力,承包商必须服从工程师的指令,承包商对工程款支付要求、验工要求、意见反映等都须通过工程师,工程师在合同的协同管理中起到重要的纽带作用。

**6. 业主、工程师、承包商在合同管理中各自的管理职责是什么?**

答:业主、工程师、承包商在合同管理中各自管理职责见教材表7-1。

**7. 国际工程合同执行中为什么常引发争端? 争端解决方法有哪几种?**

答:由于工程合同涉及的问题广泛复杂、履约时间长、变化大,合同双方利益不一致,常出现矛盾。加之国际工程合同双方分属不同国家,社会制度、民族习惯不同,认识上难免有差异,对合同实施过程中的一些问题常产生争端。

一般解决争端方法有:协商解决、谈判解决、中间人调解、争端裁决委员会裁决、仲裁或诉讼等。前四种方式属非法律手段,而仲裁或诉讼属法律手段,具有强制执行法律效应。

**8. 为什么要设立争端裁决委员会? 如何设立? 裁决效果如何?**

答:设立争端裁决委员会主要为了及时、公正、合理地解决出现的工程争端。不要一直积累到工程竣工,不得不组织大量人员来清理。

争端裁决委员会(DAB)一般由三人组成,甲乙双方各推荐一人,报对方认可。然后,双方与这二人协商,共同商定推荐第三人,并任命此人担任争端裁决委员会主席。

在工程规模不大情况下,争端裁决委员会也可由双方共同商定推荐唯一成员出任"裁决人"。

如果DAB已就争端事项向双方提交了它的决定,而任一方在收到DAB决定28天内,均未发出表示不满的通知,则该决定应为最终的,对双方均具有约束力,双方都应立即遵照实行。

如果任一方对争端裁决委员会做出的决定不满意,可以在收到该决定通知后28天内,将其不满向另一方发出通知。如果DAB未能在收到此项委托后84天期限内提出其处理决定,则任一方可以在该期限期满后28天内,向另一方发出不满通知。

在上述任一情况下,表示不满的通知应说明争端的事项和不满的理由。在未发出表示不满的通知情况下，任一方都无权将争端提交仲裁。

## 第八章　国际工程索赔管理

**1. 国际工程索赔有哪些特点?**

答：国际工程索赔的特点有：

(1) 索赔作为具有法律意义的权利主张，其主体是单向或双向的；

(2) 索赔必须以法律和合同为依据；

(3) 索赔必须建立在违约事实和损害后果已客观存在的基础上；

(4) 索赔应当采用明示的方式；

(5) 索赔的结果一般是索赔方获得付款、延长工期或其他形式的补偿。

**2. 索赔管理包括哪些工作?**

答：索赔管理包括的工作内容有：

(1) 建立专门的索赔管理小组；

(2) 认真研究合同条款中存在的风险，建立索赔和防止被索赔的意识；

(3) 加强文档管理，保存索赔资料和证据；

(4) 抓住索赔的机遇，及时申请索赔；

(5) 写好索赔报告，重视索赔额的计算和证据；

(6) 注意索赔谈判的策略和技巧。

**3. 国际工程索赔的分类方法有哪些?**

答：国际工程索赔的分类方法有：

(1) 按发生索赔的原因分类；

(2) 按索赔的依据分类；

(3) 按索赔的目的分类；

(4) 按索赔的对象分类；

(5) 按索赔的当事人分类。

**4. 什么是反索赔? 业主反索赔包括哪些内容?**

答：国际上习惯把承包商向业主提出的索赔要求称为施工索赔，把业主向承包商提出的索赔要求称为反索赔。反索赔是指由于承包单位不履行或不完全履行约定的义务，或者由于承包单位的行为使业主受到损失时，业主向承包单位提出的索赔。

**5. 国际工程中承包商索赔的主要依据是什么?**

答：国际工程索赔中承包商索赔的主要依据有：构成合同的原始文件、来往函件、会议记录、施工现场记录、工程照片、工程财务记录、现场气象记录、市场信息资料和法律、法规及政策法令文件等。

**6. 国际工程中承包商施工索赔内容包括哪些?**

答：承包商施工索赔内容包括：

(1) 不利的自然条件与人为障碍引起的索赔：地质条件变化引起的索赔、工程中人为障碍引起的索赔；

(2) 工程变更引起的索赔;

(3) 关于工期延长和延误的索赔;

(4) 由于业主不正当地终止工程而引起的索赔;

(5) 各种额外的试验和检查费的索赔;

(6) 指定分包商违约或延误造成的索赔;

(7) 关于支付方面的索赔;

(8) 其他有关施工的索赔等。

## 第九章 国际工程承包中资金筹集与管理

**1. 简述国际工程承包筹集资金的重要性。**

答:当前国际工程市场垫资承包已是一个普遍问题,任何一个国际工程承包单位,如果能在国际建筑承包市场上取得成功,不仅要取决于自身的技术能力、管理经验、人员水平及其在同类工程所取得的成绩和信誉,还要看他筹集资金的能力和使用资金的本领。在一些大型的国际工程进行招标时,往往把承包商的资金状况和融资能力作为投标资格预审的重要条件之一。

**2. 简述国际金融市场的概念。**

答:国际金融市场的概念,有着广义和狭义之分。广义上所讲述的国际金融市场是指进行各种国际金融活动的场所,包括货币市场、资本市场、外汇市场和黄金市场。这几类国际金融市场是相互联系的,如,国际资金的借贷离不开外汇的买卖,外汇买卖又会引起货币市场上资金的借贷。

狭义的国际金融市场是指国际经营借贷的资本市场,即进行国际借贷活动的场所,又称国际资金市场。

**3. 简述国际工程承包中可以采用的融资方式及其含义。**

答:国际商业银行中长期信贷、出口信贷、政府贷款、国际金融组织贷款及项目融资等方式。其中国际商业银行中长期信贷是期限在1年以上的贷款。

出口信贷是一种国际信贷方式,是出口国家为鼓励本国商品出口,加强国际竞争力,以给予利息补贴并提供信贷担保的办法,鼓励本国银行对本国的出口商或外国出口商提供利率较低的贷款。

政府贷款是指一国政府利用财政或国库资金向另一国提供的优惠性贷款。政府贷款是以国家政府的名义提供和接受而形成的。贷款国政府使用国家财政预算收入或者国库的资金,通过列入国家财政预算支出计划,向借款国政府提供贷款。因此,政府贷款人一般由各国的中央政府经过完备的立法手续批准后予以实施。政府贷款通常是建立在两国政府间良好的政治经济关系基础之上的。

国际金融组织贷款包括世界银行、国际开发协会、国际金融公司、亚洲开发银行等国际性或地区性的商业银行提供的贷款。

项目融资是指利用各种资金来源为项目筹集建设资金。这种方式的显著特点是融资不仅依靠项目发起人的信用保障或资产价值,贷款银行还要依靠项目本身的资产和未来的现金流量来考虑偿款的保证。因此,贷款方非常重视项目本身的可靠性。一般来说,采用项目融资的都是大型项目,这些项目涉及的技术、工艺都比较复杂。

**4. 什么是外汇？外汇的标价方式有哪几种？**

答：外汇基本含义是外币资产的概念，即外汇指：外国货币（钞票、铸币）；外币有价证券（公债、国库券、公司债券、股票、息票）；外币支付凭证（票据、银行存款凭证、邮政储蓄凭证）；特别提款权与欧洲货币单位；其他外汇资金。

外汇汇率指的是把一个国家的货币折算成另一个国家货币的比率、比价。

如：汇率：＄1＝RMB￥7.520 0 中，7.520 0 便是把美元折算成人民币的比率。这里美元被称为是标准货币，人民币被称为标价货币。这种以外国货币为标准的折算方法又称为直接标价法。世界上绝大多数国家采用的是直接标价法。

若标注汇率：RMB￥1＝＄0.133 0，是用本国货币为标准货币，外币为标价货币，这种方法称间接标价法。美国和英国采用的是间接标价法。

**5. 国际银行中长期借款的费用负担有哪些？**

答：(1) 附加利率。由于同业拆放利率是短期利率，所以中长期贷款在此基础上还要增加一个附加利率。附加利率的一般做法是随着贷款的期限的延长，附加利率也逐步提高。

(2) 管理费。类似于手续费。根据贷款金额按相应的费率来收取，一般为 0.25%—0.5%。

(3) 代理费。在银团贷款中借款人对代理行或牵头银行支付的相关费用。因为代理行或者牵头银行与借款人及参加贷款的银行进行日常联系所发生的费用支出，均应包括在代理费内。

(4) 杂费。在贷款协议签订前发生的一切费用称为杂费。如：贷款银行与借款人联系的费用及律师费等。

(5) 承诺费。贷款协议签订后在承诺期内对未提用的贷款余额所支付的费用。一般按一定费率执行，费率为每年 0.25%—0.5%。其具体计算公式如下：

$$\text{承诺费}=\frac{\text{未使用贷款数}\times\text{未使用的实际天数}\times\text{承诺费年率}}{360(365)}$$

**6. 什么是外汇管制？**

答：外汇管制是指一个国家为了维持国际收支平衡和汇价水平的稳定，对外汇买卖和国际结算等实行管制。管制的范围包括贸易、非贸易、资本输出、输入、汇率、外汇市场、银行存款账户等方面。

外汇管制可以稳定汇率，以保护本国贸易的发展，有利于稳定本国的物价，同时也可防止资本外逃。

实行外汇管制的方法有两种：直接管制和间接管制。直接管制是指由政府公布汇率，用行政手段规定各项外汇的收支，按公布汇率结算；间接管制是指一国利用外汇资金在市场上进行干预，以此来稳定汇率。

## 第十章 国际工程货物采购

**1. 选择正确答案(下列各题中只有一个答案是正确的)。**

(1) 在物资采购中，当卖方是第三国，而且可以采用海运或内河运输方式时，通常采用的交货方式是(　　)。

(A) EXW　　(B) C&F 或 CIF　　(C) DDP　　(D) FOB

(2) 作为物资的购买方,承包商可以向供应商提出的索赔是(　　)。

(A) 工期索赔　　(B) 材料费用索赔　　(C) 违约罚金　　(D) 设计变更索赔

答:(1) (B)　(2) (C)。

**2. 对应国际工程物资采购工作的主要特点,国际工程物资采购应采取哪些对应的措施?**

答:根据国际工程物资采购工作的主要特点,国际工程物资采购应采取的措施有:

(1) 由于国际工程物资采购具有技术性强的特点,因此物资采购供应人员应该具有广泛的技术知识,懂得各种材料的技术性能要求,选择符合招标文件的技术规范的货源,满足工程需要,并使业主和监理工程师满意;

(2) 国际工程的物资供应程序复杂,因此物资采购供应人员应该熟悉采购程序和手续,对于重要物资应提前做好准备,选择合理的贸易交货方式,充分发挥供应方熟悉烦琐手续的长处;

(3) 国外的物资供应渠道十分广阔,物资采购供应人员不仅应熟悉货源渠道,而且还要善于商业谈判,精通商务,懂得利用各种竞争手段,择优选择货源;

(4) 国际工程中的物资价格浮动大,物资采购供应人员应具有广泛的商务知识,密切关注国际经济和金融形势变化,仔细研究工程进度对各种材料供应的数量和时间要求。确定物资采购的方式和时机,尽可能减轻市场价格浮动对工程效益的影响;

(5) 对于国外物资供应方的资信不稳的特点,承包商物资采购人员在下正式订单或签订采购合同前应对材料、设备供应商进行充分的资金、信誉调查,善于识破奸商的欺诈手段,并且注意购货合同的严谨性,防止出现漏洞,同时附加各种制约条款。

**3. 国际贸易惯例的定义是什么,它的法律性质是什么?**

答:国际贸易惯例是指在长期的国际贸易业务中反复实践并经国际组织或权威机构加以编纂和解释的习惯做法。

国际贸易惯例并不是法律,而是国际贸易交往中为人们信守的一种约定俗成的规则,没有强制性。国际贸易惯例不是法律的组成部分,但可以补充法律的空缺,使当事人的利益达到相对平衡,只有把国际贸易惯例写入合同中,才有法律效力。

**4. 比较国际工程中常用的购销货物交货方式 FOB,C&F,CIF 中的价格内涵和买卖双方承担的风险。**

答:(1) FOB,又称“离岸价”。这种交货的计价包括货物本身的出厂价格(包括包装)和将货物在指定装运港直到越过买受人的装运船舷为止的一切费用,如果该地需要办理海关手续,出卖人必须自行承担风险和费用取得任何出口许可证或其他官方核准文件,并办理货物出口所需的一切海关手续。FOB 是指出卖人在指定装运港于货物越过船舷时完成交付。这意味着买受人应当自该交付点起,承担一切费用和货物灭失或损坏的一切风险。

(2) C&F,即成本加运费价。这种交货的计价包括上述 FOB 方式的一切费用外,还包括装舱和将货物运到指定目的港的运费。C&F 是指卖方在装运港于货物越过船舷时完成交付。卖方必须支付货物运至指定目的港所需的运费,但是货物交付后灭失或损坏的风险,以及因货物交付后发生的事件所引起的任何额外费用,自交付起由出卖人转移至买受方承担。

(3) CIF,又称“到岸价”。这种交货的计价包括前述C&F方式的一切费用外,还包括了货物由装运港到目的港的运输途中的保险费。CIF指出卖人在装运港于货物越过船舷时完成交付。出卖人必须支付货物运至指定目的港所需的费用和运费、保险费,但是货物交付后货物灭失或损坏的风险,以及因货物交付后发生的事件所引起的任何额外费用自交付时起由出卖人转移至买受人承担。

**5. 国际工程投标阶段的物资询价和工程实施阶段的物资采购询价在程序、方式和各方责任等方面有哪些不同之处?**

答:投标报价阶段的物资询价属于市场价格的调查性质。承包商价格调查的方式主要有:查阅当地的商情杂志和报刊,向当地的建筑工程公司调查,向当地材料制造厂商直接询价和向国外的材料设备制造厂商或其当地代理商直接询价等。这阶段的价格调查只属于询问报价,可以采取口头的或书面的,而且此时的询价和报价对需求方和供应方都没有任何的法律约束力。

工程实施阶段的物资询价程序如图1所示:

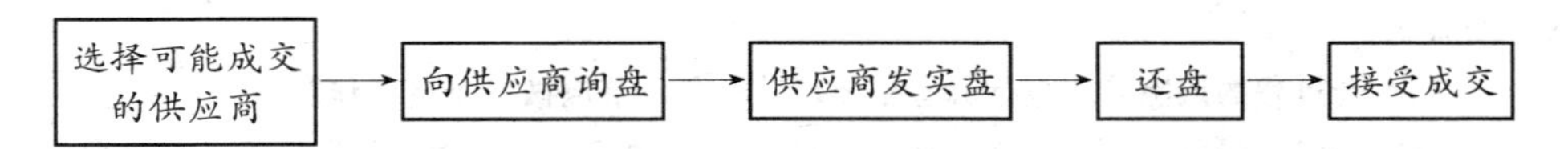


图1 采购询价程序

工程实施阶段物资询价的主要方式有:

(1) 承包商询盘—供应商发盘—承包商还盘的询价方法。

(2) 由承包商作出“买方发盘”(buying offer),也称为“递盘”(bid),要求供应商还盘。

(3) 采购招标(procurement tender)。

(4) 直接约见或访问有供货能力的供应商询价和讨论交货条件,协商签订供货合同。

在供应商发盘中应写明该项发盘的有效期,在此有效期内买方一旦接受,即构成合同成立的法律责任,卖方不得反悔或更改其重要条件。买方对于发盘条件一旦拒绝,即表示发盘的效力已告终止,此后,即使仍在发盘规定的有效期内,买方反悔而重新表示接受,也不能构成合同成立,除非原发盘人对该项接受予以确认。

**6. 在国际工程中,承包商可以向物资供应商提出哪些索赔?**

答:向供应商的索赔主要包括违约罚金,预期利润的索赔,利息损失的索赔,赔款差价损失索赔等。

(1) 违约罚金。有些法律制度允许在签订合同时双方约定延期交货应当按拖延的时间长短赔偿一项预定的损害金额,它通常是按合同价的若干百分比支付。

(2) 预期利润的索赔。预期利润是一种间接性质的损失,是指在正常履约的情况下本来可以获得的利益,但由于一方违约而丧失了。

(3) 利息损失的索赔。由于一方违约而造成的实际损失,可以计取相应的利息损失。利率可以由争议双方约定或由法院、仲裁庭根据实际情况裁定。

(4) 赔偿差价损失索赔。常用于货物购销合同争议的处理。

# 第十一章　国际工程风险与保险

**1. 何谓工程风险？有何特点？**

答：工程风险是指人们对未来的决策及所实施行为因客观条件不确定性而可能引起达不到预定目标的后果。风险只是一种潜在的可能出现的危险，将来可能发生，也可能不发生，但不能不防。它包含以下特点：

(1) 风险存在于随机状态中；

(2) 风险是针对未来可能的危险、损失等不利后果而言的；

(3) 风险是相对的，它依赖于决策目标，没有目标要求谈不上风险。同一方案，期望目标不同风险也不相同，期望越高，风险越大；

(4) 风险是不以人的意志为转移的客观存在，所以对风险的度量，不应涉及决策人的主观效用和时间偏好；

(5) 风险的概率及损失主要取决于两个要素，未来环境客观条件状态和行动方案。客观条件的变化通常是风险概率转化的要因，而风险防范的行动方案的好坏则是风险真实发生后损失大小的成因。

**2. 项目全过程的风险管理包括哪些主要环节？各环节应做好哪些工作？**

答：项目全过程的风险管理，包括从项目的立项到项目结束，都必须进行风险的识别和预测、过程控制以及风险评价，实行有效控制。主要包括风险识别、风险评估、风险应对和风险监控四个环节。各环节具体工作内容见教材图 11-1。

**3. 风险评估有何方法？有什么作用？**

答：风险评估方法有定性评估和定量评估法。

定性风险评估通常是根据经验和判断能力进行评估，所采用的方法有风险初步分析法、系统风险问答法、安全检查法等。通过定性评估以预测风险发生的可能性和风险后果严重程度。在风险评估时，很重要的一步就是要找出由风险事故发生的转化条件，或称为触发条件；这个转化条件或触发条件将使风险(潜在的、可能的危险)转变成实际的事故(实际的财产损失和人员伤亡等)。

定量风险评估主要是分析评估风险损失，需要一定量的统计资料和具体的计算，还要借助风险评估的一些数学方法。

**4. 应对风险进行管理的手段有哪些？**

答：应对风险进行管理的手段有风险回避、风险减损、风险转移和风险自担四种。

(1) 风险回避。这是根据项目风险评价情况，在可能时尽量回避风险，包括对工程施工中风险很大的方案，尽可能回避不用，或尽量用风险小的方案代替。

(2) 风险减损。这是指事前要预防或减少风险发生的概率，同时应考虑到风险无法回避时，要运用可能的手段力求减少风险损失的程度。

(3) 风险转移。这是指面对某些风险，可以借助若干技术和经济手段，转移一定的风险，避免大的损失。风险转移的方式有保险、联合体投标等。

(4) 风险自担。这是明知有风险，但采用某种风险应对方法，其费用大于自行承担风险所需费用，所以还是自担有利。这一般是风险发生的概率较小，风险损失不大，即使发生依靠自己的财力也可以处理的风险。

**5. 何谓建筑工程一切险？投保人是谁？保险险额是如何确定的？**

答：建筑工程一切险是对施工期间工程本身、施工机具与工具设备所遭受的损失予以赔偿。并对因施工对第三者造成的物资损害或人员伤亡承担赔偿责任的一种工程保险。

建筑工程一切险投保人按国际惯例一般是承包商，费用计入报价。新版FIDIC《施工合同条件》第18.1款言明投保人也可是业主，双方在专用条件中约定。

建筑工程一切险没有固定的费率表，视工程具体性质、风险程度、自然地质条件、工期长短等具体确定。其保险费率通常由五个分项费率组成：

(1) 业主及承包商的物料及工程项目、安装工程项目、场地清理费、工地内现存的建筑物、业主或承包人在工地的其他财产等为一个总的费率，规定整个工期一次性费率；

(2) 施工设施和机具为独立的年度费率，如投保期不足1年按短期费率计算保费；

(3) 第三者责任保险费率，按整个工期一次性费率；

(4) 保证性费率，按整个工期一次性费率计；

(5) 各种附加保障增收费率或保费，也按整个工期一次性费率计。

**6. 投保方在遭受投保事项损失后索赔申请程序与要求如何？**

答：投保方索赔申请程序与要求如下：

(1) 投保人履行风险发生通知义务。发生保险事故后，应在规定时限及时通知保险人。

(2)避免损失扩大。损失发生后，投保方应积极抢险救灾，控制灾情的扩展，将损失限制在最小的范围内，这也是提出索赔权利应满足的保证条件。

(3) 保护损失现场。一般规定保险事故发生后，除避免损失扩大的救灾抢险行为外，投保方对于现场情形，在未经保险人勘定之前，不得变动。保护现场的规定目的在于保险人估损的客观性。

(4) 提供索赔文件及证物。投保方在提出索赔申请的同时，应向保险人提供必要的索赔文件与证件，如有效的保险合同，索赔者与标的的利害关系文件证明、标的损失证明、被保险人死亡证明等等。

(5) 在索赔时效内申请。投保方提出索赔申请有时限限定，即索赔时效的规定。超过法定有效时间，投保方则丧失索赔权利。

(6) 不得放弃对第三者的索赔权。当损失是因第三者行为引起的，该第三者依法应负赔偿责任时，投保方不得放弃该索赔权，并在保险理赔实现后将此索赔权完整转移给保险人，积极配合保险人共同向第三者索赔。

**7. 保险人理赔的一般程序是怎样的？**

答：保险方受理赔案的程序如下：

(1) 审核索赔单证。对投保方递交的索赔单证进行审查、核实，以确定是否承担保险责任。如：保险单是否有效？保险期限是否届满？请求赔偿的人是否具备求偿权利？保险事故发生的地点是否在承保的范围之内等。

(2) 调查保险赔案事实。在确定保险人可能承担责任后，保险人应立即赶赴现场，调查了解并核实与理赔相关的事实。如：已毁损标的是否即为承保标的？损害是否是因保险事故引起的？损害发生的时间、地点是否确在约定承保范围之内？有无他保情况？标的价值多少等。

(3) 认定求偿权利。除索赔者与被损标的之间必须具备保险利益是求偿权利成立的要件外，还须查核投保方是否履行了风险增加、风险发生、标的使用性质变更等告知的义务？事故发生后投保方是否采取了积极救助措施？被保险人是否保护了现场？是否在索赔时效内行使索赔权？涉及第三者行为致使标的损害时，是否放弃了向第三者的求偿权等，这些问题足以使索赔者丧失索赔权利。

(4) 确定损害情况。导致标的损害的近因是否是保险责任事故？致使标的损害是否确属承保损害？是全损还是部分损害？伤残的程度如何等。

(5) 给付赔偿与保险金。考虑保单类别、保险分摊、施救费用、计赔方式等计算赔偿金后，再行给付。

(6) 赔偿后事宜。在支付赔款后，还要完成以下几项工作：对第三者追偿的实现、委付及标的所有权代位的处理、对保险合同减少保额或终止手续的办理。

**图书在版编目(CIP)数据**

国际工程承包管理/李惠强主编. —2 版. —上海：复旦大学出版社，2023.4
(复旦博学. 工程管理系列)
ISBN 978-7-309-16579-1

Ⅰ. ①国… Ⅱ. ①李… Ⅲ. ①对外承包-承包工程-高等学校-教材 Ⅳ. ①F746.18

中国版本图书馆 CIP 数据核字(2022)第 201467 号

**国际工程承包管理(第二版)**
GUOJI GONGCHENG CHENGBAO GUANLI DI ER BAN
李惠强 主编
责任编辑/戚雅斯

复旦大学出版社有限公司出版发行
上海市国权路 579 号 邮编：200433
网址：fupnet@fudanpress.com http://www.fudanpress.com
门市零售：86-21-65102580 团体订购：86-21-65104505
出版部电话：86-21-65642845
常熟市华顺印刷有限公司

开本 787×960 1/16 印张 26.25 字数 500 千
2023 年 4 月第 2 版
2023 年 4 月第 2 版第 1 次印刷

ISBN 978-7-309-16579-1/F·2947
定价：62.00 元

---